AF545479

Hobelbänke

Grundlagen, Bauanleitungen und eine Fundgrube an Ideen

von Christopher Schwarz
und Mitarbeitern der Zeitschrift *Popular Woodworking*

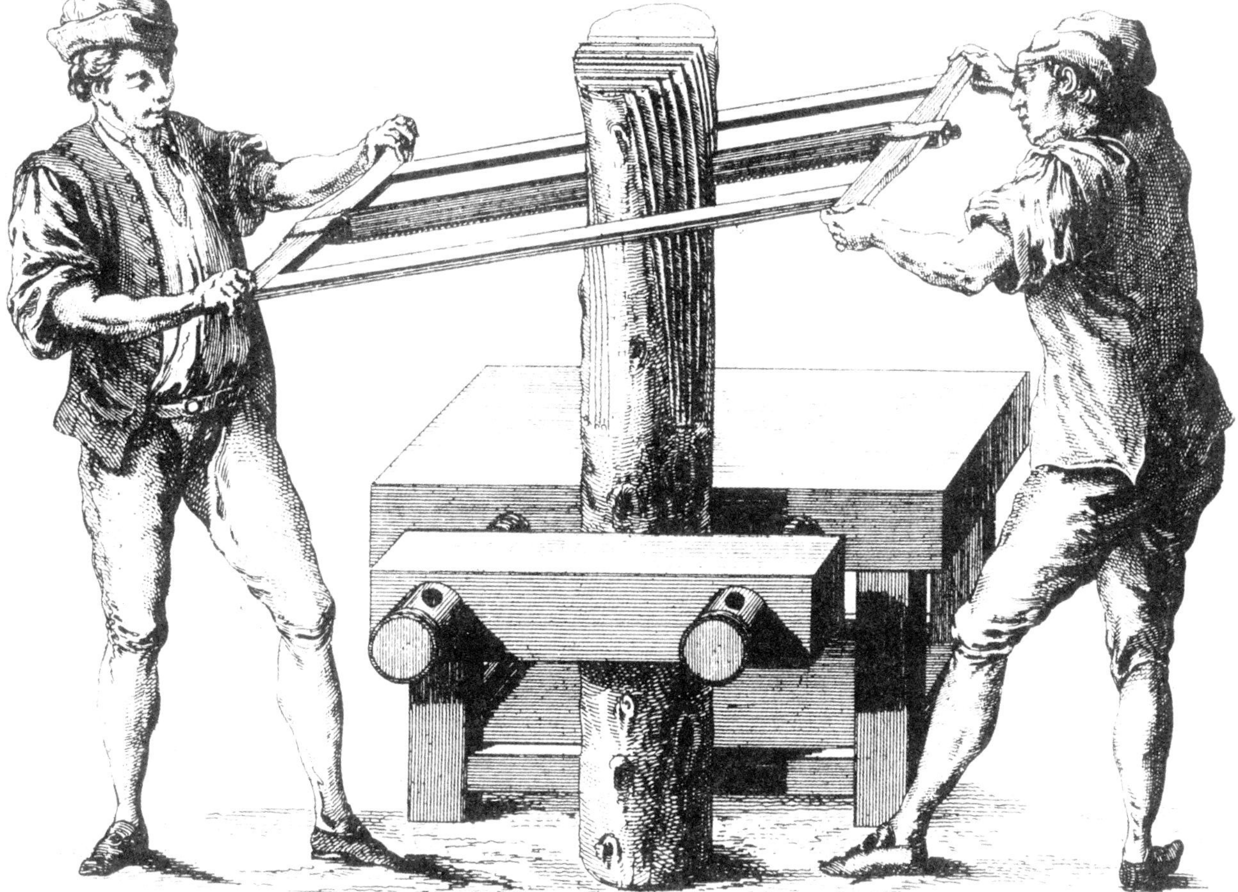

HolzWerken
www.HolzWerken.net

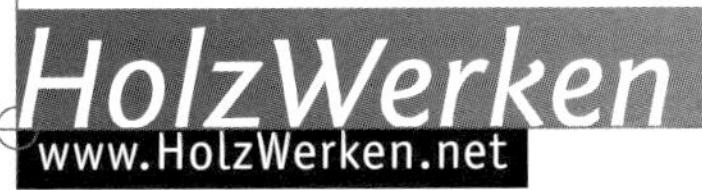

Impressum

Übersetzung: Dr. Christoph Henrichsen
Fachl. Beratung: Heiko Rech, St. Wendel
Druck und Bindung: R R Donnelley, China

ISBN 978-3-86630-988-3
Best.-Nr. 9169

HolzWerken
Vincentz Network GmbH & Co. KG
Plathnerstr. 4c, 30175 Hannover
www.holzwerken.net

Über den Autor

Christopher Schwarz ist Holzwerker und Autor, der seit fast 20 Jahren Holzhandwerker ermutigt, mehr Handwerkzeuge zu benutzen. Er baute seine erste Werkbank mit 11 und lernte das Arbeiten mit Holz kennen, als seine Familie eine Farm in Arkansas baute, ohne überhaupt Strom auf dem Grundstück zu haben.

Nach einer journalistischen Ausbildung an der Northwestern University arbeitete er bei einer Tageszeitung und studierte „nebenbei" Holzbearbeitung an der University of Kentucky. 1996 wurde er Redakteur der Zeitschrift *Popular Woodworking*. Daneben verfasste er mehrere Bücher und DVD-Produktionen. 2007 gründete er seinen eigenen Verlag „Lost Arts Press". Dieser war 2011 so gewachsen, dass er bei *Popular Woodworking* kündigte, um sich ganz seiner eigenen Firma zu widmen. Er ist aber nach wie vor freier Mitarbeiter der Zeitschrift. Außerdem hat er auch in seinem eigenen Verlag mehrere Bücher und Video-DVDs veröffentlicht: Am bekanntesten ist wohl „The Anarchists Tool Chest".

Schwarz lebt mit seiner Frau und zwei Töchtern in Fort Mitchell, Kentucky, USA.

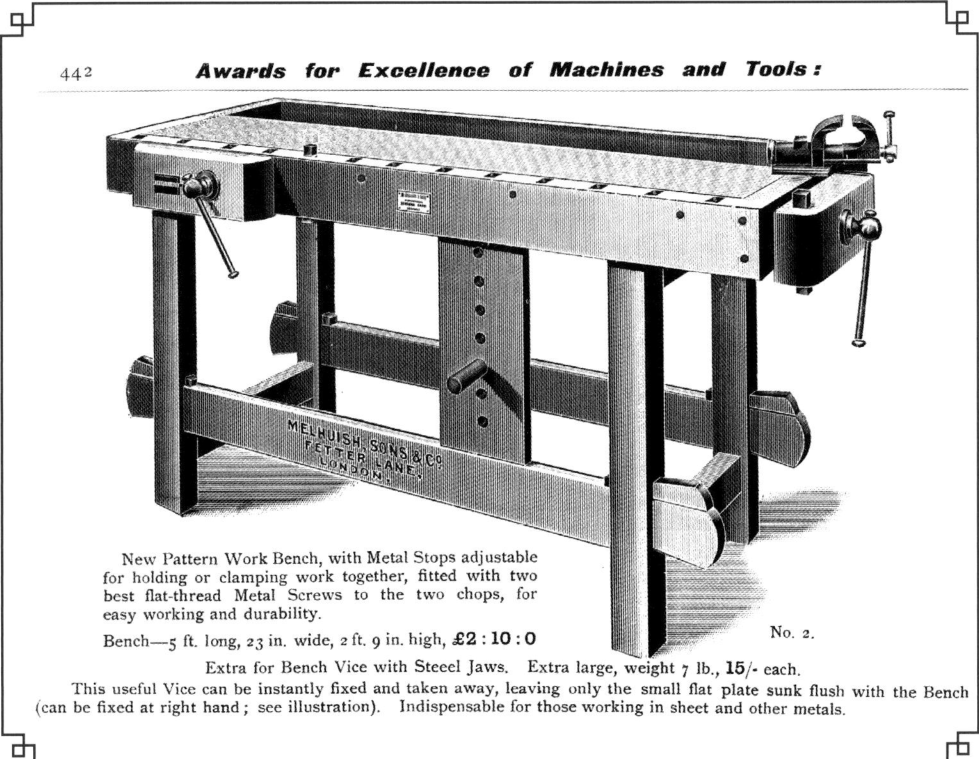
442 **Awards for Excellence of Machines and Tools:**

MELHUISH SONS & Co FETTER LANE, LONDON.

New Pattern Work Bench, with Metal Stops adjustable for holding or clamping work together, fitted with two best flat-thread Metal Screws to the two chops, for easy working and durability.

Bench—5 ft. long, 23 in. wide, 2 ft. 9 in. high, **£2 : 10 : 0**

No. 2.

Extra for Bench Vice with Steeel Jaws. Extra large, weight 7 lb., **15/-** each.

This useful Vice can be instantly fixed and taken away, leaving only the small flat plate sunk flush with the Bench (can be fixed at right hand; see illustration). Indispensable for those working in sheet and other metals.

Vorbemerkung zur Deutschen Ausgabe

Dies ist die **Übersetzung** eines Buches, welches zuerst in den USA erschienen ist. Wir haben dieses Buch so weit wie möglich und sinnvoll an deutsche Verhältnisse angepasst. So haben wir die Holzstärken auf im deutschsprachigen Raum übliche Stärken geändert. Dabei ergeben sich durch die Umrechnungsproblematik von Zoll zu metrischen Maßen gelegentlich Rundungsdifferenzen, die allerdings beim Bau von Hobelbänken weniger gravierend sind als im Möbelbau (Ausnahme: Einbauteile wie z. B. Schubladen). Die Holzarten haben wir angepasst, wo es sinnvoll erschien. Die Holzwahl ist nicht so kritisch wie beim Möbelbau. Zum Thema Holzauswahl siehe auch Grundsatz Nr. 13: Material (S. 24).

Die meisten Kapitel dieses Buches sind ursprünglich als Zeitschriftenartikel für *Popular Woodworking* verfasst, was die eine oder andere Formulierung erklärt. Ferner weist der Verfasser des Öfteren auf „das erste" Buch hin. Gemeint ist sein erstes Buch über Hobelbänke „Workbenches" aus dem Jahr 2007. In diesem baut Schwarz (nur) zwei Hobelbänke nach historischen Vorbildern, die er für „Leuchttürme in der Konstruktion von Hobelbänken" hält. Wir haben uns hingegen für eine deutsche Übersetzung des zweiten Buchs entschieden, da dieses eine weit größere Bandbreite von unterschiedlichen Hobelbänken behandelt. Schwarz geht im Einführungsteil auf die Entstehung des vorliegenden Buches ein (siehe ab S. 7), gewissermaßen als Antwort auf Leserreaktionen zum „ersten". Was üblicherweise **Bezugsquellen** heißt, haben wir in diesem Buch **Ressourcen** genannt. Dort führen wir Bezugsquellen für das in diesem Buch genannte Bankzubehör an, ergänzt durch Internetadressen und Anmerkungen zu hier unüblichen Holzarten.

Nutsägeblätter: In diesem Buch werden – wie es in Nordamerika üblich ist – die sog. Nutsägeblätter (engl.: dado blades) verwendet. Diese gelten in Deutschland als „verboten", womit meist gemeint ist, dass sie seitens der Berufsgenossenschaften nicht zugelassen seien. Das ist so nicht korrekt. Die Berufsgenossenschaften, die in Deutschland über die Arbeitssicherheit in den Betrieben wachen, machen den Einsatz von der Spandickenbegrenzung abhängig. Seit kurzem gibt es einen deutschen Hersteller dieser Sägeblätter: die Fa. Kohnle in Kolbermoor (siehe HolzWerken Heft 46). Deutsche Holzwerker, die einen Einsatz erwägen, sollten sich aber der durchaus vorhandenen Sicherheitsrisiken bewusst sein. Außerdem müssen sie sich vergewissern, ob diese Blätter auf ihre Säge passen. Dies wird häufig nicht der Fall sein. Auch der Anschaffungspreis will bedacht sein.

Sie können die Nuten auch mit einer Oberfräse herstellen oder mit einem „normalen" Kreissägeblatt, indem Sie das Werkstück verschieben.

Inhalt

Frontispiz zum Roman „Adam Bede“ von George Eliot

Hobelbänke

Kapitel 1
Einführung: Warum alte Bänke immer noch besser sind
• Seite 6 •

Kapitel 2
Gehorche, biege oder breche
• Seite 10 •

Kapitel 3
Bank des 18. Jahrhunderts – von Hand
• Seite 30 •

Kapitel 4
Holtzapffel Hobelbank
• Seite 54 •

Kapitel 5
Hobelbank aus Furnierschichtholz
• Seite 74 •

Kapitel 6
Hobelbank für das 21. Jahrhundert
• Seite 88 •

Kapitel 7
Shaker-Hobelbank
• Seite 102 •

Kapitel 8
24-Stunden-Hobelbank
• Seite 116 •

Kapitel 9
Hobelbank für Maschinenwerkzeuge
• Seite 126 •

Kapitel 10
Eine Hobelbank für € 250 (oder so)
• Seite 140 •

Kapitel 11
Die Hobelbank für alle Fälle
• Seite 150 •

Kapitel 12
Werten Sie Ihre Hobelbank auf
• Seite 162 •

Kapitel 13
Werkzeughalter an den Wänden
• Seite 170 •

Kapitel 14
Entwürfe für Bänke: Vorher und nachher
• Seite 174 •

Kapitel 15
Fortschritte beim Einspannen
• Seite 196 •

Kapitel 16
Zerlegbare Hobelbänke
• Seite 214 •

Kapitel 17
Die beste Bank, die nie gebaut wurde
• Seite 224 •

Ressourcen
• Seite 229 •

Anhang 1
Bauen Sie sich für 10 € ein paar Böcke
• Seite 230 •

Anhang 2
Andere Bank-Abenteuer
• Seite 240 •

Register
• Seite 250 •

Foto: Christopher Schwarz

Bauen Sie Ihre eigene: *Sich selber eine Bank zu bauen, ist eine Sache. Eine Bank von Grund auf zu entwerfen, erfordert etwas mehr Überlegung.*

Kapitel 1

Einführung: Warum alte Bänke immer noch besser sind

von Christopher Schwarz

Seit meinem ersten Buch über den Bau von Hobelbänken hat sich viel geändert. Hunderte, vielleicht Tausende von Holzhandwerkern haben sich Hobelbänke gebaut, die auf den einfachen aber historischen Entwürfen basieren, welche ich kommentiert habe.

Auch hat sich das Angebot an Zangen und Einspannhilfen erheblich erweitert. (Bedenke: Ich sehe dies nicht als persönlichen Erfolg an. Ich denke, dieser Umschwung hat vielmehr damit zu tun, dass das Interesse an Handarbeit wächst.)

Und, wie sollte es anders sein, ich habe noch einige weitere Hobelbänke gebaut.

Was sich nicht geändert hat, Holzhandwerker arbeiten immer noch an Flächen, Kanten und Köpfen von Brettern und Konstruktionen. Das gilt für das Jahr 2010 genauso wie für 1910 oder 1679. Und es gibt etwas Zweites, das sich nicht geändert hat. Die alten französischen und englischen Hobelbänke, die ich in meinem ersten Buch erkundet habe, sind immer noch Leuchttürme bei der Konstruktion von Hobelbänken.

Die große Mehrheit der Hobelbänke, die heute hergestellt oder verkauft werden, können europäisch, skandinavisch oder Mischlinge genannt werden. Unter Mischling verstehe ich Bänke, die in einer verrückten Kombination aus Designlaunen und Merkmalen gebaut werden, die eher zufällig als bewusst erscheinen. Ein Beispiel: Eine Bank mit einer einzigen Schnellspannzange an einem Kopf der Platte. Ich mag Analogien aus der Welt des Automobils: Diese Bank ist wie der Besitz eines Corvette mit einem Vega-Motor. (Für alle, die sich in der Geschichte des amerikanischen Automobils nicht auskennen, der Vega war eines der am schlimmsten untermotorisierten Autos.)

Es mag Ihnen erscheinen, dass dieses Buch ein weiterer Versuch ist, Holzhandwerker davon zu überzeugen, sich die einfachen historischen und anpassbaren Formen zu bauen, die eher im 18. Jahrhundert als heute üblich waren. Aber das ist nicht ganz wahr.

Das Buch, dass Sie in den Händen halten, ist das Resultat von Zuschriften hunderter Leser, die mir während der drei letzten Jahre Hinweise gaben, Fragen stellten und Fotos schickten. Als ein Ergebnis dieser Rückmeldungen habe ich versucht, meine Ideen über den Entwurf von Bänken zu verfeinern, mein Arsenal an Einspannvorrichtungen auszubauen und mit verrückten, wundervollen und sogar rosa gestrichenen Bänken zu arbeiten.

Der eigentliche Anstoß für dieses Buch kam jedoch von einem mürrischen alten Mann, der sein Geld zurück wollte.

Er hatte das Buch „Workbenches: From Design & Theory to Construction & Use„ gekauft und war enttäuscht, dass es nur Pläne für zwei Hobelbänke enthielt. Er hatte mindestens ein Dutzend erwartet.

Zuerst versuchte ich, mein Buch zu verteidigen. Ich erklärte, die Kernidee bestehe darin, daraus Grundsätze zu entnehmen und etwas zu entwerfen, das für die persönliche Arbeit geeignet ist und mit den Einspannvorrichtungen auszustatten, die man als angehender Holzhandwerker brauche.

Auf diese Antwort war er vorbereitet.

Er sagte, er könne unmöglich wissen, welche Art von Werkbank er in fünf oder zehn Jahren brauchen würde. Stattdessen wolle er Baupläne für ein ganzes Bündel von Werkbänken sehen und zwar von erfahrenen Holzhandwerkern, die sich ausgiebig darüber den Kopf zerbrochen hätten, welche Bank sie bauen sollten. Dann würde er deren Bank bauen.

Das ist keine ganz dumme Idee. Also übernahm ich seine Idee und passte sie meinen Möglichkeiten an. Hier werden Sie Pläne von neun Hobelbänken finden, die wir über die Jahre in unserer Zeitschrift veröffentlicht haben und zwar aus meiner Feder und von Holzhandwerkern, die ich schätze oder von denen ich eine Menge gelernt habe.

Aber der Grund, aus dem wir diese Pläne veröffentlichen, ist nicht, dass Sie sich eine wie ein Automodell rauspicken und genauso bauen. Es ist vielmehr das Gegenteil. Wir veröffentli-

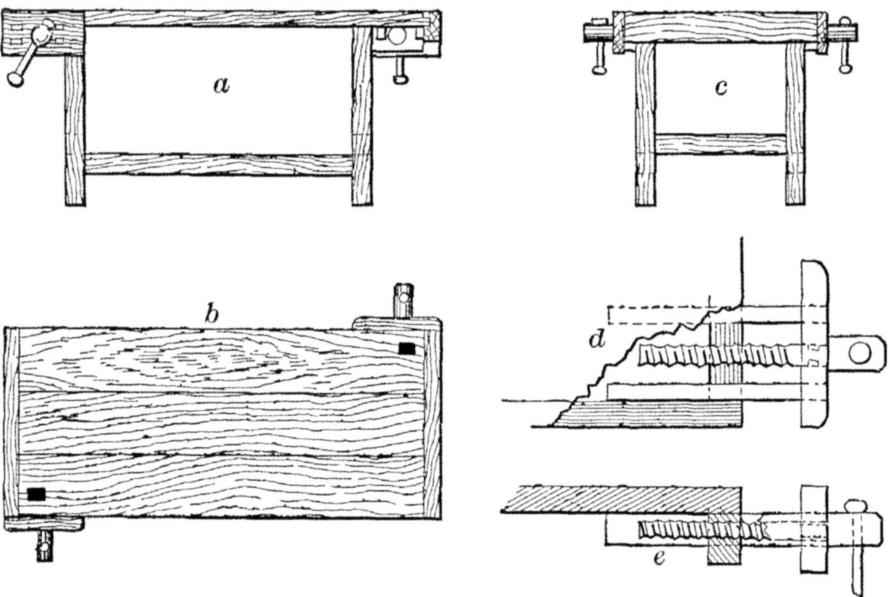

Zunächst einmal merkwürdig: *Manchmal muss man erst den Zusammenhang einer Werkbank kennen, bevor man sie bewerten kann. Dieser Entwurf aus Ivin Sickels „Exercises in Wood-Working„ sieht komisch aus. Zwei Vorderzangen. Keine Hinterzange. Liest man den Text, wird deutlich, dass diese Bank für eine Schule gedacht ist. Das macht mehr Sinn. Aber ich muss die Bank dann immer noch nicht mögen.*

chen die Pläne vielmehr in der echten Hoffnung, dass Sie die Gelegenheit nutzen, sie auseinander zu nehmen, ihre Funktion verstehen und die Pläne dann beiseite legen für ein etwas anderes Modell, das zu Ihrer Arbeit passt.

Ich habe mehr als drei Monate damit verbracht, eine Hobelbank zu bauen, von der ich hoffe, dass sie nicht ein einziger Holzhandwerker kopieren wird, die Roubo-Werkbank im Stile des 18. Jahrhunderts auf dem Titelbild. Bitte verstehen Sie mich nicht falsch, ich halte sie für eine fantastische Bank, eine der schönsten, die ich je gebaut habe. Aber ich habe sie nicht gebaut, damit Sie sie kopieren.

Warum zum Teufel habe ich sie dann gebaut?

Ich wollte den Lesern zeigen, wie man eine Bank baut, die ideal für Handarbeit ist, aber die sich am besten mit Abrichte, Dickte und Tischkreissäge bauen lässt. Die eigentliche Lehre aus der Roubo-Bank des 18. Jahrhunderts in diesem Buch ist es zu zeigen, wie Verbindungen im Maßstab einer Werkbank vollständig von Hand geschnitten werden. Und Sie können diese Fertigkeiten beim Bau jeder anderen Bank anwenden.

Und darin liegt der eigentliche Zweck in den Plänen dieses Buches. Jede Bank hat einige wichtige Konstruktionsdetails, die Sie sich aneignen können. Hier sind einige Beispiele:

- Die Holtzapffel-Hobelbank für Möbelschreiner zeigt, wie eine Vorderzange mit doppelter Holzspindel und eine Schnellspann-Hinterzange kombiniert werden können (keine traditionelle aber eine exzellente Verwendung für dieses gewöhnliche Beschlagteil).

- Die laminierte Werkbank erkundet die Vorteile (und Grenzen) dieses weit verbreiteten Baumaterials und zeigt Ihnen ein traditionelles Gestell, das zusammen geschraubt wird und an einem Nachmittag gebaut werden kann (das stimmt wirklich).

- Robert W. Langs Bank für das 21. Jahrhundert hat die einzige Banklade, die ich (wenn auch widerwillig) billige. Sie zeigt zudem Alternativen zu einem verschiebbaren Bankknecht und bietet eine Lektion im Bau eines zerlegbaren Gestells mit Keilen.

- Glen D. Hueys Shaker Werkbank zeigt Ihnen eine Stollenkonstruktion für das Gestell und sie bietet jede Menge Stauraum.

- Die 24-Stunden-Werkbank ist die schnellste Bank, die ich je gebaut habe (ich habe fünf Stück davon gebaut) und sie zeigt Ihnen, wie Sperrholz für die Bankplatte und Schlossschrauben für das Gestell verwendet werden.

- Die Maschinen-Bank zeigt ihnen, wie man mit einer einzigen Zange auskommt und dabei immer noch in der Lage ist, die meisten handwerklichen Tätigkeiten auszuüben. Dies war für viele Jahre meine Werkbank zu Hause.

- Die 200-€-Hobelbank ist eine Lehre in Sachen Bescheidenheit – wie baue ich möglichst viel Bank mit möglichst wenig Knete.

- Jim Stuards Deutsche oder Modellbauer-Bank ist die erste handwerkszeug-freundliche Hobelbank, die ich benutzt habe. Sie hat ein klassisches Gestell, Stauraum, eine Modellbauer-Zange und sehr wenige Kompromisse.

Bei der Zusammenstellung dieser Liste kam ich aber zu dem Schluss, dass diese neun Hobelbänke nicht ausreichen, um Ihnen die volle Bandbreite von Möglichkeiten zu bieten, mit denen Sie konfrontiert sind, wenn Sie sich mit einem weißen Blatt Papier oder einem leeren Bildschirm hinsetzen.

***Die ultimative Bank?** David Denning hält in seinem Buch „The Art of Cabinet-Making„ diese Bank hoch als die, die man haben sollte. Vieles spricht für diese Bank, doch einige Details könnten stark verbessert werden.*

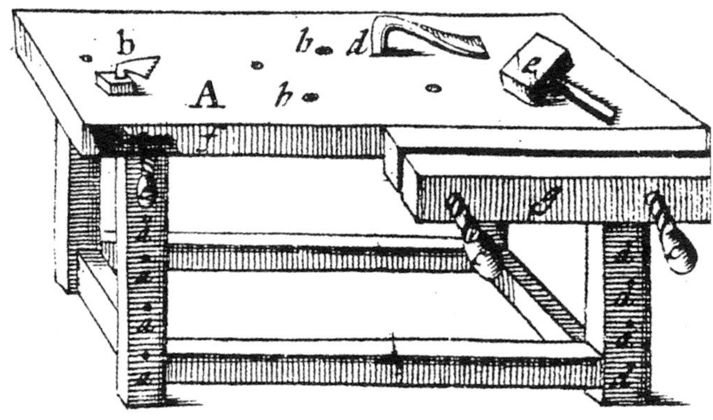

***Kenne Deine Quellen:** Diese Bank aus Joseph Moxons „Mechanick Exercises„ irritierte mich viele Jahre. Was ich nicht merkte war, wie der Kupferstich dieser Bank bei der Übertragung aus dem Französischen verändert wurde. Diese Schlüsselinformation führte zu einem neuen Verständnis, wie das Werkstück fixiert wird.*

So habe ich mich entschlossen, dem Buch zwei Dinge hinzuzufügen. Zunächst habe ich nach acht der neun Baupläne zweiseitige Kommentare eingefügt. Sie basieren auf den Erfahrungen der Nutzer mit diesem Entwurf. Sie geben Antwort auf die Fragen: Was würden Sie so lassen? Was würden Sie verändern?

Zum Zweiten habe ich eine Liste von Bank-Entwürfen zusammengestellt, welche die meisten westlichen Modelle abdeckt, von europäischen bis hin zu späten Mischlingen. Bei diesen Entwürfen biete ich eine Art „vorher-nachher„ Herangehensweise. Ich zeige ein Modell so, wie es üblich ist und kommentiere, was an diesem klassischen Design funktioniert und was nicht. Dann zeige ich Ihnen, wie man den Entwurf modifizieren kann, um Ihnen noch ein paar mehr Möglichkeiten zu bieten.

Mit anderen Worten, dieses Buch ist wie eine Impfung. Mit den Plänen versuche ich, Sie von der Tyrannei der Pläne zu befreien. Wenn Sie sich genügend Werkbänke anschauen und ihre Funktion verstehen, werden Sie beginnen, gute Bänke für sich selber zu entwerfen. So erging es mir. Und das ist auch anderen Hobelbank-Freaks passiert, mit denen ich mich während des letzten Jahrzehnts ausgetauscht habe.

Neue Möglichkeiten zum Fixieren des Werkstückes und zum Abbau Ihrer Bank

Andere Teile dieses Buches sind Versuche, Ihre Kenntnisse über einige neue Entwicklungen zu aktualisieren oder Bereiche auszufüllen, die ich im letzten Buch nur streifen konnte. Ich habe einen ganzen Abschnitt über die Möglichkeiten zum Einspannen von Werkstücken aufgenommen, hier hat sich viel geändert. Hersteller haben ihre Bemühungen verdoppelt, um uns Zangen und andere Hilfen zu bieten, die das Leben erleichtern sollen. (Bedauerlicherweise lassen manche Hersteller im Ausland produzieren, was dazu geführt hat, dass ihre Produkte – im schlechtesten Sinne des Wortes – billig wurden.)
Zudem habe ich einige kleine Entdeckungen über historische Möglichkeiten zum Einspannen von Werkstücken gemacht, die mir jahrelang entgangen waren. Mit anderen Worten, Ich gebe meine frühere Unkenntnis zu.

Schließlich nehme ich noch ein Kapitel über den Bau von zerlegbaren Werkbänken auf, für die ich in meinem ersten Buch keinen Platz hatte. Die beiden Entwürfe für Hobelbänke in meinem ersten Buch sind monolithisch (die Art, wie ich sie liebe), aber viele haben mir gesagt, die Menschen verändern sich.

Brauchen Sie dieses Buch also?

Das ist eine berechtigte Frage. Dieses Buch ist für Leute, die ein Auto von Grund auf bauen wollen. Schweißen Sie die Karosserie zusammen und suchen Sie sich alle Teile zusammen, von der Kühlschlange bis zur Wasserpumpe. Es ist ein größerer Aufwand, so ein Auto zu verstehen, welches letztlich eine Gruppe von Systemen ist. Was auch immer Sie am Ende zusammengebaut haben, das Ergebnis – ob fantastisch oder katastrophal – ist völlig Ihr Kind.

Ihre Bank mag einem flüchtigen Beobachter am Ende wie eine Roubo, Nicholson oder Klausz erscheinen. Aber weil Sie verstehen, wie ihre Systeme zusammenwirken, werden Sie eine Bank im John-Stil oder ein Janet-inspiriertes Design haben.

Wenn Sie dazu bereit sind, dann ist der erste Schritt in Ihrer Erziehung, sich die Regeln für den Entwurf von Hobelbänken noch einmal durchzusehen. Und dann zu prüfen, ob wir sie strecken können, sie verziehen können oder damit ungedeckte Schecks ausstellen.

Foto: Christopher Schwarz

So nahe wie möglich: *Wenn ich eine Bank entwerfe, habe ich ein Bündel von 18 Grundsätzen, die meinen Stift (oder meine Maus) führen. Ich habe nie alle einhalten können, doch ich versuche, dem so nahe wie möglich zu kommen.*

Kapitel 2

Gehorche, biege oder breche

von Christopher Schwarz

Ich mag keine dummen Regeln. Jeder, der mich etwas länger kennt, hat mich über eine schlecht platzierte oder ungelegene Ampel fahren sehen. Ich mag nicht, wenn man mir sagt, was ich anziehen oder sagen soll. Als Kind las ich immer nach dem Schlafengehen mithilfe einer Taschenlampe, und ich schlüpfe immer noch gerne in leerstehende Gebäude, um mich dort umzusehen.

Ich möchte niemandem Unannehmlichkeiten bereiten oder jemandem mit meinen Autoritätsproblemen auf den Wecker gehen. Mit dieser mentalen Verrücktheit hoffe ich, dass Sie erkennen, dass es mir ziemlich schwer fällt zu schreiben, es gäbe „Regeln" für den Bau einer Hobelbank.

Aber es gibt richtige Regeln. Diese Regeln für den Bau von Hobelbänken sind eher wie die Gesetze der Schwerkraft. Sie können versuchen, sie zu missachten, doch Sie werden nicht weit kommen.

Im Jahr 2007 habe ich einige Regeln für den Bau von Werkbänken dargelegt, auf die ich beim Bau von etwa einem Dutzend Entwürfen aufmerksam geworden war. Während der letzten drei Jahre habe ich noch mehr Hobelbänke gebaut und mit einigen hundert Holzhandwerkern über ihre Erfahrungen bei Bau und Einsatz von Hobelbänken gesprochen.

Viele haben versucht, diese sog. Regeln zu zerreißen. Ich war glücklich, mich daran zu beteiligen. Ich mag Regeln auch dann noch nicht, wenn ich es bin, der sie aufstellt. So freut es mich, diese Regeln hinauszuwerfen und sie durch „18 Grundsätze" zu ersetzen, die ich aus meinen Erfahrungen und meinen Diskussionen mit anderen Holzhandwerkern herausgefiltert habe. Bei jedem Grundsatz werde ich versuchen, ihn etwas zu zerpflücken, weil sie mir immer noch etwas im Magen liegen.

18 Grundsätze beim Bau von Hobelbänken

Grundsatz Nr. 1: Geben Sie Ihrer Bank ein kräftiges Gestell

Im Jahre 2010 gab ich an einer schönen Schule in Georgia einen Kurs über Handhobel. Alle Schüler kämpften mit ratternden Hobeln. Unabhängig wie scharf ihre Eisen auch waren und wie fein die Spanabnahme, das Werkstück zitterte unter ihren Werkzeugen. Zunächst gab ich mir selbst die Schuld (schlechter Lehrer!) und arbeitete mit jedem Schüler individuell, um sein oder ihr Problem zu lösen. Das Problem bestand darin, dass ich ihm zu nahe stand. Aus einem Winkel meines Auges sah ich einen Schüler auf der anderen Seite des Raumes, der gerade versuchte, ein Brett zu hobeln. Ich konnte sehen, wie sich die Bank neigte, wenn sich der Schüler neigte. Ich bat um einen Steckschlüssel. Jede Hobelbank im Raum hatte lose Schrauben, die Beine, Schwingen und Platte miteinander verbanden. Die Muttern hatten sich im Wechsel der Jahreszeiten gelöst (genauso wie sich die Muttern einer Rahmensäge lösen). Sobald die Schrauben wieder angezogen waren, lösten sich die Probleme der Schüler.

Hier ist der Punkt: Das waren schöne Hobelbänke – schwer und mit kräftigen Zangen. Doch sie waren immer noch verwundbar an ihrer schwächsten Stelle, den Metallverbindungen.

Ich denke immer noch, dass die Verbindungen einer Hobelbank sicher und dauerhaft sein müssen. Aus diesem Grund bevorzuge ich immer noch Bänke, die sich auf altmodische Holzverbindungen statt auf Metallbinder verlassen. Ja, ich weiß, wir sind eine mobile Gesellschaft, und ich bin von Lesern kritisiert worden, die sagen, eine nicht lösbare Bank sei für sie einfach nicht zu handhaben.

Das Fazit lautet: Wenn man Ihre Bank auseinander nehmen kann, dann werden die Verbindungen mit der Zeit lose. Metall-Verbindungen – auch solche mit Schraubensicherungslack oder Gegenmutter werden sich lösen. Wenn Sie die Muttern anziehen, werden Sie am Ende noch die Löcher um Ihre Beschläge ausreiben, was die Sache später noch schlimmer machen kann. Das ist, was mit der LVL-Werkbank passierte, die in diesem Buch vorgestellt wird. LVL scheint dem hohen Druck der Schrauben nicht standzuhalten.

LVL ist stabil und lässt sich gut verleimen (mehr dazu später), aber das Gestell löst sich nach ein paar Monaten Gebrauch.

Holzkeile scheinen nicht viel besser zu sein. Ich habe viele Hobelbänke gesehen, bei denen Keile die Verbindung von Schwingen (Riegeln) und Beinen sichern und bei denen die Keile wie lose Zähne wackelten. Die Möbel, die ich mit gekeilten Zapfenverbindungen gebaut habe, mussten in jeder Jahreszeit einmal fest geschlagen werden. Ich nenne dies mei-

Eisen gegen Holz: *Gib mir jederzeit Holz. Obwohl es so aussieht, als würde Eisen Ihre Bank stärker machen, so muss ich doch einen Weg finden, um Muttern und Schrauben so anzuziehen, dass die Verbindung dauerhaft hält. Selbst wenn Sie die Mutter anschweißen, so müssen Sie immer noch mit dem Holz kämpfen. Und das arbeitet.*

Braucht eine Tracht Prügel: *Holzkeile sind eine Möglichkeit, ein Gestell zu zerlegen. Seien Sie sich aber bewusst, dass sie sich mit der Zeit lösen, besonders, wenn Sie Ihre Bank benutzen. Das ist keine große Angelegenheit, aber es will gemacht sein.*

nen „Klüpfeltag". Und dabei handelt es sich um Möbel, die nicht durch Werkzeuge herumgeschubst werden.

Warum sollte man nicht versuchen, aus beiden Welten das Beste zu bekommen, indem man eine Zapfenverbindung verwendet, die mit einem vorgebohrten Holznagel gesichert wird – ohne Leim? Wenn Sie die Bank transportieren müssen, können Sie die Holznägel herausschlagen.

Auf dem Papier sieht dies nach einer guten Lösung aus, doch sie hat ihre Probleme. Das erste Problem ist, dass Sie eine hohe Passgenauigkeit an den Verbindungsflächen brauchen. Das sollte machbar sein. Das eigentliche Problem kommt, wenn Sie umziehen wollen und die Holznägel heraus schlagen. Wenn Sie die Bank dann an Ihrem neuen Zuhause wieder aufbauen, kann ich Ihnen folgendes versprechen: Selbst wenn Sie neue, größere und extrem trockene Holznägel verwenden, die Bank wird nicht so fest stehen wie beim ersten Mal.

Ich habe dies mit Möbelverbindungen probiert und mindestens ein anderer Leser, der es versuchte, hatte auch Schwierigkeiten. Der Zapfen wird deformiert und zusammengedrückt, wenn er zweimal mit einem Holznagel gesichert wurde, er verliert seine Haltekraft.

Aber ich würde eher eine Kerze anzünden als die Dunkelheit verfluchen. Hier ist ein Kompromiss: Bauen Sie Ihre Bank das erste Mal ohne Leim. Nehmen Sie sie auseinander. Ziehen Sie in Ihr Traumhaus. Bauen Sie das Gestell mit viel Leim wieder zusammen. Das gibt Ihnen die Option eines Umzugs, und es stellt sicher, dass Sie eine feste Bank haben, wenn Sie im Nirwana landen.

Eine letzte Bemerkung zum Entwurf des Gestells, und ich werde zur Platte übergehen. Wenn Sie die großen Zapfenverbindungen anreißen, machen Sie die Zapfen so lang wie möglich und setzen sie an mindestens drei Seiten ab.

Hier ist der Grund dafür: Forschung durch besonders helle Köpfe (ich wünschte, ich wäre einer) am U.S. Labor für Forstprodukte hat gezeigt, dass die Länge des Zapfens und das Vorhandensein von Brüstungen beide die Stärke der Verbindung erhöhen.

Lassen Sie uns einen Moment über diesen Grundsatz nachdenken. Wenn wir einen großen und langen Zapfen wünschen, dann treibt uns das, zwei Dinge zu tun: Die Beine dicker und breiter zu machen (kräftigere Beine geben mehr Platz für die Schlitze). Und es wird unsere Schwingen an den äußeren Rand des Gestells verschieben. Je weiter Sie die Beine nach außen legen, desto länger und kräftiger werden die Zapfen sein (falls Ihre Schwingen alle in einer Ebene liegen, ein Vorteil beim Einziehen eines Bodens. Was? Sie wollen keinen Boden im Gestell? Doch, Sie wollen einen).

Es sollte nicht überraschen, dass viele frühe Bänke Beine hatten, die dick wie Stämme waren und durch außen bündige Riegel verbunden wurden. Wenn die Riegel mit der Außenseite der Beine bündig abschließen, dann gibt Ihnen das eine weitere praktische Fläche zum Spannen, um große Türen und Füllungen zu bearbeiten.

Grundsatz Nr. 2: Geben Sie Ihrer Bank eine kräftige Platte

Dutzende von Holzhandwerkern haben mich gefragt, ob man für die Platte eine D-Box (torsion box) bauen kann. So eine D-Box (einige nennen sie auch T-Box) besteht aus einem Rahmenwerk von untereinander verbundenen Rippen, das an Ober- und Unterseite eine dünne Materialhaut erhält. Denken Sie an den Flügel eines Flugzeugs – das ist die klassische D-Box.

Eine D-Box ist unglaublich steif, wenn man sie mit dem Gewicht des Materials vergleicht, das zu ihrem Bau verwendet wurde. Das macht sie ideal für den Bau von frei schwebenden Ablagen, die an der Wand befestigt werden oder für andere Anwendungen, wo Sie Stabilität aber kein Gewicht brauchen. Unglücklicherweise braucht man beim Bau von Hobelbänken aber sowohl Gewicht als auch Stabilität. Das Gewicht verhindert, dass die Bank unter Ihren Werkzeugen zittert. Eine leichte Bank reicht wahrscheinlich für jemanden, der nur Handmaschinen benutzt, aber in dem Moment, in dem Sie ein einziges Handwerkzeug verwenden, werden Sie meiner Meinung nach die Schwächen einer Platte in Leichtbauweise spüren. Die Liste der Argumente:

__Mehr Holz bitte:__ Die Stabilität einer Werkbank kommt durch möglichst lange und passgenaue Zapfen und durch Brüstungen, welche die Schaukelkräfte stoppen. Diese Verbindungen sind eine Frage des Gleichgewichts. Sie können Ihre Verbindung schwächen, wenn auf den beiden Seiten des Zapfens zu wenig Material steht. Gleichgewicht in allen Fragen des Lebens, junger Mann.

__Gut für manche Aufgaben:__ Holzhandwerker mögen die Bauweise einer D-Box. Warum auch nicht. Sie entwickeln eine unglaubliche Stabilität mit wesentlich weniger Material verglichen mit einer massiven Bohle. Aber es sind Leichtgewichte. Während dies für den Möbelbau gut ist, ist es nicht so ideal für Hobelbänke. Bei Bänken wollen Sie Masse haben. Wenn Ihre Bank ein Filmstar wäre, denken Sie an Marlon Brando, John Goodman oder Jennifer Lopez.

1. Man kann sie nicht schlagen. Handarbeit erfordert jede Menge Schläge, besonders beim Stemmen von Schlitzen. Wenn Ihre Platte diese Schläge nicht aufnehmen und den Druck auf den Boden weiterleiten kann (und dann den Kern der Erde), wird sie einiges auf Sie zurück leiten. Ihre Hobelbank wird hüpfen und das Stemmen wird langsam laufen. Ich habe auch Leute gesehen, die durch die dünne Sperrholzhaut einer D-Box rutschen oder brechen. Ich habe wirklich gesehen, wie jemand ausrutschte und sein Knie durch eine steckte..

2. Es ist schwierig, das Werkstück zu halten. Eine D-Box besteht überwiegend aus Luft. Wenn Sie eine Reihe Bankhakenlöcher bohren, müssen Sie vorsichtig sein sie dort zu bohren, wo die Rippen der Unterkonstruktion liegen. Und wie steht es mit Löchern für Niederhalter? Die müssen Sie auch planen. Und grundsätzlich meine ich, dass sich auf einer D-Box nur schlecht etwas mit Zwingen befestigen lässt. Meine Zwingen neigen dazu sich zu lockern, aufgrund der flexiblen Haut dieser Bauweise. Es ist am besten, die Zwingen an den „Knochen" der Konstruktion anzusetzen.

3. Sie wiegen nicht genug. Ein Großteil des Gesamtgewichts kommt von der Bankplatte, und Gewicht ist eine gute Sache für eine Werkbank, genauso wie für eine Holzbearbeitungsmaschine. Ein Holzhandwerker, der sich überhaupt nicht von einer Platte in Leichtbauweise abbringen lassen wollte, sagte, er plane die Hohlräume mit Sand zu füllen. Ich habe noch nicht gehört, ob das funktionierte.

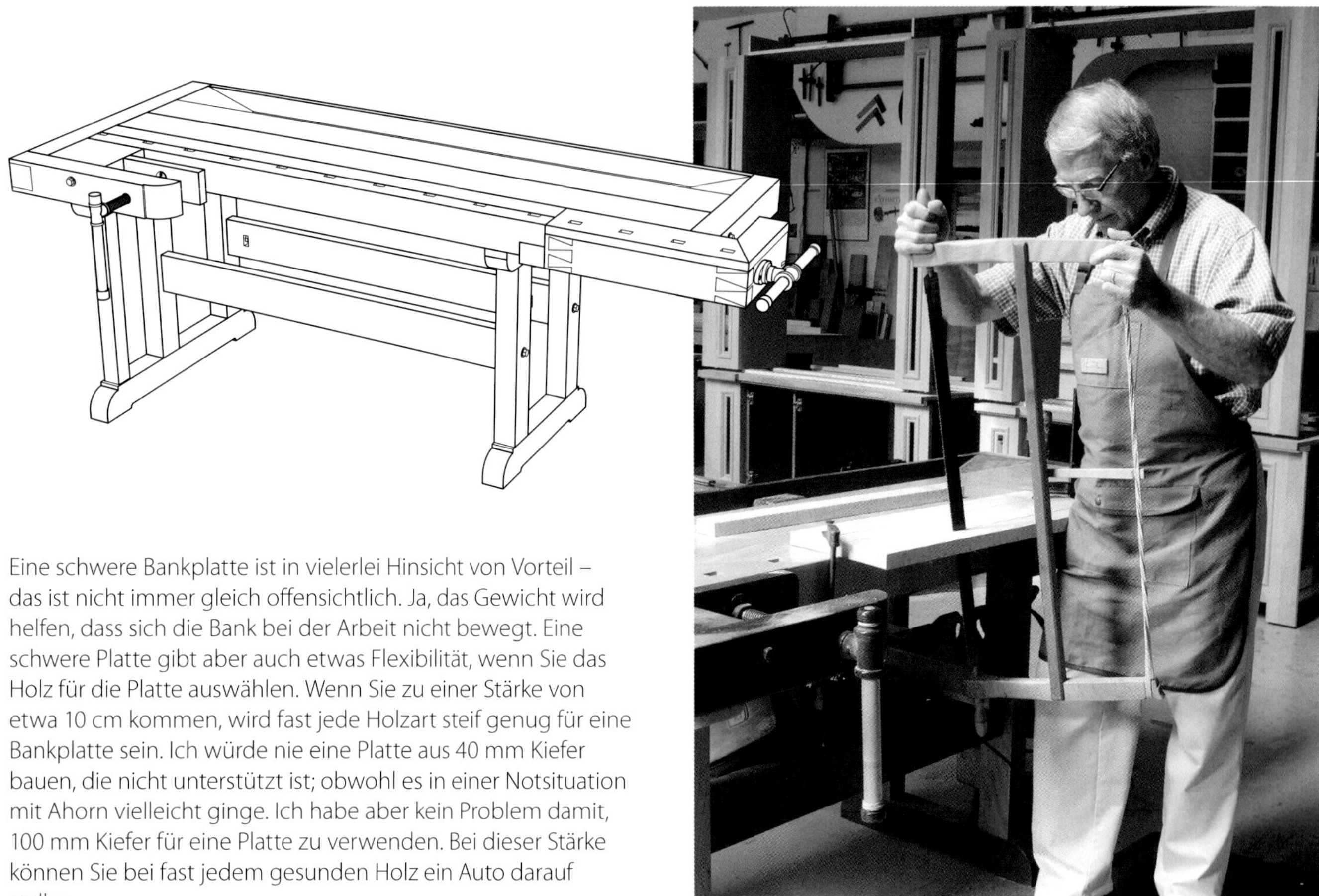

Kenne Deine Geschichte: *Der ungarische Meister Frank Klausz baute eine Bank, die fast identisch mit der seines Vaters war. Wenn Sie Möbel und Haushaltsgegenstände wie Klausz bauen, wird diese Bank ideal sein. Aber wenn Sie andere (und vielfältigere) Ziele haben, dann liegt noch etwas Arbeit vor Ihnen.*

Eine schwere Bankplatte ist in vielerlei Hinsicht von Vorteil – das ist nicht immer gleich offensichtlich. Ja, das Gewicht wird helfen, dass sich die Bank bei der Arbeit nicht bewegt. Eine schwere Platte gibt aber auch etwas Flexibilität, wenn Sie das Holz für die Platte auswählen. Wenn Sie zu einer Stärke von etwa 10 cm kommen, wird fast jede Holzart steif genug für eine Bankplatte sein. Ich würde nie eine Platte aus 40 mm Kiefer bauen, die nicht unterstützt ist; obwohl es in einer Notsituation mit Ahorn vielleicht ginge. Ich habe aber kein Problem damit, 100 mm Kiefer für eine Platte zu verwenden. Bei dieser Stärke können Sie bei fast jedem gesunden Holz ein Auto darauf stellen.

Grundsatz Nr. 3: Hinterfragen Sie ungewöhnliche Entwürfe

„Nachdem Sie ihren Entwurf für die Werkbank skizziert haben, aber bevor Sie das Holz einschneiden, sollten Sie sich einen Gefallen tun. Vergleichen Sie Ihren Entwurf mit anderen historischen Entwürfen für Bänke. Wenn Ihre Bank ein neuer Entwurf sein sollte und ganz anders aussieht als alles zuvor gebaute, dann besteht die Wahrscheinlichkeit, dass Ihr Entwurf einige Fehler hat."

Ich schrieb das, und die Leute haben mit mir geschimpft. Ich denke, das ist ein amerikanisches Phänomen – wir legen großen Wert auf Dinge, die „neu" sind. Als der ungarische Möbelschreiner Frank Klausz seine erste Hobelbank baute, war sie in fast allen Maßen baugleich mit der Bank seines Vaters. Ich denke, das sagt etwas Wichtiges über die Kraft traditioneller Entwürfe. Sie wegzuwerfen um etwas ganz neues zu machen, ist nicht klug.

Aber es ist klug, über die Entwürfe für Hobelbänke als Teil einer größeren Gemeinschaft von Holzgewerken nachzudenken. Wenn Sie alte Bücher über Holzbearbeitung lesen, so war Möbelbau ein kleiner Teil der Handwerkergemeinde in der vorindustriellen Welt. Fast alles war aus Holz oder hatte hölzerne Teile. Und ein Großteil der Bevölkerung arbeitete mit Holz (Küfer, Wagner, Stuhlmacher, Waffenschmiede, Gerber, Korbmacher, Kistenmacher etc.). Und viele Berufe hatten Werkbänke, die für die gängigen Arbeiten dieses Gewerks ideal waren.

So war der Entwurf von Klausz ideal, weil seine Ausbildung und seine Arbeiten (zumindest zu Beginn) denen seines Vaters glichen. In meiner Zeit im Handwerk habe ich bemerkt, dass amerikanische Holzhandwerker weit vielseitiger sind als die Holzhandwerker des 19. Jahrhunderts. Im vorindustriellen Zeitalter war es in den Städten üblich, dass der Tischler das Gehäuse baute, der Drechsler die Beine drehte, der Schnitzer die Verzierungen anbrachte, der Polsterer die Kissen nähte und der Vergolder oder Lackierer die Arbeit fasste.

Wir wollen es heute aber alles machen. Furnieren, schnitzen, drechseln, Schwalbenschwänze und Oberfläche. Und wir wollen es alles an einer einzigen Super-Werkbank. Manchmal frage ich mich, ob das Problem nicht die Werkbank sondern das Spektrum von Arbeiten ist, die wir daran verrichten wollen – wie der Versuch, mit einem Auto nach Madagaskar zu fahren.

So statten wir unsere Werkbänke mit ganz verrückten Halterungen aus. An einer Ecke haben wir eine Modellbauerzange, denn wir wollen schnitzen und Stühle bauen. Wir fügen eine Zange mit Doppelspindel und vielen Bankhakenlöchern hinzu, denn wir wollen gebogene, laminierte Teile herstellen und unregelmäßige Werkstücke halten. Eine Schnellspannzange, denn wir mögen Dinge, die schnell sind. Eine Hinterzange,

***Bedenke die Fähigkeiten anderer:** Mike Dunbar vom Windsor Institut hat die traditionellen Vorstellungen von Einspannhilfen für Stuhlbauer herausgefordert. Und er hat dies mit historischer Forschung und praktischer Erfahrung untermauert. Es gibt immer fünf Wege, etwas in der Holzbearbeitung zu machen. Lassen Sie sich nicht in eine einzige Sichtweise hineinziehen.*

denn jede Bank muss nun einmal eine Hinterzange haben. Und eine Banklade, um unser Zeug unterzubringen.

Sie erkennen, das ist das größere Problem. Es sind nicht so sehr die ungewöhnlichen Entwürfe, die scheitern, es sind die übermäßig komplexen. Ich bin da auch schuldig. Wenn ich ein Problem habe, dann schaue ich erst im Geschäft nach einem Werkzeug, um es zu lösen.

Die subtilere Herangehensweise – die ich so oft wie möglich versuche – ist es, die geringste Anzahl an einfachen Lösungen zur Haltung von Werkstücken zu finden, mit denen sich die größte Vielfalt an Aufgaben lösen lässt. Beispiel: Eines meiner Hobbys ist der Bau von Sprossenstühlen (wie Walisische und Windsor Stühle). Ich sehne mich nach einer Emmert-Zange, um meine Sitze zu halten, während ich an ihnen arbeite und nach einer Schnitzbank für die Stäbe. Aber nach einiger Überlegung und nachdem ich anderen Handwerkern bei der Arbeit zugeschaut habe, habe ich gelernt, wie Handschrauben die Sitzflächen halten können und wie sich mit einer einfachen Vorderzange die Stäbe leicht herstellen lassen (und dabei sogar einige Vorteile gegenüber einer Schnitzbank bieten).

Ich mag dabei nicht so schnell arbeiten wie mit einer Schnitzbank oder einer Emmert, aber ich behalte die 300 €, die ich für eine Emmert ausgegeben hätte und kaufe mir etwas Holz und stelle es an die Stelle, wo ich sonst die Schnitzbank hingestellt hätte.

Ein Werkstück zu halten ist beides, eine Kunst und eine Fertigkeit. Beginnen Sie mit den einfachen und vielseitigen Zangen und Sie werden nie aus ihnen herauswachsen. Ich habe mit aller Kraft versucht, einer einfachen Beinzange zu entwachsen, der billigsten Zange, die man sich bauen kann. Bisher ohne Glück.

Grundsatz Nr. 4:
Ihre Bank kann nicht zu schwer oder zu lang sein. Aber die Platte kann leicht zu breit oder zu hoch sein.

Das ist ein Getöse meinerseits. Die meisten Leute tendieren dazu, Bankplatten zu entwerfen, die einem bestimmten Rechteck nahekommen – 90 cm breit und 180 cm lang – das scheint eine magische Zahl zu sein. Daher ist Grundsatz Nr. 4, unseren natürlichen Neigungen entgegenzuwirken.

Ich habe an einer 90 x 180 cm Bank gearbeitet, und es ist kein Vergnügen. Die Werkzeuge rollen außer Reichweite. Die Länge ist das absolute Minimum, um noch mit Möbelteilen zu arbeiten.

***Material für die Bank:** Eine schwere Platte halte ich für die Grundlage jedes guten Hobelbankentwurfs. Diese 175 x 175 mm dicken Abschnitte eines Blockhauses sind ideales Material für eine Hobelbank.*

***Umstoßen:** Sie wollen diese Bank nicht in Ihrer Werkstatt haben. Selbst wenn sie auf dem Boden verbolzt wäre, würde sie unter dem Druck Ihrer Werkzeuge schwanken, denn sie ist so spindeldürr.*

Und weil die Platte so kurz ist, können Sie nicht gleichzeitig an mehreren Teilen arbeiten und Ihr Projekt zusammenbauen, ausgenommen Sie bauen kleine Kästen. So wollen wir die Bemessungen der Reihe nach durchgehen.

Kann Ihre Bank zu schwer sein? Ich habe bis jetzt keine gefunden, die zu schwer war um praktisch zu sein. Ich war kurz davor, als ich eine riesige Modellbauerbank im John-Sindelar-Werkzeugmuseum in Michigan sah. Aber das war nur, weil die Gefahr bestand, dass ich helfen sollte, diese Bank auf einen Transporter zu heben.

Wenn Sie Ihre Bank noch nicht einmal auf dem Boden verschieben können, dann würde ich einen Aufenthalt im Fitness Studio empfehlen. Das ist eine beeindruckende Bank. Geben Sie der Bank dennoch zusätzliches Gewicht. Manche Leute füllen die Ablage in Bodennähe mit Sand. Eine zweite Option besteht darin, dass Sie der Bank Ihr eigenes Gewicht geben. Wie das? Schrauben Sie die Füße des Gestells sicher auf eine (oder zwei) Platten Sperrholz. Stehen Sie bei der Arbeit an der Bank auf dem Sperrholz. Ich habe das schon in Aktion gesehen. Es funktioniert (und es ist ein Holzboden).

Was ist so schlimm an einer leichten Bank? Wenn Sie sich das wirklich fragen, dann haben Sie sich noch nicht über eine geärgert. Es gibt im Handel Bänke, die wiegen kaum 50 kg. Versuchen Sie einmal einen Handhobel an dieser Bank zu benutzen. Sie werden die ganze Bank bewegen. Oh, und derartige Bänke sind zusammengeschraubt, sie sind also auch noch klapprig.

Kann eine Bank zu lang sein? Mir ist noch keine Bank begegnet, die zu lang ist, wenn sie auf einem unbegrenzten Horizont steht. Bänke sind wie Goldfische. Sie sollten wachsen, damit sie in ihre Umgebung passen. Wenn Sie Boote bauen, dann wird eine 4 m lange Bank wohl noch zu kurz sein. Wenn Sie Schmuckkästchen in einer 10 m^2 kleinen Waschküche bauen, dann ist eine Bank von 1,80 m fast mehr, als Sie unterbringen können.

Wenn Sie die Länge Ihrer Bank planen, passen Sie sie der Werkstatt an. Stellen Sie sie möglichst gegen eine Wand mit einem Fenster nach Norden (mehr dazu in Kürze). Halten Sie mindestens 60 cm Abstand an beiden Enden, damit Sie Ihren Hobel vor der Bank aufsetzen und hinter der Bank abnehmen können (ohne ein Loch in die Wand zu schlagen). Die Nutzer von Oberfräsen sollen sich nicht beschweren. Wenn Sie ihr Werkstück und eine Schablone auf eine Ecke Ihrer Bank spannen, dann müssen Sie Ihren Hintern beim Fräsen halt um diese Ecke bewegen. Also, 60 cm Freiraum an beiden Enden sollte gut für uns alle sein.

Der Vorteil einer langen Bank ist, dass sie Platz spart. Wie bitte? Ich weiß, das klingt wie Milchmädchen-Ökonomie, aber das tut sie wirklich. Ich montiere fast alles an meiner 2,40 m langen Bank und es lässt mir noch Raum, an einzelnen Teilen zu arbeiten, während das halb zusammengebaute Stück auf der Bankplatte liegt. Im Ergebnis habe ich zwar eine große Bank in unserer Werkstatt, aber ich nehme wegen meiner Arbeitsweise insgesamt die geringste Fläche in Anspruch.

Wir wollen über die Breite der Bankplatte sprechen. In den letzten Jahren habe ich mit schmäleren und noch schmäleren Platten experimentiert. Warum? Weil das Holz, das mir zur Verfügung stand, es so verlangte. Eine 60 cm breite Platte ist eine schöne Standardgröße, und ich habe daran nichts auszusetzen. Aber wenn Sie es schmäler haben wollen, ist das möglich. Wie schmal? Das kommt darauf an. Da sind einige physikalische

Gesetze am Werk hier. Eine 50 cm schmale Bank mag in Ordnung gehen, wenn sie 83 cm hoch ist. Doch bei einer Höhe von 90 cm kann sie wie auf Zehenspitzen stehen. Es hängt auch vom Gewicht ab und davon, ob die Bank an einer Wand steht.

Die meisten Bänke mit einer Breite von 50 cm sind prima, selbst bei kräftiger Handarbeit wie beim Sägen oder Schlichten einer Füllung mit einer kurzen Raubank quer zur Faser und mit grober Spanabnahme. Wenn Sie aber runter auf 45 cm kommen, dann betreten Sie eine Grauzone. Bleiben Sie also bei einer Breite von 50 cm, wenn Sie auf der sicheren Seite sein wollen.

Warum sollten Sie eine schmale Bank wollen? (Abgesehen einmal von Platzgründen) Ein Foto kann es besser erklären als Worte. Eine schmale Bank erlaubt es, dass Sie einen Korpus einfach auf die Bank schieben, um an dem montierten Möbelstück zu arbeiten. Sie können Schwalbenschwanzverbindungen putzen und das Äußere für die Oberfläche vorbereiten. Ohne die Hilfe Ihrer Bankplatte ist das mühselig.

Wenn Sie Schleifmaschinen verwenden, dann ignorieren Sie meinen Rat. Sie können einen verleimten Korpus überall schleifen. Das ist einer der großen Vorteile von Schleifmaschinen gegenüber Handhobeln. Schleifmaschinen mögen langsamer sein, aber sie arbeiten auch in der Vertikalen.

Was nun die Höhe der Bank angeht, ist dies so wichtig, dass wir dem einen eigenen Grundsatz widmen. Wir wollen uns damit als nächstes beschäftigen.

***Große Bank, kleiner Arbeitsbereich:** Ich baue und montiere fast alles in dem Bereich, den Sie hier sehen. Große Schränke, kleine Kästchen, was Sie wollen. Die großzügige Fläche auf der Bank erlaubt es mir ohne „Montagebank" zu leben, die einige Holzhandwerker bevorzugen.*

***Das ist ein schmaler Streifen:** Sie können Tische und Schränke direkt auf Ihre Bank legen, wenn die Platte schmal ist. Wenn Ihre Bank schmäler als 60 cm ist, dann werden Standard-Küchenschränke so hinplumpsen, dass Sie an ihnen arbeiten können – die Frontrahmen bündig arbeiten oder was auch immer.*

Schau Mutter, keine Arme
Meine Beine und meine Bauchmuskeln erledigen die meiste Arbeit hier. Wenn die Bank höher wäre, müssten meine Arme härter arbeiten. Zum Vergleich, ich bin 190 cm groß, die Bank ist 83 cm hoch.

Illustration: Hayes Shanesy

Hoch und runter:
Ein 10 cm dicker Holzblock unter jedem Bein ermöglicht Ihnen mit einer Bewegung wie bei einem Motorradständer in etwa fünfzehn Sekunden eine Umstellung zwischen Sägen und Hobeln. Man braucht etwa eine Stunde, um das zu bauen.

Grundsatz Nr. 5: Wählen Sie die richtige Höhe – tiefer ist besser

Die Frage der Höhe einer Hobelbank ist viel kontroverser als ich dachte. Leute, die sich kaum um Hobelbänke scheren, können sich über die Höhe einer Bank ereifern. Es gibt die Erwartung, dass mit einer magischen Höhe alles einfacher wird.

So einfach ist es nicht. Die Höhe der Hobelbank steht in engem Zusammenhang mit den Aufgaben, die Sie an der Bank ausüben werden. Wir wollen hier deutlich werden. Mit dem Handhobel arbeitet man am besten an einer niedrigen Bank. Sägen ist an einer etwas höheren Bank einfacher. An kleinen Werkstücken, die besondere Aufmerksamkeit erfordern (wie etwa beim Schnitzen), wird man besser an einer höheren Bank arbeiten. Eine einzige Bank kann nicht all diese Anforderungen erfüllen. Richtig?

Sicher, es gibt im Handel höhenverstellbare Bänke und auch Pläne in Zeitschriften. Sie sind komplexer als die altmodische Bank eines Einfaltspinsels, und einige, an denen ich gearbeitet habe, waren bei starker Beanspruchung, etwa bei Hobeln, etwas wackelig.

Um fair zu sein, höhenverstellbare Bänke scheinen oft auf Rollen montiert zu sein, damit man sie einfach bewegen kann (das macht sie doppelt vielseitig und doppelt verdächtig, je nach Sichtweise). Es ist manchmal schwierig, die Funktionen der Mobilität und Verstellbarkeit zu trennen. Von meinen Bänken verlange ich beides nicht.

Einige höhenverstellbare Bänke, die ich gesehen habe, funktionieren. Eine davon, die von einem Leser vorgeschlagen wurde, verwendet Füße, die mit einem Scharnier befestigt sind. Sie lassen sich herunterklappen und heben die Bank dabei um 10 bis 12,5 cm an. Das klappt. Ich habe es gesehen. Ich gebe dem meinen Segen. Aber ich denke, die Frage der Höhe von Hobelbänken wird einfacher, wenn wir uns einige der frühesten englischen und französischen Publikationen über Holzbearbeitung anschauen.

Bevor wir uns den alten Büchern widmen, wollen wir uns niedrige Bänke anschauen, die ideal für die Arbeit mit dem Handhobel sind. Diese Höhe, was auch immer sie sein mag, wird die ideale niedrigste Position für Ihre Bank sein.

Es gibt die irgendwie fehlgeleitete Vorstellung in der Öffentlichkeit, dass die Menschen im 18. Jahrhundert Liliputaner waren. Es gibt eine Menge Daten und archäologische Evidenz, die nahelegen, dass der Unterschied zwischen Menschen des 18. und 21. Jahrhunderts eher einer von Körperumfang als von Größe ist.

***Alte Lösung:** Die Doppelspindelzange aus dem 17. Jahrhundert ist ein Weg, um das Sägen an Ihrer Bank zu erleichtern. Die Backen heben das Werkstück über die niedrige Bankplatte, die Sie zum Hobeln verwenden. Wir bieten in diesem Buch im Kapitel „Einspannen" Pläne und Details für dieses Zubehör.*

***Große hölzerne Kerle:** Der Holzkörper meiner Raubank hat einen Querschnitt von 60 x 75 mm. Bei dem Metallhobel liegt die Hand am Griff nur wenige Millimeter über der Bankplatte. Das macht einen Unterschied.*

Warum sind alte Hobelbänke, die ich gesehen habe, so niedrig – 70 bis 78 cm? Die Hobel waren größer.

Im 18. und frühen 19. Jahrhundert hatten alle Handhobel einen dicken Holzkörper. Diese Hobel waren leichter und hoben Ihre Hände um mehr als 75 mm über die Höhe der Bankplatte. Um Ihr Gewicht auf das Werkzeug zu legen und es so schneiden zu lassen, brauchten Sie eine niedrigere Hobelbank.

Als in der industriellen Revolution durch Stanley Toolworks billige Metallhobel auf den Markt kamen, lagen Ihre Hände niedriger im Verhältnis zur Bankplatte. Wenn Sie mit einem Metallhobel arbeiten, dann hilft Ihnen die Schwungmasse des Hobels das Eisen schneiden zu lassen. Und Sie haben einen Griff, der gut und gerne 75 mm tiefer liegt als der Griff eines Holzhobels. Folglich können Sie eine höhere Bank haben und immer noch Ihr Gewicht auf das Werkzeug legen.

Um die optimale Höhe für Ihre Bank zu ermitteln, gibt es eine Menge Formeln, bei denen es um die Position Ihrer Hand im Verhältnis zum Boden geht. Die folgenden drei gelten für Metallhobel.

Formel 1:
Die Arbeisplatte soll die Höhe Ihre Handflächen haben, wenn Sie Handfläche und Arm auf die Bank legen.

Formel 2:
Die Platte sollte die Höhe des Handgelenks haben, wenn die Arme herabhängen.

Formel 3:
Die Platte sollte der Höhe entsprechen, wo sich der kleine Finger und die Handfläche treffen.

Sie können sich irgendeine Formel auswählen, die Ihnen zusagt. Ich habe immer Formel 3 verwendet, die meiner Bank eine Arbeitshöhe von 83 oder 85 cm gibt. Wenn Sie ausschließlich mit Holzhobeln arbeiten, dann müssen Sie 75 mm von der Bankhöhe abziehen.

Warnung: Das sieht zunächst wirklich niedrig aus. Aber probieren Sie es aus. Wenn Sie mir nicht vertrauen, dann bauen Sie sich aus Bauholz und billigem Sperrholz eine temporäre Plattform, auf der Sie beim Arbeiten stehen. Ich denke, Sie werden glücklich sein, sobald Sie die richtige Höhe für sich entdeckt haben.

Warum? Weil Sie in der Lage sein werden, länger zu arbeiten ohne erschöpft aufzugeben. Wenn die Platte zu hoch ist, werden Sie sich am Ende die Arme verschleißen. Wenn Ihre Platte niedriger wird, dann werden Ihre Beine und der Bauch beansprucht. Diese Muskeln ermüden nicht so schnell.

Aber, wenn Ihre Platte niedriger wird, wird es schwieriger, mit einer rückenverstärkten Handsäge zu arbeiten. Warum? Weil Sie sich nach vorne beugen müssen, um Ihre Risse zu sehen. Nach zwei Schubkästen wird Ihr Rücken weh tun.

Sollten Sie ein junger und flexibler Lehrling sein, ist das keine große Sache. Aber für die anderen 99 % von uns ist das kein Vergnügen.

Glücklicherweise gibt es eine Lösung, die alt, einfach und befriedigend ist. EIn seinem Buch über Architektur aus dem 17. Jahrhundert zeigt André Félibiens eine interessante Zange mit zwei Spindeln, die hinten in der Werkstatt an der Wand lehnt. Der Text hierzu war wenig hilfreich. Dann veröffentlichte Joseph Moxon die gleiche Werkbank in seinem in englischer Sprache erschienenen Text „Mechanikc Exercises", aber er zeigt die Zange, wie sie an der Front einer Werkbank befestigt ist. Der Text beschreibt jedoch, dass diese „Zange mit Doppelspindel" oben auf die Werkbank gelegt und mit Niederhaltern gesichert werden kann. Und da ging auch mir ein Licht auf.

Wenn Sie diese „Doppelspindel-Zange" bauen und mit Zwingen auf der Werkbank fixieren, werden alle Sägeaufgaben einfach, denn sie hebt das Werkstück um 10 bis 15 cm an. Ich habe mehrere dieser Einspannvorrichtungen gebaut, sie über Monate ausprobiert und bin ganz sicher, dass sie immer zu meiner Ausstattung gehören werden.

Wir haben Pläne und Anleitung zum Bau einer Doppelspindel-Zange in dieses Buch aufgenommen.

Zerbrechen Sie sich nicht den Kopf über die Höhe der Werkbank oder komplizierte Erwägungen zur Überwindung der Gesetze von Zeit und Raum. Bauen Sie Ihre Bank so, dass Sie daran bequem hobeln können. Bauen Sie sich dann ein schnelles Zubehör, mit dem sich leicht sägen lässt.

Und was ist, wenn Sie weder hobeln noch sägen? Ich würde eine Höhe von 90 cm empfehlen. Das ist eine gute Höhe für die meisten Leute, die einfache Bankarbeiten machen und die sich nicht über Ihre Arbeit beugen wollen. (Manchmal sind Handmaschinen so viel einfacher als Handwerkzeuge.)

Grundsatz Nr. 6: Wo Ihre Bank in der Werkstatt stehen sollte.

Für die meisten Holzhandwerker gibt es keine Wahl. Der Grundriss der Werkstatt legt fest, wo die Bank stehen wird. Auf der Arbeit steht meine Bank an einem nach Westen liegenden Fenster, daher sind die Nachmittage (besonders im Winter) furchtbar. Das Licht auf meiner Bank ist scharf, flach geneigt und rötlich.

Erleuchtung: Die beste Investition in meiner Werkstatt war der Einbau dieser Fenster nach Norden. Ich kann zu jeder Tageszeit an der Bank arbeiten ohne durch Schlagschatten und komische Farbtöne genervt zu werden. Verwerfen Sie diese Idee nicht, bevor Sie die Möglichkeiten ausgeschöpft haben. Sicher hat ein Zimmer in Ihrem Haus ein Fenster nach Norden.

Zu Hause habe ich meine Bank gegen die einzige Wand gestellt, an der Platz für sie war. Glücklicherweise war es eine Nordwand. Nachdem ich etwas Geld gespart hatte, ließ ich ein zweiflügliges Fenster einbauen. Und ich bin so glücklich.

Das Licht auf meiner Bank ist den ganzen Tag exzellent, unabhängig von der Jahreszeit. Endlich verstehe ich, warum Künstler in ihren Ateliers Nordlicht bevorzugen. Die meiste Zeit arbeite ich an meiner Bank ohne elektrisches Licht, und es klappt prima.

Nach meiner Erfahrung ist es das bestmögliche Szenario, wenn Ihre Bank an einer Nordwand steht. Steht die Bank an einer Wand, dann stabilisiert sie das beim Sägen von Verbindungen und beim Hobeln quer zur Maserung. Ich habe meine Werkzeuge zudem gerne am Fenster hängen, sodass ich leicht nach ihnen greifen kann (diese Aufhängung wird später im Buch detailliert beschrieben).

Aber andere Texte geben anderen Rat. Eine Quelle des 19. Jahrhunderts behauptet, am besten stünde die Bank in der Mitte des Raumes und zwar so, dass das Nordlicht auf das Ende mit der Vorderzange fällt. Mit anderen Worten, die Bank ist gegenüber meiner Position um 90° gedreht. Ich will mich nicht streiten. Félbien zeigt eine Bank in einer Werkstatt mit genau dieser Anordnung.

Wenn Sie keine Fenster in Ihrer Werkstatt haben sollten, so empfehle ich, machen Sie sich kundig. Ich war überrascht, wie günstig der Einbau von hochwertigen Holzfenstern ist.

Danach müssen Sie beginnen, sich über die Beleuchtung der Werkstatt zu informieren. Ich bin kein Experte auf diesem Gebiet, Sie sind hier leider auf sich gestellt. Ich kann Ihnen aber sagen, dass einige direkte Lichtquellen besser für Handarbeit sind als massenweise diffuses Deckenlicht.

So einfach wie möglich: *Nach allerhand Überlegung ist dies die einfachste und stärkste Lösung, um Ihre Bank beweglich zu machen, wenn Sie sie umstellen möchten, und fest, wenn sie stehen soll. Kosten: 50 € für Standard-Beschläge aus dem Baumarkt.*

Sie sind nicht so eitel: *Versuchen Sie dies einmal mit einer Bank, die jede Menge Schubkästen unter der Platte hat. Vielleicht funktioniert es, vielleicht nicht. Dies hier wird immer funktionieren. Ihre Beine und Riegel sind 1A Flächen zur Befestigung mit Zwingen. Lehnen Sie die nicht ab.*

Grundsatz Nr. 7: Sie sollten Ihre Bank bewegen können, aber nicht zu einfach.

Eine Hobelbank beweglich machen, wenn sie umgestellt werden soll und unbeweglich, wenn sie an ihr arbeiten wollen (und dies einfach und billig), das ist das Ziel der westlichen Welt mit Garage und mobilisierter Frau. Die meisten Lösungen, die ich gesehen habe, sind zu komplex oder machen Kompromisse im Hinblick auf Mobilität, Stabilität oder Einfachheit.

Nach langer Überlegung habe ich eine Idee gehabt, die vier Rollen, zwei Kiefernbohlen 5x15 cm und vier Scharniere erfordert. (Siehe Abbildung oben links). Die Rollen lassen sich unter die Beine klappen, wenn Sie die Bank bewegen müssen und wieder hochklappen, wenn die Bank fest stehen soll. Es ist das gleiche Prinzip, das angewandt wurde, um die Bank anzuheben oder abzulassen. Diese Lösung ist – ich gebe es zu – ein bisschen hässlich. Und, Scharniere und Rollen sind teuer. Sie sollten schwer belastbare Scharniere wählen (im Gesenk geschmiedete Scharniere sind hier nicht gut). Auch wenn Sie billige Beschläge verwenden, wird Sie diese Lösung um 50 € erleichtern.

Deswegen bewegen wir die Bänke in unserer Werkstatt auf Umzugswagen – die gleichen Hilfen mit vier Rollen, die wir zum Transport von schweren Möbeln oder Maschinen brauchen. Oder wenn wir eine Hobelbank verstellen müssen, um für einen bestimmten Auftrag unsere Arbeitsweise umzustellen, dann schieben oder ziehen wir sie einfach. Ich bewege meine Bank ungefähr einmal pro Woche für irgendeine Arbeit (manchmal um ein Foto zu machen). Obwohl sie 160 kg wiegt, ist es keine große Sache, sie zu schieben.

Obwohl ich nur diese beiden Lösungen anbiete (rohe Gewalt oder hässlich), habe ich jede Menge Lösungen gesehen, die nicht gut funktionieren.

- Rollen mit Feststellern. Sie lassen sich nicht gut genug feststellen. Oder die Bank rutscht mit den festgestellten Rollen herum.
- Rollen, die in die Beine eingelassen sind. Sie lassen sich absenken, wenn man vier Gewindestangen löst (manchmal mit einem Akku-Schrauber). Ja, das funktioniert, aber es ist eine Ingenieursleistung.
- Mobile Unterkonstruktionen für Tischkreissägen. Sie haben gewöhnlich zwei Rollen mit Bodenkontakt und so bleibt ein Ende der Bank etwas beweglich. Einige Sets zum Umstellen von Maschinen werden funktionieren, aber Sie müssen dann einen Holzrahmen um Ihr Bankgestell bauen, über den Sie stolpern werden. Zudem verwenden diese Sets Rollen mit ganz kleinem Durchmesser, die schon mit ein paar Spänen überfordert sind. Seien Sie besonders vorsichtig bei Rollen, die aussehen, als gehörten sie zu Büromöbeln. Teile der Werkstatt lassen sich besser mit großen Rollen bewegen, die einen Durchmesser von 75 oder 100 mm haben.

Wenn Sie auf eine einfachere, elegantere und robuste Lösung als hier kommen, würde ich sie gerne sehen.

Grundsatz Nr. 8: Ihre Bank ist eine dreidimensionale Spannfläche. Alles, was Sie dabei stört, Werkstücke auf Ihrer Platte festzuspannen (Bankhakenleiste, Schubkästen, Türen, Stützen etc.) wird Sie frustrieren.

Ich erwarte nicht, dass Sie ein Wort von dem glauben, was ich zu diesem Thema sage. Aber eines Tages werden Sie es vielleicht glauben. Im letzten Jahrzehnt habe ich den Entwurf von Werkbänken mit vielen Holzhandwerkern diskutiert und eine ihrer Hauptüberlegungen war, wie man Stauraum für Werkzeuge schaffen kann. Selbst die Holzhandwerker, die meinen Argumenten zum Einspannen von Werkstücken folgen, bestehen darauf, unter der Platte eine Schubkasteneinheit zu bauen. Da gibt es etwas bei dem großen offenen Raum, das gegen jede Vernunft spricht. Oder wir haben einfach zu viele Werkzeuge.

Es ist nicht Aufgabe der Hobelbank, Werkzeuge aufzubewahren. Das ist Aufgabe der Werkzeugkiste (und wäre Gegenstand eines anderen Buches). Unter der Bank sollte ein Boden sein, um Ihre Hobel griffbereit zu halten, auch einige Möbelteile oder Vorrichtungen, die Sie ständig brauchen. Ansonsten versuchen Sie, das Gestell der Bank so sauber und einfach wie möglich zu halten. Wir wollen darüber sprechen, was ich damit genau meine.

Versuchen Sie alle Oberflächen Ihrer Bank in einer Ebene zu halten. Und versuchen Sie, sie so einfach zu machen, dass Sie jederzeit und an jeder Stelle eine Zwinge ansetzen können. Die Platte ist leicht nach vorne zu ziehen, daher wollen wir mit ihr beginnen. Die Unterseite Ihrer Hobelbank ist genauso wichtig wie die Oberseite. Wenn Sie dort unten eine vorspringende dickere Bankhakenleiste oder unterstützende Teile haben, dann wird es Sie viel Mühe kosten, eine Zwinge so anzusetzen, dass sie an jeder Stelle auf der Arbeitsplatte oben greift.

Hier haben Sie ein Beispiel dieses Prinzips, wenn es nicht funktioniert. Haben Sie eine Ständerbohrmaschine? Schauen Sie sich den Auflagetisch an. Die Oberseite ist schön flach. Aber schauen Sie für einen Moment untendrunter. Die Rippen des Eisengusses sind nervig, wenn Sie ein Werkstück mit Zwingen befestigen wollen. (Das gleiche gilt für die Tische von Bandsägen.)

Machen Sie Ihre Arbeitsplatte nicht so. Sie sollte flach und ohne Hindernisse sein – ein Paradies für Zwingen.

Wenden Sie nun die gleiche Überlegung auf die Front Ihrer Werkbank an. Stellen Sie sich das genauso vor wie die Arbeitsplatte. Alle Teile sollten in einer Flucht liegen, einschließlich der Vorderkante der Arbeitsplatte, der Vorderseiten der Schwingen und der Vorderseiten der Beine. Nichts sollte im Weg sein, wenn Sie etwas an den Beinen, den Schwingen oder der Vorderkante der Platte befestigen wollen.

Bedenken Sie nun die Rückseite Ihrer Bank. Können Sie mir folgen? Ich hoffe doch. Denn wir werden hier sehr konkret bei der Befestigung von Werkstücken.

Grundsatz Nr. 9:
Alle Bänke sollten in der Lage sein, das Holzstück so zu fassen, dass Sie einfach an seinen Seiten, Köpfen und Kanten arbeiten können.

Das ist alles, was ich von einer Bank verlange. Die Leute denken, ich sei vernarrt in französische Bänke. Das stimmt nicht. Ich bin vernarrt in jede Bank, welche die grundlegenden Aufgaben beim Fixieren eines Werkstücks mit Leichtigkeit bewältigt.

Um meine Gefühle zu erklären, habe ich eine Art Lackmus-Test für Werkbänke entwickelt, ich nenne es den „Küchentest". Alles, was Sie für diesen Test brauchen, ist Ihre Vorstellungskraft. Sie brauchen nicht einmal einen Bleistift der Härte 2.

Stellen Sie sich Ihre Bank vor. Stellen Sie sich nun eine Küchentür vor, die 2 cm dick, 38 cm breit und 58 cm lang ist. Wie würden Sie diese Tür flach auf Ihrer Bank befestigen, um die Verbindungen bündig zu hobeln und die Tür dann zu schleifen oder zu putzen? Vielleicht mithilfe der Hinterzange?

Bedenken Sie: Alle Standardtests beginnen mit einer einfachen Frage.

Wie werden Sie Ihre Tür hochkant einspannen, um die Vertiefungen für die Scharniere auszufräsen und die Sägespuren mit dem Hobel zu beseitigen, und zwar ohne dass die Tür herumwackelt? Besteht Ihre Bank diesen Test? OK, nun stellen Sie sich die gleiche Frage noch einmal bei einer gut 20 mm dicken Tür mit den Maßen 38 x 93 cm.

Ein wenig Überlegung: *Einen montierten Korpus auf die Bank zu spannen, ist umständlich. Aber wenn Sie einmal verstanden haben, dass Niederhalter und Abschnitte Ihre Freunde sind, geht es leicht von der Hand.*

Nun, wie würden Sie die Tür einspannen, um an den Enden die Riegel und das Kopfholz der aufrechten Rahmenhölzer so zu bearbeiten, dass die Tür in die Öffnung passt?

Wenn Sie heraus haben, wie Sie mit einer Küchentür umgehen, dann denken Sie über andere Standard-Küchenteile nach.

Nehmen wir einmal an, Sie bauen eine Küchenschublade. Sagen wir, sie ist 13 cm hoch, 33 cm breit und 48 cm tief. Sie haben den Schubkastenboden noch nicht eingebaut. Wie putzen Sie nun die Eckverbindungen und die Flächen? Brauchen Sie spezielle Vorrichtungen?

Wir wollen die Sache schwieriger machen. Wie wäre es mit einem Korpus? Ein kleiner, 38 cm breit, 88 cm hoch und 60 cm tief. Die Rückwand ist noch nicht montiert. Denken Sie an die Oberflächen, wie wollen Sie die nach der Montage putzen? Wenn Sie eine Schleifmaschine benutzen, ist die Antwort wirklich leicht (obwohl Ihre Nase am Ende schön verstopft sein wird). Legen Sie eine Decke auf die Bank und legen sie los. Wenn Sie Handhobel verwenden, dann gibt es einen Preis zu zahlen für ihre Geschwindigkeit.

Und schließlich, denken Sie einmal an den Sockel. Sagen wir einmal in den Maßen 240 x 10 x 2 cm. Sie müssen eine Kante profilieren und die anderen Oberflächen putzen, bevor die Gehrungen geschnitten werden. Wie werden Sie das Brett einspannen, um seine Flächen, Kanten und Enden zu bearbeiten?

Ich gebe Ihnen hier keine Antwort, denn jede Bank ist anders, und keine Bank kommt mit all diesen Problemen einfach zurecht. Die meisten Bänke arbeiten gut bei Flächen. Einige Bänke kommen gut mit Köpfen zurecht. Viele Bänke kommen mit langen Kanten nicht klar.

Wenn Ihr Entwurf die meisten dieser Aufgaben erfüllt (montierte Korpusse und Schubkästen sind schwierig), dann sind Sie auf gutem Weg, Ihren Entwurf vor dem Bank-Gericht zu rechtfertigen.

***Sieht gut aus:** Aber die Platte ist erbärmlich dünn. Die hohe Bankhakenleiste hinderte unsere Zwingen daran, die Unterseite der Platte zu erreichen. Ich wollte diese Bank unbedingt loswerden, so gab ich sie Robert Lang, um ihn zu frustrieren. Und siehe, er baute wenig später eine sehr schöne Bank.*

Grundsatz Nr. 10: Bankhakenleisten und Randleisten sind Mist

Wenn Ihnen das nicht einleuchtet, muss ich Sie in ein Geschäft schicken, in dem Hobelbänke ausgestellt sind.

Schauen Sie sich die Bänke an, die dort ausgestellt werden. Nicht nur die 50-kg-Schwächlinge. Schauen Sie sich das dickste Biest an. Die Platte wirkt meist massiv, vielleicht 100 mm dick. Aber es ist eine Illusion. Schauen Sie unter die Platte, und Sie werden die Wahrheit sehen. Die eigentliche Platte hat meist weniger als 50 mm und wird von einer Bankhaken- oder Randleiste eingefasst.

Ja, ich gebe zu, dass diese hohe Randleiste der Arbeitsplatte etwas Festigkeit geben kann. Und die Randleiste kann auch unschönes Kopfholz abdecken. Und die Verbindungen an den Ecken sprechen unsere Sinne an (Schwalbenschwänze oder Fingerzinken). Aber wenn Sie diese Bank einmal nach Hause gebracht haben, werden Sie bemerken, dass die Randleiste Ihren Zwingen im Weg ist, wenn Sie etwas auf der Platte befestigen wollen. Ja, sie können von Vorteil sein, wenn Sie schmale Bretter einspannen wollen, um ihre Kanten zu bearbeiten, aber alles in allem bringen diese Randleisten nichts.

Ja, sie lassen Ihre Bank eher wie ein schönes Möbelstück aussehen. Aber das ist das netteste, was ich über sie sagen kann.

***Eine Ebene:** Leute, die dieses Merkmal nicht mögen, hatten dieses Merkmal nie an ihrer Bank. Wenn Sie einmal mit bündigen Teilen gearbeitet haben, werden Sie niemals zurückgehen.*

Grundsatz Nr. 11: Eine vorspringende Vorderkante. Wollen Sie das?

Eines der Merkmale, die ich an einer Bank am meisten mag, ist, wenn die vorderen Flächen der Beine in der gleichen Ebene liegen wie die Vorderkante der Arbeitsplatte.

Aber dieses großartige Merkmal findet sich selten an modernen Bänken. Die Platte springt meistens an den Beinen um rund 5 cm vor. Die Schattenlinie sieht gut aus. Es ist einfacher, eine Bank zu bauen ohne sicherstellen zu müssen, dass alle Flächen bündig sind. Die Kanten von montierten Teilen lassen sich auch hobeln, wenn Sie einen sogenannten „Toten Mann" verwenden, der bündig mit der Vorderkante der Arbeitsplatte ist. Dieses im deutschen Sprachraum wenig bekannte Hilfsmittel ist ein aufrechtes Brett am Gestell, das verschiebbar ist und als Auflage für lange Werkstücke genutzt wird. Oder der Sie können einen Bankknecht verwenden (siehe Kapitel über Einspannen von Werkstücken). Ein Bankknecht ist im Prinzip eine mobile Spannfläche. Müssen Sie eine 5 m lange 5 x 30 cm Bohle einspannen? Spannen Sie ein Ende an der Vorderzange fest und zwingen Sie das andere an den Bankknecht.

Das ist eine einfache Lösung. Abgesehen davon, dass Sie am Ende die ganze Zeit gegen den Bankknecht rennen oder sich mit seinen Füßen herumschlagen, die wiederum mit Ihren Füßen, den Beinen der Bank, Ihrer Sägebank und Ihrer Bandsäge in Konflikt geraten. Ich habe einen Bankknecht, den ich in meiner Werkstatt zu Hause benutzt habe. Ich rannte immer um ihn herum, um ihn zum Einsatz zu bringen und schob ihn aus dem Weg.

Besonders einfach ist es, wenn alle Teile an der Vorderseite der Bank in einer Ebene liegen. Spannen Sie eine Tür an das Bein. Fixieren Sie eine große Tür an der Schwinge oder dem „Toten Mann". Spannen Sie eine 3 m lange 5 x 30 cm Bohle an ein Vorderbein. Man braucht nur eine Zwinge und die Vorderzange.

Ich kann mir kaum eine Bank ohne dieses Merkmal vorstellen.

Grundsatz Nr. 12: Die Banklade

Ich vermeide Bankladen aus zwei Gründen. Dort sammelt sich Müll und sie können keine 72 cm breite Korpusseite unterstützen, wenn Sie seine Fläche auf der Bank bearbeiten. Abgesehen davon sind sie prima, besonders wenn man den Boden der Lade herausnehmen kann, um durch diese Öffnung mit der Zwinge etwas auf Ihrer Platte zu fixieren.

Ich habe eine Banklade. Ich habe sie nun schon seit Jahren. Aber ich nehme sie nicht wahr. Meine Banklade ist die Fensterbank zwischen der Arbeitsplatte und dem Fenster. Dort bewahre ich meine Streichmaße, Wachs, Schnüre, Keile, Zulagen und alles auf, dass ich sonst in eine Banklade werfen würde. Ja, es ist etwas unordentlich, wie eine Banklade. Aber sie kommt mir bei der Arbeit nie in die Quere. Ich habe noch jede Menge Fläche auf meiner Arbeitsplatte, so kann ich locker Korpusseiten hobeln. Und wenn ich meine Bank vom Fenster wegziehe, dann bleibt meine Werkzeugablage auf der Fensterbank, so wird die Rückseite der Bank frei und sie bietet eine weitere fantastische dreidimensionale Oberfläche, um Zwingen anzusetzen.

Mit anderen Worten, ich bin ein Fan von selbständigen Werkzeugablagen. Und jedes Foto, das Sie von meinem Arbeitsplatz sehen, sollte das bestätigen. Ich habe soviel Werkzeuge wie möglich über meiner Arbeitsplatte am Fenster hängen. Die Arbeitsplatte aber bleibt immer frei.

Eine selbständige Werkzeugablage funktioniert wirklich. Bedenken Sie das, bevor Sie sich durch die komplexen Verbindungen arbeiten, die eine integrierte Banklade erfordert.

Grundsatz Nr. 13: Wählen Sie das beste Material.

Jede Woche ist meine Mailbox vollgestopft mit Fragen zum Material einer Hobelbank. Die Leute wollen meinen Segen, um alle möglichen Holzarten für den Bau einer traditionellen Hobelbank zu verwenden.

In meinem ersten Buch habe ich Tabellen aufgenommen, welche die relative Festigkeit, Härte und das Gewicht einer Vielzahl von Holzarten verglichen. Obwohl es Spaß macht, den Holzarten Zahlen zu geben, so kann dies doch in zu viel Analyse münden. Und damit zu vielen E-Mails in meiner Box.

Hier ist meine großes Schlussplädoyer für die Wahl des Materials. Fast jede Holzart wird eine gute Bank geben, solange das Material ziemlich dick ist (dicker als 75 mm). Wenn ich mich nach Holz für Werkbänke umsehe, ist dies meine erste Überlegung:

Ist es sauber, trocken, günstig und in großen Stärken sowie ausreichend verfügbar? Wenn ja, dann ist es ein gutes Material für die Bank. Ja, sogar Weymouthskiefer, Douglasie und Hemlock sind gute Holzarten für Bänke. Hier sind einige Überlegungen, die Sie berücksichtigen können, wenn Sie eine Holzart auswählen.

- Bänke aus Nadelholz bekommen schnell Blessuren, aber sie lassen sich leicht abrichten.
- Bänke aus Laubholz sind teuer und schwer abzurichten. Aber sie sehen beeindruckend aus.
- Helle Hölzer machen es einfacher, Ihre Werkzeuge einzustellen und sie reflektieren Licht in einer dunklen Werkstatt. Aber ein dunkles Holz ist auch kein Hindernis.
- Offenporige Hölzer (Eiche und Esche) können feine Metallspäne aufnehmen. Wenn Sie an Ihrer Bank nicht mit Metall arbeiten, dann brauchen Sie sich darum nicht zu kümmern.
- Jedes trockene Holz ist einem feuchten vorzuziehen.
- Jedes dicke und breite Holz ist einem dünnen vorzuziehen. Ich würde eher eine Platte aus drei Kiefernbohlen haben wollen als eine aus 25 Streifen harten Ahorns.
- Ja, Sie können verschiedene Holzarten benutzen. Verwenden Sie billige Weißtanne für das Gestell und harten Ahorn für die Platte. In ein paar Jahren werden alle Teile gelb sein.
- Arbeitsplatten aus Nadelholz stehen besser als solche aus Laubholz. Ist ein Nadelholz einmal trocken, wird es kaum noch arbeiten. Harzreiche Weichhölzer werden härter, wenn das Harz sich setzt. Nach etwa fünf Jahren wird eine Platte

Ein Zuckerstück fürs Auge: *An einer Bank sollten die dekorativen Details meiner Meinung nach klein und subtil sein. Ein geschwungenes Untergestell wird Ihnen Zeit rauben und gar nicht die Funktionalität verbessern. Wenn Sie sich ausdrücken wollen, dann an Stellen, wo Sie zur Gewichtsersparnis Material wegnehmen können.*

aus Yellow Pine (amerikanische Sumpfkiefer) hart wie ein Felsen.

Machen Sie sich nicht zuviel Gedanken über Bankhakenlöcher. Ja, die werden durch den Gebrauch von Niederhaltern und dergleichen ausgerieben. Das wird wahrscheinlich kein Problem werden in den nächsten 20 bis 120 Jahren.

- Das beste Material für eine Werkbank wird das größte und trockenste Zeug sein, was Sie gerade kaufen können. Ende der Durchsage.

Grundsatz Nr. 14: Vitrinen-Bänke aus exotischem Material und mit üppigen Details sind schön.

Ich habe hier nichts einzuwenden. Und ich sehe gerne Bänke aus Vogelaugenahorn und mit eingelegten Adern aus exotischen Materialien in der Platte sowie Zangenblöcke mit Schnitzereien und anderen dekorativen Details.

Aber keine dieser Dinge lässt die Bank besser funktionieren. Konzentrieren Sie alle Ihre Aufmerksamkeit darauf, eine Bank zu bekommen, die gut funktioniert. Erst danach geben Sie ihr die dekorativen Details und gehen sicher, dass sie nicht mit irgendeiner Funktion der Bank kollidieren.

Brauchen Sie etwas Glanz? Geben Sie dem Messingbeschlag an der Beinzange ein paar Kurven. Versehen Sie das Ende Ihres Parallelanschlags mit einem Karnies. Schweifen Sie den Block Ihrer Vorderzange.

Viele Leute geben den grundlegenden Teilen ihrer Bänke Kurven und Komplikationen, um sich so zu verwirklichen. Ich möchte da kein Spielverderber sein. Aber ich bitte Sie, folgendes zuerst zu versuchen: Entwerfen Sie Ihre Bank zunächst ohne jeden Schmuck. Wenn Sie klassische Maße wählen, dann besteht die Chance, dass die Bank eine innere Schönheit haben wird. Schweifungen, Schnitzereien oder Profile werden Sie nur davon abhalten Möbel zu bauen, die diese Details haben und sie werden nur die feinen Linien einer klassischen Bank verschleiern.

Grundsatz Nr. 15: Grundwissen über Zangen

Wenn Sie Rechtshänder sind, dann sollte Ihre Vorderzange an der vorderen linken Ecke der Arbeitsplatte liegen. Und Ihre Hinterzange (wenn Sie eine benutzen) sollte am rechten Ende Ihrer Platte sein, möglichst nahe an der Vorderkante. Wenn Sie Linkshänder sind, dann gilt das Gegenteil.

Das ist es. Für die meisten Holzhandwerker ist das alles, was man wissen muss. Sie wollen wissen, warum dies so ist? (Vielleicht können Sie sich ausdenken, wie man die Regeln dehnt?) Lesen Sie weiter.

Warum ist die Vorderzange auf der linken Bankseite? Der Hauptgrund liegt darin, dass Rechtshänder die Bretter von rechts nach links hobeln. Daher befestigen Sie ein langes Brett in der Vorderzange (und das freie rechte Ende auf einem Bankknecht oder mit einer Zwinge an einem „Toten Mann"). Dann beginnen Sie von rechts nach links zu hobeln. Indem Sie in Richtung der Bankspindel hobeln, bleibt das Brett am Platz. Wenn Sie aus irgendeinem Grund dieses Brett von links nach rechts hobeln – also weg von der Spindel, dann würden Sie das Brett eher aus der Vorderzange ziehen. And game over. Nachdem wir nun die Vorderzange an der linken Seite angebracht haben, ist die rechte Seite der Bank frei. Also kommt hier die Hinterzange hin, die vor allem dafür da ist, Bretter flach auf die Bankplatte zu spannen, um ihre Flächen zu bearbeiten.

Weil Sie häufig am rechten Ende der Bank an Flächen arbeiten, werden Sie oft diagonal und quer über die Arbeitsplatte arbeiten. Daher wollen Sie nicht an irgendetwas stoßen, wenn Ihr Hobel über die hintere Kante der Bankplatte gleitet.

Und aus diesem Grund wurde bei traditionellen Bänken, besonders den französischen, die Halterung mit den Stemmeisen hinten links an der Rückseite befestigt. Das hält Ihre Werkzeuggriffe von den vorbeigleitenden Hobeln fern.

Mit der Halterung für die Stemmeisen an der linken Seite werden viele feinmotorische Arbeiten hier ausgeführt (Schlitze stemmen, stechen, justieren, raspeln, formen etc.). Und – zu Ihrem Glück – da ist eine Zange an der linken Seite, die Sie unterstützt, die Vorderzange. Sie ist auch praktisch beim Sägen.

Vorherbestimmung: *Warum sind die Zangen so angeordnet? Weil Sie den Hobel so bewegen. Sie glauben mir nicht? Lesen Sie die Erklärungen im Text, um zu verstehen, dass die Position der Zangen alles andere als willkürlich ist.*

So werden die Aufgaben an einer Bank aufgeteilt und aus diesem Grund sind die Zangen dort, wo sie sind. Und dies zeigt auch, warum es ein Krampf wäre, diese Prinzipien zu verbiegen. Zum Beispiel: Viele Hinterzangen (eine Art von End-Zange) sind großartig, um Schubkastenseiten zum Zinken einzuspannen. Dennoch bevorzugen es die meisten Holzhandwerker, dies an der Vorderzange zu machen. Warum? Weil hier normalerweise die anderen Werkzeuge zum Zinken aufbewahrt werden, entweder in einer Halterung oder in Ihrer Werkzeugkiste in Nähe der Vorderzange.

Ich habe unterschiedliche Konfigurationen ausprobiert, aber ich finde sie ineffizient. Ich sage nicht, dass Sie sie nicht zum Arbeiten bringen können; ich habe aber noch niemanden getroffen, der diese einfache und sinnvolle Platzierung von Vorder- und Hinterzange verbessert hätte.

Grundsatz Nr. 16: Über diese Bankhaken

Die Leute zerbrechen sich den Kopf, ob Sie runde oder eckige Bankhaken haben sollen, Bankhaken aus Metall oder aus Holz. Ich persönlich bevorzuge runde hölzerne Bankhaken, aber ich mag auch eckige aus Holz. Metallbankhaken jeder Form sind dauerhaft, vielleicht aber zu dauerhaft. Wenn Metallbankhaken bei hoher Geschwindigkeit auf Holzbearbeitungswerkzeuge treffen, dann verliert das Holzwerkzeug immer das Spiel.

Wir wollen noch etwas mehr über die Form der Bankhaken sprechen und die Argumente für und gegen sie. Befürworter eckiger Bankhaken sagen, dass diese Form traditionell ist. Ich will hier nichts bestreiten, aber runde Bankhaken scheinen älter zu sein als eckige. Römische Hobelbänke hatten runde Bankhaken. Nach einer Reihe von Handwerkerdarstellungen zu urteilen, hatten auch deutsche Werkbänke bis zum 15. Jahrhundert runde Bankhaken.

Also sind beide Formen traditionell.

Liebhaber von eckigen Bankhaken behaupten, dass die Bankhaken besser halten, weil sie sich nicht in ihren Löchern drehen. Natürlich, Befürworter von runden Bankhaken verweisen darauf, dass rotierende Bankhaken das Beste für unregelmäßige Formen sind. Ich finde beide Argumente nicht so überzeugend. In der Welt der Hobelbanksorgen sind rotierende Bankhaken ziemlich unten auf der Liste. Ich hatte vielleicht einmal ein Werkstück, das wegen eines drehenden Bankhakens verrutschte.

Befürworter von eckigen Bankhaken sagen, dass leicht geneigte Bankhaken (sie sind gegen die Hinterzange geneigt) ein Vorteil seien. Erhält der Bankhaken eine Neigung, dann hilft das, um das Werkstück auf die Arbeitsplatte zu ziehen. Das ist wahr. Aber die Leute mit runden Bankhaken haben leicht geneigte Anschlagflächen an ihren Bankhaken (meine haben eine Neigung von 3°.), und dies hat die gleiche Wirkung.

Sowohl runde wie auch eckige Bankhaken sind leicht herzustellen – ich habe schon Tonnen beider Sorten im Lauf der Zeit gemacht.

Warum habe ich dann eine Vorliebe für runde Bankhaken? Ich bin bequem.

Der einzige wirkliche Vorteil von runden Bankhaken ist es, dass Sie einfach ein Loch bohren können, wo sie es gerade wollen, und das selbst Jahre nach dem Bau der Bank. Und diese runden Löcher werden (wenn Sie einen 19-mm-Bohrer nehmen) mit Niederhaltern und einer großen Zahl moderner Hilfsmittel funktionieren (das meiste davon kommt aus Ottawa, der Hauptstadt der runden Bankhaken – Lee Valley Tools).

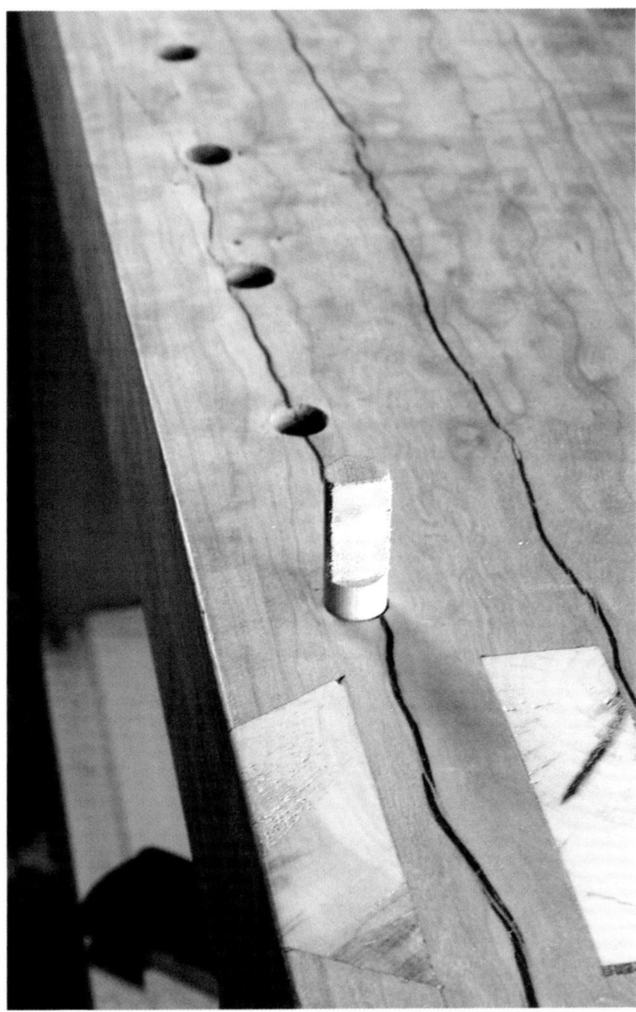

Quadratisch, rund, was auch immer: *Viel wichtiger als der Querschnitt der Bankhaken ist ihre Position. Die Bankhakenlöcher sollten nahe an der Vorderkante der Platte liegen – wenn Sie Handwerkszeuge verwenden. Ansonsten ist alles erlaubt.*

Eckige Bankhakenlöcher müssen angebracht werden, während die Bank gebaut wird. Ich warte immer noch auf eine befriedigende Methode, um ein geneigtes und gestuftes eckiges Loch an einer fertigen Bankplatte herzustellen.

Machen Sie sich also nicht zu viele Gedanken über rund oder eckig. Stattdessen machen Sie sich besser Gedanken darüber, wo Ihre Bankhakenlöcher sein sollen. Das ist viel wichtiger.

Wenn Sie ein Handmaschinen-Holzwerker sind, dann ist dies kein wichtiger Punkt. Und wenn Sie keine Profilhobel, Nuthobel oder Falzhobel benutzen, dann können Sie die nächsten Zeilen ebenfalls ignorieren.

Wenn Sie aber mit Handwerkzeugen arbeiten, und diese Hobel mit Anschlägen benutzen, dann sollten Sie genau hinhören: Bankhakenlöcher, die mit Ihrer Hinterzange fluchten, sollten möglichst nahe an der Vorderkante der Platte liegen – normalerweise innerhalb von 50 mm.

Indem die Bankhakenlöcher ganz vorne angebracht werden, können Sie den Anschlag Ihres Hobels bei der Arbeit vor der Bankplatte führen. Wenn die Löcher nicht vorne liegen, dann müssen Sie sich ein „sticking board" machen (eine Vorrichtung zum Halten dünner Holzstücke), was auch nicht viel Arbeit bereitet. Aber es ist doch ein Gegenstand mehr, den man bauen und aufbewahren muss.

Wie sieht es mit Löchern für Niederhalter und Ähnliches aus? Ich installiere sie meist, nachdem die Bank gebaut ist. Wenn Sie sich historische Bänke anschauen, dann sehen Sie einige Anordnungen, aber Sie sehen auch jede Menge Variationen. Die Position von Löchern für Niederhalter scheint durch die jeweilige Arbeit vorgegeben zu sein.

Gewöhnlich sehen Sie zwei in der Nähe der Vorderzange, und das macht Sinn. Niederhalter drücken das Werkstück runter, es macht also Sinn, sie in der Nähe der Werkzeuge zu haben (die in einer Halterung in der Nähe der Vorderzange stecken). Und in der Tat, die beiden Löcher, die an meinen Bänken am meisten benutzt werden, sind das am Mittelpunkt der Bankplatte und eins an der Vorderzange.

Ich denke, Sie können damit beginnen, ein Loch in der Nähe der Vorderzange anzubringen. Ich empfehle es so zu legen, dass das Druckplättchen des Niederhalters genau über Ihrem Vorderbein landet. Dann spielen Sie das Wartespiel. Die Löcher, die Sie noch brauchen, werden im Laufe der Zeit offenbar.

Grundsatz Nr. 17: Stauraum an der Bank

Ich habe diese Frage für den Abschluss aufbewahrt, denn die Antwort sollte Ihnen klar sein.

Wenn Sie an der Bank etwas Stauraum brauchen, dann muss er unabhängig von den Teilen sein, an denen Werkstücke befestigt werden. Das bedeutet, dass Sie den Raum unter der Bankplatte nicht mit einem Schrank füllen, wenn Sie an der Platte, den Beinen und Schwingen etwas befestigen wollen.

Was lässt Ihnen das übrig? Sie können eine schmale Schubkasteneinheit auf die Schwingen legen, ohne zuviel Umstände zu verursachen. Sie könnten sogar unter der Bank ein oder zwei Plätze für eine Schublade finden (André Roubo tat dies bei seinem Meisterstück des 18. Jahrhunderts). Halten Sie nur Abstand zu Ihren Bankhakenlöchern.

Andere Holzhandwerker bringen einige Schubladen unter den Schwingen an und lassen sie etwas zurückspringen, sodass Sie immer noch etwas an den Schwingen befestigen können und Raum für Ihre Füße haben, wenn Sie an der Bank stehen. Eine andere traditionelle Lösung, die ich in alten Katalogen und in der Wirklichkeit gesehen habe, ist es, die rechte Seite der Bank als Stauraum zu nutzen, von der Platte bis zu den Schwingen. Das kann funktionieren. Das lässt Ihnen Flächen zum Einspannen um die Vorderzange. Wenn Sie das Möbel für Stauraum richtig planen, dann können Sie immer noch Dinge an dem rechten Bein und der Schwinge befestigen. Und – Zeit für einen Bonus – Sie können die Schubkästen herausziehen und sie als Auflage für lange Bretter oder Schubkästen nutzen, wenn Sie die Kanten bearbeiten. Das funktioniert wirklich.

Zwei weitere Vorschläge: Machen Sie Ihren Werkzeugschrank so, dass Sie ihn wegnehmen können. Wenn er Ihnen im Weg sein sollte, müssen Sie keine weitere Bank bauen (nicht dass das irgendwie verkehrt wäre). Zum Zweiten: Wenn Sie Ihren Werkzeugschrank eingezeichnet haben, unterziehen Sie Ihre Bank dem Küchentest (Grundsatz Nr. 9). Seien Sie ehrlich zu sich selbst. Ich habe viele Holzhandwerker getroffen, die es bereut haben, eine Werkbank zu bauen, die wie ein Waschtisch mit Zangen aussieht.

Grundsatz Nr. 18: Bei der Oberfläche einer Bank ist weniger mehr.

Ein dicker Lackfilm ist die schlimmste Oberfläche für eine Werkbank. Ich würde einer unbehandelten Fläche den Vorzug vor einer Lackierung geben. Falls Ihre im Handel erworbene Bank lackiert sein sollte, dann schleifen, kratzen oder hobeln sie den Lack ab und Ihre Bank wird wesentlich verbessert sein.

Ihre Bankplatte (und alle anderen Flächen, auf denen etwas befestigt wird) sollte so griffig wie möglich sein. Also, ich denke dass eine geölte Oberfläche, etwa mit Leinöl, das beste Finish für eine Werkbank ist. Tragen Sie das Öl mit dem Lappen auf, wischen Sie den Überstand ab und lassen es über Nacht trocknen. Wiederholen Sie diese Prozedur am nächsten Tag. Damit haben Sie genug getan, bis Sie die Platte wieder abrichten.

Aber eine geölte Oberfläche bietet wenig Schutz gegen Wasser und Flecken. Deswegen mische ich zu gleichen Teilen Alkydlack, gekochtes Leinöl und weniger geruchsintensive Verdünnung. Das ergibt einen leichten Überzug – gerade genug, um das Holz vor Flecken zu schützen. Und es macht die Oberfläche nicht zu glatt.

Eine andere Option ist französisch. Der Handwerker W. Patrick Edwards empfiehlt, die Bankplatte mit einem Zahnhobel zu bearbeiten, um sie griffiger zu machen, so wie traditionelle Holzhandwerker eine Fläche zum Furnieren vorbereiten würden. Es funktioniert prima – ich habe es ausprobiert, als ich meine Arbeitsplatten abgerichtet habe. Die gezahnte Oberfläche scheint wirklich dabei zu helfen, das Werkstück zu halten. Aber es sieht nicht so schön aus. Vielleicht bin ich zu eitel.

Eine Art es zu machen: *Wenn Sie an Ihrer Bank Stauraum brauchen, hier haben Sie einen historisch richtigen Weg, dies zu erreichen. Reservieren Sie die rechte Seite der Bank für Stauraum. Benutzen Sie die linke zum Einspannen. Sie müssen vielleicht schon einmal einen Kompromiss eingehen, aber Sie werden immer noch in der Lage sein, die meisten Werkstücke einzuspannen.*

Und nun an den Kern des Buches

Nachdem Sie nun die Wies und Warums beim Entwurf von Hobelbänken kennen, zumindest aus meiner Sichtweise, wollen wir uns neun verschiedene Pläne für Bänke anschauen. Keiner dieser Pläne ist perfekt. Mit anderen Worten, alle Bänke missachten einige der Grundsätze aus diesem Kapitel, einige sogar deutlich. Aber das geht in Ordnung. Jeder Handwerker hatte bestimmte Ziele, als er die Bank entwarf, etwa wirtschaftliche, Geschwindigkeit oder eine bestimmte Art des Einspannens.

Während Sie sich durch diese Kapitel arbeiten, empfehle ich Ihnen, beurteilen Sie jeden der Pläne auf der Grundlage der obigen Grundsätze. Das wird dabei helfen, diese Ideen in Ihr Gehirn einzubrennen.

Gehen Sie sicher, dass Sie auch die kurze zweiseitige Analyse hinter den Plänen aller Werkbänke lesen, mit Ausnahme der von Hand hergestellten Bank des 18. Jahrhunderts (ich habe an dieser Bank noch nicht lange genug gearbeitet für eine gründliche Analyse). Dort diskutieren wir, wie sich diese Bänke schlagen und was die Hersteller ändern könnten und was sie niemals ändern würden. Diese Art von Information ist pures Gold im Handwerk.

Foto: Al Parrish

Klein aber stark: *ich bevorzuge große Bänke, weil man an ihnen mehr Arbeitsfläche hat. Aber nicht jeder hat Platz für eine 2,40 oder gar 3 m lange Bank.*

Kapitel 3

Bank des 18. Jahrhunderts – von Hand

von Christopher Schwarz

Im 18. Jahrhundert war es üblich, dass für Arbeit und Wohnen die gleichen Zimmer eines Hauses genutzt wurden. Eine Werkbank zum Beispiel, wäre auch im Wohnzimmer des Hauses nicht deplaziert gewesen.

Dieser kleine Umstand hat mich einen Plan aushecken lassen, den ich meiner Familie bisher noch nicht mitgeteilt habe.

Meine Werkstatt zu Hause liegt im Souterrain. Ich habe alles unternommen, um sie angenehm zu machen, aber sie liegt isoliert vom Rest des Hauses. Dies hat einen guten Grund: Meine Abrichte und Dickte klingen wie Luftschutzsirenen.

Während der brutalen Vorbereitung meiner Projekte ist der Betonboden in der Werkstatt perfekt. Ich kann die Maschinen den ganzen Tag laufen lassen und sie gehen niemandem auf die Nerven. Wenn ich aber zu den Verbindungen komme, dann sehne ich mich nach einer Werkstatt mit viel natürlichem Licht, Holzboden und einer engen Verbindung zum Alltag unseres Haushalts.

Mit anderen Worten, Ich möchte etwas Platz oben im Haus als Bankraum reklamieren.

Halten Sie sich fest. Diese Geschichte geht nicht nur mich etwas an, es geht auch um Sie. Eine hochwertige Werkbank ist eine großartige Idee für Leute, die in einem Apartment wohnen oder Leute, die in einem extra Zimmer ihres Hauses eine Werkstatt einrichten müssen. Es ist auch eine feine Idee für Leute wie mich, die planen (wohlgemerkt: planen, um Erlaubnis bitten zu dürfen), in den Wohnräumen ihres Hauses mit Holz zu arbeiten.

Wir haben alle Glück, denn einer des attraktivsten Entwürfe für eine Hobelbank ist auch der einfachste und praktischste, ganz unabhängig davon, ob Sie eine Liebesaffäre mit Ihrer Oberfräse oder Ihrem Grundhobel haben.

Vielen Dank, Herr Roubo!

Während der letzten fünf Jahre habe ich mehr als ein Dutzend Hobelbänke gebaut oder zu bauen geholfen, die auf dem Entwurf des französischen Möbelbauers und Autors André J. Roubo basieren. Und nachdem ich fünf Jahre an einer Roubo-Bank gearbeitet habe, halte ich sie für eine ideale Bank, die kaum Nachteile und Einschränkungen hat, die ich an anderen Modellen gefunden habe.
Ihre Vorzüge sind vielfältig. Hier sind einige:

1. Durch ihr einfaches Design kann sie leicht und schnell gebaut werden, auch von Anfängern.
2. Die dicke Platte hat keine stärkere und damit an der Unterseite vorspringende Bankhakenleiste. Dadurch kann man einfach jedes beliebige Werkstück an jeder Stelle einspannen (dieses Merkmal kann nicht überbetont werden).
3. Die Vorderbeine und Schwingen sind bündig mit der Vorderkante der Arbeitsplatte, dadurch können die Kanten von Brettern und zusammengebauten Konstruktionen leicht bearbeitet werden.
4. Ihre massiven Teile machen sie schwer und kräftig. Diese Bank wird nicht wackeln oder sich bewegen, während Sie arbeiten.

Aber wie sieht sie aus? Die erste Hobelbank im Stile Roubos, die ich baute, war aus Sumpfkiefer (Southern yellow pine, *pinus palustris*). Ich denke, es sieht großartig aus, aber ein 2,4 m langes Kiefernmonster gehört wohl eher in die Werkbank-Unterwelt. Und sie ist wohl zu groß für die meisten Wohnräume.

Daher habe ich entschieden, zum ursprünglichen Text als Inspirationsquelle zurückzugehen. Die originale Bank, die auf Abbildung 11 (siehe nächste Seite) in „LArt du Menuisier" erscheint, zeigt eine Bank, die wundervolle offene Verbindungen hat – durchgestemmte Zinken und Zapfen an der Arbeitsplatte – etwas, was George Nakashima mögen würde (wenn sie noch etwas Rinde hätte).

Mit anderen Worten, die originale Roubo-Bank hat allerhand gemein mit Möbeln der Arts & Crafts Bewegung (dank der offenen Verbindungen), mit den Shakern (durch den Verzicht auf Verzierungen) und selbst mit zeitgenössischen Stilen (dank der sauberen Linien und der dicken Bankplatte). Diese Bank sieht aus wie viele Möbelstücke, die zeitgenössische Holzhandwerker gerne bauen und sieht in der Wohnung (wenn Sie Glück haben) oder in der Werkstatt ganz heimisch aus.

Ein unglaublicher Brocken: *Hier sehen Sie Abb. 11 aus André Roubos Buch über Holzbearbeitung. Roubos Bank ist größer, aber ich habe die Proportionen beibehalten, so gut es ging.*

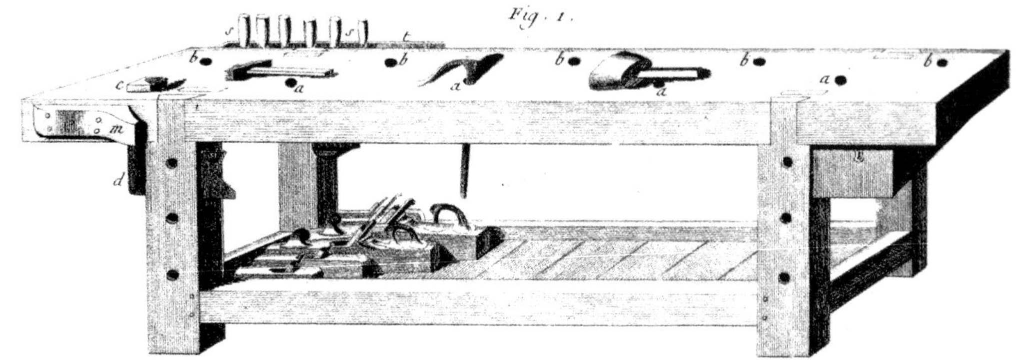

Über das Rohmaterial

Die größte Herausforderung bei dieser Bank besteht darin, das richtige Material zu finden, besonders für die Platte. Ich habe eine Bohle gesucht, die 12,5 cm dick, 50 cm breit und 180 cm lang ist. Das ist eine schwierige Aufgabe.

Hier sind ein paar Hinweise, wenn Sie mir folgen wollen. Sie können versuchen ein Sägewerk in Ihrer Region zu finden. Natürlich, eine feuchte Bohle dieser Größe zu trocknen, wird Zeit in Anspruch nehmen oder die Trockenkammer herausfordern. Oder Sie versuchen, einen Spezialanbieter für Bauholz zu finden, der sich auf kammergetrocknete Bohlen spezialisiert hat. Eine weitere Möglichkeit, ist Netzwerke im Internet zu nutzen. Z. B. Können Sie in den Foren zum Thema Holzwerken (s. Ressourcen-Verzeichnis, S. 229) nach Tipps fragen, Blogs zjm Thema Holz verfolgen etc.

Meine Suche nach einer Bohle begann vor etwa fünf Jahren. Ich sprach einen Sägewerker an. Er sagte, dass es zwei Monate dauern würde, um den richtigen Stamm zu finden und dass er mich dann anrufen würde. Der andere Nachteil wäre, dass die Bohle ganz frisch sein würde und mindestens fünf Jahre trocknen müsste. Ich sagte, das sei kein Problem.

Aus zwei Monaten wurden sechs. Er beantwortete meine telefonischen Anfragen und E-Mails nicht länger. Nach einem Jahr gab ich auf.

Ich hatte drei ähnliche Erfahrungen und war schon im Begriff, meinen eigenen Baum aufzuziehen, was mir schließlich als der schnellere Weg erschien.

Fast jede Holzart eignet sich für eine Bankplatte. Ahorn oder Esche wären meine erste Wahl, doch fast alle Holzarten werden steif und schwer genug für eine Platte sein, wenn es sich um Bohlen von 10-13 cm Stärke handelt. Am Ende verarbeitete ich bei zwei Kirschbaumbohlen, die von dem Zimmermann Ron Herman aus Colorado gespendet wurden. Sie hatten einige schwierige Stellen und ein paar Risse, aber ich war überzeugt, dass ich daraus eine attraktive Platte machen könnte. Jedenfalls: Wenn man einmal begonnen hat seine Fühler auszustrecken, dann bekommen Sie Rückmeldungen über derart massive Bohlen.

Wenn Sie nach einer dicken Bohle jagen, dann ergeben sich Probleme, die beim Kauf von gewöhnlichem Bauholz keine große Rolle spielen. Sobald Sie einen Sägewerker an der Strippe haben, sollte Ihre erste Frage sein, ob es eine Herzbohle ist. Das Herz ist das Zentrum des Stamms, und einige skrupellose Verkäufer werden versuchen Ihnen vorzumachen, eine Bohle mit Herz sei von Vorteil.

Sie hören dann Sätze wie „es ist das Herz des Baumes" und „was könnte stabiler und gesünder sein als das Herz?".

Das Herz ist der instabilste Teil eines geschlagenen Baumes. Ich übertreibe hier, aber Sie werden sehen, was ich meine. Schauen Sie sich das Kopfholz einer Bohle an und konzentrieren Sie sich auf einen Jahrring. Das Holz dehnt sich und zieht sich vor allem in der Richtung des Jahrringes zusammen. Der Jahrring wird also im Wechsel der Jahreszeiten länger und kürzer.

Wenn das Herz hinzukommt, dann haben sie am Kopfholz einen oder zwei konzentrische Ringe. Wenn die sich in einer Bohle ausdehnen oder zusammenziehen, dann ist das Resultat fast immer ein Riss. Es ist selten, einen Stumpf oder eine Bohle zu finden, die das Herz hat und vollkommen rissfrei ist. Wenn Ihre Bohle also das Herz einschließt, dann werden Sie beinahe mit Sicherheit ein paar Risse erleben. Diese können fein sein oder auch alles ruinieren, abhängig von einer Menge anderer Faktoren.

Also, wenn Sie vermeiden wollen, dass Ihre Bankplatte reißt, dann vermeiden Sie Herzholz.

Zu den anderen kleineren Herausforderungen gehören Äste – feste verwachsene Äste sind OK. Tote Äste werden Ihnen Ärger machen. Und je nach Lage können sie manchmal die Belastbarkeit einer Bohle reduzieren.

Splintholz: Die Leute geben Splint eine schlechte Note in Sachen Festigkeit, aber die meisten Tests zeigen, dass es etwa die gleiche Festigkeit wie Kernholz hat. In Wirklichkeit besteht der einzige wirkliche Unterschied (einmal abgesehen von der Farbe) darin, dass Kernholz resistenter ist.

Und dann gibt es da noch die Holzfeuchte: Dicke Hölzer sind schwer zu trocknen. Eine Daumenregel besagt, dass Holz bei natürlicher Trocknung für jeden Zoll ein Jahr braucht. Diese Regel scheint bei Möbelholz richtig, doch bei dem dicken Zeug kann es problematisch sein.

Das Holz nimmt Feuchtigkeit auf und gibt sie ab, überwiegend über das Kopfholz. So wird eine 2,4 m lange dicke Bohle in der Mitte feuchter sein und an den Enden trockener. Wir haben hier in der Werkstatt eine fast 13 cm dicke und 3,6 m lange Bohle, die an den Enden eine Holzfeuchte von 10 % und in der Mitte von 25 % hat. Das kann langfristig Probleme geben, bis die Bohle endlich ein Gleichgewicht erreicht. Verzug, Risse, Vertiefungen und andere „Holztänze" sind alle möglich.

Bei alledem ist die Arbeit mit dicken Bohlen doch ein besonderer Spaß und die eingegangenen Risiken wert. Das Endergebnis sieht großartig aus, und wenn sich die Platte beruhigt, nehmen die Herausforderungen ab.

Aufgebockt und bereit: *Diese beiden Bohlen hier wurden zu meiner Arbeitsplatte (nach einer Menge Handarbeit). Große Bohlen haben ihre besondern Herausforderungen, die hier beschrieben werden.*

Peilen Sie über Ihre Kante: *Wenn Sie zwei massive Bohlen zu einer Platte verarbeiten, dann müssen Sie die Kante jeder Bohle eher wie eine Oberfläche behandeln. Das bedeutet, die Oberfläche zu prüfen, um sicher zu gehen, dass sie über die gesamte Breite und Länge plan ist. Lassen Sie sich Zeit.*

Das Untergestell

Was das Untergestell betrifft, so wird fast alles gehen, solange es zusammen mit der Platte attraktiv aussieht. Ich habe für die Schwingen 5 x 15cm Weymouthskiefer und für die Beine 15 x 15 cm eines unbekannten Holzes verwendet. Ich habe das Projekt fast komplett mit Handwerkzeugen gebaut, mit Ausnahme zweier langer Besäumschnitte. Das war meine persönliche Vorstellung von Vergnügen. Ihre Vorstellung von Vergnügen mag anders aussehen. Alle Techniken hier können auch leicht in einer Werkstatt mit Maschinen ausgeführt werden, lassen Sie sich also nicht von den Verbindungen abschrecken; schmeißen Sie Ihre Bandsäge an.

Bringen Sie das Werkzeug zur Arbeit

Die Länge und Breite Ihrer Arbeitsplatte wird den übrigen Entwurf Ihrer Bank bestimmen. Hier sind zwei Hinweise: Machen Sie die Bank so lang wie möglich, aber sie muss nicht furchtbar breit sein (wirklich, breite Bänke sind in vielen Fällen eher von Nachteil). Meiner Erfahrung nach ist eine 50 cm breite Bank allemal groß und stabil genug.

Meine Arbeitsplatte hat in der Mitte eine Fuge. Um die Kanten zu bearbeiten, habe ich zunächst die Sägespuren mit einer kurzen Raubank entfernt und dann mit einer langen Raubank gefügt. Diese Kanten über eine Abrichte zu schieben, würde zwei Leute brauchen. Sie können das selber von Hand machen.

Manche Holzhandwerker würden dieses Projekt damit beginnen, die Teile der Platte vor dem Verleimen sauber auszuhobeln. Wenn Sie von Hand arbeiten, dann ist dies nicht der beste Weg. Sie wollen Kräfte sparen und ihre scharfen Eisen schonen, daher werden Sie versuchen, eine Fläche nicht häufiger zu bearbeiten als dies unbedingt nötig ist.

Beim Verleimen der Platte ist es am besten, die Flächen zunächst rau zu lassen und nur die Kanten zu bearbeiten. Ich habe mir diese Reihenfolge nicht ausgedacht – es ist historische Praxis, wie einige Quellen des 19. Jahrhunderts zeigen.

Wenn Sie die Kanten abgerichtet haben, legen Sie sie hochkant übereinander. Suchen Sie an der Fuge nach Spalten und verwenden Sie eine Richtlatte um sicher zu gehen, dass es eine plane Platte wird. Wenn die Kanten aufeinander liegen, dann machen Sie diesen einfachen Test: Fassen Sie ein Ende der oberen Bohlen und drehen Sie sie über der unteren Bohle, beobachten Sie dabei genau, was passiert.

Wenn sich die obere Bohle leicht drehen lässt, dann hat eine der Bohlen einen Buckel – ein bekanntes Problem. Sie müssen dann mit der Richtlatte beide Kanten prüfen und die mit dem Buckel finden. Entfernen Sie nun mit dem Hobel den oder die Buckel. Prüfen Sie Ihre Kanten erneut.

Wenn die obere Bohle an den Enden etwas schleift, dann sind Sie in einer besseren Lage: Entweder haben Sie zwei flache, perfekt passende Kanten oder eine (oder beide) Kanten sind leicht hohl.

Solche konkaven Kanten sind gut – solange es nicht zuviel ist. Minimal hohle Fugen (ein knapper tausendstel Millimeter auf einen Zentimeter) können durch Zwingen und Leim geschlossen werden. Wir nennen dies eine „Federfuge", und sie sind eine gute Sache, wenn man mit natürlich getrocknetem Holz zweifelhafter Qualität arbeitet.

Eine stark hohle Kante wird Probleme machen – Zwingen können den Spalt nicht schließen oder der Leim wird versagen. Glücklicherweise können Sie eine konkave Fläche mit einer Raubank in ein paar langen Stößen entlang der ganzen Kante abrichten.

Ich gebe zu: *Das ist eine schlechte Idee. Selbst mit meiner gröbsten Handsäge war diese Bohle zu viel. Nach zwanzig Minuten Schwitzen habe ich die Kante an der Bandsäge besäumt. Das richtige Werkzeug für diese Arbeit sind eine große Schrotsäge und ein (guter) Freund.*

Ganz gerade: *Sie können sich jede Menge Arbeit sparen, wenn Sie prüfen, ob die Platte nach dem Verleimen plan sein wird. Ein Holzlineal ist ideal hierfür.*

Wichtige Arbeit im Hintergrund: *Während ich an der Platte arbeite, habe ich das Material für das Gestell zum Nachtrocknen auf meiner Werkzeugkiste gestapelt. Denken Sie bei der Arbeit voraus. Sie wollen Ihr Holz nicht kaufen und gleich am ersten Tag verarbeiten. Furchtbare Dinge können dann passieren.*

Sobald Sie Ihre Kanten fertig haben, verleimen Sie die Platte und lassen sie über Nacht stehen, ganz gleich welchen Leim Sie auch benutzen. Sie wollen, dass der Leim seine maximale Bindekraft entwickelt und dass das meiste Wasser im Leim verdunstet (wenn Sie Leim auf Wasserbasis verwenden). Lassen Sie die Zwingen solange wie möglich an der Platte. Ein paar Tage in den Zwingen werden überhaupt nicht schaden – vielleicht helfen sie sogar.

Nachdem die Platte verleimt wurde, bearbeiten Sie die Kante. Hier gilt wieder: Die Arbeit mit Handhobeln ist hier weniger Aufwand als die Platte auf die Maschinen zu hieven. Wenn Sie die erste Kante abgerichtet haben, dann bearbeiten Sie die zweite annähernd parallel. Dann längen Sie die Platte ab. Ich habe eine grobe Säge für Querholzschnitte benutzt. Es macht Arbeit, aber es ging recht schnell.

Wenn die Platte auf ihr Fertigmaß geschnitten ist, dann bearbeiten Sie die Ober- und Unterseite, sodass sie plan und parallel sind. Machen Sie Ihre Sache ordentlich, denn dies wird die Arbeitsfläche bilden, auf der Sie die restliche Bank bauen. Eine plane Fläche wird späteren Ärger vermeiden.

Das Abrichten der Platte beginnen Sie, indem Sie mit Ihrer kurzen Raubank quer zur Faser hobeln. Oder, für die besonders Glücklichen, lassen Sie die Platte durch Ihre Breitbandschleifmaschine laufen. Egal wie Sie es machen, vergessen Sie nicht zu prüfen, ob die Oberfläche verzogen ist.

Vermeiden Sie Rückenschmerzen: *Bringen Sie Ihre Bohlen so bündig wie irgend möglich aufeinander. Selbst ein paar tausendstel Millimeter können erhebliche Arbeit sparen. Das Ziel heißt: absolut bündig. Geben Sie nicht auf, bis der Leim anzieht.*

Schau Mutter, keine Zwingen: *Eine Bohle wie diese rührt sich nicht von der Stelle, während Sie an ihr arbeiten. Das ist der erste Hinweis, dass Ihre Hobelbank ein kräftiges Biest sein wird. Hier bearbeite ich eine Kante mit der kurzen Raubank.*

Von der Vorderseite aus anreißen: *Entscheiden Sie, welche Kante die Vorderkante Ihrer Bankplatte wird und reißen Sie die Köpfe von dieser Kante aus an. Ein selbstgebauter Winkel oder ein Zimmermannswinkel wird die Arbeit erleichtern.*

Es gibt mehr als eine Methode, eine Bohle zu schneiden: *Handsägen sind so entworfen, dass sie in unterschiedlichen Positionen gehalten werden können, einschließlich dieser hier. Diese Position nutzt andere Muskeln als bei Schnitten, bei denen die Sägezähe zum Boden zeigen. Wenn Sie unterschiedliche Positionen ausprobieren, werden Sie nicht so schnell müde.*

Verzug ist hier der Feind. Bohlen tendieren dazu sich zu verdrehen, wenn sie trocknen. Wenn Sie sich die Oberfläche einer Bohle anschauen, dann werden zwei diagonal gegenüberliegende Ecken höher sein, und die beiden anderen Ecken tiefer. Richtscheite werden das Problem lösen. Sie übertreiben jeden Verzug der Bohle, sodass Sie ihn erkennen können. Legen Sie je eine Leiste auf beide Enden der Platte und peilen darüber. Wenn die Leisten genau in einer Ebene liegen, dann machen Sie einen Freudentanz. Wenn nicht, dann wissen Sie auf einen Blick, welche Ecken höher liegen und welche tiefer.

Sie können dann Ihre kurze Raubank verwenden, um die hohen Ecken zu bearbeiten.

Die Enden jeder Bohle sind fast immer schlimmer als der Bereich um die Mitte. Arbeiten Sie also stärker an den Enden als in der Mitte (außer, wenn Ihnen Ihre Richtscheite etwas anderes sagen. Wenn die Richtscheite sagen, dass alles in einer Ebene

Ein Abenteuer mit Epoxidharz

Die Platte hatte einige ordentliche Risse. Obwohl diese Risse die Funktion der Bank nicht beeinträchtigen würden, wollte ich sie nicht ständig ansehen. Da hatte ich die Idee, sie mit eingefärbtem Epoxidharz zu füllen. Das bedeutete mehrere Stunden zusätzlicher Arbeit.

Das Epoxid, das ich verwendet habe, ist nicht das überall angebotene Fünfminuten-Zeug. Es wurde entwickelt, langsam abzubinden und flexibel zu bleiben, damit es sich im Wechsel der Jahreszeiten mit dem Arbeiten des Holzes verträgt. Das ist das Material, das Restauratoren verwenden, um angefaulte Säulen oder Schwellen alter Gebäude wiederherzustellen. (Die Marke, die ich verwendet habe, kam von Advanced Repair Technology, advancedrepair.com).

Man kann das Epoxidharz einfärben. Manche Leute verwenden die gleichen Tönungen wie bei Farben. Andere verwenden Sägemehl. Ich wollte, dass mein Epoxidharz aussieht, wie die Strähnen bei Kirsche. Und weil ich nicht die Zeit hatte, um auf ein Farbmittel für Epoxidharz auf dem Postweg zu warten, nahm ich Eisenoxid, das man in Geschäften für Künstlerbedarf bekommt.

Es färbte das Epoxidharz pechschwarz ein und sieht großartig aus. Natürlich, einige Leute fragten mich, ob ich mir keine Sorgen um die scharfen Schneiden meiner Handhobel machen würde. Das ist hier kein Thema. Ja, Ihre Schneiden mögen schneller stumpf werden, aber Sie können die Eisen ja immer wieder abziehen.

Nachdem das Epoxidharz abgebunden war, habe ich den Überstand mit einer Ziehklinge von der Platte gekratzt.

***Eisen und Epoxidharz:** Das langsam abbindende und flexible Epoxidharz hat die paar Risse in der Platte fein geschlossen. Das Eisenoxid lässt den Kleber wie natürliche Streifen anstatt wie Elefantenrotz aussehen.*

***Quer hobeln:** Arbeiten Sie quer zur Faser, wenn Sie in kurzer Zeit viel Material abnehmen wollen. Sicher, die Oberfläche sieht aus wie ein wolliger Wurm, der einen Pullover trägt, aber Sie werden die Oberfläche später mit anderen Hobeln putzen.*

liegt, dann können Sie zur langen Raubank übergehen. Führen Sie den Hobel zunächst diagonal über die Platte. Wenn Sie an jeder Stelle der Platte einen Span abnehmen können, dann dürfen Sie längs mit der Faser hobeln.

Wenn eine Fläche plan gearbeitet ist, dann suchen Sie die dünnste Stelle Ihrer Arbeitsplatte und stellen Ihr Streichmaß auf diese Stärke ein. Führen Sie das Streichmaß rundum an den Kanten entlang. Wenden Sie die Platte und hobeln Sie bis zum umlaufenden Riss.

Jetzt schon die Zange? Ja, jetzt.

Bevor Sie sich um die Beine kümmern, sollten Sie erst die Hinterzange an Ihrer Platte befestigen. Sie können dann diese Zange benutzen, um alle Verbindungen an den Beinen zu schneiden. Ich habe eine antike Schnellspannzange installiert und einen dicken Holzblock angebracht, der breite Bretter auf der Arbeitsplatte unterstützen wird.

Hier wird jede Schnellspannzange reichen. Ich habe bemerkt, dass alte Zangen billiger und qualitativ viel besser sind als die neuen aus Fernost. Ja, Sie werden etwas Zeit damit verbringen müssen, sich auf dem Flohmarkt oder einem Werkzeugmarkt umzusehen, aber Sie werden es nicht bereuen. Alte Schnellspannzangen sind das Gelbe vom Ei.

Die dicke Holzbacke bringt viele Leute aus der Fassung. Wird sie nicht die Spannweite der Zange reduzieren? Ja, aber das ist kein wirkliches Problem. Wann haben Sie das letzte Mal ein 30 x 30 cm starkes Teil in der Zange eingespannt? Was macht die Backe? Sie dient als Unterstützung, wenn auf der Platte breite Werkstücke bearbeitet werden und bietet Ihnen Platz, um einen selbst gebauten hölzernen Bankhaken einzusetzen. Obwohl die meisten Schnellspannzangen einen eingebauten Metallbankhaken haben, so benutze ich den doch fast nie. Um ihn zu benutzen, müssen Sie die Zange so montieren, dass ihre Backen bündig (oder fast bündig) mit der Bankplatte liegen. Sie werden Zustände kriegen, wenn Sie später die Platte einmal abrichten wollen. Und ich bin kein großer Freund von Bankhaken aus Metall. Eigentlich sind es meine Werkzeuge, die keine Bankhaken aus Metall mögen.

Genauigkeit für wenig Geld: *Ich verwende Aluminium-Winkelprofile als Richtscheite. Diese Teile sind billig, super genau und verlieren ihre Genauigkeit auch nicht, wenn Sie sie nicht gerade missbrauchen. Streichen Sie die Enden einer von beiden Leisten schwarz an, um Verzug leichter erkennen zu können.*

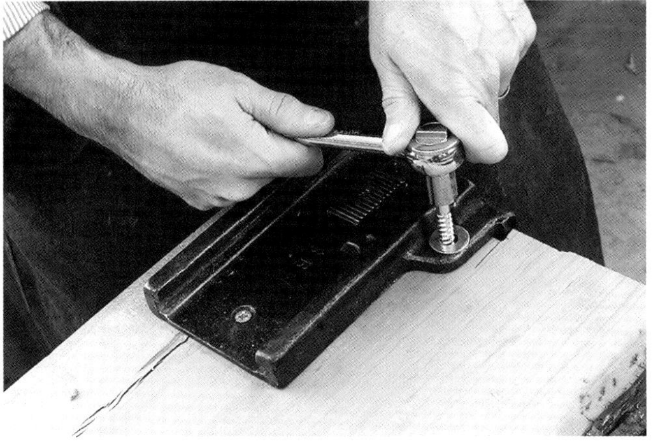

Klein und einfach: *Ich habe für die Hinterzange eine alte, etwa 18 cm breite Schnellspannzange verwendet. Sie können fast alles verwenden, vielleicht sogar eine Zange, die Sie schon haben.*

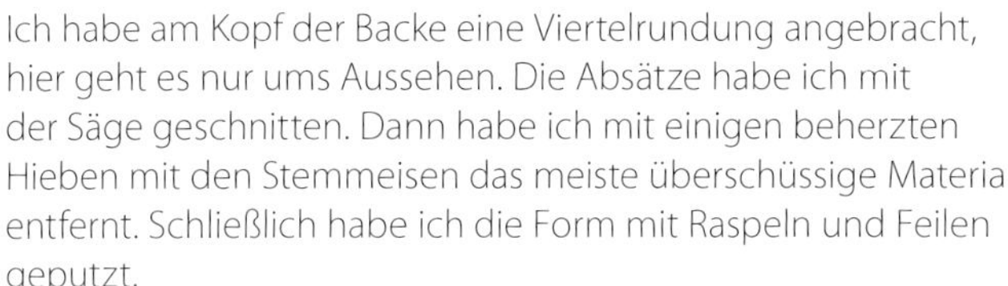

Nur fürs Aussehen: *Ich habe einen Kopf der Holzbacke mit einer abgesetzten Viertelrundung versehen. Das hat keine Funktion, außer, dass die Bank so eher wie ein Möbelstück aussieht. Schneiden Sie die Absätze mit einer Rückensäge ein. Verwenden Sie eine Schweifsäge (oder Stemmeisen) für die Krümmung und putzen Sie mit Raspel und Feile.*

Wieder Verzug: *Die Löcher für die Bankhaken mit der Bohrwinde zu bohren, mag wie harte Arbeit aussehen, aber es geht ziemlich einfach. Und Löcher dieser Größe würden Ihren Elektrobohrer erschüttern.*

Ich habe am Kopf der Backe eine Viertelrundung angebracht, hier geht es nur ums Aussehen. Die Absätze habe ich mit der Säge geschnitten. Dann habe ich mit einigen beherzten Hieben mit den Stemmeisen das meiste überschüssige Material entfernt. Schließlich habe ich die Form mit Raspeln und Feilen geputzt.

Neben der Zange sollten Sie auch 19-mm-Bankhakenlöcher in die Platte bohren, die mit dem Bankhakenloch der Hinterzange fluchten. Bringen Sie die Löcher nahe an der Vorderkante an, wenn Sie Hobel mit Seitenanschlägen benutzen (wie Falz- und Nuthobel). Bei meinen Löchern liegt das Zentrum dieser Löcher etwa 45 mm hinter der Vorderkante der Arbeitsplatte. Bringen Sie diese Löcher in einem engen und gleichmäßigen Abstand an – und vergessen Sie dabei nicht zu markieren, wo die durchgezapften und durchgezinkten Beine des Gestells liegen. Sie wollen an den Positionen dieser Verbindungen keine Löcher setzen. Meine Bankhakenlöcher haben ein Achsmaß von 100 mm. Sie können Ihre ein wenig enger setzen (sagen wir 75 mm), dann werden Sie goldrichtig liegen.

Das originale Bein: *Hier sehen Sie, wie Roubo das Bein der Hobelbank gezeichnet hat. Versuchen Sie selber es nachzuzeichnen und beobachten Sie dabei, was Sie über die Neigung des Schwalbenschwanzes herausfinden.*

Denken Sie an einen Zapfen: *Der Trick beim Ablängen dicker Querschnitte ist, so weit wie möglich diagonal zu schneiden. Beginnen Sie Ihren Schnitt an der Vorderseite und hinunter an der von Ihnen abgewandten Seite. Behalten Sie beide Risse im Blick.*

Drehen Sie das Werkstück: *Sobald Ihre Säge die Ecke erreicht, die Ihnen am nächsten liegt, drehen Sie das Werkstück von sich weg. Benutzen Sie die vorhandene Sägefuge als Führung für Ihr Sägeblatt, während Sie wieder auf sich zu sägen.*

Wiederholen Sie es: *Bleiben Sie dran. Wenn Sie die Ecke erreichen, die Ihnen am nächsten liegt, drehen Sie das Bein wieder. Das Ergebnis wird sein, dass Sie einmal ganz um das Bein geschnitten haben. Nun müssen Sie nur noch die Mitte durchtrennen.*

Verdammt genau: *Der alte Sägen-und-Drehen-Trick ermöglicht Ihnen ganz präzises Arbeiten. Sehen Sie, wie ich auf halben Riss gearbeitet habe? Sie können das auch.*

Die magischen und geheimnisvollen Beine

Ich habe keine Idee, um welche Holzart es sich bei den Beinen handelt. Ich fand sie hinten in meinem Baumarkt, sie waren als Balken 15 x 15 cm ausgezeichnet. Sie waren ein bisschen feucht und hatten einige grüne Streifen wie Tulpenbaumholz. Aber sie sind zäh, hart und schwer zu hobeln. Es könnte Douglasie oder Tulpenbaum sein. Wie dem auch sei, sie waren billig und sehen gut aus – und, ich musste kein Material verleimen, um diese dicken Beine herzustellen, was von Vorteil ist.

Alle Beine sind Herzholz, aber das Herz liegt jeweils in einer Ecke des Querschnittes. Als Resultat waren die Risse nicht zu schlimm. Schön war, dass sie schon beim Kauf ziemlich gerade und rechtwinklig waren. Nachdem ich mit den rohen Kirschbaumbohlen gearbeitet hatte, erinnere ich mich daran als eine glückliche Zeit.

Längen Sie die Beine mit Ihrer Handsäge für Querholzschnitte grob ab (etwa 2–3 cm länger). Werfen Sie einen Blick auf die Abbildungen oben, sie zeigen, wie man mit diesen dicken Stücken umgeht. Die Länge der Beine legt die Höhe der Werkbank fest. Es gibt viele Möglichkeiten, Ihre ideale Werkbankhöhe zu bestimmen. Meine bevorzugte Methode ist es, das Maß vom Boden bis zu der Stelle zu nehmen, wo Ihr kleiner Finger ansetzt. Bei mir sind das etwa 85 cm.

Wenn Sie Handwerkzeuge verwenden, würde ich die Bank eher ein bisschen zu tief als zu hoch machen. Niedrige Bänke sind ideal zum Hobeln von Hand, Sie benutzen dann Ihre Bein- wie Armmuskeln gleichermaßen. Bearbeiten Sie die Beine mit Ihrer kurzen und langen Raubank. Dann bereiten Sie den Anriss der Verbindungen vor.

Ich habe zwei Tage lang (ja, Sie lesen richtig) über Roubos Zeichnungen und den übersetzten französischen Text gegrübelt, um die Verbindungen so zu legen, dass sie ausgewogen sind und so aussehen, wie in dem Text des 18. Jahrhunderts. Ich werde Sie nicht mit den Details langweilen (so wie ich meine Frau gelangweilt habe), hier ist also, was Sie wissen müssen.

Der Schwalbenschwanz und der Zapfen sind beide 30 mm stark, der Raum dazwischen beträgt 25 mm. Der restliche Querschnitt dient als abgesetzte Brüstung an der Innenseite des Beines. Der Schwalbenschwanz hat eine Neigung von etwa 27 auf 30 mm (etwa 40°). Das ist steil, aber es sieht im Vergleich zu Roubos Zeichnungen und anderen von mir untersuchten frühen französischen Bänken richtig aus.

Reißen Sie die Verbindungen an. Stellen Sie sicher, dass Sie sie etwa 3 mm länger lassen, um sie nach der Montage oben bündig schneiden zu können. Dann greifen Sie nach Ihrer größten Zapfen- und Absetzsäge.

***Von oben nach unten:** Hobeln Sie Ihre Beine auf der neuen Bankplatte auf Maß. Beachten Sie, wie ich mit einer Zwinge an meinem Bock der Platte einen Anschlag gebe. Das hindert sie daran, sich in Querrichtung zu verschieben. In Längsrichtung wird die Platte fest liegen.*

***Rot sehen:** Beim ersten Bein habe ich alles Material rot markiert, das entfernt werden soll, um meine Augen und Hände daran zu gewöhnen, an der richtigen Seite des Risses zu schneiden. Ich habe irgendwo gelesen, dass die Farbe Rot die Aufmerksamkeit erhöht. Es ist auch die Farbe des Blutes, was einem Furcht einflößt. So oder so, es ist die richtige Farbe für diesen Job.*

***Immer schräg:** Ein immer wiederkehrender Ratschlag beim Sägen ist es, gleichzeitig an zwei Rissen zu schneiden. Diese Methode lässt Ihre Augen bei der Arbeit hoch und runter springen, aber es ist effektiv.*

Beginnen Sie mit der Seite, die nach innen zeigt, um sich aufzuwärmen – falls Sie vom Riss abkommen sollten, können Sie dies am ehesten in Ordnung bringen (Sie können das schnell mit einem Grundhobel machen). Fangen Sie mit Ihrer Zapfensäge an (meine ist ein 40-cm-Modell mit elf Zähnen pro Zoll). Schneiden Sie zunächst etwa 3 mm tief in das Kopfholz. Schneiden Sie dann die Zapfenwange diagonal an der Seite hinunter, die Sie anschaut. Drehen Sie nun das Bein und schneiden wieder diagonal. Entfernen Sie schließlich das restliche v-förmige Material zwischen den beiden Schnitten.

Wenn die Spitze der Verbindung den verstärkten Rücken Ihrer Säge berührt, dann wechseln Sie zu einer Handsäge ohne Rücken, um die Arbeit abzuschließen. Bearbeiten Sie nun die andere Flanke des Zapfens in der gleichen Weise. Fahren Sie mit der innen liegenden Flanke des Schwalbenschwanzes fort.

Schneiden Sie nun die Schrägen des Schwalbenschwanzes an den äußeren Ecken jedes Beins. Beginnen Sie mit einer Zapfensäge und schließen Sie den Job mit einem Fuchsschwanz ab. Die Technik zum Schneiden eines Schwalbenschwanzes ist ähnlich wie beim Schneiden eines Zapfens. Schneiden Sie das Kopfholz etwas ein. Dann arbeiten Sie diagonal an beiden Kanten runter und entfernen das Material zwischen den diagonalen Schnitten.

Ich habe eine Reihe von Möglichkeiten ausprobiert, um das Material zwischen dem Schwalbenschwanz und dem Zapfen zu entfernen. Der schnellste Weg war ein Lochbeitel. Das Material mit einer Schweifsäge auszuschneiden, war langsamer. Um das überschüssige Material herauszuarbeiten, behandeln Sie es so wie beim Stemmen zwischen Schwalbenschwänzen. Stemmen Sie zunächst nahe der Grundlinie gerade runter. Dann stemmen Sie etwa 35 mm von Ihrem Riss entfernt diagonal, um den ersten Schnitt zu treffen. Entfernen Sie das v-förmige Stück Abfall. Fahren Sie so fort, bis Sie halb durch sind. Wenden Sie das Bein nun und wiederholen den Prozess auf der anderen Seite.

Putzen Sie den Grund des Schlitzes zwischen Zapfen und Schwalbenschwanz. Mit einem langen Stecheisen lässt sich der Grund leicht flach ausarbeiten.

Groß, aber doch nicht groß genug: *Verwenden Sie eine Zapfensäge, um so weit wie möglich mit diagonalen Schnitten die Wangen einzuschneiden. (Oder machen Sie dies an einer gut justierten Bandsäge.) Wenn Sie mit Ihrer Zapfensäge nicht tiefer schneiden können, dann ist es Zeit, den großen Jungen herauszuholen.*

Verbinde zwei: *Nachdem Sie die Zapfenwangen über die gesamte Breite geschnitten haben, ist das eine einfache Arbeit. Lassen Sie sich Zeit. Die Korrektur eines verlaufenen Schnittes an dem Schwalbenschwanz macht keinen Spaß.*

Breite Brüstung und scharfe Säge: *Hier verwende ich eine rückenverstärkte Säge für Querholzschnitte mit 10 Zähnen pro Zoll, um an dem Bein die Brüstung abzusetzen.*

Ich mag Dinge ohne Rücken: *Da diese Säge keinen Rücken hat, kann ich so tief schneiden wie ich will. Hören Sie auf zu sägen, wenn Sie auf beiden Seiten die Grundlinie erreichen.*

Schweres Metall: *Ein schwerer Klüpfel (dieser wiegt etwa ein Kilo) macht die Arbeit schneller. Hier bin ich fast halb durch auf der zweiten Seite, und der Abfall löst sich gerade. Stemmen Sie ihn so bald wie möglich heraus.*

Ein Wald von Verbindungen: *Die Zapfen der Verbindung herzustellen ist einfach, besonders bei Weichholz. Die Schlitze erfordern etwas mehr Durchhaltevermögen. Nehmen Sie ein gutes Frühstück zu sich und holen Sie Ihre Bohrwinde.*

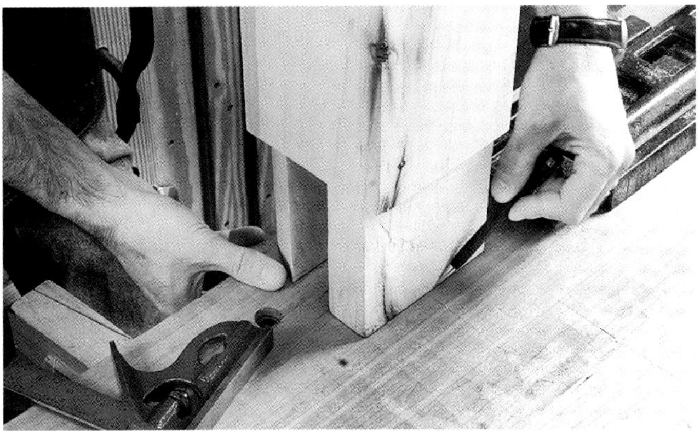

Übertragen, nicht messen: *Jedes Bein wird ein bisschen anders sein. Übertragen Sie also jede Verbindung auf die Arbeitsplatte, um genau zu wissen, wo Sie Material abarbeiten müssen.*

Dicke Bretter bohren: *Eine Ständerbohrmaschine wäre hier willkommen – aber ich kann mir nicht vorstellen, wie ich diese Platte auf den Bohrtisch gelegt hätte. Wahrscheinlich würde ich die Maschine über die Platte stellen und den Bohrtisch aus dem Weg drehen.*

Die Enden ausstemmen: *Ich ziehe es vor, zuerst die Enden eines Schlitzes auszustemmen, denn das stellt das Material dazwischen frei und Sie können es von den Schlitzwangen abstemmen.*

Spaß beim Stemmen in Faserrichtung: *Entfernen Sie so viel Material wie möglich, indem Sie es von den Seiten abstemmen. In Faserrichtung spaltet das Holz leicht. Es ist immer von großem Vorteil, die Schwächen des Holzes zu kennen.*

Dann schneiden Sie die Brüstungen des Beins. Sie müssen drei Brüstungen absetzen: Zwei liegen vorne am Grund des Schwalbenschwanzes und die dritte auf der Innenseite des Beins. Ich habe einen großen Fuchsschwanz für diesen Schnitt benutzt. Eine kleinere Feinsäge geht auch, aber sie ist langsamer.

Die schwierigen Schlitze

Die durchgehenden Schlitze machen einige Arbeit. Da Sie wahrscheinlich keinen 30-mm-Lochbeitel besitzen (oder wollen), sollten Sie sich etwas von unseren Freunden, den Zimmerleuten abgucken. Bohren Sie bei der Herstellung des Schlitzes so weit wie möglich. Dann bearbeiten Sie mit einem Lochbeitel die Enden und stechen mit einem Stecheisen die Wangen nach.

Viele Zimmerleute werden eine losere Verbindung anstreben als ein Bauschreiner. Ein Zimmermann bemerkte, dass er eine Zapfenverbindung gerne mit einem Stoß seines Hutes zusammentreibt. Es ist die Kombination von zusammengezogenen und untereinander verriegelten Verbindungen, welche die Stärke eines Gebäudes ausmachen. Wir haben diesen Luxus nicht. Streben Sie eine passgenaue stramme Verbindung an, besonders zwischen der Arbeitsplatte und den vorderen Wangen der Beine.

Diese Arbeit ist eine gute Ausrede, um eine große Bohrwinde zu kaufen. Während die meisten Möbelschreiner eine Bohrwinde mit einem 20- oder 25-cm-Arm wählen, würde ich für diesen Job eine mit 30- oder 35-cm-Arm empfehlen. Sie werden so mehr Hebelkraft entwickeln (das eigentliche Bohren wird jedoch langsamer). Unglücklicherweise ging meine 30-cm-Bohrwinde verloren, ich musste also hart ran.

Schärfen Sie Ihren größten Bohrer und markieren die Tiefe an den Spannuten, sodass Sie etwa halb durch die Platte bohren. Entfernen Sie die Bohrspäne und stemmen dann die Enden des Schlitzes mit dem Lochbeitel aus (dies ist der harte und anspruchsvollere Teil der Arbeit). Dann stechen Sie mit einem breiten Stecheisen das restliche Material von den Wangen ab. Das ist eine einfache Sache.

Wenden Sie die Bankplatte und bohren von der anderen Seite. Dann arbeiten Sie den Schlitz an der Unterseite nach und stellen sicher, dass die beiden Öffnungen sich genau treffen und ihre flachen Seiten plan sind. (Buckel an den Wänden Ihres Schlitzes kommen oft vor und machen Ärger. Prüfen Sie Ihre Arbeit mit einem Kombinationswinkel.

Glücklicherweise ist die Öffnung zur Aufnahme des Schwalbenschwanzes leichte Arbeit im Vergleich mit dem Schlitz. Stellen Sie die Seiten mit einer Rückensäge her. Arbeiten Sie

Man sieht es: *Die vordere Ecke des Schwalbenschwanzes ist fragil und gut sichtbar an der Vorderseite der Bank, arbeiten Sie also mit Sorgfalt. Ich habe ein Stecheisen benutzt, um entlang des Risses eine kleine diagonale Rille auszustechen, die mein Sägeblatt führt.*

Seien Sie nicht schüchtern: *Machen Sie ein paar Schnitte in das Material, dass entfernt wird, und stemmen den größten Teil des Abfalls heraus. Halten Sie dabei etwa 3 mm Abstand zur Grundlinie, um nicht zu viel Material abzuarbeiten.*

Etwas für die Ecken: *Ihr Grundhobel wird nicht bis in die engen Ecken reichen. Verwenden Sie also ein Stecheisen. Nutzen Sie den flachen Grund, den Sie mit dem Grundhobel hergestellt haben, um überflüssiges Material abzustechen.*

Die diagonale Übung: *Stellen Sie sich das wie eine große geneigte Zapfenwange vor. Schneiden Sie die Verbindung oben etwa 3 mm tief ein. Dann sägen Sie diagonal hinunter, bis Sie die Grundlinie und die hintere Ecke der Bankplatte berühren. Gehen Sie dann zur anderen Seite der Platte und schneiden dort hinunter.*

Grundhobel Träumerei: *Wenn ich ein Liebesgedicht an meinen Grundhobel schreiben könnte, ich würde es tun. Er macht schwierige Aufgaben wie diese ziemlich einfach. Bemerken Sie, dass Sie vielleicht das Rad zur Tiefeneinstellung an Ihrem Werkzeug entfernen müssen, um diese Tiefe zu erreichen.*

diagonal, genauso wie Sie es bei allen anderen Verbindungen dieser Bank getan haben. Nehmen Sie sich Zeit, denn diese Verbindung lässt sich nur schwer korrigieren.

Nehmen Sie dann Ihre Querholzsäge und machen mehrere Einschnitte in das Material, das entfernt werden soll; das wird es Ihnen erleichtern, das Material zu entfernen, ohne die Verbindung zu beschädigen. Entfernen Sie das Material mit einem kräftigen Stemmeisen. Und zwar so: Setzen Sie Ihr Stemmeisen etwa 3 mm oberhalb der Grundlinie mit der Fase nach oben an. Schlagen Sie das Stemmeisen ein, welches das Holz darüber lösen wird. Schlagen Sie das Stemmeisen etwa 2,5 cm tief ein, dann setzen Sie es rechts oder links davon wieder an. Wenn Sie sich so über die gesamte Breite der Verbindung gearbeitet haben, dann arbeiten Sie von der anderen Seite der Bankplatte. Entfernen Sie dann das Material dazwischen. Es dauert länger, darüber zu schreiben als es zu machen.

Arbeiten Sie nun den Grund der Verbindung mit einem Grundhobel und einem breiten Stemmeisen nach. Mit dem Grundhobel entfernen Sie das Material in kleinen Schritten, arbeiten Sie dabei von den Außenkanten zur Mitte der Verbindung.

Sobald Sie eine flache Grundfläche hergestellt haben, können Sie sie als Auflage für Ihr Stemmeisen nutzen, um an das ärgerliche Material in den Ecken zu kommen.

Wie hoch? Wen kümmert´s: *Ich habe zwei Bretter an den Beinen mit Zwingen fixiert und darauf die Schwinge gelegt. Ich übertrage gerade die Brüstungen direkt auf die Schwinge.*

Betrug – aber es ist nicht, was Sie denken

Ich habe meine Schwingen und Riegel aus 5 x 15 cm Kiefernholz aus dem Baumarkt gemacht. Nachdem ich das Material abgerichtet hatte (es war verzogen) waren sie nur noch gut 30 mm dick. Um das Leben einfacher zu machen, habe ich mich entschieden, die Zapfen an den Riegeln durch Aufdoppeln von zwei 5 x 15 cm Hölzern herzustellen. Die Köpfe des langen 5 x 15 cm Teils bilden dabei die Zapfen. Das kürzere 5 x 15 cm Holz stellt die Brüstungen zwischen den Beinen her.

Was hier entscheidend ist, dass jeder Riegel perfekt zwischen die Beine passt und dass Sie unter dem Riegel einen Freiraum von 75 mm haben. Diese 75 mm sind ein perfekter Spalt für Ihren Fuß und Sie werden ihn schätzen, wenn Sie auf dieser Bank quer zur Maserung hobeln.

Ich habe dann geschaut, wo die Riegel in die Beine gezapft werden und habe zwei Bretter abgelängt (in diesem Fall 54 cm lang). Ich habe diese Bretter dann mit Zwingen an meinen Beinen fixiert und das Endmaß zwischen den Beinen übertragen. Diese Brüstungen waren nicht exakt im Winkel, aber das ist keine große Angelegenheit, wenn Sie sie mit der Handsäge schneiden – Handsägen mögen alle möglichen Winkel – es ist die Tischkreissäge, die eine Liebesaffäre mit 90° hat.

Von innen: *Hier sehen Sie, wie das auf meiner Seite der Bank aussieht. Ich verwende aus Gründen der Genauigkeit ein Messer. Dann längen Sie Ihre Schwinge mit der Handsäge ab.*

Fast auf Anhieb ein Zapfen: *Lassen Sie Ihre Zapfen ein gut Stück länger. Sie werden nach Herstellung der Schlitze auf Gehrung abgelängt.*

Der kleinere Schlitz: *Hier ist der erste Schlitz am Bein. Er ist nicht auf volle Tiefe ausgestemmt – er ist um etwa 30 mm niedriger.*

Stellen Sie den Schlitz ohne all den Abfall her: *Hier bohre ich gerade den anderen Schlitz aus, er ist tiefer als der erste. Das Ergebnis sind sauberere Wangen des Schlitzes und damit mehr Leimfläche.*

Nachdem ich diese Teile mit der Handsäge abgelängt hatte, habe ich noch mal geprüft, ob sie genau zwischen die Beine passen. Dann habe ich sie jeweils auf das längere 5 x 15 cm Stück geleimt. Dies bedeutet, dass die Riegel an der Rückseite keine Brüstung haben werden (man nennt das einen einseitig angeschnittenen Zapfen), aber an einer Bank macht dies nichts. Ja, man kann innen einen ganz kleinen Streifen des Schlitzes sehen, aber ich sehe dies als einen Beweis, dass ich keine Schablone für den Bau der Bank verwendet habe. Legen Sie die vier Riegel beiseite und bereiten Sie sich darauf vor, zierliche Schlitze herzustellen – zierlich im Vergleich zu den Schlitzen an der Arbeitsplatte.

Schlitze, die sich treffen

Wenn Sie Schlitze herstellen, die sich im Bein treffen, dann besteht die Tendenz, dass die innere Ecke der Verbindung ausbricht, wenn sich der zweite Schlitz mit dem ersten schneidet. Macht das etwas? Wahrscheinlich nicht viel. Aber ich will jedes mögliche bisschen Holz dort in der Verbindung.

Also wende ich einen alten englischen Trick an, um sich schneidende Schlitze herzustellen. Machen Sie Ihren ersten Schlitz weniger tief, so als ob er den zweiten (tieferen) Schlitz gerade küssen würde, wenn er schon da wäre. Stemmen Sie dann den zweiten Schlitz auf ganze Tiefe aus. So verhindern Sie, dass die Innenecke ausbricht und dies gibt Ihnen so viel Kontaktfläche wie möglich.

Die Schlitze an den Beinen sind kleiner als die an der Platte, aber das Vorgehen ist das gleiche. Bohren Sie das meiste Material heraus. Stemmen Sie die Enden ein. Stechen Sie das Langholz an den Wangen ab. Sie sollten das inzwischen gut hinbekommen.

Schneiden Sie die Gehrungen an den Enden der Riegel. Die Zapfen müssen sich nicht berühren: Sie werden keine Extrapunkte bekommen, wenn sie es tun. Legen Sie dann den auf Gehrung abgelängten Zapfen auf den Schlitz und markieren die Brüstungen an den Kanten. Setzen Sie den Zapfen oben und unten ab. Stecken Sie die Verbindung zusammen.

Schneiden Sie die Gehrungen nicht zu stramm: *Ich schneide diese Gehrungen etwa 1 bis 2 mm kürzer als das ermittelte Endmaß. Ich bin sicher, es gibt da draußen Holzhandwerker, die diese Gehrungen leimen. Ich ziehe meinen Hut vor ihnen.*

Noch einmal: *Bitte messen Sie nicht, von Hand geschnittene Schlitze und Zapfen werden am besten direkt übertragen. Legen Sie den Zapfen auf den Schlitz (oder den Schlitz an den Zapfen) und markieren Sie, was Sie brauchen.*

Ich mache das nie: *Aus irgendeinem Grund habe ich entschieden, die Brüstungen zuerst zu schneiden. Ich weiß nicht warum, aber am Ende passte alles.*

Dann die Wangen: *Einige Holzhandwerker spalten diese Wangen einfach mit einem Beil ab. Ich bin nicht so mutig. Bitte sägen!*

Zeit für den Klüpfel

Stecken Sie alle Teile einmal trocken zusammen um sicherzugehen, dass nicht nur jede einzelne Verbindung sondern alle gleichzeitig zusammenpassen. Sie könnten zuerst das Gestell zusammenbauen und dann (wenn Sie Glück haben) die Arbeitsplatte in ihre Position schlagen, aber ich denke es ist besser, die ganze Sache als Ganzes zu montieren.

Um die Zapfenverbindungen zusammenzuziehen, habe ich vorgebohrte Nägel aus Eichenholz verwendet (um die Brüstungen stramm an die Beine zu ziehen) und einen langsam abbindenden flexiblen Epoxidharz-Kleber als Rückversicherung. Sie kommen wahrscheinlich auch ohne Leim aus. Wenn Sie sich aber Leim leisten können, sehe ich darin keine Nachteile.

Sie können Ihre 15 cm langen Holznägel auf unterschiedliche Weise herstellen. Wenn Sie etwas geradwüchsige Eiche herumstehen haben, dann können Sie die Nägel mit einem Messer abspalten und dann durch eine Dübelplatte schlagen. Nachdem ich so lange mit den Verbindungen des Gestells herumgespielt hatte, wollte ich etwas Zeit gutmachen. Deswegen kaufte ich einige gerade Dübel aus Weißeiche und schlug sie durch das Dübeleisen. Dübel aus dem Geschäft tendieren dazu, einen leicht eiförmigen Querschnitt zu haben.

Umstandskrämer: *Ich habe zwei Stunden damit verbracht, um die Brüstungen so nachzuarbeiten, dass sie ganz dicht schließen. Natürlich, bald nachdem die Platte zu arbeiten begann, öffneten sich diese Brüstungen an den Riegeln. Na ja, na ja.*

Hoch und trocken: *Wenn die Teile der Bank schließlich zusammenkommen, ist das Ergebnis bemerkenswert stabil, selbst ohne Leim.*

An der montierten Bank zeichnen Sie an, wo die 19-mm-Holznägel an den Beinen hinkommen. Ich habe sie etwa 25 mm von den Seiten des Zapfens zurückgesetzt. Ich klebe gerne alle Arbeitsflächen mit Band ab, wenn ich diese Löcher anreiße und bohre. Das Klebeband verhindert, dass sich austretender Leim an den Beinen festsetzt (ja, ich weiß, dies ist eine Bank. Ich habe ein Problem). Das Klebeband schützt auch die Beine vor den Sägezähnen, wenn ich die Nägel bündig absäge.

Leicht versetzte Bohrungen sind einfach: Sie bohren ein 19-mm-Loch durch den Schlitz, stecken die Verbindung zusammen und markieren, wo diese Bohrung den Zapfen trifft.

Nehmen Sie die Verbindung wieder auseinander, verschieben Sie das Zentrum des Loches um 1 bis 2 mm näher an die Brüstung heran und bohren dort das 19 mm Loch durch den Zapfen.

Wenn Sie den Holznagel einschlagen, dann werden die versetzten Löcher dafür sorgen, dass die Brüstung fest an das Bein gezogen wird. Stecken Sie die Verbindung zunächst trocken zusammen, bevor Leim und Holznägel beteiligt sind.

Löcher am Schlitz zuerst: *Die 19-mm-Löcher reichen durch die gesamten Beine und Schlitze. Gehen Sie sicher, diese Löcher versetzt anzuordnen, wenn Sie alle vier Riegel mit Holznägeln fixieren wollen. Ansonsten würden die Holznägel zusammenstoßen.*

Markieren Sie den Zapfen: *Benutzen Sie nun denselben 19-mm-Bohrer, um auf den Zapfen die Zentren zu markieren.*

Verschieben Sie den Bohrer : *Versetzen Sie die Zentrierspitze in Richtung Brüstung. Beim Bau von Bänken aus Weichholz kann dies ohne (viel) Gefahr um 2–3 mm sein.*

Schneiden Sie diese Wände runter: *Weitere tiefe Schnitte mir Ihrer Rückensäge. Muss ich Ihnen immer noch sagen, dass Sie zuerst von beiden Seiten aus diagonal schneiden und dann erst in der Mitte? Ich dachte nein.*

Eine Pause vor dem Zusammenbau

Wenn Sie eine Beinzange installieren wollen, dann ist jetzt der Zeitpunkt gekommen, um das Loch für die Spindel und den Schlitz für den Parallelanschlag herzustellen. Dies ist nicht anders als bei allen anderen Schlitzen dieses Projekts, daher sind Details hier überflüssig.

Es gibt zwei Überlegungen zum Entwurf: Legen Sie das Zentrum der Spindel für die Beinzange etwa 28 cm unterhalb der Arbeitshöhe. Das erlaubt es ihnen, in der Beinzange 30 cm breite Werkstücke mit Leichtigkeit einzuspannen. Und Sie haben jede Menge Flexibilität, wo Sie den Parallelanschlag platzieren. Ich habe ihn am Boden (für maximale Hebelkraft) und über dem Riegel angeordnet (um sich nicht stark beugen zu müssen). Es gibt keinen deutlichen Unterschied in Sachen Hebelkraft, wenn Sie den Parallelanschlag nach oben versetzen, also ich würde ihn über den Riegel setzen. Er ist so leichter erreichbar.

Bohren, bohren, bohren: *Wenn Sie während dieses Bauprojektes anfangen, Ihre Bohrwinde mit ins Bett zu nehmen, dann sei Ihnen das verziehen. Sie werden das Werkzeug am Ende gut kennen und etwas verschwitzt sein. Das ist natürlich.*

Mehr Spaß mit dem Grundhobel: *Sie wollen, dass der Gewindeblock für Ihre Beinzange so fugenlos und fest wie möglich in der Vertiefung liegt. Andernfalls würden Sie die Stabilität des wichtigsten Beines Ihrer Bank reduzieren. Daher ist diese Bewegung des Grundhobels akzeptabel.*

Ein anderes Detail: Halten Sie den Schlitz für den Parallelanschlag ziemlich nahe an dem Führungsstab, ohne Reibung (ja, das ist knifflig). Eine passgenaue Arbeit reduziert das seitliche Spiel der Backe. Vertrauen Sie mir hier.

Passgenau: *Sie wollen, dass Parallelanschlag und Schlitz passgenau sind und nicht aneinander reiben. Dies wird die Tendenz der Backe verringern, seitlich zu wackeln. Mein Parallelanschlag ist knapp 16 mm stark, deswegen ist dieser Schlitz 17 mm breit.*

Zwingen und leicht versetzte Bohrungen: *Dies mag aussehen, wie gleichzeitig Gürtel und Hosenträger tragen, aber es wird die Zahl der gerissenen Holznägel verringern.*

Großes Finish

Wenn ich etwas zusammenbaue, dann überlasse ich nichts dem Zufall. Wenn ich etwas spannen kann, dann tue ich es. Und wenn ich etwas leimen kann, dann werde ich es tun (ausgenommen, dies wird Probleme bei arbeitendem Holz verursachen). Ich habe also langsam abbindenden Epoxidharz-Kleber verwendet, der eine offene Zeit von mehreren Stunden hat. Ich habe an allen Verbindungen Leim angegeben, alles zusammengetrieben und dann die Zwingen angesetzt, um die Dinge so dicht wie möglich zu bekommen.

Dann habe ich die 10-mm-Nägel aus Weißeiche eingetrieben. Spitzen Sie ein Ende an, sodass es wie ein Bleistift aussieht. Geben Sie als Gleitmittel etwas Paraffin an und schlagen Sie ihn hinein. Das Paraffin ist ein weiterer Trick aus der Zimmerei, der gut funktioniert. Seitdem ich begonnen habe, es zu benutzen, hatte ich weniger explodierende Holznägel. Bei diesem Projekt hatte ich nur einen Holznagel, der kaputt ging.

Was machen Sie, wenn der Holznagel reißt? Schneiden Sie den beschädigten Nagel bündig mit dem Bein ab und treiben einen zweiten Nagel hinterher. Er sollte den lädierten Holznagel auf der anderen Seite heraustreiben und ihn ersetzen.

Und auch Keile: *Roubo gibt an, dass die durchgehenden Zapfen an der Platte gekeilt werden sollen. Ich erkläre diese Verbindung für bombensicher.*

Nachdem Sie Ihre Holznägel eingeschlagen haben, verkeilen Sie die durchgehenden Zapfen. Ich habe diese Keile mit der Handsäge geschnitten. Wenn der Leim trocken ist, entfernen Sie die Zwingen und schneiden die Keile und Zapfen oben bündig mit der Platte ab.

Große Säge heißt schnell arbeiten: *Benutzen Sie für diese Arbeit nicht Ihre kleine Säge für bündige Schnitte. Es dauert ewig. Benutzen Sie Ihre Handsäge für Querholzschnitte. Ja, die geschränkten Zähne können ein bisschen an der Oberfläche kratzen, aber Sie müssen die Platte ohnehin noch einmal fein abrichten.*

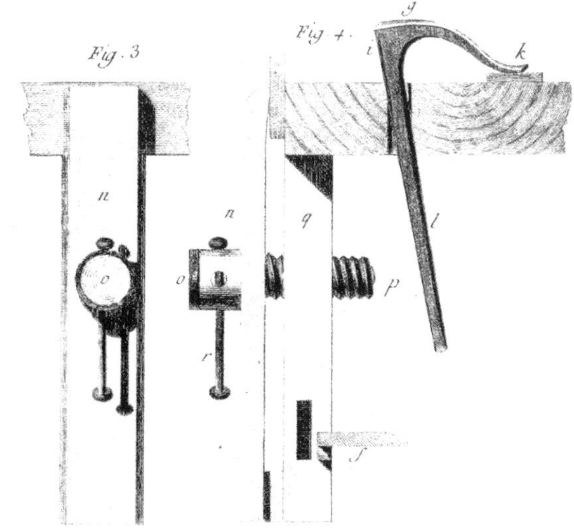

Die Beinzange: *Roubo sprach sich dafür aus, dass seine Kollegen Beinzangen benutzen sollten. Ich bin seiner Meinung.*

Richten Sie die Platte erneut ab, wie Sie es am Beginn des Projektes getan haben. Diese Platte hatte in der Mitte einen deutlichen Buckel und eine besonders schwierige Erhöhung am Kopf. Woher kamen die? Ich dachte, meine Platte wäre schon plan. Egal. Sie war jetzt plan (und blieb es auch).

Jetzt können Sie Ihre Aufmerksamkeit der Vorderzange schenken.

Ich mag Beinzangen

Beinzangen sind beeindruckend. Sie können sie an Ihre Anforderungen anpassen. Sie können sie an einem Tag bauen. Sie haben enorme Haltekraft. Und sie haben nicht diese parallelen Eisenstäbe wie Eisenzangen. Sie haben also mehr Möglichkeiten zum Einspannen.

Warum sind sie dann beinahe verschwunden? Ich weiß es nicht. Die meisten Leute, die sie ausprobieren, lieben sie. Eine häufig gehörte Kritik ist, dass man sich zur Einstellung des Anschlagstiftes bücken muss. Ich nehme das nicht an. Ich platziere den Parallelanschlag über dem Riegel des Gestells (was die Haltekraft nicht wesentlich verringert). Damit bin ich beim Anziehen der Zange (wobei ich mich etwas bücke) in einer Position, in der ich den Stift des Parallelanschlages erreiche. Auf diese Weise ist kein weiteres Bücken nötig.

Diese Zangen bestehen aus drei Grundteilen: der Backe, die Sie selbst herstellen und mit der Sie das Werkstück packen; der Spindel (meist ein gekauftes Teil), welche die Backe rein oder raus bewegt, und schließlich dem Parallelanschlag, den Sie bauen und der die Backe gegen Ihr Werkstück schwenkt.

Der Parallelanschlag ist das Teil, das die meisten Leute irritiert, die Beinzangen nicht kennen. Dieser Anschlag ist an der Backe befestigt und bewegt sich in oder aus einem Schlitz am Bein. Ein Stift durchstößt den Parallelanschlag an einem der zahlreichen Löcher. Wenn dieser Stift das Bein berührt, dann neigt sich die Backe zur Arbeitsplatte und spannt Ihr Werkstück ein.

Wenn Sie Ihre Backe herstellen, werden Sie eine Öffnung für die Spindel und einen Schlitz für den Parallelanschlag machen müssen. Der Parallelanschlag wird in der Backe verkeilt und hat zwei Reihen mit 10-mm-Bohrungen und einem Achsmaß von 25 mm. Diese beiden Reihen sind etwa um 12 mm versetzt.

Ich weiß, das hört sich kompliziert an. Das ist es aber nicht. Ich habe meine erste Beinzange vor vielen Jahren gebaut, ohne jemals eine vorher benutzt zu haben. Innerhalb von 30 Sekunden hatte ich den Dreh raus. Sie werden das auch hinkriegen.

Diese Beinzange verwendet eine hölzerne Spindel mit einer Messing-Halterung. Was für eine Halterung? Es handelt sich um ein dünnes Stück Metall oder Holz, das die Backe an der Spindel fixiert, damit sie sich im Tandem rein und raus bewegt. Wenn sie nicht durch eine Halterung miteinander verbunden wären, dann würde sich die Backe frei bewegen, wenn Sie Ihr Werkstück ausspannen. Das ist keine schlimme Sache, aber solche Halterungen machen die Dinge schön und sauber.

Mit Vorsicht anreißen: *Der Messing-Ring ist in Position und ich habe seinen Umriss auf die Backe übertragen. Jetzt werde ich mit dem Zirkel einige Löcher an der Backe anreißen, die eine größere Öffnung für die Spindel der Zange herstellen – diese größere Öffnung wird von dem Ring verdeckt.*

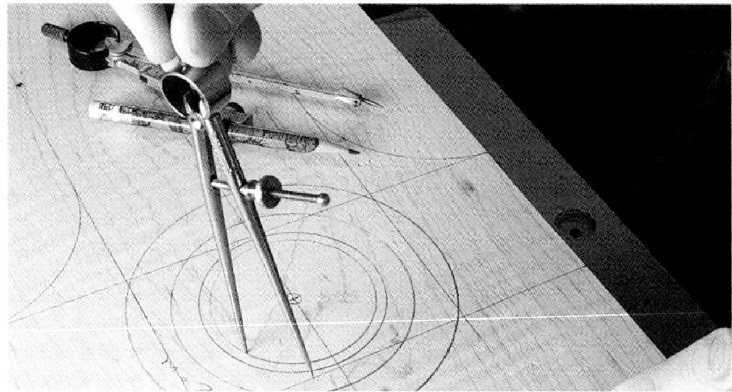

In vorsichtigen Schritten: *Ein bisschen Layout wird jede Menge Raspeln vermeiden, um Raum für Ihre Spindel zu schaffen. Arbeiten Sie innerhalb der Linien, die auf der Backe angerissen wurden und welche die Position der Halterung zeigen.*

Sechs schnelle Schläge: *Stellen Sie eine schöne große Öffnung her. Machen Sie das so, wenn Sie in Ihrer Sammlung keinen 80-mm-Bohrer haben sollten – ich jedenfalls habe keinen.*

Schrauben Sie sich die Halterung fest: *Verbinden Sie Spindel und Backe, indem Sie die Messing-Halterung festschrauben. Stecken Sie dies dann in das Bein und markieren Sie die Position für den durchgestemmten Schlitz des Parallelanschlags.*

Aus sechs Löchern wird eines: *Löcher durch 50-mm-Ahorn zu bohren ist ein Kinderspiel verglichen mit den anderen schrecklichen Aufgaben dieses Projektes.*

Sägen Sie die Geraden: *Um Ihre Backe leichter und schöner zu machen, schneiden Sie sie so aus wie auf dem Plan. Schneiden Sie die geraden Abschnitte mit einem Fuchsschwanz. Dann stellen Sie die Kurven mit einer Schweifsäge her. Putzen Sie die Schnitte mit Hobeln und Raspeln.*

Hier ist die Anordnung: *Sie können hier den Parallelanschlag sehen, unmittelbar bevor ich ihn an der Backe befestige. Und Sie können auch die Öffnung sehen, die ich für die Spindel hergestellt habe. Es ist einfacher, als es sich anhört.*

Bohrungen für die Nägel: *Vorgebohrte Löcher vermeiden, dass die Leisten beim Einschlagen der Nägel reißen, denn die wirken wie Keile mit erheblicher Kraft.*

***Ausklinken:** Klinken Sie die beiden äußeren Bretter des Bodens so aus, dass sie um die Beine passen. Es besteht die Möglichkeit, dass sie etwas unterschiedlich sind. Meine waren es.*

***Leisten an Ihren Füßen:** Leimen und nageln Sie eine Leiste an jeden Riegel. Bringen Sie die Leisten so tief wie möglich an.*

Um eine große Öffnung in der Backe herzustellen, habe ich eine Reihe von kreisförmig angeordneten 19-mm-Löchern gebohrt und das Material dazwischen ausgestemmt. Die Löcher wollen mit Vorsicht platziert werden, damit die Messing-Halterung sie abdeckt.

Ein Platz für Hobel

Sie brauchen einen Boden. Lassen Sie mich es wiederholen: Sie brauchen wirklich einen Boden. Sie werden Ihre Hobel dort hinstellen, und auch noch Teile und Werkzeuge, die Sie später bei einem Projekt brauchen. Bauen Sie einen Boden.

Es dauert nur zwei Stunden, wenn Sie den Boden von Hand herstellen (weniger, wenn Sie Elektronen in Ihrer Werkstatt schlachten). Beginnen Sie damit, eine 25 x 25 mm Leiste an der unteren Innenkante der vier Riegel zu befestigen. Ich habe Leim und Nägel verwendet. Dann nageln Sie die gefälzten Bretter auf diese Leisten, um ein gemütliches Plätzchen für Ihre Hobel herzustellen.

Um diese gefälzten Bretter herzustellen, verwenden Sie einen Falzhobel und stellen die Fälze an den langen Kanten her. Bei Kiefernholz ist das einfache Arbeit. Ich bin noch einen kleinen Schritt weiter gegangen und habe an einer der langen Kanten einen Rundstab gehobelt. Die beiden äußeren Bretter müssen an den Ecken ausgeklinkt werden, um an den Beinen zu passen. Sie wissen, was zu tun ist.

Nageln Sie die Bretter für den Boden fest und lassen zwischen den Brettern einen guten Millimeter Luft. Ein einziger Nagel in der Mitte an den Köpfen aller Bretter wird am besten sein. Das wird verhindern, dass Ihre gute Arbeit reißt.

Eine einfachere Oberfläche

Oberflächen an Werkbänken sollten funktional und nicht glitzernd sein. Sie brauchen eine Oberfläche, die sich leicht erneuert lässt, Leim und Schmutz abweist und die Bank nicht zu glatt macht. Rutschige Bänke sind furchtbar.

***Eine Einstellung für den Boden:** Die Bretter für meinen Boden waren 25 mm stark. Ich habe meinen Falzhobel eingestellt, um einen 12 mm breiten und 10 mm tiefen Falz herzustellen. Eine Minute Arbeit an jeder Kante macht eine perfekte Verbindung.*

Die Antwort ist so einfach. Mischen Sie gleiche Menge gekochtes Leinöl (um Leim abzuweisen), Lack (um Flecken zu vermeiden) und Verdünnung (um den Auftrag zu erleichtern). Schütteln Sie die bernsteingelbe Mischung und tragen sie mit einem Lappen auf. Drei Aufträge sind alles, was Sie brauchen. Wenn es trocken ist, dann können Sie mit der Arbeit beginnen.

Welche Arbeit? Eine der Inspirationen für diese Bank kam aus dem Pottery Barn Katalog. Es ist mir etwas peinlich, das zuzugeben. Dieser Katalog zeigte eine falsche Werkbank, die als Theke verkauft wird. Ich dachte: Was wäre, wenn eine echte Werkbank als Theke, als Anrichte oder als Couchtisch verwendet würde?

Sie sehen, manche Leute lassen es zu, dass ihre Werkstattmöbel aus hässlichem Sperrholz, Schrauben und groben Verbindungen bestehen. Was mich angeht, ich kann einfach nicht so arbeiten. Wenn ich meine Zeit in etwas investiere, dann will ich, dass es sowohl schön als auch nützlich ist (ich danke Gustav Stickley für dieses Zitat).

Unabhängig davon, ob diese Bank in das dunkelste Verlies oder in Ihr Wohnzimmer kommt, Sie sollten Ihr Bestes geben, um sicher zu stellen, dass alle Ihre Arbeit für Ihr Wohnzimmer geeignet ist.

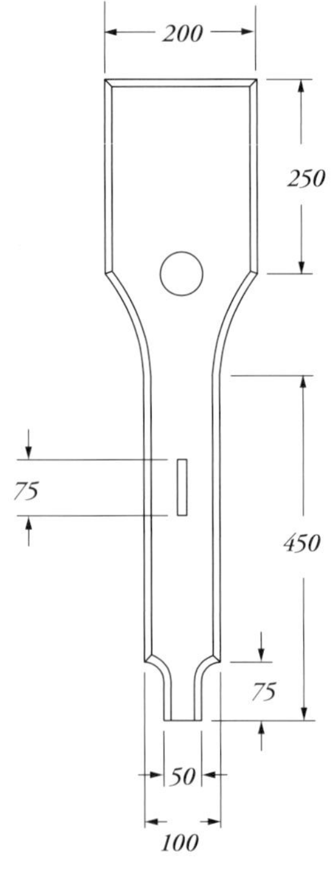

Bein-Zange (Detail)

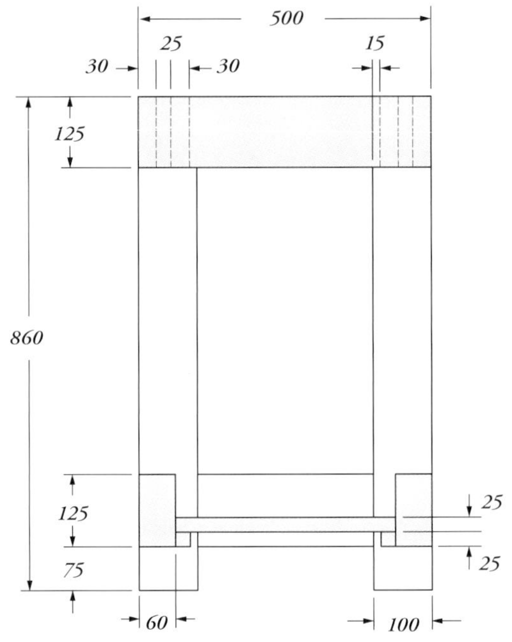

rechte Seite

Bank des 18. Jahrhunderts – von Hand

Materialliste

	Anzahl	Teil	Maße in mm			Material	Bemerkung
☐	1	Platte	1800	500	125	Kirsche	
☐	4	Beine	860	140	100	Douglasie	an einem Ende gezapft
☐	2	Schwingen	1160	125	60	Kiefer	an beiden Enden gezapft
☐	2	Riegel	440	125	60	Kiefer	an beiden Enden gezapft
☐	1	Backe Hinterzange	350	125	75	Kirsche	
☐	2	Auflageleisten lang	940	25	25	Kiefer	auf Schwingen nageln
☐	2	Auflageleisten kurz	300	25	25	Kiefer	auf Riegel nageln
☐		Boden	380		25	Kiefer	gefälzte Bretter
☐	1	Backe Beinzange	835	200	50	Ahorn	
☐	1	Parallelanschlag	400	75	15	Ahorn	

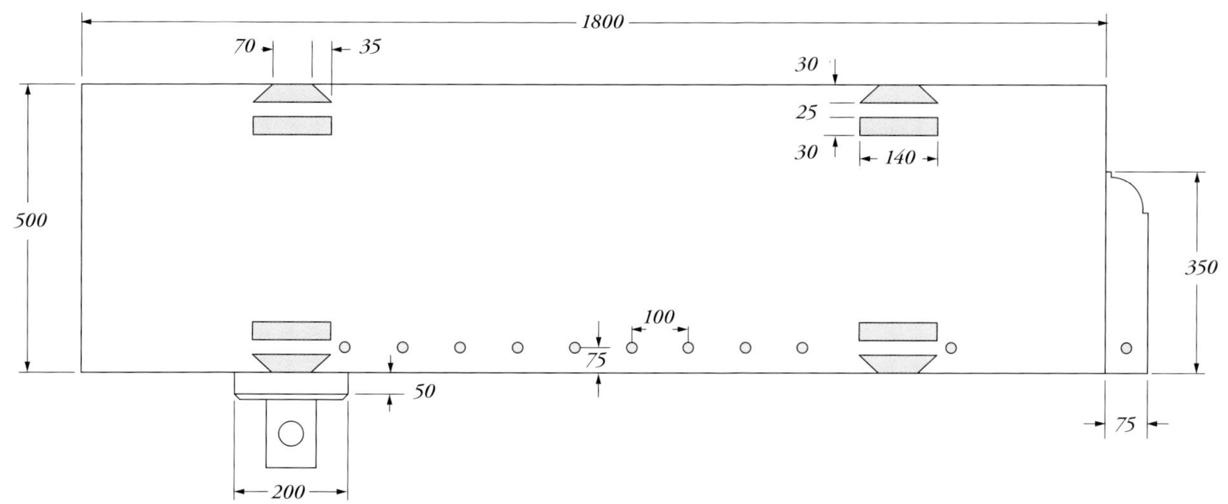

Ansicht von oben

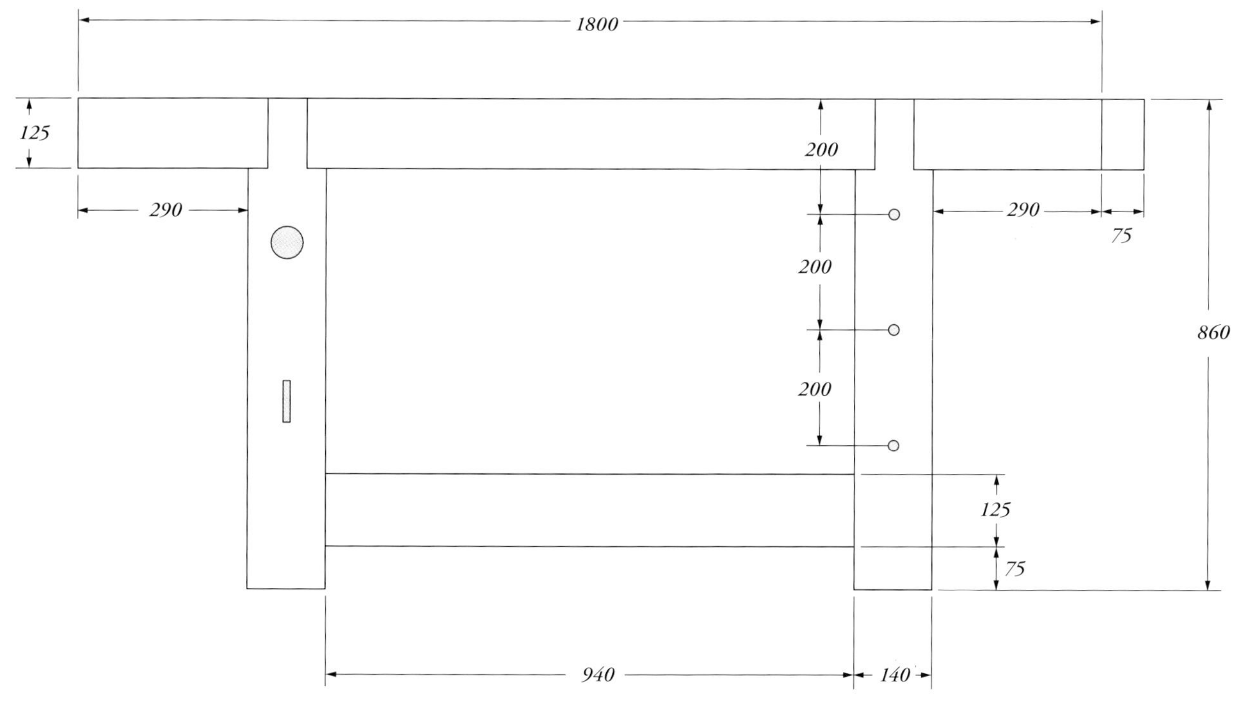

Vorderansicht

Foto: Al Parrish

Zu Hause oder unterwegs: *Diese Hobelbank im Stil des 19. Jahrhunderts kann mit Schrauben verbolzt werden, um sie bei Bedarf zu zerlegen, oder als dauerhafte Ergänzung für Ihre Werkstatt gebaut werden, wie auf dieser Abbildung.*

Kapitel 4

Holtzapffel Hobelbank

von Christopher Schwarz

Die industrielle Revolution hat der Welt der Holzbearbeitung und Hobelbänke gleichermaßen geschadet wie genutzt. Die industrielle Revolution brachte Maschinen hervor, die in großer Zahl Metallhobel und Handsägen herstellten, doch sie schuf auch Holzbearbeitungsmaschinen, welche diese Handwerkzeuge überflüssig machten.

Die industrielle Revolution ließ eine Bewegung für Werkunterricht entstehen, als wohlmeinende Menschen dachten, dass Kinder lernen sollen, etwas mit ihren Händen zu machen (während die ganze Welt automatisch und mechanisch wird). Und die industrielle Revolution schuf sowohl die Nachfrage nach Hobelbänken als auch die Fähigkeit, diese industriell herzustellen, was wiederum die Werkunterrichtsbewegung förderte.

Meiner Meinung nach veränderte dies die Bauart der Hobelbänke im 19. und 20. Jahrhundert. Die altmodischen Hobelbänke, die von den Handwerkern selbst gebaut worden waren, wurden durch moderne Modelle aus der Fabrik ersetzt, die noch heute dominieren.

Im Jahre 1875, als die Welt an der Schwelle zum modernen Industriezeitalter stand, wurde diese Hobelbank in dem englischen Buch „Holtzapffel's Construction, Action and Application of Cutting Tools Volume II" von Charles Holtzapffel publiziert. Es ist auch heute noch ein großartiges Buch mit einer Fülle an Informationen über die Bearbeitung von Holz und Metall mit Handwerkzeugen und Maschinen.

Der Autor war der Inhaber Holtzapffel & Co. in London, einer Werkzeugfabrik, die besonders für ihre aufwändigen Drehbänke bekannt war, aber zugleich alles herstellte von Scheren über Gartenwerkzeuge bis hin zu exquisiten Gehrungshobeln.

Ich habe Zweifel, ob Charles Holtzapffel persönlich wirklich diese spezielle Bank entworfen und beworben hat. Er starb 1849, und die Ausgabe seines Buches erschien 1875. Ich sollte eine frühere Ausgabe des Buches auftreiben, um zu sehen, welche Hobelbank dort noch lauert. Doch es könnte ein teures Vergnügen werden. Die Originalausgabe von 1875 kostet komplett gut 1000 €. Frühere Ausgaben sind noch teurer und schwerer zu finden.

Warum eine Holtzapffel bauen?

Die Holtzapffel ist die dritte archaische Hobelbank, die ich gebaut und in einer modernen Werkstatt eingesetzt habe. Jede dieser drei Bänke hatte eine enge Verbindung zu der Kultur, die sie hervorgebracht hat. Die Bank aus A.J. Roubos Büchern des 18. Jahrhunderts ist so französisch wie Sauce Bérnaise, starker Kaffee und Baskenmütze (siehe Kapitel 3). Die Bank aus dem im 19. Jahrhundert erschienen Buch von Peter Nicholsons's „Mechanical Exercises" ist ganz britisch (besuchen Sie unseren Blog, um sich Fotos anzusehen; Pläne finden sich in dem Buch „Workbenches"). Der einzige Platz, an dem diese englische Bank häufiger auftaucht, sind die ehemaligen Kolonien.

Die Holtzapffel ist ein Mischling. Die Holtzapffels waren Deutsche, die sich in England niedergelassen hatten. Diese Bank zeigt Merkmale beider Kulturen und zusammen bilden sie eine Bank, die sich meiner Meinung nach hervorragend für den Möbelbau eignet.

Von der deutschen Tradition kommt die traditionelle Hinterzange auf der rechten Seite, welche die meisten englischen Möbelbauer und Zimmerleute als überflüssig abtun würden. Das Tragwerk der Bank – Gestell und Platte – sind gleichermaßen deutsch und französisch. Die stämmigen Beine sind gallisch. Die Banklade und die Bolzen zum Abbau sind deutsch. Die Fixierung der Werkstücke ist ein Schmelztiegel aus Stilton, Camembert und Butterkäse. Die Bank zeigt Niederhalter (französisch), eine Vielzahl an Anschlägen zum Hobeln (englisch und französisch), eine Vorderzange mit Doppelspindel (ziemlich britisch) und einen Gestellfuß mit Bohrungen, um langen Werkstücken eine Auflage zu geben (ein gesamteuropäisches Merkmal).

Wenn man beginnt, in dieser Art Teile/Merkmale zu mischen und kombinieren, dann hat man am Ende ein Gericht wie Pizza mit Wels belegt. Doch alle Teile der Holtzapffel arbeiten greifen ineinander, wie … ich erspare Ihnen hier weitere Metaphern aus dem Bereich der Ernährung.

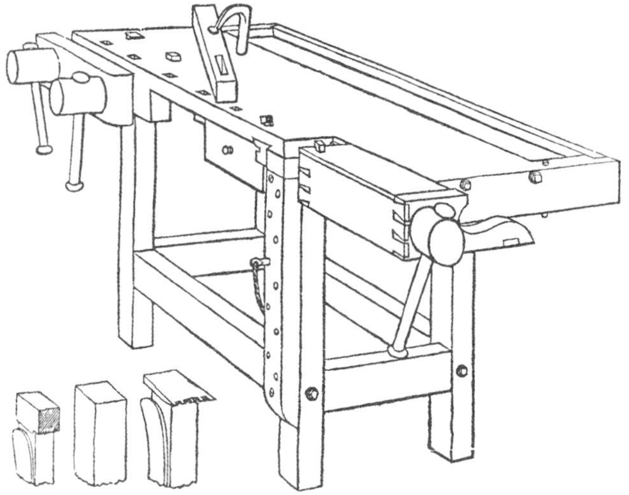

Gemischte Traditionen: *Die Holtzapffel hat altmodische Merkmale, wie etwa die stämmigen Gestellfüße. Und sie hat aufwändige Einspannvorrichtungen, wie die attraktive Hinterzange. Anders als viele andere Bänke dieser Epoche verbindet die Holtzapffel verschiedene Kulturen um eine effektive Bank zu kreieren.*

Gutes starkes Holz: *Die Vorderzange mit hölzerner Doppelspindel hat eine gute Griffigkeit. Ich kann ein Brett jeder Größe einspannen und mein ganzes Gewicht dagegen lehnen, ohne dass es verrutscht. Mir reicht das.*

Ein lohnender Tag: *man braucht zwar etwa einen Tag, um die Doppelspindel von Veritas zu installieren und anzupassen. Doch sie bietet viele Jahre wartungsfreies Arbeiten. Ich kann nichts Schlechtes über sie sagen, wenn sie als Vorderzange eingesetzt wird.*

Das Untergestell

Die originale Bank hat ein französisches Untergestell, das an einigen Stellen mit Bolzen verbunden ist. Die Füße und Riegel der Bänke sind zum Großteil nach außen gelegt, sodass sie mit bündig mit der Vorderkante der Platte abschließen. Diese Anordnung erlaubt es Ihnen, die Füße und Riegel zum Festspannen von Werkstücken zu nutzen. Das ist besonders praktisch, wenn lange Bretter und große Rahmen bearbeitet werden.

Ich habe etwa fünf Bänke mit Bolzen gebaut und finde das eine akzeptable Lösung, wenn die Bänke gelegentlich transportiert werden müssen. Für Bänke, die fest in einer Werkstatt bleiben, sind mit Holznägeln gesicherte gezapfte Gestelle genauso gut. Wenn Sie Bolzen verwenden, können Sie die Zapfen der Schwingen auf 25 mm verkürzen. Verzichten Sie dann auf Leim.

Wenn Sie das Gestell verbolzen, dann werden Sie auch die Fixierung der Platte auf dem Gestell modifizieren wollen. Ich habe mich für die alte französische Methode mit Schlitz, Zapfen und Holznagel entschieden. Wenn Sie die Bank aber abschlagen wollen, dann empfehle ich Ihnen, an den Kopfrahmen des Gestells oben je einen zweiten Riegel aufzuzapfen und die Platte mit großen Schlüsselschrauben (die in Langlöchern sitzen) auf dem Gestell zu befestigen.

Mein Untergestell wurde aus hartem Ahorn hergestellt, doch jedes schwere Holz, das günstig und reichlich ist, wird genauso gut sein. Sumpf-Kiefer, Douglasie und Weißeiche sind hervorragend geeignet.

Spannmöglichkeiten an dieser Bank

Die Bankplatte wurde aus Esche hergestellt, das Holz war schön trocken, günstig und leicht zu bearbeiten. Diese drei Merkmale sowie das Gewicht und die Steifigkeit von Esche machten sie zu einer idealen Wahl für die Platte. Ich lege Ihnen nahe, das zu verwenden, was Ihnen zur Verfügung steht. Es ist keine Zauberei, ein Holz für die Hobelbank auszusuchen, wählen Sie etwas Hartes, Schweres und Billiges.

Viel wichtiger als die Holzart ist die Wahl der Zangen. Alle Hobelbänke müssen irgendwie Bohlen so halten können, dass Sie ihre Köpfe, Längskanten und Flächen bearbeiten können, und das mit einem möglichst niedrigen Budget. Diese Hobelbank wurde für einen Holzhandwerker entworfen, der typische Möbel mit Handwerkszeugen und Handmaschinen baut. Sie ist besonders geeignet, um Füllungen mit Hobeln oder Schwingschleifern zu bearbeiten. Und es ist die beste Bank, die ich je zum Zinken von Hand verwendet habe.

Hier sind die Details, damit Sie entscheiden können, ob diese Eckwerte für Sie passen. Die Vorderzange hat eine robuste Doppelspindel mit einer lichten Weite zwischen den Spindeln von etwa 60 cm. Das stellt sicher, dass Sie praktisch jede Korpusseite, Tür oder Schubkasten zwischen die Backen spannen können, um zu zinken, sägen oder hobeln. Der weite Abstand zwischen den Spindeln erlaubt es Ihnen auch, ein 1,8 m langes Brett hochkant einzuspannen, um es mit Leichtigkeit zu hobeln.

Die Bohrungen in dem Gestellfuß unter der Zange sind für Niederhalter. Sie unterstützen Ihr Werkstück von unten und ermöglichen Ihnen, bei Bedarf ein Werkstück an den Gestellfuß zu spannen. Sie können zwei Metallgewinde verwenden, um diese Zange zu bauen oder Sie auch die Doppelspindelzange von Veritas für diese Bank verwenden. Ich habe Holzgewinde verwendet, die ich mir aufgehoben hatte.) Beide Lösungen haben Vor- und Nachteile.

Holzspindeln sind empfindlicher als Spindeln aus Metall, doch sie sind haltbar genug für normale Werkstattaufga-

Strategien, um die maximale Stärke aus Ihrem Material herauszuholen

Bei der Holzbearbeitung sind es meist die ersten Schritte, die über Erfolg oder Misserfolg entscheiden. Und das Aushobeln von Holz ist dabei keine Ausnahme. Wie Sie das Holz am Beginn eines Projektes bearbeiten, entscheidet darüber, ob Sie ausreichend Material erhalten, das stark und breit genug ist. Oder ob Sie sich mit Brettern durch ein Projekt quälen, die ein bisschen zu dünn sind.

Einer der schlimmsten Fehler, die ein Anfänger machen kann, ist ein 2,5 m langes Brett auf einer Seite abzurichten, dann die andere auszuhobeln und danach das Brett in kleinere Stücke zu schneiden. Das ist ein verschwenderischer Weg und führt zu Teilen, die zu dünn sein werden.

Hier finden Sie die Strategien, die wir anwenden, um aus unserem Material die größtmögliche Stärke herauszuholen.

1. Legen Sie zunächst das gesamte Material aus, das für das Projekt zur Verfügung steht. Versuchen Sie alle Teile, die Sie brauchen, auf den rohen Bohlen mit Wachstift oder Kreide zu markieren. Gönnen Sie sich einige Extra-Teile zum Bau von Vorrichtungen, für zusätzliche Riegel und aufrechte Rahmenhölzer und auch noch für unerwartete Probleme. Geben Sie bei jedem Stück in der Länge etwa 2,5 cm hinzu und in der Breite einen guten Zentimeter.
2. Zeichnen Sie einige Schnitte auf die Bohle und versuchen Sie die Schnitte so zu gruppieren, dass Ihre Bretter von mittlerer Länge sind. Etwa 75 cm sollte eine gute Mindestlänge für eine Gruppe kurzer Werkstücke haben. Längere Werkstücke können einzeln angezeichnet und ausgeschnitten werden. Indem Sie die Werkstücke so nach Längen gruppieren, werden Sie eine mögliche Krümmung der Bohle in Längsrichtung besiegen, denn die Krümmung wird dann auf die einzelnen Abschnitte aufgeteilt. Längen Sie die Bohlen in diesem rohen Zustand mit der Kappsäge oder einer Handsäge ab.
3. Machen Sie nun mit großer Vorsicht die Längsschnitte. Wenn Ihr Material verzugsfrei ist, können Sie eine Kante abrichten und die Riegel an der Tischkreissäge runterschneiden. Wenn die Bohlen sich aber geworfen haben, dann ist die Bandsäge hierfür die sichere Maschine. Indem Sie die Längsschnitte bereits in diesem rohen Zustand vornehmen, besiegen Sie mögliches Schüsseln der Bohlen in Querrichtung, denn die Krümmung wird auf mehrere Streifen verteilt.
4. Wenn Ihre Werkstücke so grob zugeschnitten sind, richten Sie eine Fläche ab und dann eine Kante. Danach hobeln Sie die gegenüberliegende Fläche und schneiden das Brett auf seine endgültige Breite.

Längsschnitte für maximale Stärke: *Wenn man eine geschüsselte Bohle bereits im rohen Zustand in schmalere Riegel schneidet, bekommen Sie dickeres Material. Würden Sie die ganze breite Bohle abrichten, wäre das ausgehobelte Brett zu dünn.*

ben. Ich mag an ihnen, dass sie Ihr Werkstück nicht mit Fett verschmutzen, was bei Metallspindeln ein weit verbreitetes Problem ist. Die Holzspindeln arbeiten unabhängig voneinander – das erlaubt es, auch konische und unregelmäßige Werkstücke leicht einzuspannen, doch zugleich zwingt es Sie, die Spindeln im Tandem und mit beiden Händen anzuziehen und zu lösen.

Es ist auch möglich, zwei unabhängige Metallspindeln zu verwenden. Sie werden in der Lage sein, konische Werkstücke zu fixieren, und der Mechanismus ist zudem einfach zu installieren und günstig. Doch Ihre Arbeit kann Ölflecken bekommen.

Die Veritas-Zange mit Doppelspindel ist auch eine gute Wahl. Es dauert etwas länger, sie zu installieren, doch dies wird durch die Tatsache aufgewogen, dass Sie die Backe mit einer Hand bewegen können (die beiden Spindeln sind durch eine Kette miteinander verbunden). Diese Lösung ist jedoch teurer als die anderen.

Die Hinterzange an dieser Bank ist ein cleveres Stück Arbeit – sie ist mein einziger Beitrag zu diesem ehrwürdigen Entwurf. Sie merken, ich denke, dass traditionelle L-förmige Hinterzangen mehr Probleme schaffen als lösen. Sie sind schwierig zu installieren. Sie neigen dazu abzusacken. Und Sie können nicht auf der Zange selber arbeiten. Doch die Hinterzange bleibt die bestimmende Zange für den Kopf der Bank, denn sie bietet beim Einspannen von Füllungen und bei hochkant gestellten schmalen Brettern gute Unterstützung.

Ich wollte etwas, das sich leicht installieren und schnell benutzen lässt und dabei doch so gut ist wie eine Hinterzange. Mein Arrangement erfüllt fast alle drei dieser hohen Anforderungen. Es ist eine Schnellspannzange mit einem massiven Holzstück (auch Backe genannt). Man braucht etwa zwei Stunden, um sie einzubauen und sie wird sich nie setzen. Die Schnellspannfunktion ist in dieser Position recht praktisch, denn Sie können so die Einstellung für unterschiedlich lange Bretter schnell ändern. Sie müssen viel weniger kurbeln als bei einer traditionellen Hinterzange.

Die hölzerne Backe bietet eine gute Unterlage für das Werkstück, doch ich räume ein, sie ist nicht so gut wie eine Hinterzange. Doch zum Ausgleich habe ich die Löcher für die Bankhaken in Abständen von weniger als 10 cm platziert, dadurch misst der Spalt unter dem Werkstück zwischen Backe und Bankplatte immer weniger als 10 cm. Ihr Werkstück wird sich über einem so kurzen Spalt nicht durchbiegen.

Schreinerdreieck: *Sobald Sie die Bohlen für die Beine ausgewählt haben, markieren Sie die zusammengehörenden Stücke mit einem Schreinerdreieck. Diese Dreiecke helfen Fehler zu vermeiden und ermöglichen eine leichte Zuordnung beim Verleimen. Verleimen Sie die Stücke und hobeln die verleimten Beine anschließend aus.*

Schneiden Sie zuerst die Brüstungen. *Die Brüstung ist der entscheidende Schnitt, beginnen Sie also damit. Für den Rest des Zapfens muss nur an beiden Flanken überschüssiges Material entfernt werden.*

Auf der Bankplatte gibt es noch ein paar wohl platzierte Bohrungen für Niederhalter, um die Einspannmöglichkeiten der Holtzapffel-Bank abzurunden.

Eine weitere Tugend dieser Bank ist ihre extreme Einfachheit. Ich habe diese Bank in 37 Stunden gebaut, vom Abrichten der Bohlen bis zum zweiten Ölen der Oberfläche. Andere Bänke mit der gleichen Zahl an Funktionen sind viel komplexer, sie haben gezinkte Randleisten und Hinterzangen, mit denen Sie sich herumschlagen müssen. Diese Bank bringt Sie direkt zu dem guten Teil: Möbel bauen.

Beginnen Sie mit den Beinen (oder der Platte)

Wenn das die erste Bank sein sollte, die Sie bauen, dann kann dies die Abfolge der Arbeitsschritte beeinflussen. Wenn Sie nicht irgendeine Werkbank in Ihrer Werkstatt haben sollten, dann sollten Sie zunächst die Platte verleimen. Legen Sie diese dann auf Böcke und bauen darauf das Gestell. Wenn Sie eine Hobelbank haben (oder ein Workmate oder ein massives Türblatt auf Böcken), dann können Sie mit dem Bau des Gestells beginnen und danach die Platte auflegen.

Ich habe bei dieser Bank damit angefangen, die Beine aus 50-mm-Ahornbohlen herzustellen. Jedes Bein besteht also aus zwei Lagen Ahorn, die miteinander verleimt wurden. Ich habe an beiden Stücken zunächst nur eine Fläche abgerichtet und die Teile dann zusammengeleimt, die restlichen Flächen waren also noch roh. Da ich beinahe alle Flächen von Hand hoble, habe ich darauf geachtet, daß die Fasern an beiden Hälften in gleicher Richtung verlaufen.

Nachdem der Leim abgebunden war, habe ich die verleimten Beine abgerichtet und auf Endmaß ausgehobelt. Mit dieser Strategie verringert man die Zeit, die man bei zweimaliger Bearbeitung an Abrichte und Dickte verbringen müsste.

Gleichbleibenden Druck ausüben: *Ein Schlitten oder Schiebetisch an Ihrer Tischkreissäge wird diese Operation sicher und präzise machen. Doch selbst damit wird das Werkstück während des Schneidvorgangs dazu neigen, hoch zu kommen. Halten Sie das Werkstück also mit gleichem Anpressdruck nach unten, um einen präzisen Zapfen zu erhalten.*

Wenn Sie Ihre Bankplatte und das Gestell mit Schlitz und Zapfen verbinden wollen, dann müssen Sie an jedes Bein oben einen 25 mm starken und 50 mm langen Zapfen anschneiden. Wenn Sie jedoch die Platte mit dem Gestell verbolzen, längen Sie die Beine einfach auf 78 cm ab und kümmern sich um die Schwingen.

Prüfen Sie Ihre Arbeit. *Uhrenmessschieber können eine Hilfe sein. Ich neige dazu, sie häufiger als nötig zu verwenden. Sie zeigen aber, wo die Fehler bei meinen Zapfen genau liegen und deswegen hat dieses Werkzeug seine Berechtigung hier.*

Dann die Brüstungen an den Schmalseiten. *Beim Absetzen der Zapfen ist es entscheidend, am Schiebetisch oder Schlitten einen Anschlag zu haben. Hier bin ich gerade dabei, die 12 mm tiefen Brüstungen an den Schmalseiten abzusetzen.*

Ich habe mich für die Zapfenverbindung entschieden. Diese Verbindung schneide ich gerne an der Kreissäge mit Nutsägeblättern. Die einzige andere Art, auf die ich den Zapfen schneiden würde, wäre von Hand. Ich besitze keine Tischfräse, die meisten Oberfräsen sind hierfür zu schwach und die Verwendung einer Zapfenlehre an der Tischkreissäge erfordert einen gefährlichen Balanceakt, bei dem die Schwingen und Beine in die Luft ragen.

Schneiden Sie zunächst die Brüstungen der Verbindung. Dann nehmen Sie das überschüssige Material an den Flanken ab. Stellen Sie die Kreissäge so ein, dass das Blatt nur 1 mm über den Tisch reicht und schneiden die Brüstungen an den Schmalseiten. Diese Brüstungen an den Schmalseiten sind nicht zwingend. Sie können sie so schneiden, wie es auf den Abbildungen gezeigt wird, oder Sie können es lassen, wie es auf den Zeichnungen am Ende des Kapitels dargestellt wird. Das ist Ihre Wahl.

Machen Sie die Schwingen und treffen Entscheidungen

Die Zapfen an den Schwingen sind dünner als die an den Beinen, doch sie werden auf gleiche Weise an der Tischkreissäge hergestellt. Die Zapfen an allen Riegeln sind 15 mm stark, 100 mm breit und 75 mm lang.

Diese Zapfen sind breiter als traditionelle Zapfen. Die Zapfen haben gewöhnlich eine Breite, die zwei Drittel der Breite des Werkstückes entspricht, dies wäre in diesem Fall 85 mm. Ich bin hier auf 100 mm gegangen, da die Riegel nicht in der Nähe der empfindlichen Enden der Gestellfüße liegen, wo der Zapfen beim Eintreiben in den Schlitz das Vorholz heraussprengen könnte. Hinzukommt, dass bei einem 100 mm breiten Zapfen weniger Material entfernt werden muss und auch weniger Kopfholz nachgestochen werden muss, wenn die Verbindung nachgepasst wird.

Wenn Sie Ihre Zapfen geschnitten haben, können Sie die Teile so zusammenlegen, wie sie zusammengebaut werden und die Schlitze anreißen.

Putzen: *Nachdem die Zapfen geschnitten sind, können Sie etwaige Bearbeitungsspuren an den Beinen putzen. Hier verwende ich einen fein eingestellten mittellangen Flachwinkelhobel. Normalerweise würde ich hierfür einen Putzhobel verwenden, doch knorriges Material erforderte einen höheren Schnittwinkel (etwa 62°).*

Ein Bündel Beine: *Legen Sie Ihre Beine so zusammen, wie sie zusammengebaut werden sollen, um die Verbindungen anzureißen. Hier habe ich meine Beine so zusammengelegt, dass die Vorderbeine oben liegen und die Hinterbeine auf der Bankplatte. Das hilft Fehler beim Anriss zu vermeiden.*

Übertragen Sie die Risse vom Werkstück: *Legen Sie den Zapfen des Riegels auf das Gestellbein und reißen Sie an. Haben Sie bemerkt, dass viele dieser Fotos ohne Licht von oben gemacht wurden? Hier geht es nicht um eine Stimmung. Mit dem Fensterlicht allein sind die Risse leichter zu sehen. Weniger Lichtquellen sorgen für bessere Sicht.*

Beginnen Sie klein. *Machen Sie Ihre 15 mm breiten Schlitze mit einem 12 mm Stemmbohrer. Bohren Sie zunächst einen 12 mm breiten Schlitz für die Riegel an allen Beinen. Dies ist ein tiefer Schlitz, lassen Sie Ihr Werkzeug also etwas abkühlen und schmieren mit Paraffin oder einem hochwertigen Gleitmittel.*

Zuerst die Enden: *Verstellen Sie den Anschlag Ihres Stemmbohrers so, dass er den verbliebenen 3 mm breiten Streifen entfernt. Stemmen Sie zunächst die Enden (die kritischsten Stellen) und dann den Bereich dazwischen.*

Schlitze anreißen und herstellen

Verwenden Sie Ihre fertigen Zapfen an den Riegeln, um die Position der Schlitze an den Beinen zu markieren. Reißen Sie an den Beinen an, wo die Riegel liegen und legen dann die Brüstung des Riegels direkt an Ihr Werkstück. Verwenden Sie den Zapfen wie ein Lineal und übertragen ihn auf das Bein. Je weniger Sie messen, desto unwahrscheinlicher werden Fehler.

Wenn sich Ihre Bank auseinanderbauen lassen soll, vergessen Sie nicht die Schlitze für die zusätzlichen Riegel anzureißen, welche die Beine oben an den beiden Schmalseiten verbinden. Stellen Sie sicher, dass Sie an diesen Zapfen oben mindestens eine 20 mm hohe Brüstung haben, ansonsten wird das Vorholz oben am Bein zum ungünstigsten Zeitpunkt ausreißen.

Es dauert etwas, bis die 15 mm breiten Schlitze hergestellt sind. Es werden zwar auch 15 mm Stemmbohrer angeboten, doch sie sind nicht üblich und recht teuer. Sie sind für diese Operation nicht unbedingt erforderlich. Wenn Sie vorsichtig sind, können Sie auch mit einem 12-mm-Stemmbohrer 15 mm breite Schlitze herstellen, indem Sie Ihre Hübe einfach überlappen lassen.

Wenn Sie keine Vorsicht walten lassen, können Sie einen Stemmbohrer auch abbrechen (mir ist das ein paar Mal passiert, wenn ich an diesem Tag zu übermütig war). Nachdem die Schlitze angerissen sind, bohren Sie die Schlitze mit dem 12-mm-Stemmbohrer, das lässt Ihnen dann noch einen 3 mm breiten Streifen, der entfernt werden muss.

Verstellen Sie den Anschlag des Stemmbohrers und bohren Sie den verbliebenen schmalen Streifen. Arbeiten Sie langsam. Wenn Sie mit Gewalt hinein hauen, dann nimmt er den Weg des geringsten Widerstandes und weicht in den bereits gestemmten Schlitz ab. Wenn der Stemmbohrer so abgleitet, wird Ihr Schlitz am Grund schmäler ausfallen. Oder der Bohrer wird sich verbiegen oder gar brechen.

Wenn Sie alle Schlitze gebohrt haben, können Sie die Verbindungen prüfen und ggf. nachpassen. Spannen Sie die Seiten des Gestells zusammen und passen bei offenen Brüstungen bei Bedarf nach. Machen Sie das gleiche dann auch mit den langen Schwingen des Gestells.

Nachgepasste Zapfen: *Ich passe alle meine Zapfen nach und das nicht, weil ich ein Idiot bin. Ganz gleich wie sorgfältig ich die Zapfen und Schlitze auch schneide, sie sind einfach zu stramm, wenn ich alles genau gemacht habe. Heben Sie ein paar Späne ab, damit Zapfen und Brüstung gut passen. Sie können den Riegel etwas nach innen oder außen verschieben, indem Sie an der inneren oder äußeren Flanke Material abtragen.*

Ich verwende zwei Strategien, um Zapfen einzupassen. Wenn es Probleme gibt, dann hinterschneide ich die Brüstungen in der Nähe des Zapfens leicht, während ich sie außen so belasse. Dies machen Sie am besten mit einem Stecheisen. Danach passe ich den äußeren Teil der Brüstung mit dem Brüstungshobel nach, bis die Verbindung dicht schließt.

Diese Strategie verhindert, dass Sie die Passung noch schlechter machen. Indem Sie die Brüstung zunächst mit einem Stemmeisen hinterschneiden, bleibt nur ein schmaler Holzstreifen, den Sie mit dem Brüstungshobel entfernen. Dies verringert das Risiko, dass Sie die Brüstung mit dem Hobel ruinieren – es passiert leicht, dass die Verbindung durch Bearbeitung mit dem Brüstungshobel schlechter wird.

Passung prüfen: *Stecken Sie die Seiten zusammen und ziehen die Zwingen an. Schauen Sie sich jede einzelne Verbindung genau an und beobachten, wo die Brüstung das Bein berührt und wo nicht. An den Stellen, an denen die Brüstung das Bein berührt, muss Material abgetragen werden. Markieren Sie diese Stellen, solange die Beine noch zusammen gespannt sind, und nutzen Sie diese Markierungen dann als Anhaltspunkt, um die Probleme mit den Brüstungen zu lösen.*

Gestell zusammenbauen

Obwohl das ursprüngliche Bankgestell zusammengebolzt war, habe ich mich dazu entschlossen, die Verbindungen zu ändern und die Zapfen mit Holznägeln zu sichern. Ich habe eine Menge über diese traditionelle Technik geschrieben, bei der ein Holznagel durch eine Bohrung im Schlitz und eine Bohrung im Zapfen getrieben wird, die leicht versetzt angeordnet sind. Durch diesen Versatz der Löcher werden die Teile beim Eintreiben des Holznagels zusammengezogen, daher stammt die englische Bezeichnung „drawboring".

Ich habe 9 mm Holznägel aus Weißeiche verwendet, der Versatz der Bohrung beträgt gut 2 mm. Dieser Ahorn ist zäh und dick, daher sind starke Nägel und ein deutlicher Versatz angemessen. Ich habe an allen Verbindungen Leim angegeben, sie zusammengespannt und jeweils zwei Holznägel eingetrieben. Die Zwingen habe ich gleich nach dem Einschlagen der Nägel abgenommen.

Wenn der Leim abgebunden hat, schneiden Sie die Holznägel bündig mit einer nicht geschränkten Säge ab (ich empfehle eine „kugibiki" von Lee Valley). Danach putzen Sie alle Verbindungen bündig, fräsen bei Gefallen einige tot laufenden Fasen und widmen sich der Platte.

Leicht hinterschneiden: *Nicht jede Verbindung erfordert eine Nachbehandlung, aber viele große Verbindungen brauchen sie. Die erste Maßnahme besteht darin, die Brüstungen leicht zu hinterschneiden. Setzen Sie Ihr Stecheisen etwa 3 mm hinter der Oberfläche an. Stechen Sie das Werkzeug ein und entfernen ein keilförmiges Stück Kopfholz, das an seiner dicksten Stelle etwa 1,5 mm stark ist.*

Uneben: *Der Brüstungshobel wird eine holprige Brüstung begradigen und eine Brüstung abtragen, die in Relation zu den anderen Brüstungen zu hoch ist. Man kann es leicht übertreiben und die Brüstung zu stark abtragen. Bei einer typischen Prüfung einer Zapfenverbindung nehme ich drei Striche mit dem Hobel ab und prüfe dann erneut.*

Einfache Fasen: *Ich habe immer totlaufende Fasen gemocht. Sie schützen die empfindlichen scharfen Kanten vor Absplitterungen und sehen auch noch verdammt gut aus. Sie können diese Fasen von Hand mit dem Ziehmesser und Stecheisen herstellen, doch weniger Geschick erfordert ein 45°-Kopf in einer Oberfräse. Die kurzen Rampen, an denen die Fasen enden, sind die Stellen, an denen ich die Oberfräse vom Bein weggezogen habe. Puristen werden bemängeln, dass ich diese Rampen nicht mit dem Stecheisen gerade gestochen habe. Aber ich bin kein Purist.*

***Holznägel für weniger Zwingen:** Wenn Sie die Verbindungen mit Holznägeln sichern, verringern Sie Ihre Abhängigkeit von teuren langen Zwingen. Eine oder zwei Zwingen plus Ihre Holznägel reichen aus, um die Verbindung beim Abbinden zu halten.*

***Drei Blöcke:** Für diese Bankplatte habe ich zunächst jeweils drei Streifen verleimt. Die habe ich dann wiederum ausgehobelt, gefügt und miteinander verleimt. Selbst erfahrene Holzhandwerker werden Schwierigkeiten haben, alle neun Streifen auf einmal zu verleimen. Sie brauchen bei diesem Vorgehen also nicht denken, Sie würden kneifen.*

***Eine breite Kante fügen:** Hier bin ich gerade dabei, die Kanten von zwei Blöcken zu fügen, aus denen eine Platte verleimt werden soll. Obwohl diese Kanten bereits plan gehobelt waren, hatten sie sich durch den Druck beim Verleimen doch leicht verzogen.*

Bauen Sie eine laminierte Bankplatte

Bankplatten haben für angehende Holzhandwerker etwas Bedrohliches. Sie neigen dazu, die Dinge zu übertreiben und leimen immer nur eine Lamelle an die andere. Im Allgemeinen übertreibe ich es auch gerne, doch ich kenne Grenzen.

Es ist nicht nötig, dass Sie Ihre Arbeitsplatte durch lange Gewindestangen zusammenbolzen. Sie machen damit zwar nichts verkehrt, aber Sie brauchen eine Menge Zeit und erreichen damit wenig. Der Leim selber ist ziemlich belastbar.

Sie brauchen auch keine Lamellos, um die Streifen beim Verleimen auszurichten. Die Platten von Hobelbänken sind dick und werden regelmäßig abgerichtet. Wenn also einige Streifen einen knappen Millimeter vorspringen sollten, wird dies kaum etwas an der Endstärke der Platte ändern.

Hier erkläre ich Ihnen, wie ich viele Arbeitsplatten mit gutem Erfolg verleimt habe. Verleimen Sie drei oder vier Lamellen – so viele, wie Sie auf einmal handhaben können. Nachdem der Leim abgebunden ist, hobeln Sie diesen Block aus. Machen Sie weitere Blöcke und hobeln sie ebenfalls aus. Fügen Sie die Blöcke und versuchen Sie, die Fugen so präzise wie möglich herzustellen.

Wenn die Platte auf ihr Endmaß verleimt ist (in diesem Fall 60 cm), können Sie die Köpfe beschneiden. Viel Erfolg, wenn Sie dies auf einer Tischkreissäge mit einem Gehrungsanschlag machen. Ich ziehe eine Handsäge oder eine Handkreissäge vor. Und wenn ich eine Notwendigkeit für besonders hohe Präzision erkenne, mache ich den Schnitt mit der Handkreissäge und einer Führungsschiene.

Schlitze an der Arbeitsplatte

Gestell und Platte mit Schlitz und Zapfen zu verbinden mag beängstigend erscheinen, aber es ist ganz einfach. Hier ist der einfache Kniff: Wenden Sie die Platte, legen das Gestell oben drauf und richten es aus. Übertragen Sie die Position der Zapfen auf die Platte und nehmen das Gestell dann wieder ab. Bohren Sie die Schlitze vor. Machen Sie die Schlitze an der Rückseite der Bank etwa 3 mm breiter, damit die Platte etwas arbeiten kann (dies ist nicht zwingend – alte Hobelbänke ließen es zu, dass sich das Gestell zu einem A verformte. Stechen Sie die Ecken der Schlitze nach und verbinden Sie Gestell und Platte mit Holznägeln.

Bringen Sie also zunächst das Untergestell auf der Unterseite der Platte in Position. Nachdem Sie es ausgerichtet haben (machen Sie das in Ruhe), fahren Sie mit einem Anreißmesser oder einer Reißnadel um die 25 mm starken Zapfen. Wenn Sie mit dem Messer tief einschneiden, sollten Sie das Gestell mit Zwingen fixieren, bevor Sie die Position der Schlitze markieren.

Die Schlitze auszustemmen kann richtig Arbeit machen. Sie sind breit, tief und lang. Ich habe das ganz mit dem Stemmeisen gemacht und bei Hartholz ist das ein großer Aufwand. Es ist viel effizienter, mit einem 25-mm-Forstnerbohrer vorzubohren und dann mit dem Stemmeisen nachzuarbeiten. Die Zapfen sind 50 mm lang, machen Sie die Schlitze also etwa 53 mm tief. Gehen Sie nicht zu tief – man hat schnell durch die Platte gestemmt.

Die Schlitze für die hinteren Beine habe ich 28 mm breit gemacht. Ich habe zunächst einen 25 mm breiten Schlitz vorgebohrt und dann an beiden Seiten etwa 1,5 mm abgestochen. Die andere Option ist, den Zapfen etwas dünner zu schneiden. Bei den massiven Zapfen hier ist das auch möglich.

Putzen Sie die Ecken der Schlitze mit einem starken Stemmeisen, etwa einem Lochbeitel. Gestell und Platte zusammen zu passen, ist kein Vergnügen. Ich empfehle Ihnen daher, ein wiederholtes Prüfen der Verbindungen möglichst zu vermeiden. Untersuchen Sie Ihre Schlitze genau, bevor Sie montieren. Hinterschneiden Sie die Brüstungen der Zapfen.

Wenn Sie die Konstruktion ein paar Mal auseinander nehmen müssen, leisten Spreizzwingen gute Dienste beim Abschlagen. Zur Vermeidung von Fugen wenden Sie die gleiche Strategie an, die Sie von der Montage des Gestells kennen. Stecken Sie die Verbindungen zusammen, markieren Sie die problematischen Stellen an Ihren Zapfen (dies sind die hohen Stellen, welche die Platte berühren) und arbeiten Sie dort Material ab, bis sich die Fugen schließen.

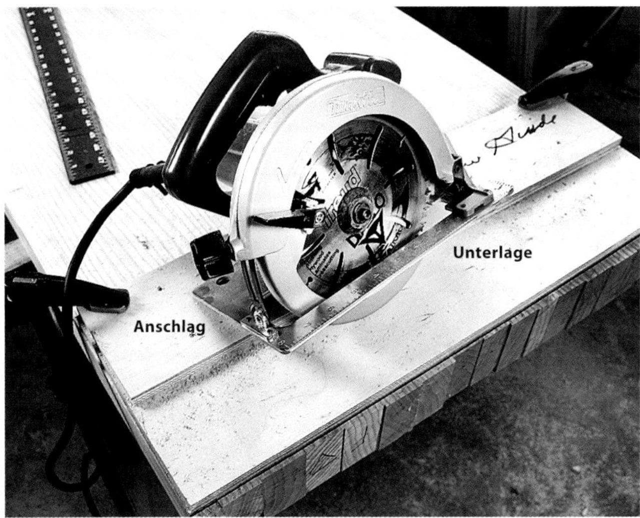

Genauigkeit einfach gemacht: *Diese einfache Vorrichtung aus zwei Plattenstreifen verleiht Ihrer Handkreissäge die Genauigkeit einer Tischkreissäge. Sie ist so gebaut, dass die Unterlage und der Anschlag den Platz an der linken Seite der Bodenplatte der Handkreissäge füllen. Sie legen die Vorrichtung einfach an den Riss, fixieren Sie mit Zwingen und schneiden entlang. Es ist schwierig, den Riss zu verfehlen.*

Mit Winkel: *Verwenden Sie einen Winkel, um das Gestell in die richtige Position auf der Platte zu schieben. Konzentrieren Sie sich darauf, dass die Vorderseiten der Beine bündig mit der Vorderkante der Arbeitsplatte abschließen. Kümmern Sie sich weniger um die hinteren Beine.*

Brauchen Sie einen verschiebbaren „Toten Mann" für Ihre Holtzapffel-Bank?

Aufmerksame Leser (und Kritiker) werden bemerken, dass diese Bank keinen „Toten Mann" hat. Nach einigen Überlegungen bin ich zu dem Ergebnis gekommen, dass ich ohne auskomme. Die gewaltige Vorderzange mit der Doppelspindel kommt mit langen Brettern zurecht und die Bohrungen in dem rechten Bein erlauben es mir, Türen und Gestelle an den Beinen und Schwingen zu befestigen. Das zumindest ist die Theorie.

Nur für den Fall der Fälle habe ich Vorsorge getroffen für einen „Toten Mann". Wenn ich also eines Tages wie ein begossener Pudel nach Hause renne, kann ich ihn in vielleicht zwanzig Minuten nachrüsten, anstatt herumzuschustern und mit Bolzen zu befestigen.

Fasen: *Ich schneide an der Oberseite meiner vorderen Schwinge zwei 45°-Fasen für den „Toten Mann".*

Eine Nut (oder ein Grab) für den „Toten Mann": *Nachdem Sie die Platte verleimt haben, fräsen Sie an der Unterseite entlang der Vorderkante eine Nut für den „Toten Mann". Machen Sie diese Nut tief – 25 mm werden gut sein – damit haben Sie dann mehr Flexibilität, wenn Sie diese Vorrichtung in die Bank einsetzen sollten .*

Nicht ohne Stecker: *Den einzigen Bohrer ohne Netzkabel, den ich für diese Arbeit empfehlen würde, ist eine Bohrwinde. (Wenn Sie diesen Weg wählen, nehmen Sie eine Winde mit einer Ausladung von 30 oder 35 cm. Ein Akkubohrer wird bei dieser Aufgabe streiken. Arbeiten Sie mit niedriger Drehzahl und entfernen Sie bereits bei der Arbeit die Bohrspäne so weit wie möglich.*

Arbeiten Sie mit Anhaltspunkt: *Ich verwende die Bohrwinde beim Bau einer Hobelbank recht oft. Mit ein bisschen Übung werden Sie mühelos gerade bohren können. Bis dahin ist es eine gute Idee, sich einen Winkel zur Kontrolle bereit zu legen.*

Schrittweise stemmen: *Wenn Sie die runden Ecken ausstemmen, gehen Sie am besten in zwei Schritten vor. Stemmen Sie zunächst die Hälfte des überschüssigen Materials weg. Danach entfernen Sie den Rest bis zum Riss. Das erleichtert es Ihnen, Kurs zu halten. Ansonsten übernimmt gerne das Holz die Führung.*

Früher mit einer Münze: *Frühe Texte über genagelte Zapfenverbindungen erwähnen, dass die Bohrungen um die Stärke eine Schilling-Münze versetzt sein sollten. Solche alten Münzen sind etwa 1,5 mm dick, vielleicht ein bisschen mehr. Wenn Sie fünf oder sechs dieser Verbindungen hergestellt haben, werden Sie nicht länger messen, sondern sich auf Ihr Augenmaß verlassen und nicht weiter darum kümmern.*

Vergessen Sie nicht, dass es an einer verzogenen Platte liegen kann statt an den Brüstungen, wenn Ihre Bemühungen nicht zu den erwarteten präzisen Ergebnissen führen. Wenn Sie die Unterseite der Platte einmal vorläufig abrichten, kann das Wunder bewirken. Wenn sie an einem Werkstück Probleme am Kopfholz haben, prüfen Sie, ob Sie das Langholz am Gegenstück bearbeiten können.

Wenn Sie soweit sind, die Bank zu montieren, überlegen Sie, ob die Zapfenverbindung zwischen Gestell und Platte mit Holznägeln gesichert werden soll. Ich habe bemerkt, dass dies bei derartigen Verbindungen besonders wirksam ist. Bohren Sie die Löcher für die Holznägel in die geschlitzten Teile (ich habe für diese Verbindung 10-mm-Holznägel verwendet). Stecken Sie die Verbindung dann zusammen und markieren die Position dieser Bohrung mithilfe der Zentrierspitze des Bohrers am Zapfen.

Bohren Sie schließlich durch den Zapfen ein Loch, das um gut zwei Millimeter näher an der Schulter des Zapfens liegt. Geben Sie Leim an, bauen Sie alles zusammen und schlagen Sie die Holznägel ein. Ein Tipp zu den Holznägeln: Ich spitze sie gerne mit einem Bleistiftspitzer an, bevor ich sie einschlage. Die Fase hilft, den Nagel durch die Verbindung zu führen und verhindert, dass er hängen bleibt und die Verbindung innen beschädigt.

Einschnitte für sauberes Arbeiten: *Wenn Sie am Kopf zahlreiche Einschnitte vornehmen, wird Ihnen die Aussparung besser gelingen. Das Stemmeisen wird den Schnitten folgen und sich nicht so leicht in die Bankplatte eingraben. Wenn Sie gerade einschneiden, werden Sie fein heraus sein.*

Ausstemmen: *Wenn Sie das überschüssige Material abstemmen ist dies, als würden Sie den größten Schwalbenschwanz der Welt ausstemmen. Stemmen Sie bis auf halbe Plattenstärke. Dann stellen Sie die Bank auf die Füße und schließen die Arbeit ab. Das Ergebnis wird sauberer sein.*

Zangen anbringen

Die Hinterzange dieser Bank ist eine Schnellspannzange. Ich werde zwar nicht oft Werkstücke direkt in die Zange einspannen, doch wird sich eine Gelegenheit ergeben. Aus diesem Grund habe ich mich entschlossen, die hintere Backe der Zange in den Kopf der Bankplatte einzulassen. Zunächst habe ich die ganze Aussparung mit einer Zinkensäge wiederholt eingeschnitten (die Zahnung dieser Säge beschleunigt die Dinge). Dann habe ich das überschüssige Material mit dem Lochbeitel abgestemmt und mit dem Stecheisen nachbearbeitet.

Die Schnellspannzange von Lee-Valley erforderte eine Unterfütterung zwischen Zange und Bankplatte, damit die Backen bündig mit der Platte abschließen. Meine Bank brauchte eine Unterfütterung von 15 mm. Bei dieser Stärke lag die Backe der Zange ein bisschen unterhalb der Oberfläche der Platte, was gut ist. Das ermöglichte es mir, die Platte mit dem Handhobel abzurichten, ohne zu riskieren, mit den Backen der Zange zu kollidieren.

Ich habe die Unterfütterung auf die Unterseite der Bank genagelt und dann die 15-mm-Löcher für die 12 mm dicken und 100 mm langen Bolzen mit Sechskantkopf gebohrt, mit denen die Zange an der Bankplatte fixiert wird. Manche Leute verwenden Schlüsselschrauben, doch die werden sich mit der Zeit setzen. Es ist besser, von oben durch die Platte zu schrauben.

Danach bohren Sie die Löcher für die Bankhaken in die Platte. Ich habe an manchen Bänken mit eckigen Bankhaken geliebäugelt. Die machen aber mehr Ärger, als sie meinem Buch nützen. Die runden Bankhaken lassen sich leichter herstellen und können auch für einen traditionellen Niederhalter verwendet werden – das allein ist Grund genug, sie zu verwenden. Halten Sie Bankhaken eng beieinander – ich habe 17 Löcher gebohrt mit einem Achsmaß von 85 mm. Damit verhindern Sie, dass Sie die Zange stark bewegen müssen und es verringert den Teil des Werkstückes, der frei ohne Unterstützung liegt.

Ich habe mir eine Schablone gemacht, um die Löcher für die Bankhaken zu bohren, doch das ist eine überflüssige Übung, wenn Sie etwas Erfahrung mit der Bohrwinde haben. Nachdem ich zwei Löcher mit der Winde gebohrt hatte, habe ich sie weggeworfen und die restlichen freihändig gebohrt. Sie waren prima und die Arbeit ging schnell. Nachdem Sie die Löcher in die Bankplatte gebohrt haben (für Details siehe die Zeichnung

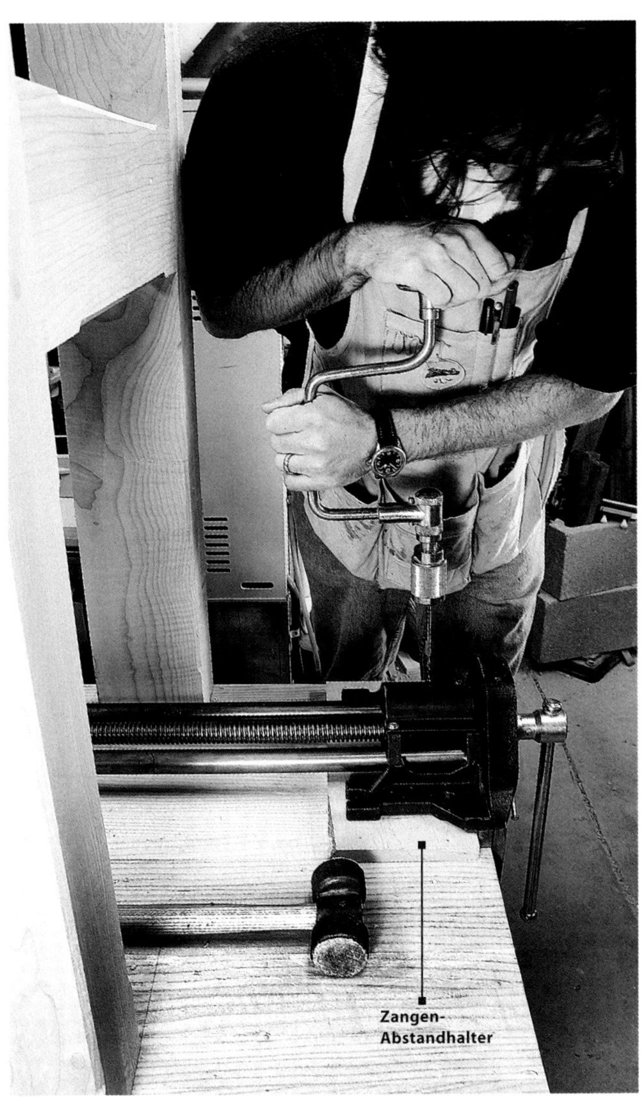

Durchbruch: *Mit der Zange in Position habe ich 15-mm-Löcher durch die Unterfütterung und die Platte gebohrt. Sobald die Spitze des Bohrers durch die Platte stieß, habe ich mit dem Bohren aufgehört.*

Bohrlehre: *Ich habe das Loch, das die Spitze des Bohrers hinterlassen hatte, als Lehre verwendet, um oben auf der Bankplatte die Löcher für Köpfe der Bolzen zu bohren. Gehen Sie sicher, dass diese Löcher groß genug für Ihre Unterlegscheiben sind.*

auf S. 70, bohren Sie an den Gestellfüßen die Löcher für die Niederhalter.

Der andere Teil der Hinterzange ist der große hölzerne Block, der an die bewegliche Backe der Schnellspannzange geschraubt wird. Dieser Block war 70 mm dick, 100 mm hoch und 350 mm lang. Ich habe in diesem Block für den Bankhaken ein 19-mm-Loch gebohrt (der kleine Metallhaken an der Zange ist nicht ideal). Dann habe ich an der Unterseite des Blockes eine 25 mm breite Aussparung geschnitten. Sie erlaubt es mir, den Bankhaken mit Leichtigkeit hoch und runter zu drücken.

Danach habe ich die Köpfe des Blockes mit einem großen Halbstabfräser bearbeitet, um ihnen ein traditionelles Aussehen zu geben und den Block an die eiserne Zange geschraubt, die hierfür vorgesehene Löcher hat.

Die Zange mit Doppelspindel

Über die Doppelspindel gibt es nicht viel zu sagen. Diese Zange ist leicht zu montieren, solange Sie in der richtigen Reihenfolge vorgehen. Fangen Sie mit dem Bau des Blockes an. Bauen Sie den 75 mm dicken Block, indem Sie einige Lagen dickes Ahornholz verleimen. Fräsen Sie die Köpfe, damit sie im Einklang mit dem Block der Hinterzange stehen und reißen die Position der beiden Spindeln an. Bohren Sie diese beiden Löcher und montieren die Spindeln in dem Block.

Sie werden zwei Blöcke haben, welche die Gewinde der Spindeln aufnehmen. Schrauben Sie sie auf die Spindeln und ziehen sie gegen den Block der Zange an. Platzieren Sie nun diese Konstruktion auf Ihrer Bankplatte. Reißen Sie an, wo die Blöcke der Zange an der Unterseite der Bankplatte hinkommen sollen und fixieren Sie die Blöcke mit durchgesteckten Bolzen an der Platte.

Je nachdem welche Spindeln Sie wählen, müssen Sie unter Umständen zwischen den Spindeln und der Unterseite der Platte eine Zulage anbringen. Diese Zulagen verhindern, dass sich die Spindeln und der Block der Zange setzen. Meine Holzspindeln erforderten 12 mm starke Zulagen, die ich einfach an der Unterseite der Bank festgenagelt habe.

Bündig hobeln und Finish

Sie können nun die Bankplatte abrichten und die Backen der Zangen mit der Platte bündig hobeln. Ich habe mit einer

Platzieren Sie Ihre Bankhaken: *Die Schablone hilft dabei, Bankhakenlöcher zu verteilen. Das zusätzliche Loch in der Schablone ermöglicht es Ihnen, die Schablone genau über Ihren Hilfslinien zu platzieren. Durch die Aussparungen am Anschlag können Sie die Zwingen genau dort ansetzen, wo Sie sie brauchen. Nach zwei Löchern war diese Schablone für mich nur Feuerholz. Es war viel schneller, die Löcher freihändig zu bohren.*

Backe mit Aussparung: *Manchmal ist es schwierig, einen Finger unter den Bankhaken zu bekommen und ihn hoch zu drücken. Eine Aussparung in der Backe ist hier eine große Hilfe.*

langen Raubank und schrägen Stößen abgerichtet. Wenn Sie Ihre Platte mit Sorgfalt verleimt haben, sollten Sie die Oberseite innerhalb von 45 Minuten bearbeiten.

Nachdem die Platte durch Zwerchen abgerichtet war, habe ich noch mit der Faser gehobelt. Wie weiß ich, wann ich die Richtung wechsle? Richtscheite zeigen mir, ob die Platte plan und nicht verzogen ist, und durchgehende Späne sind ein Hinweis, dass es auf der Platte keine Vertiefungen mehr gibt. Das ist der Zeitpunkt, an dem ich die Richtung ändere.

Der eigentliche Beweis für eine plane Platte ist, dass Ihr Werkstück gut aufliegt. Wenn Sie Schwierigkeiten haben, Teile auf der Bank abzurichten, dann kann eine verzogene Platte eine der Ursachen sein.

Wenn die Bankplatte plan und die Blöcke der Zangen bündig sind, dann empfehle ich auf der beweglichen Backe der Vorderzange ein Stück Wildleder anzubringen. Das Leder geht freundlich mit Ihrem Werkstück um und hilft es zu greifen. Sie können das Leder mit Leim aufbringen. Legen Sie das Leder auf, legen ein Blatt Wachspapier dazwischen und ziehen die Zange an, bis der Leim ausgetrocknet ist.

Schwerkraft: *Die Vorderzange montiert man am besten, wenn die Bank auf dem Rücken liegt. Die Schwerkraft hält alles in Position und Sie haben Zugang sowohl zur Platte als auch zur Unterseite. Das ist auch eine gute Position, um an den Beinen die Löcher für den Niederhalter zu bohren.*

Kaufen Sie alte oder neue: *Von Zeit zu Zeit tauchen Holzspindeln im Internet und auf Flohmärkten auf. Wenn Sie welche entdecken, schnappen Sie sie.*

Was nun die Oberfläche der Bank anbelangt, so ist weniger mehr (manche sagen gar, keine Oberflächenbehandlung sei besser). Bei einer Hobelbank mag ich etwas Schutz vor Flecken. Ich mag ein Finish, das weder rutschig noch glänzend ist. Ich mag ein Finish, das sich leicht auftragen und erneuern lässt. Ich mag ein Finish, das ich an einem Tag erledigen kann. Im Ergebnis: Ich mag eine Mischung aus Ölen, Harz und Trockenstoffen, die meist unter dem Namen „Danish oil" vertrieben wird.

Diese weit verbreiteten Oberflächenmittel bestehen aus gekochtem Leinöl, Harzen und etwas Verdünnung, damit es sich leichter auftragen lässt. Tragen Sie es mit einem Lappen auf und nehmen den Überstand ab. Wenn dieser Überzug trocken ist, können sie loslegen.

Ich habe in den letzten Jahren viele Projekte an dieser Hobelbank gebaut und ich war begeistert von ihrer Größe und Stabilität und wie gut die Bank das Werkstück hält. Die Vorderzange ist ein Monster, wenn gezinkt wird. Ich bin froh, dass ich auch am linken Bein Löcher für Niederhalter angebracht habe. Ich benutze sie, um Werkstücke von unten zu unterstützen, denn die Vorderzange wird mit beiden Händen geöffnet und geschlossen. Das ist zu verschmerzen, bedenkt man dass die Zange ohne großen Aufwand Bretter einer Breite bis zu 60 cm halten wird.

Die Schnellspannzange am Kopf war eine richtige Überraschung. Ich weiß nicht, warum ich das nicht schon früher gemacht habe.

Holtzapffel Hobelbank

	Anzahl	Teil	Maße in mm			Material	Bemerkung
☐	1	Bankplatte	1800	600	75	Hartholz	
☐	4	Beine	840	125	90	Hartholz	Zapfen 25mm dick und 55mm lang
☐	2	lange Riegel/Schwingen	1100	125	45	Hartholz	Zapfen 16mm dick, 100mm breit, 75mm lang
☐	2	kurze Riegel	580	125	45	Hartholz	Zapfen 16mm dick, 100mm breit, 75mm lang
☐	1	Block für Vorderzange	860	165	75	Hartholz	Genaue Breite anpassen
☐	1	Block für Hinterzange	350	105	70	Hartholz	
☐	1	Unterfütterung für Hinterzange	265	150	15	Hartholz	Maß für LeeValley Schraubstock
☐	2	Zulagen für Spindeln der Vorderzange	280	50	12	Hartholz	Verhindern das abkippen der Spindeln
☐	2	Gewindeblocks	300	85	50		

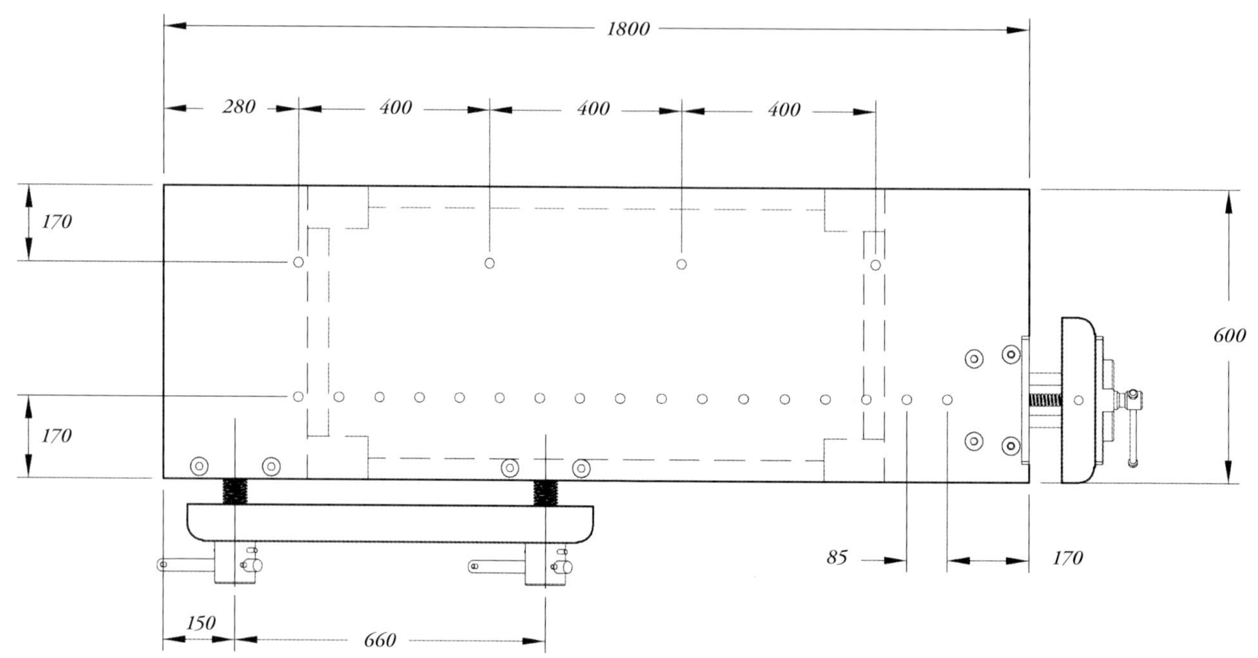

Draufsicht

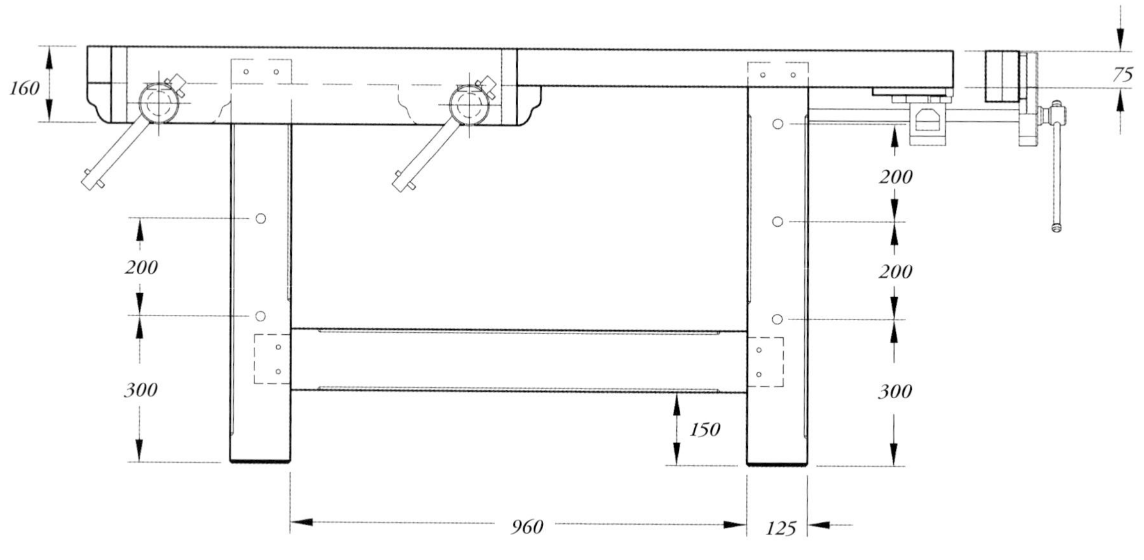

Ansicht

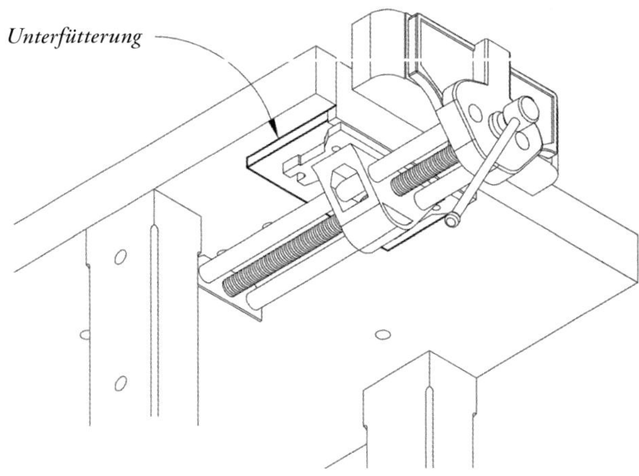

Blick unter die Bank an der Hinterzange

Zulagen an den Spindeln

Blick unter die Bank an der Vorderzange

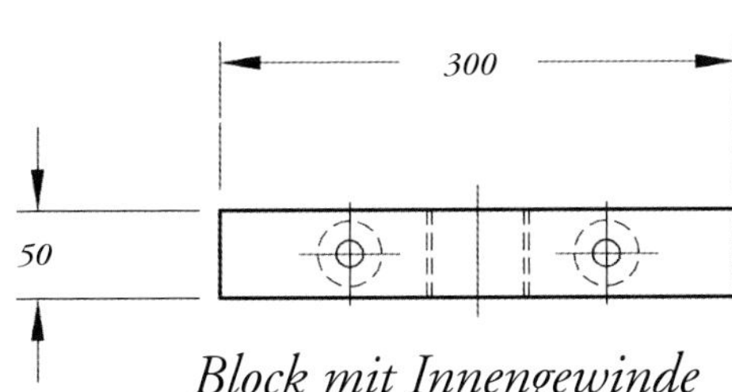

Block mit Innengewinde Draufsicht

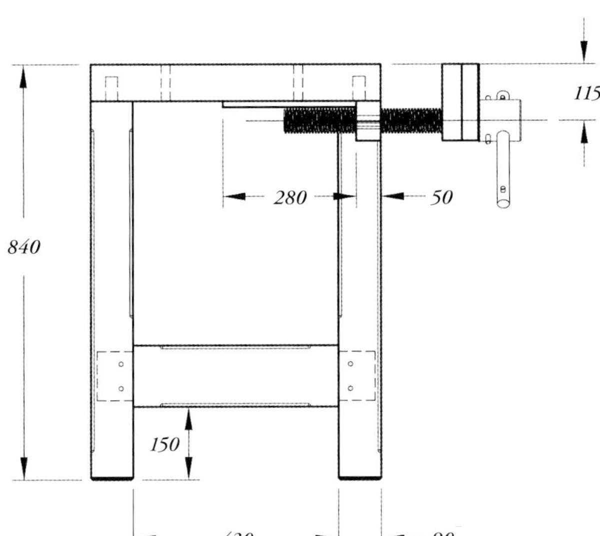

Seitenansicht

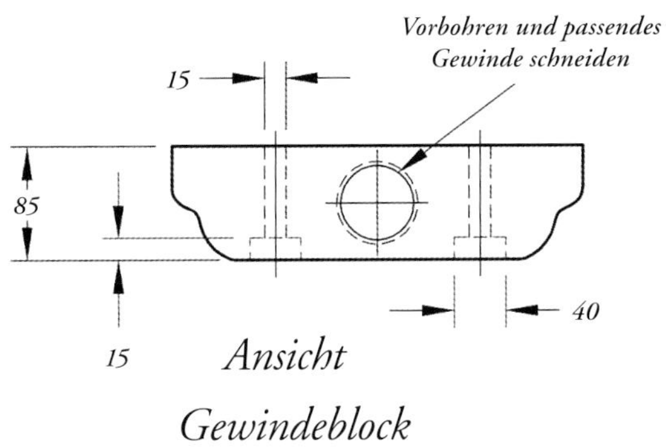

Ansicht Gewindeblock

Illustrationen: Louis Bois

Kritik: Eine Reaktion auf Roubo

von Christopher Schwarz

Als ich 2005 meine erste Hobelbank im Stile von Roubo gebaut habe, war ich richtig in den Entwurf verschossen (und bin es immer noch). Ich hatte noch nie eine Hobelbank, die so viele Aufgaben mit solcher Leichtigkeit, Souveränität und Stil löste. Ja, ich mag das Ausstehen dieser Bank sehr.

Deswegen war ich nach einem Telefonat mit einem Kollegen am Boden zerstört, der die Roubo-Bank als eine „Bank für Zimmerleute" kritisiert hatte. Mit anderen Worten, ein richtiger „Möbelschreiner" würde diese Bank nicht mehr nutzen als eine Workmate für Marketerie-Arbeiten.

Dieser Kommentar traf mich so sehr, dass ich nicht einmal das Offensichtliche entgegenhalten konnte: Roubos Bank erscheint in jedem Band seines Standardwerkes aus dem 18. Jahrhundert, auch in den Bänden über Marketerie und Kutschenbau. Hinzukommt, dass das Werk eines Zimmermanns aus dem 18. Jahrhundert viele sogenannte „Möbelbauer" des 21. Jahrhunderts wie Winzlinge erscheinen ließe, die nach ihrer Mutti rufen. Wir moderne Menschen haben immer noch eine Menge von der Vergangenheit zu lernen.

Aber das Gute an dieser Auseinandersetzung ist, dass ich die Holtzapffel-Bank gebaut habe, die eine hervorragende Bank für Holzhandwerker jedes Jahrhunderts ist. Während ich sie die Holtzapffel-Bank nenne, hat sie doch eine Menge DNA der Roubo-Bank. Wollen wir uns einmal ansehen, was ich künftig bei dem Entwurf so belassen oder weglassen würde.

Zunächst einmal die Punkte, die ich richtig gemacht habe.

1. Die hölzerne Doppelspindel ist beeindruckend. Mit dieser Bank habe ich mich in hölzerne Spindeln verliebt, und ich muss mich davon noch erholen. Sie bewegen sich schnell, packen das Werkstück und sind dauerhaft. Ich habe diese Vorderzange mit einem Spindelabstand von gut 60 cm gebaut und dieser Brummer kann Werkstücke für das Zinken halten, alles von einem Schubkasten bis zu einer Korpusseite. Ein weiterer Vorteil der Vorderzange ist die Tatsache, dass ich den Haltering innen etwas locker gesetzt habe. Dadurch kann die Backe ein gutes Stück schräg gestellt werden, um auch konische Werkstücke einzuspannen. Es hat sich als sehr praktisch erwiesen, die Backe der Vorderzange leicht nach innen zu neigen. Ich konnte so Bretter fügen, (von denen viele 150 mm oder breiter waren) indem ich sie einfach auf die Spindeln gelegt und mit der leicht konischen Backe eingespannt habe. Das hat prima funktioniert.

Fühlt sich richtig zu Hause: *Meine Holtzapffel-Bank ist richtig in meiner persönlichen Werkstatt angekommen (bitte entschuldigen Sie die volle Mülltonne).*

2. Bei der Hinterzange handelt es sich um eine Schnellspannzange, an der ein massiver Holzblock befestigt wurde. Diese Zange war eine kleine Entdeckung, denn ich merkte, dass das Gewinde nicht unbedingt greifen muss, um alles gangbar zu halten. Ich habe die Zange meist frei gleitend gelassen und sie mit einem Schubs meiner Hüfte an das Ende meiner Bretter gedrückt. Das Gewicht und die Reibung der Zange haben das Brett schon auf der Bankplatte gehalten.

Und hier sind die Punkte, die ich ändern würde, wenn ich noch einmal eine Holtzapffel bauen sollte.

1. Ich würde die Reihe Bankhakenlöcher näher an der Vorderkante der Platte anbringen – wahrscheinlich innerhalb von 50 mm von der Vorderkante. Ich verwende viele Hobel mit Seitenanschlag und Profilhobel, daher wäre es großartig, wenn die Löcher nahe an der Vorderkante liegen. Ich kann dieses Problem umgehen, indem ich eine Lade verwende (für mehr Informationen zu Laden siehe Abschnitt über Einspannhilfen). Das funktioniert prima, doch es ist etwas langsamer als die Bankhaken direkt vorne an der Kante zu haben.
2. Ich würde einen Weg finden, um die Blöcke mit dem Innengewinde für die Spindeln etwas höher anzuordnen, ggf. auch in die Bankplatte einlassen. Ich habe diese Blöcke unter die Bankplatte gebolzt und das funktioniert recht gut. Die einzige Situation, bei der es kritisch wird, ist, wenn Sie schmale Werkstücke hochkant einspannen. Da die Spindeln weit unterhalb der Arbeitsfläche liegen, wird die vordere Backe der Zange vertikal etwas nachgeben. Das macht es schwierig, Werkstücke zu spannen, die 50–100 mm breit sind. Ich habe dieses Problem umgangen, indem ich dünne Werkstücke direkt auf der Platte bearbeite. Ich spanne sie dann zwischen die Bankhaken auf der Bankplatte. Das funktioniert gut – keine Beschwerden. Doch ich wünsche mir immer noch, dass die Vorderzange vertikal nicht nachgibt.

3. Ich hätte einen Boden unter der Platte einbauen sollen. Ich muss mir diesen Boden noch machen. Was hält mich bloß davon ab? Ein Boden zwischen den Riegeln wäre ein prima Ort, um Hobel abzulegen, einen Bock und Möbelteile. Und man braucht nur ein paar Stunden, um ihn zu bauen.
4. Wenn ich die Bank noch einmal bauen würde, würde ich engere Löcher für die Bolzen bohren, mit denen die Blöcke mit Innengewinde unter der Platte befestigt werden. Meine Löcher sind im Durchmesser etwa 3 mm größer als die Bolzen. Das ist praktisch beim Bau, denn bei der Montage war alles einfach auszurichten. Doch die Blöcke verschieben sich im Einsatz um einen guten Millimeter nach vorne, besonders nach starkem Anzeigen der Doppelspindel. Das ist eher etwas nervig als tragisch. Selbst mit dieser Verschiebung nach vorne funktioniert die Zange immer noch einwandfrei. Und Sie können die Blöcke leicht zurückstellen. Dennoch, beim nächsten Mal werde ich ohne Spiel bohren, damit die Blöcke sich überhaupt nicht verstellen.

Alles in allem bin ich immer noch ganz zufrieden mit meiner Holtzapffel. Sie ist immer noch meine Hobelbank in der heimischen Werkstatt, es passiert eine ganze Menge auf ihr und ich habe wenig Grund, unzufrieden zu sein. Außer de, fehlenden Boden. Den muss ich mir wirklich eines Tages bauen.

Da fehlt etwas: *Ich brauche einen Boden. Sie erkennen, wie die vordere Schwinge des Gestells gefast ist, um ggf. einen „Toten Mann" aufzunehmen, den ich nicht benötige.*

Beeindruckend: *Die Doppelspindel ist großartig, doch ich muss die Blöcke mit den Innengewinden besser fixieren und sie vielleicht etwas höher anordnen.*

Kräftige Unterstützung: *Der massive Block der Hinterzange unterstützt das Werkstück hervorragend.*

Vor- und Nachteile dieser Bank

- \+ Doppelspindel – beeindruckend beim Zinken
- \+ Schnellspannzange am Kopf leistet gute Dienste

- – Gestell braucht einen Boden
- – Ich würde die Bankhakenlöcher gerne nach vorne ziehen, sodass sie etwa 50 mm hinter der Vorderkante liegen.
- – Ich würde die Durchgangslöcher für die Bolzen, mit denen die Innengewinde der Spindeln fixiert werden, enger bemessen.
- – Ich würde einen Weg finden, um die Blöcke mit den Innengewinden etwas höher anzuordnen.

Foto: Al Parrish

Eine Roubo-Bank des 21. Jahrhunderts: *Dank des verbolzten Gestells lässt sich diese massive klassische Bank schnell und einfach abbauen.*

Kapitel 5

Hobelbank aus Furnierschichtholz

von Christopher Schwarz & Megan Fitzpatrick

Ich halte es für schwierig, die Entwürfe von Hobelbänken zu verbessern, die sich im 18. Jahrhundert in Europa und den Vereinigten Staaten entwickelt haben.

Diese Monster sind viel einfacher zu bauen als die heute üblichen europäischen Bänke, bieten bessere Möglichkeiten zum Halten des Werkstückes, mehr Masse und erfordern weniger Pflege. Eigentlich bieten Bänke europäischer Bauart nur einen offensichtlichen Vorteil, und das ist ihr leichter Transport.

Moderne Bänke europäischer Bauart sind zusammengebolzt, lassen sich auseinanderbauen und können leicht per Lkw oder Bahn transportiert werden. Die alten Bänke hingegen sind so beweglich wie ein schwangerer Dinosaurier.

Nachdem ich mehr als ein Dutzend unterschiedlicher Hobelbänke gebaut hatte, entschloss ich mich, dieses Problem alter Bänke zu lösen und ich machte mich daran, eines meiner liebsten französischen Modelle des 18. Jahrhunderts in eine Bank zu verwandeln, die sich schneller zerlegen lässt, als den Teig für ein Baguette zu kneten.

Dieser Entwurf wurde erstmals in André Roubos Buch „L' Art du Menuisier" veröffentlicht, ein Standardwerk des 18. Jahrhunderts, in dem alles von der Zimmerei bis zur Holzbearbeitung, Marqueterie, Wagenbau und Gartenmöbel erklärt wird. Die Hobelbänke in den Bänden von Roubo sind monolithisch und einfach, doch sie machen es Ihnen sehr einfach, Flächen, Kanten und Köpfe von Brettern und montierten Teilen zu bearbeiten. (Siehe Exkurs zum einfachen Test von Hobelbänken auf S. 79)

Seit fünf Jahren arbeite ich an einer Version der Roubo-Bank und ich bin täglich beeindruckt, wie vielseitig diese Bank ist. Ich habe aber auch einen steifen Rücken bekommen von dem häufigen Verladen auf Lkws, um sie auf einer Veranstaltung zu zeigen. Sie ist ein massiver Holzblock.

Mit etwas Überlegung konnte ich die Roubo-Bank einfach in ein Modell verwandeln, mit dem sich problemlos reisen ließ. Aber ich war nicht glücklich damit, dass ich die Grenzen dieses Entwurfs so gedehnt hatte.

Nachdem ich das Buch „Workbenches: From Design & Theory to Construction & Use" (Popular Woodworking Books) geschrieben hatte, wurde ich von Leuten belagert, die sich fragten, ob man auch einen modernen Plattenwerkstoff (wie Sperrholz oder MDF) zum Bau einer Hobelbank verwenden könnte. Ich habe baltische Birke für eine Reihe von Arbeitsplatten verwendet, doch ich war nie begeistert von Möbelsperrholz, MDF oder OSB (sie alle biegen sich wie feuchte Croissants durch). Nach etwas Recherche stieß ich auf ein Material, dass man in Holzwerkstätten kaum sieht, Furnierschichtholz (LVL).

Über Furnierschichtholz

Dieses laminierte Material ist in mancher Beziehung wie Sperrholz und in anderer wie Massivholz. Es besteht aus vielen dünnen Lagen Furnier (wie etwa Sumpf-Kiefer oder Tulpenbaum), die zu Querschnitten verleimt wurden, wie das übliche Bauholz (30 x 5 cm oder 10 x 10 cm etc.).

Anders als bei Sperrholz verlaufen die Fasern der einzelnen Lagen bei Furnierschichtholz alle in einer Richtung – nämlich der Längsachse des Brettes, so wie bei Massivholz. Doch anders als bei Massivholz findet sich zwischen den einzelnen Schichten eine Menge steifer Leim. Sie werden meist als Träger verwendet, um weite Abstände in Wohn- und Fabrikgebäuden zu überspannen.

Balken aus Furnierschichtholz sind steif, relativ billig und leicht beim Bauholzhändler zu finden. Doch für den Holzhandwerker gibt es im Hinblick auf die Verarbeitung eine Menge Fragezeichen. Wie stabil ist es? Wie leicht lässt es sich fügen, hobeln, sägen und fräsen? Wird der Leim die Schneiden unserer Werkzeuge ruinieren?

Zum Glück war unsere Redakteurin Megan Fitzpatrick bereit, eine richtige Hobelbank zu bauen, nachdem sie sich mit einer zu kurzen Reservebank im Laden begnügt hatte. Sie hatte das Vergnügen, das Furnierschichtholz auszuprobieren. Wir besorgten also genug Material, um daraus eine 2,40 m lange Version der Roubo-Bank zu bauen und gingen an die Arbeit.

Eine Platte aus vielen Lamellen

Ich denke, am besten beginnt man mit dem Bau der Platte. Sie können Sie dann auf Böcke legen und als Arbeitsplatte nutzen, um das Gestell zu bauen. Sie können eine Bank bauen ohne bereits eine zu besitzen – ich habe das oft so gemacht.

***Streifen schneiden:** Wir fingen damit an, von den 30 x 5 cm Schichtholzblöcken die Streifen runterzuschneiden, die wir für die Bankplatte brauchten. Wir waren überrascht, wie leicht sich das Material an der Tischkreissäge mit einem Kombinationsblatt schneiden ließ.*

***Abrichten mit Hartmetall:** Unsere Abrichte hat mit Hartmetall bestückte Hobelmesser, sie hatte keine Schwierigkeiten, mit dem Leim in dem Furnierschichtholz zurechtzukommen. Ich machte mir mehr Sorgen um die Dickte, deren Hobeleisen aus HSS sind.*

***Leim abkratzen:** Nachdem vier Streifen zu einem Block verleimt waren, haben wir erst einmal den Leimüberstand abgekratzt, bevor wir das Stück über die Abrichte geschoben haben. Die Messer hatten bereits mit dem Leim der Laminierung genug zu kämpfen, daher war es ein Akt der Freundlichkeit, den Leim hier abzukratzen.*

Wir haben von den 30 x 5 cm Schichtholzblöcken erst einmal 70 mm breite Streifen runter geschnitten. Dann haben wir an jedem Streifen die Kanten gefügt. Das schöne an Furnierschichtholz ist, dass die Lamellen dick genug sind, um sie ein oder zweimal über die Abrichte zu schieben ohne durch die Fuge zu schneiden – es ist wie bei altem Sägefurnier.

Nachdem wir das Furnierschichtholz an der Tischkreissäge aufgeschnitten hatten, lernten wir dieses Baumaterial besser kennen. Aufgrund der Laminierung ist das Material spannungsfrei. Es lässt sich leicht schneiden, wie schönes Sperrholz.

Der Nachteil von Furnierschichtholz sind die Ränder. Etwa alle 1,8 m findet sich eine Art Schäftung, bei der zwei Furnierstreifen überlappen. Diese Stöße legen die Richtung fest, in der Sie das Material über die Abrichte schieben. Wir haben einen Block in der falschen Richtung abgerichtet, das Ergebnis war Ausriss an der Kante.

Das Material ist ziemlich gleichmäßig. Die erste Planke war in Stärke und Breite perfekt bemessen. Die zweite war es nicht. Ein Ende war einen guten Millimeter dicker und die Planke hatte einen deutlichen Bogen – aber nur an einer Kante.

Nachdem wir in Längsrichtung geschnitten hatten, haben wir alle Streifen um 90° gedreht und die Flächenverleimung vorbereitet. Um die Verleimung besser kontrollieren zu können, haben wir immer vier Streifen zu einem Block verleimt. Diese Operation haben wir dann noch dreimal wiederholt. Nachdem der Leim abgebunden hatte, haben wir die vier laminierten Teile abgerichtet und ausgehobelt, dann die vier Teile zu zwei

Hobeln ist kein Problem: *Wir waren überrascht, wie gut sich die Messer der Hobelmaschine nach Bearbeitung all dieser laminierten Flächen gehalten hatten. Nach Dutzenden von Gängen durch die Maschine sahen die Messer nicht schlechter aus.*

Auf der Suche nach Unebenheiten: *Wenn Sie es mit einer 2,4 m langen Kante zu tun haben, dann kann es schwierig sein, ein Problem zu entdecken. Wir haben eine Richtlatte/ein Lineal auf mehrere Bereiche entlang der Kante gelegt und dann die Enden des Lineals gehalten. Wenn sich das Lineal leicht drehte, dann hatten wir einen Buckel entdeckt. Wenn die Enden fest auflagen und unter dem Lineal Licht durchschien, dann hatten wir eine Delle an der Kante.*

Dominos sind in Ordnung: *Sie können fast jede Methode einsetzen, um beim Verleimen der Platte zwei Kanten bündig zu halten: Lamellos, Kronenfugen oder sogar Dübel. Wir haben ein Festool Domino in der Werkstatt, und die ist für diese Art von präziser Arbeit perfekt.*

Abrichten und verleimen: *Richten Sie die Innenflächen der Teile ab, aus denen die Beine hergestellt werden und leimen sie zusammen. Wenn der Leim abgebunden hat, richten Sie Beine ab und hobeln sie auf Endmaß aus. Durch das Aushobeln stellen Sie sicher, dass alle Beine gleiche Maße haben.*

Dreiecke und Quadrate: *Beachten Sie das „Schreinerdreieck", das oben am Kopf der Beine angezeichnet wurde. Das hilft Ihnen, die Beine zuzuordnen, wenn Sie die Verblattungen für die Schwingen anreißen.*

großen verleimt. Diese beiden Teile haben wir schließlich zu einer etwa 60 cm breiten Bankplatte verleimt.

Wir haben bei diesem Projekt überwiegend gelben Leim verwendet und hatten dabei keine Probleme. Wenn das Furnierschichtholz aus Sumpf-Kiefer besteht, sollten Sie die Zwingen für mindestens fünf Stunden ansetzen. Sumpf-Kiefer ist harzreich und das lässt den Leim nur langsam ins Holz eindringen.

Natürlich gibt es einige weitere wichtige Informationen, die Sie bei der Verarbeitung dieses Material kennen sollten. Wir wollten das Furnierschichtholz nicht mehr als unbedingt nötig durch die Maschinen lassen, daher waren wir vorsichtig, um die Teile bündig zu verleimen. Diese Mühe hat sich bezahlt gemacht, und als wir zum Abschluss die beiden 30 cm breiten laminierten Platten miteinander verleimten, haben wir die Kanten gefügt und uns entschlossen, als Extra-Vorsichtsmaßnahme einige Dominos einzusetzen.

Das Untergestell: Masse und Bolzen

Ich habe das denkbar einfachste Untergestell entworfen, das sowohl robust als auch völlig funktional ist. Jedes Bein besteht aus zwei 125 mm Streifen Furnierschichtholz, die Fläche auf Fläche verleimt sind. Dann schneiden Sie die Sassen in die Beine und verwenden dazu die Nutsägeblätter an Ihrer Tischkreissäge und bolzen schließlich alles mit 12 mm Bolzen mit Sechskantkopf, Unterlegscheiben und Muttern zusammen.

Nachdem die Beine verleimt waren, haben wir zum Bau des Gestells weniger als sechs Stunden gebraucht, und dabei haben wir noch mehrmals die Arbeit unterbrochen, um Fotos zu machen (und wir haben Kaffee getrunken, der in unserer Werkstatt so wichtig wie Leim ist).

Wie hoch? – So hoch: *Die eigentlich Höhe der Nutsägeblätter ist nicht wichtig. Entscheidend ist, dass die Blätter genauso hoch stehen wie die Riegel dick sind. Legen Sie also einen Riegel auf die Tischkreissäge und stellen die Schnitthöhe entsprechend ein.*

Das ganze Paket für die Verblattung: *Da muss die Kreissäge eine Menge Material abnehmen, doch unsere Säge war der Aufgabe gewachsen. Wenn Ihre Säge das nicht kann, dann wird Ihre Bandsäge einen Großteil des Materials entfernen und die Wanknutscheiben werden die Schnitte säubern.*

Beginnen Sie mit dem Verleimen der Beine und verwenden dazu Stücke, die etwas Übergröße haben. Lassen Sie den Leim abbinden, richten Sie die Teile ab und hobeln sie auf Endmaß aus. Die Länge der Beine wird natürlich die Höhe Ihrer Hobelbank bestimmen. Die Holzliste und die Zeichnungen werden eine Bank ergeben, deren Arbeitshöhe 82 cm beträgt – die gleiche Höhe wie bei einer typischen Tischkreissäge.

Um die passende Arbeitshöhe zu ermitteln, messen Sie vom Boden bis zu der Stelle, wo der kleine Finger ansetzt. Das wird eine gute Höhe für die meisten Arbeiten mit Hand- und Elektrowerkzeugen sein. Wenn Sie nur mit Handmaschinen arbeiten, können Sie um etwa 50 mm höher gehen. Wenn Sie nur mit altmodischen Holzhobeln arbeiten, können Sie erwägen, die Bank 50–75 mm niedriger zu machen.

Wenn Sie die endgültige Höhe Ihrer Beine ermittelt haben, längen Sie sie ab und reißen an den vier Beinen alle Verblattungen an. An dem Bein, das die Vorderzange erhält, werden ein paar Extraschnitte vorgenommen, doch dazu mehr in Kürze. Schieben Sie alle Ihre Nutsägeblätter auf die Welle Ihrer Tischkreissäge. Fahren Sie die Blätter auf 40 mm hoch – was exakt

Auflegen, ausrichten und übertragen: *Stecken Sie die Spindel durch das 50-mm-Loch und drehen Sie den Block mit dem Innengewinde auf die Rückseite des Gestellbeins. Richten Sie den Block rechtwinklig aus und übertragen seine Außenkanten auf das Bein.*

Ausklinken: *Verwenden Sie die eingestellten Nutsägeblätter, um den Ausschnitt für den Gewindeblock herzustellen. Arbeiten Sie bis zum Riss und testen die Passung.*

Löcher für Ihre Führung: *Der durchgehende Schlitz am Bein lässt die Parallelführung frei ein und raus gleiten. Sie müssen die Enden dieses Schlitzes nicht eckig ausstechen. Lassen Sie sie rund. Die Parallelführung ist schmal genug um zu passieren.*

der Stärke der Riegel entspricht. Stellen Sie die Höhe fest und machen einen Testschnitt an einem Rest Furnierschichtholz.

Wenn Ihre Säge durch das Material saust, dann können Sie fortfahren. Wenn sie aber Schwierigkeiten hat und langsamer läuft, dann müssen Sie zunächst einen Großteil des überschüssigen Materials mit der Bandsäge entfernen.

Es ist einfach, das überschüssige Material mit Nutsägeblättern zu entfernen. Um Anfang und Ende jeden Schnittes zu ermitteln, haben wir den Längenanschlag unserer Tischkreissäge verwendet. Wir haben danach den Anschlag hochgezogen und den Rest zwischen dem Anfangs- und Endpunkt an den Beinen entfernt. Das ist wirklich einfach. Bleiben Sie aber aufmerksam und beachten Sie das Schreinerdreieck als Orientierungshilfe.

Die Beinzange

Diese Hobelbank verwendet an der Position der Vorderzange eine traditionelle Beinzange. Eine solche Beinzange ist ein einfaches, robustes und beinahe in Vergessenheit geratenes Zangenmodell. Andere Zangen lassen sich vielleicht einfacher montieren, doch nur wenige werden die Beinzange schlagen, wenn es darum geht, die Zange genau Ihrem Arbeitsstil anzupassen.

Das einzige, was Sie sich zur Herstellung einer Beinzange kaufen müssen, ist eine Spindel. Sie können eine hochwertige Eisenspindel für weniger als 30 € kaufen. Wir haben eine Holzspindel von BigWoodVise.com gekauft. Die kostet mehr (etwa 130 €), sieht aber besser aus, bewegt sich schneller und wird Ihr Werkstück niemals mit Fett verschmutzen. Sowohl Eisen- als auch Holzspindeln halten Ihr Werkstück gut. Lassen Sie sich also von Ihrer Neigung oder Ihrem Budget leiten.
Eine kurze Bemerkung noch zu der Position der Beinzange an Ihrer Bank. Wenn Sie Rechtshänder sind, setzen Sie die Zange

Küchentest für Hobelbänke

Ich wünsche mir es gäbe einen einfachen Test, um eine gute Hobelbank von einer zu unterscheiden, die den Rest ihres Lebens besser als Blumenständer dienen sollte.

Ich habe so einen Test für mein erstes Buch über Hobelbänke entwickelt. Ich nenne ihn den „Küchentest“, doch ich muss mir noch einen besseren Namen ausdenken.
In knapper Form hier mein Test: Stellen Sie sich vor, Sie hätten drei Werkstücke in Ihrer Werkstatt und müssten sie auf der Bank fixieren, um ihre Flächen, Kanten und Köpfe zu bearbeiten.

Ein Stück ist die Tür eines Küchenschrankes, die 60 x 45 x 2 cm misst. Das zweite ist eine Küchenschublade mit den Maßen 45 x 45 x 10 cm. Das dritte ist eine Sockelblende für die Küche, sie misst 120 x 15 x 2 cm.

Nehmen Sie nun zwei (oder zehn) Entwürfe für eine Hobelbank und vergleichen Sie. Welche Bank würde diese drei Werkstücke in jeder der drei Positionen am ehesten halten (um die Flächen, Kanten und Köpfe zu bearbeiten)?

Manche Bänke erfordern eine Menge Zubehör (Bankknechte, Bankhaken etc.) und andere kommen ohne aus. Es ist wirklich erstaunlich, wie viele Bänke in diesem Test zurechtkommen. Es gibt deutliche Unterschiede. Manche Entwürfe kommen mit allen neun Operationen klar. Andere können nur etwa die Hälfte mit Leichtigkeit bewältigen.

Mit der Ratsche anziehen: *Verwenden Sie 12-mm-Schlüsselschrauben, um Platte und Gestell miteinander zu verbinden.*

Bereit zum Keilen: *Hier ist der Parallelanschlag, unmittelbar bevor wir ihn eingeleimt und mit einem dünnen Keil aus Eiche gesichert haben. Wir haben den Zapfen in der Mitte eingeschnitten, um dem Keil Platz zu machen.*

an das linke Bein. Wenn Sie Linkshänder sind, montieren Sie die Zange am rechten Bein. Dieses traditionelle Arrangement wird Ihnen beim Hobeln helfen – Sie wollen immer in Richtung der Zangenspindel hobeln.

Um die Holzspindel zu installieren, müssen Sie zunächst an dem Bein ein 50-mm-Loch bohren. Dann müssen Sie eine Aussparung herstellen und dort den Block mit dem Innengewinde für die Spindel einzusetzen. Hier haben Sie eine einfache Methode, mit der Sie alles leicht ausrichten können.

Bohren Sie das Loch und setzen die Spindel ein. Drehen Sie den Block mit dem Innengewinde auf die Spindel und ziehen ihn an der Rückseite des Beins an. Richten Sie diesen Block mit einem Anschlagwinkel im rechten Winkel aus und übertragen seine Position auf das Bein.

Gehen Sie wieder an die Kreissäge und entfernen das Material zwischen den beiden Rissen. Der Block mit dem Innengewinde sollte genau in die Aussparung passen, und das Innengewinde wird genau mit dem Loch im Bein fluchten.

Bevor Sie sich nun in die Montage stürzen, müssen Sie noch einen kritischen Schnitt für Ihre Beinzange setzen. Sie müssen einen 15 mm breiten und 75 mm langen durchgehenden Schlitz herstellen, der die „Parallelführung" der Zange aufnimmt. Die Parallelführung besteht aus einem 12 mm dicken Brett, in das Löcher gebohrt wurden und das an dem Frontstück Ihrer Zange fixiert wird.

Die Parallelführung erfüllt zwei wichtige Funktionen. Zuerst einmal hält sie den Block parallel zum Gestellbein. Ohne Parallelführung kann sich der Block drehen und ausweichen. Weiterhin dient sie als Drehpunkt für den Zangenblock.

Indem man einen Metallstift durch eines der Löcher der Parallelführung steckt, neigt sich der Block der Zange zur Bankplatte, wenn der Metallstift auf das Gestellbein stößt.

Um die Parallelführung zu nutzen, stecken Sie den Metallstift einfach in das Loch, das der Stärke des Werkstückes am nächsten kommt, das Sie einspannen wollen. Dann ziehen Sie die Spindel an. Ja, Sie müssen gelegentlich die Arbeit unterbrechen, um den Metallstift zu entfernen, aber das ist wirklich keine große Angelegenheit. Hinzukommt, dass mit dem Metallstift in der Bohrung direkt am Block ein Werkstück einer Stärke von 9–21 mm eingespannt werden kann. Das deckt schon einen weiten Bereich ab.

Um den durchgehenden Schlitz zu bohren, montieren Sie einen Anschlag und setzen einen 15-mm-Forstnerbohrer in Ihre Ständerbohrmaschine. Tauchen Sie wiederholt ein, bis ein sauberer Schlitz hergestellt ist.

Montage ist zu einfach

Nun kommt der Teil, der Spaß macht: das Gestell zusammenbauen. Zunächst wollen Sie 15-mm-Löcher durch all die Blattverbindungen bohren, um Platz für die 12-mm-Bolzen mit Sechskantkopf zu machen. Verwenden Sie die Zeichnung als Lehre, um all die Löcher an den Riegeln zu markieren. Bohren Sie die Löcher an der Ständerbohrmaschine. Legen Sie dann den Riegel auf sein jeweiliges Gegenstück und markieren mit einem 15-mm-Forstnerbohrer die Position des Loches am Bein.

Legen Sie den Riegel zur Seite und bohren mit demselben Bohrer das dazugehörige Loch in das Bein. Sie können sich die Extramühe machen und Löcher bohren, um all die Bolzenköpfe, Unterlegscheiben und Muttern zu versenken, doch ich

Zwei Nuten für Halteringe: *Die Holzspindel hat zwei Nuten. Eine liegt unmittelbar am Knauf (für außen angebrachte Halteringe), die andere befindet sich ein bisschen weiter am Schaft (für innen angebrachte Halteringe).*

So verpassen Sie das Loch für den Haltering nicht: *Spannen Sie die beiden Hälften zusammen und bohren mittig das Loch. Unser Loch brauchte einen Durchmesser von 40 mm, passend zum Durchmesser des Spindelschaftes.*

habe mich dagegen entschieden. Ich wollte nicht riskieren, die Laminierung im Furnierschichtholz auseinanderzureißen, wenn ich die Schrauben anziehe.

Noch ein Detail: Sie müssen an jedem oberen Riegel je zwei 15-mm-Löcher bohren, um Gestell und Platte mit Schlüsselschrauben zu verbinden. Setzen Sie diese Bohrungen etwa 15 cm vom Kopf der Riegel. Nachdem diese Löcher gebohrt sind, bauen Sie das Gestell zusammen.

Um die Platte kümmern

Während die Bankplatte aus Furnierschichtholz steif war und gut aussah, sahen die Vorder- und Hinterkante wegen des offenen Leims und angeschnittenen Lamellen doch so aus, als litten sie unter einer furchtbaren Hautkrankheit. Deswegen entschieden wir uns, auf die Vorder- und Hinterkante einen 15 mm starken Ahornstreifen mit stehenden Jahrringen aufzuleimen (das schützt auch die Kanten des Furnierschichtholzes vor Ausriss).

Wir mussten die Platte leicht besäumen, um das Endmaß von 60 cm zu erreichen. Einmal abgesehen davon, dass wir die Platte auf die Tischkreissäge wuchten mussten, war dies eine überraschend einfache Operation. Wir ließen die Ahornlippen zunächst etwas breiter und länger als erforderlich, damit wir sie nach dem Verleimen bündig beiarbeiten können.

Wenn die Ahornstreifen angeleimt sind und der Leim abgebunden hat, hobeln Sie sie bündig bei. Danach können Sie die Köpfe der Platte ablängen. Dies war die schwierigste Maschinenarbeit beim Bau der Bank.

Wir haben die Köpfe der Platte mit einer Handkreissäge und Führungsschiene beschnitten. Ich habe auf ähnliche Weise bereits Dutzende von Bankplatten ohne Zwischenfall geschnitten, doch der Querholzschnitt an dem Furnierschichtholz war ein Brocken. Das Blatt der Handkreissäge verzog sich. Nach vier oder fünf Versuchen mussten wir ein anderes Modell mit stärkerem Sägeblatt verwenden, um ein akzeptables Ergebnis zu bekommen. Dies ist eine der Situationen, in denen ein dünnes Sägeblatt ungeeignet ist.

Halterung vor dem Zusammenbau: *Um die Beinzange zu montieren, stecken Sie die Spindel durch das Loch in der Backe und setzen die Halterung in die Nut. Fixieren Sie die Hälften mit Schrauben. Jetzt können Sie ein paar Walnüsse mit Ihrer Zange öffnen.*

Und nun zu den Zangen

Die Zangen und der „Tote Mann" sind leicht zu machen, wenn Sie in der richtigen Reihenfolge vorgehen. Hier ist die erste Regel: Schneiden Sie weder den Block der Zange noch die verschiebbare Auflage auf Endmaß, bevor sie müssen. Sie lassen sich leichter bearbeiten, wenn sie lange gerade Kanten haben.

Um den Block für die Beinzange herzustellen, bohren Sie zunächst ein 50-mm-Loch durch den Block und setzen die Teile auf der montierten Bank zusammen. Sie möchten nun anreißen, wo der Parallelanschlag an der Block der Beinzange fixiert werden soll. Übertragen Sie die Position des Schlitzes im Vorderbein auf den Block. Bohren Sie dann an der Ständerbohrmaschine einen 15 mm breiten und 65 mm langen durchgehenden Schlitz.

Stechen Sie die Ecken des Schlitzes eckig aus und setzen die Parallelführung in den Schlitz. Das Ziel hierbei ist, die Führung so zu putzen, dass sie dicht in den durchgestemmten Schlitz passt. Die Breite muss so justiert werden, dass die Führung leicht durch den Schlitz gleitet. Das erfordert ein bisschen Nachpassen.

***Widersteht Staub:** Einige verschiebbare Auflager laufen in Nuten, die man in die Schwinge gefräst hat. Diese Nuten füllen sich mit Staub. Indem man der Bahn für das Auflager des „Toten Mannes" einen dreieckigen Querschnitt gibt, wird kein Sägemehl die Bewegung hemmen.*

Wenn Zapfen und Schlitz gut aufeinander abgestimmt sind, können Sie die 10-mm-Löcher für die Parallelführung bohren. Diese Bohrungen haben ein Achsmaß von 25 mm und die beiden Reihen sind um 12 mm versetzt. Das erste Loch in der Mitte der Parallelführung ist 15 mm von der Zapfenbrüstung entfernt. Dieses Loch werden Sie am häufigsten benutzen. Schneiden Sie dann das Karnisprofil am Kopf des Parallelanschlags und schweifen die endgültige verjüngte Form des Blockes.

Leimen Sie die Parallelführung ein und verkeilen sie. Wir haben dafür Hautleim verwendet, denn er lässt sich wieder lösen (ganz einfach mit Hitze und Feuchtigkeit). Besonders bei Teilen, die eines Tages erneuert werden müssen, ist das immer eine gute Idee.

Ein Haltering für die Beinzange

Der Haltering hat die Aufgabe, die Spindel und den Block der Zange zusammenzuhalten, damit sie sich als Einheit rein- und rausbewegen. Wenn Sie eine Holzspindel verwenden, müssen Sie normalerweise einen Haltering verwenden – bei Eisenspindeln ist diese Funktion bereits in das Gussteil eingebaut. Sie können eine Zange auch ohne Halterring verwenden, doch es ist nicht so praktisch, denn Sie werden den Block der Zange von der Bankplatte wegziehen müssen, nachdem Sie ein Werkstück ausgespannt haben.

Es gibt zwei unterschiedliche Arten von Halteringen: innen oder außen montierte Halterungen. Beide funktionieren gleich, der einzige Unterschied ist ihre Position. Äußere werden außen auf den Block der Zange montiert. Innere Halteringe werden in eine Vertiefung am Block der Zange eingelegt, die sich mit der Bohrung für die Spindel kreuzt.

Wie sie funktionieren? Wir wollen uns einige Fotos ansehen. Die Abbildung auf S. 81 oben zeigt eine Holzspindel aus Esche von BigWoodVise.com. Erkennen Sie die beiden Nuten in der Spindel? Eine liegt direkt am Knauf; die andere ist ein Stückchen weiter am Schaft. Die Nut am Knauf ist für außen montierte Halteringe. Die andere für innen montierte. Diese Spindel wird also in beiden Fällen funktionieren.

***Tragen Sie eine Staubmaske:** Wenn Sie Furnierschichtholz fräsen, beginnt das Unheil. Dieses Material wirbelt eine Menge stinkenden, feinen und extrem unangenehmen Staub auf. Tragen Sie also eine gute Staubmaske, auch wenn Sie sonst auf solche Vorsichtsregeln pfeifen.*

Für unsere Beinzange verwenden wir einen außen gesetzten Haltering (ich finde, die lassen sich leichter installieren). Der erste Schritt bestand also darin, ein Stück hartes Ahornholz so auszuhobeln, dass es in die Nut passt. Diese Nuten sind hier etwa 10 mm breit.

Danach schnitten wir das Material für den Haltering auf eine Breite von 95 mm, sägten es längsweise in zwei Hälften und bohrten mittig ein 40-mm-Loch, während die beiden Stücke zusammengespannt waren. Schließlich längten wir es noch ab.

Jetzt können Sie die Beinzange zusammenbauen. Legen Sie den Haltering um die Nut und stecken die Spindel in den Zangenblock. Dann schrauben Sie den Ring am Zangenblock fest. Verwenden Sie keinen Leim – Sie wollen in der Lage sein, den Ring eines Tages für Reparaturen an der Zange abzunehmen.

Das Foto unten rechts auf S. 81 zeigt, wie alles zusammenpasst. Sie erkennen das 50-mm-Loch im Zangenblock, die beiden Hälften des Halteringes und das 40-mm-Loch, das entsteht, wenn der Haltering aufgeschraubt wurde.

Um die Beinzange zu komplettieren, schrauben Sie den Block mit dem Innengewinde an das Gestellbein. Wir haben dafür 75-mm-Schrauben verwendet, deren Köpfe stark versenkt wurden.

Die Schnellspannzange am gegenüberliegenden Kopf der Bankplatte ist einfach zu installieren. Wenn Sie die Zange von Lee-Valley gekauft haben, sollte es ein einfacher Job sein ohne Unterfütterung. Platzieren Sie die Zange am Ende der Platte und fixieren sie mit Schlüsselschrauben (das ist OK) oder mit Bolzen, Unterlegscheiben und Muttern, welche durch die Platte stoßen (das ist dauerhaft).

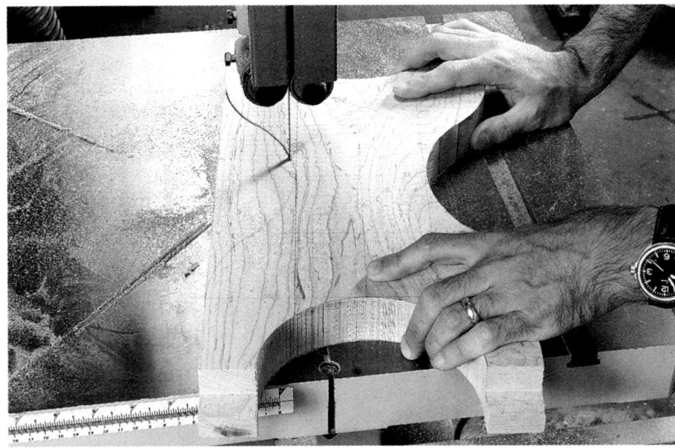

Schweifen: *Diese Kurven sind nicht nur etwas fürs Auge. An ihnen lässt sich das Brett gut greifen oder eine Zwinge ansetzen.*

Abschreiten: *Mit einem Zirkel lassen sich die Abstände der Bohrungen am einfachsten abtragen. Um die Bohrungen auf beiden Seiten rechts und links versetzt anzuordnen, bohren Sie einfach an jeder zweiten Markierung.*

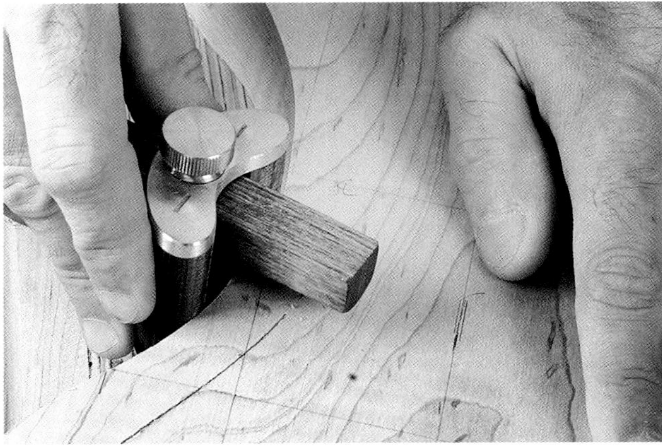

Ein spezielles Streichmaß: *Da ich häufig Stühle baue, habe ich dieses Streichmaß mit einem ganz speziellen Anschlag, der Kurven folgen kann. Wenn Sie kein solches Streichmaß haben, ist es einfach Ihr Standardstreichmaß zu modifizieren. Nehmen Sie einen 16-mm-Dübel, hobeln Sie eine Seite flach und leimen zwei kurze Stücke auf die Rückseite Ihres Anschlags. Drehen Sie nun den Anschlag und Sie haben ein Streichmaß, das zwei Funktionen erfüllt.*

Noch mehr Staub: *Ein 19-mm-Spiralnutfräser und eine Schablone machen kurzen Prozess mit dieser Arbeit. Ordnen Sie alle Löcher auf der Bankplatte an, bringen Sie die Schablone in Position und tauchen ein. An der Schablone wurden kreuzförmige Hilfslinien angebracht, die mit Ihren Markierungen auf der Platte fluchten.*

„Toter Mann“

Manche Leute nennen diese Auflage für Bretter einen „Toten Mann“, doch da dies Megans Bank ist, haben wir die Auflage eine „Tote Frau“ genannt. Diese „Tote Frau“ soll helfen, Werkstücke hochkant einzuspannen, sei ein einzelnes Brett oder eine montierte Füllung oder Tür. Sie können einen einfachen Holznagel in ein Loch der Auflage stecken, um Ihr Werkstück zu unterstützen. Oder Sie können auch eine Zwinge verwenden, um Werkstücke zu fixieren.

Die „Tote Frau“ lässt sich an der Front der Hobelbank frei verschieben. Die untere Kante der „Toten Frau“ läuft auf einem Stück Ahorn, das oben einen dreieckigen Abschluss hat. An der oberen Kante der „Toten Frau“ befindet sich eine Feder, die in eine Nut an der Unterseite der Bankplatte greift.

Beginnen Sie damit, zwei 45° Fasen an der Oberkante einer breiten Ahornbohle zu schneiden. Dann stellen Sie das Sägeblatt auf 90° ein und schneiden den dreieckigen Teil ab. Schrauben Sie diesen Streifen auf die vordere Schwinge des Gestells.

Schneiden Sie nun eine entsprechende dreieckige Nut an der Unterkante der Toten Frau. Wir haben diese Schnitte an der Tischkreissäge gemacht und dafür das Blatt um 45° geneigt. Wenn diese beiden Stücke zusammenpassen, schneiden Sie die Nut an der Unterseite der Bankplatte. Diese Nut ist 20 mm breit und etwa 25 mm tief. Wir haben Sie mit der Oberfräse , einem 20-mm-Spiralnutfräser und einem Seitenanschlag gefräst. Das Furnierschichtholz ist schwere Kost zum Fräsen, lassen Sie sich also Zeit.

Wenn die Nut hergestellt ist, können Sie die damit korrespondierende Feder an der Oberkante der „Toten Frau“ schneiden. Am einfachsten machen Sie dies mit Nutsägeblättern an Ihrer Tischkreissäge und einem Längsanschlag.

Danach können Sie die geschweifte Form der „Toten Frau“ anreißen und schneiden. Diese Kielbogenform basiert auf historischen Formen, die ich gesehen habe, aber Sie können jede Form wählen, die Ihnen zusagt. Selbst ein (langweiliges) gerades Brett wird die Aufgabe erfüllen.

Verteilen Sie die 19-mm-Löcher auf der „Toten Frau" mithilfe von Streichmaß und Zirkel. Die beiden Lochreihen sind versetzt (wie die Löcher in der Parallelführung). Die Anzahl der Löcher und ihr Abstand sind von der Höhe der Bank abhängig. Bei unserer Bank haben diese Bohrungen einen Abstand von etwa 55 mm.

Die letzten Bohrungen sind für die Bankhaken und Niederhalter auf der Bankplatte. Die Bankhakenlöcher entlang der Vorderkante fluchten mit dem eisernen pop-up Bankhaken an der Schnellspannzange. Die Löcher haben ein Achsmaß von 75 mm. Das sind eine Menge Löcher, doch Sie werden beim Gebrauch froh sein, dass Sie sie haben. Die meisten Leute bohren zu wenige.

Wir haben all diese 19-mm-Löcher mit der Oberfräse und einer Schablone aus Sperrholz hergestellt. Die Oberfräse ließ sich fast so tief eintauchen, dass die Platte durchstoßen wurde. Wir mussten also jedes Loch mit ein klein bisschen Bohren abschließen.

Abrichten & Oberfläche

Wir haben die Bankplatte mit Handhobeln abgerichtet, sie hatten keine Probleme mit dem Klebstoff des Furnierschichtholzes. Das war eine angenehme Überraschung nach all dem unangenehmen Staub der Oberfräse. Wir haben auf unsere Webseite eine Anleitung gesetzt, die zeigt, wie Sie Ihre Bankplatte mit Handhobeln abrichten (siehe Ressourcen-Verzeichnis, S. 229). Wenn Sie Ihre Platte mit Vorsicht gebaut haben, sollte das Abrichten nur etwa 45 Minuten dauern.

Was nun die Oberfläche der Hobelbank anbelangt, so haben wir etliche Rezepturen ausprobiert. Das Ziel ist, die Bank vor Leim und Flecken zu schützen, aber sie dabei nicht zu glatt zu machen. Ein glänzender Lackfilm kann Ihr Werkstück zu leicht gleiten lassen.

Wir bevorzugen für die Platte und die Zangen eine einfache Mischung aus gekochtem Leinöl und Harz (etwa Watco oder etwas, das wir selber mischen). Sie können das zweimal mit dem Lappen auftragen und sind schon fertig. Das Leinöl widersteht dem Wasser im Leim und das Harz bietet etwas Schutz vor Flecken. Zudem wird diese Oberfläche nicht zu glatt sein.

Wir haben das Gestell mit roter Milchfarbe gestrichen. Milchfarbe ist dauerhaft und deckt auf dem Furnierschichtholz gut. Der erste Anstrich sah schon gut aus, der zweite sogar noch besser. Durch zweimaliges Wachsen wurde die Farbe tiefer.

Alles in allem sind wir mit der Bank zufrieden, sowohl mit der Möglichkeit des Abbaus als auch damit, wie sie funktioniert. Die Prüfung, die uns bevorsteht, ist die Haltbarkeit des Furnierschichtholzes. Wie wird das Material auf Änderungen der Luftfeuchtigkeit reagieren? Wie leicht wird es splittern oder Dellen bekommen, wenn es Schläge aufnimmt?

Nachdem ich mit dem Material gearbeitet habe, habe ich große Erwartungen. Vielleicht wird uns Megan nächstes Jahr mitteilen, wie gut sich ihre Bank bewährt und wir werden häufiger mit Furnierschichtholz arbeiten. Wenn Sie sie jedoch dabei entdecken sollten, wie sie sich bei einem Händler die Sjöberg-Bänke ansieht ….

Hobelbank aus Furnierschichtholz

	Anzahl	Teil	Maße in mm			Material	Bemerkung
☐	1	Platte	2400	600	66	Furnierschichtholz	mit Ahorn-Anleimer, 2 Lagen zu je 33 mm
☐	4	Beine	800	125	78	Furnierschichtholz	aus zwei Lagen zu je 39 mm verleimt
☐	2	Schwingen	1500	125	39	Furnierschichtholz	mit Bein verblattet
☐	4	kurze Riegel	600	125	39	Furnierschichtholz	mit Bein verblattet
☐	1	Block für Beinzange	840	200	50	Ahorn	
☐	1	Block für Hinterzange	430	75	50	Ahorn	an Zange geschraubt
☐	1	Bohle für „Tote Frau"	560	225	50	Ahorn	Langholz; einpassen
☐	1	Schiene für Auflage	1250	40	32	Ahorn	an Kanten gefast
☐	1	Haltering für Spindel	95	95	10	Ahorn	
☐	1	Parallelführung	440	75	12	Ahorn	

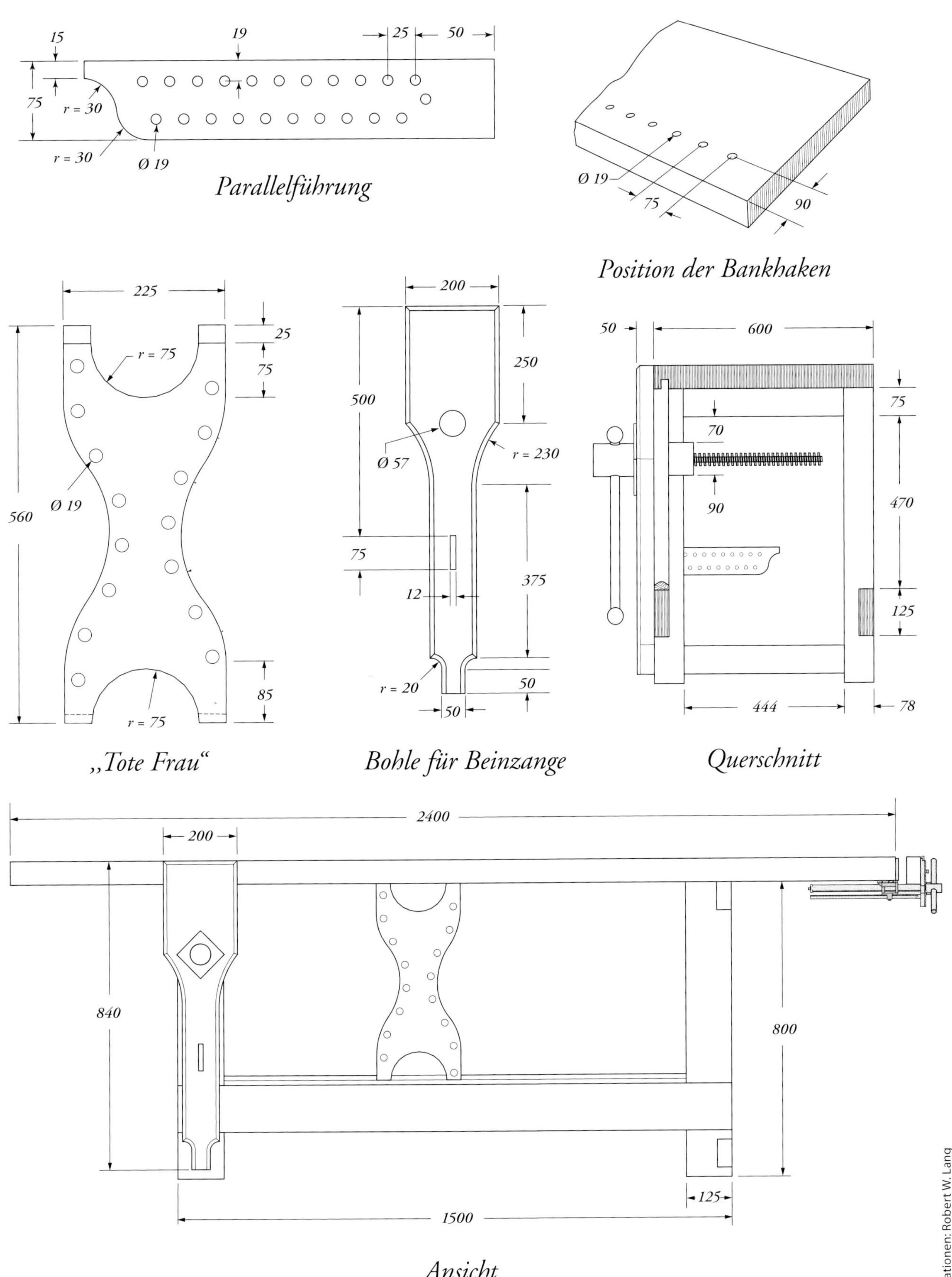

Illustrationen: Robert W. Lang

Kritik: Die Verwendung von Furnierschichtholz ist völlig OK

von Christopher Schwarz

Wenn überall Sumpf-Kiefer angeboten würde, dann müssten wir keine Hobelbank aus Furnierschichtholz bauen. Ich bin richtig froh, dass wir sie gebaut haben. Furnierschichtholz, auch unter der Abkürzung LVL (Laminated Veneer Lumber) bekannt, ist wirklich ein interessanter Werkstoff.

Ich bin erstmals Anfang der 1990er Jahre auf dieses Material aufmerksam geworden und zwar in der Werkstatt von David Ross Puls, einem Holzhandwerker und Künstler in Charleston. Er sammelte damals auf Baustellen Reststücke davon und schnitt diese nach seinen Vorstellungen auf. Dabei wurde die Laminierung auf ungewöhnliche Weise offen gelegt, was zu seinen Möbeln, Lampen und Skulpturen passte.

Er schwärmte von den Vorzügen dieses Materials, darunter seine Stabilität und Festigkeit. Ich machte mir Sorgen, was die Klebstoffe mit den Messern der Maschinen machen. Er überzeugte mich, dass dies kein so großes Problem sei, wie die meisten glauben. Ich bewunderte die großen Blöcke aus Furnierschichtholz, die er auf Lager hatte. Da waren Stücke mit einer Stärke von 15 cm, 30 cm breit und 3 m lang. In der Zwischenzeit haben sich Leser unserer Zeitschrift darüber beschwert, dass sie in ihren Baumärkten kein geeignetes Nadelholz finden können, um daraus ihre Hobelbank zu bauen. Sie wollten ein preisgünstiges und leicht erhältliches Material. Wir haben das naheliegendste getan und etwas Furnierschichtholz bestellt.

Stabile Platte; wackeliges Gestell

Die Bank aus Furnierschichtholz, die Megan Fitzpatrick in unserer Werkstatt benutzt, ist etwas was ich als „qualified success" bezeichnen würde. Die Platte aus Furnierschichtholz ist fantastisch. Sie ist bemerkenswert widerstandsfähig und hat sich auch nach einem Jahr intensiver Nutzung nicht verzogen. Dank des reichlich verwendeten Leims zwischen den Lamellen ist die Platte wohl dichter als die Kiefern-Platte meiner ersten Roubo-Bank.

Das Gestell der Bank ist aber eine andere Geschichte. Bei dem Gestell sollten zwei Ziele verfolgt werden: Ein Gestell zu entwerfen, dass sich leicht zerlegen und an einem Nachmittag bauen lässt und zugleich herauszufinden, ob Furnierschichtholz eine gute Wahl für das Gestell ist.

Immer noch in Arbeit: *Diese Bank begann als ein Materialexperiment und wir verwenden sie weiterhin als ein Teststück. Ich habe kürzlich am Gestell Rollen montiert, die sich ein- und ausklappen lassen, damit wir die Bank leicht in der Werkstatt verstellen können. Ich werde bald noch eine weitere Reihe Bankhakenlöcher entlang der Hinterkante hinzufügen, die mit der neuen Schnellspannzange von Veritas fluchtet, die wir installiert haben.*

Ich bin recht zufrieden mit dem verbolzten Gestell. Wir haben wirklich nur ein paar Stunden gebraucht, um die Verbindungen herzustellen und das Gestell zu montieren. Doch das Furnierschichtholz scheint nicht die richtige Materialwahl zu sein. Als wir das Gestell zusammenschraubten, schienen die Lamellen zerdrückt zu werden und ihre Verleimung löste sich – zumindest hatte ich den Eindruck, dass das passiert. Die Bolzen und Muttern scheinen sich jedenfalls mehr zu lösen, als mir lieb ist. Vielleicht wird dies eines Tages aufhören, wenn die Lamellen bis auf maximale Dichte zusammengedrückt sind.

Wenn wir diese Bank noch einmal bauen würden, dann würde ich für das Gestell Massivholz verwenden. Vielleicht Esche, Kiefer oder was ich gerade finden könnte, was nicht viel zu leicht ist.

Wenn Sie diese Bank oder eine andere Variante bauen sollten, die sich leicht abschlagen lässt, hier finden Sie einige andere Modifikationen, die ich erwägen würde:

1. Fixieren Sie die Platte sowohl mit Schlüsselschrauben als auch mit kräftigen Dübeln. Ich persönlich mag demontierbare Bänke nicht, doch ich weiß, dass sie ein notwendiges Übel unserer mobilen Gesellschaft sind. Wenn Sie also eine Hobelbank bauen, die reisen soll, dann müssen Sie die Einschränkungen Ihrer Beschläge überwinden. Wenn Sie die Platte nur mit Schlüsselschrauben befestigen und dabei eine Beinzange verwenden, dann werden Sie Probleme bekommen.
   Hier ist der Grund dafür: Eine Beinzange hat soviel Kraft, dass sie die Platte vom Gestell drückt und dabei die Löcher Ihrer Schlüsselschrauben ausreibt. (Hinweis: Wenn Sie als Vorderzange eine Schnellspannzange verwenden, dann werden Sie dieses Problem nicht haben. Beinzangen übertragen ihre Hebelkraft von dem Fußpunkt auf die Platte.)
   Sie müssen also die Vorderkante Ihrer Bankplatte bündig mit dem Vorderbein Ihres Gestelles halten. Die Lösung liegt in dem, was man im allgemeinen Patronen nennt. Dies sind 19-mm-Dübel, die in das Gestell und die Platte gesteckt werden. Sie werden Patronen genannt, da der Kopf jedes Dübels wie eine Patrone angespitzt wird, um die Platte leichter auf das Gestellt zu legen. Diese Holzdübel sollten zusammen mit den Schlüsselschrauben alles auf Kurs halten. Fügen Sie also eine „Patrone" hinzu. Wir haben das gemacht.
2. Versenken Sie die Sechskantköpfe der Bolzen, welche die vordere Schwinge mit den Beinen verbinden. Ich habe diese Bolzen vorstehen lassen, damit die Bolzen, Muttern und Unterlegscheiben mehr Fleisch haben. Doch manchmal sind sie beim Festspannen von Werkstücken im Weg.
3. Verwenden Sie selbstsichernde Muttern anstelle von Standardmuttern. Diese Muttern haben ein eingebautes Kunststoffteil, damit sie sich nicht lösen. Es würde nicht schaden, auf jede Verbindung auch noch einen Sicherungsscheibe zu stecken. Sie wollen, dass das verbolzte Gestell fest steht, da ist es eine gute Idee, ein bisschen mehr Geld anzulegen (wir sprechen hier über Cent-Beträge). Ich werde die Verbesserung an unserer Bank aus Furnierschichtholz direkt vornehmen.

Fazit

Was mag ich nun an dieser Bank und was würde ich wieder so machen?

1. Ich mag die Platte aus Furnierschichtholz. Sie sieht nicht traditionell aus, doch sie macht einen coolen Eindruck und funktioniert verdammt gut. Und das Video, das wir aufgenommen haben und Megan zeigt, wie sie auf die Platte springt, hat ihr einige Fans gebracht. Ob das immer so die richtigen Freunde sind, weiß ich nicht ...
2. Ich bin selber überrascht, wie sehr mir das gestrichene Gestell gefällt. Die Milchfarbe, die wir verwendet haben, wird stark beansprucht und sieht doch mit der Zeit immer besser aus. Ich habe die gleiche Farbe vor zehn Jahren für meine Werkzeugkiste verwendet – Milchfarbe ist verdammt gut für Hobelbänke und ihr Zubehör.
3. Die geschwungene Form des verschiebbaren „Toten Mannes" ist sowohl attraktiv als auch praktisch. Ich habe diese Form auf der Basis einiger historischer Beispiele entwickelt. Die halbkreisförmigen Ausschnitte oben und unten sind gute Positionen, um eine Zwinge anzusetzen. Man kann hier die Auflage auch gut greifen, um sie zu verschieben und sie machen diese Vorrichtung auch leichter, sodass man sie einfacher verstellen kann. Und ich denke auch, dass sie gut aussieht. Ich werde diese Form sicher wieder verwenden.

Vor- und Nachteile dieser Bank

+ Bankplatte aus Furnierschichtholz ist steif und steht gut
+ verbolztes Gestell lässt sich schnell bauen
+ Milchfarbe ist eine gute und dauerhafte Wahl
+ Verschiebbare „Tote Frau" ist ein großartiges Design

– Gestell aus Furnierschichtholz ist nicht so dauerhaft wie erhofft
– Bankplatte benötigt zur Fixierung Schlüsselschrauben und Dübel
– Gestell benötigt Stoppmuttern und Unterlegscheiben

Nützliche Kurven: *Der Entwurf für die verschiebbare Auflage, den „Toten Mann", sieht nicht nur gut aus, sie ist auch praktisch. Die halbrunden Öffnungen sind ideal, um dort Zwingen anzusetzen.*

Foto: Christopher Schwarz

Alte Ideen, neue Kombination: *Elemente mehrerer historischer Vorbilder wurden für eine Bank kombiniert, die sich leicht montieren lässt und solide Einspannmöglichkeiten bietet.*

Kapitel 6

Hobelbank für das 21. Jahrhundert

von Robert W. Lang

Gutes Design ist kaum mehr als partieller Diebstahl. Diese Hobelbank ist dafür ein gutes Beispiel. Eine Kombination aus Merkmalen mehrerer historischer Modelle, von der Roubo-Bank bis hin zur Workmate, bilden eine neue Form, die sich als Zentrum einer modernen Holzwerkstatt eignet.

Ich habe noch nie eine Hobelbank gesehen, mit der ich völlig glücklich war. Zu vielen der üblichen Merkmalen habe ich eine Hassliebe. Ich mag eine Lade als Werkzeugablage, doch ich hasse es, wie sich dort Späne und anderer Müll sammelt. Ich will Werkstücke schnell einspannen, doch Geschwindigkeit bringt gar nichts, wenn die Zange nicht solide und sicher ist. Gutes Design ist immer auch eine Kunst des Kompromisses, bei dem eine glückliche Mitte zwischen den Extremen gefunden wird.

Diese Bank fing mit der Idee an, eine englische Nicholson-Bank nachzubauen. Die Nicholson war im 18. Jahrhundert in Amerika populär, und Varianten dieser Bank tauchten noch in Büchern über Holzbearbeitung in den 1920er Jahren auf (und im ersten Buch von Christopher Schwarz über Hobelbänke, „Workbenches: From Design & Theory to Construction and Use"). Das Hauptmerkmal der Nicholson ist eine breite Bankhakenleiste vorne, sodass sich Werkstücke sowohl vorne am Gestell als auch auf der Bankplatte einspannen lassen.

Der Nachteil des hohen Brettes an der Front besteht darin, dass dadurch die Möglichkeiten eingeschränkt sind, von vorne aus ein Werkstück auf der Platte fest zu spannen. Daher habe ich die Leiste vorne niedriger gemacht, um in zwei Richtungen Werkstücke aufspannen zu können. Ich war auch beeindruckt von leicht zu lösenden Verbindungen an einigen der Nicholson-Bänke. Ich plane zwar nicht, meine Bank oft zu transportieren, doch ich habe mich entschlossen, sie in Stücken zu bauen, die sich bewältigen lassen, um so den Bau und die Montage zu erleichtern.

Der Entwurf hat zwei Dinge im Blick, nämlich die Funktion der fertigen Bank und zugleich den Prozess ihrer Herstellung, ihres Transportes und ihrer Pflege. Die Werkzeuge, die ich zu ihrem Bau verwendet habe, gehören zur Grundausstattung der meisten Werkstätten – eine Tischkreissäge, ein 150 mm Abrichte* und eine 300 mm Dickte. Ich benötigte keine Bank, um diese Hobelbank zu bauen. Ich habe erst die Platte gemacht und sie dann auf ein Paar Böcke gelegt.

Ein Schritt nach dem anderen

Da man eine fertige Platte gut nutzen kann, um die Teile des Gestells herzustellen und zusammenzubauen, wird zunächst die Bankplatte verleimt. Das ist fast so gut, wie wenn Sie beim Bau eines Stuhls bereits auf halber Strecke einen Platz zum Sitzen haben.

Ich habe mit Eschenkanteln begonnen, die einen Querschnitt von 20 x 10 cm hatten. Für die Platte habe ich die geradesten Stücke ausgewählt. Nachdem ich eine Kante abgerichtet hatte, habe ich jede Kantel an der Kreissäge auf rund 80 mm Breite geschnitten. Danach habe ich jeweils eine Fläche auf der Hobelmaschine abgerichtet. Nachdem ich so 14 Streifen vorbereitet hatte, ging es an die Dickte.

Ich wollte, dass die Lamellen mindestens eine Stärke von 48 mm haben. Als beide Seiten sauber gehobelt waren, habe ich nicht mehr Material abgenommen. Jede der beiden Hälften der Platte besteht aus sechs verleimten Lamellen. Indem ich sie auf maximale Stärke ausgehobelt habe, konnte ich die größtmögliche Plattenbreite erreichen. Wenn ich das Material dünner hätte aushobeln müssen, dann hätte ich eine siebte Lamelle hinzugefügt. Das Ziel war, dass die Plattenhälften eine Breite von mindestens 29 cm und höchstens 30 cm haben.

Auch die Länge der Bank war eine Variable. Ich wollte eine Mindestlänge von 1,90 m, doch ich konnte aus dem ursprünglich 2,40 m langen Rohmaterial eine saubere Länge von 2,25 m schneiden. Nachdem alle Teile ausgehobelt waren, habe ich sie über ein Wochenende ruhen lassen, um sicher zu gehen, dass das Holz nicht arbeitet oder sich wirft.

* für deutsche Verhältnisse extrem schmal, da werden viele Leser stutzen oder gar lächeln

Ich habe die Lamellen für die Platte zunächst paarweise verleimt. Um sie flach zu halten, habe ich sie auf die stabilste und geradeste Fläche gespannt, die zur Verfügung stand: einem Doppel T-Profil aus 19-mm-Sperrholz. Ich habe jedes Paar mindestens vier Stunden lang gespannt und nach dem Ausspannen noch 24 ruhen lassen, damit der Leim trocknen kann.

Das eigentliche Verleimen

Ich habe die Kanten jedes Paares dann noch einmal an der Hobelmaschine abgerichtet, damit jedes Element wirklich gerade und rechtwinklig ist. Danach habe ich die Teile noch einmal hochkant durch die Dickte gelassen. Auch hier ging es nicht darum, sie auf ein bestimmtes Endmaß auszuhobeln, ich habe vielmehr aufgehört, sobald beide Seiten sauber gehobelt waren.

Die sauber ausgehobelten Lamellenpaare waren etwas breiter als die angestrebten 75 mm, doch ich wusste nicht, ob ich nach dem Verleimen der beiden Plattenhälften nochmals hobeln muss. Das hing ganz von der Genauigkeit der Verleimung ab.

Ich habe zwei lange Bretter auf meine Böcke gelegt und darauf im Abstand von etwa 30 cm kurze quadratische Leisten. Das brachte mir eine schöne plane Arbeitsfläche und ließ ausreichend Spielraum, um die Zwingen von oben und unten anzusetzen. Ich habe drei Lamellenpaare probeweise zusammengelegt, das gab mir das Vertrauen, jede der beiden Plattenhälften in einem Durchgang zu verleimen.

Ich habe mir fast alle in der Werkstatt greifbaren Zwingen geholt und mit einer 75 mm breiten Farbrolle auf je einer Seite Leim aufgetragen. Nachdem ein gleichmäßiger Leimfilm aufgetragen war, habe ich die Teile um 90° gedreht und begonnen, die Zwingen anzuziehen. Dabei habe ich von der Mitte aus zu den Enden hin gearbeitet.

Parallelzwingen an den Köpfen der Fugen verhinderten, dass sich die Teile verschieben. Den Leimüberstand habe ich mit einem feuchten Lappen entfernt und die Platte dann über Nacht in den Zwingen belassen.

Da ich die Teile vor dem Verleimen mit Sorgfalt ausgehobelt und die Plattenhälften auf einer planen Unterlage verleimt hatte, waren sie in einem guten Zustand, als ich die Zwingen abnahm. Die hohen Stellen habe ich mit einem Handhobel bearbeitet, um eine plane Fläche zu bekommen, und dann die Plattenhälften noch einmal durch die Dickte geschoben.

Da die Hälften weniger als 300 mm breit sind, konnte ich eine kleine Dickte verwenden. Irgendwann werde ich vielleicht noch einmal die Platte abrichten müssen, dann wird die kleine Hobelmaschine immer eine Option sein. Diese Strategie erlaubte es mir auch, die Plattenhälften an der Kappsäge auf Länge zu schneiden.

Das Gestell darunter

Die Verbindungen einer Hobelbank haben einen anderen Maßstab als Verbindungen an einem Möbelstück. Die Teile sind größer und der Schwerpunkt liegt eher auf Funktion und Belastbarkeit als auf dem Aussehen. Die Beine wurden jeweils aus zwei Streifen verleimt, und jedes Paar ist oben und unten durch einen gezapften Riegel verbunden.

Die Summe der Teile: *Die Planheit der fertigen Platte ist von der Qualität der Teile abhängig. Es ist daher entscheidend, dass die Teile so genau wie möglich ausgehobelt und auf einer planen Fläche verleimt werden.*

Die Beine und Riegel werden zu Rahmen zusammengebaut, und diese beiden Rahmen werden mithilfe von Schwingen verbunden, die in Längsrichtung der Bank liegen. Die starke Bemessung der Teile machte es möglich, die Verbindungen in die äußere Hälfte der Beine zu legen, und diese Verbindungen wurden geschnitten, bevor die Beine verleimt wurden.

Bei Möbeln verwende ich durchgesteckte Zapfen, um anzugeben, doch bei dieser Bank habe ich sie angewandt, um das Leben einfacher zu machen. Die Schlitze werden alle an der inneren Hälfte jedes Beins geschnitten. Nachdem ich die Verbindungen angerissen hatte, habe ich das überschüssige Material zum größten Teil mit einem 19-mm-Forstnerbohrer an der Ständerbohrmaschine entfernt.

Ich habe die Plattenhälften auf Böcke gelegt und die Ecken mit dem Stemmeisen bis an den Riss ausgearbeitet. Danach habe ich die Zapfen entsprechend geschnitten. Die Brüstungen habe ich überwiegend von Hand geschnitten, doch einige habe ich dann zum Vergleich auf der Tischkreissäge abgesetzt.

Die von Hand geschnittenen Brüstungen waren etwas sauberer und sie nahmen auch kaum mehr Zeit in Anspruch.

Nachdem ich die Brüstungen geschnitten hatte, habe ich das überschüssige Material um den Zapfen auf der Tischkreissäge entfernt, dafür habe ich das Werkstück am Gehrungsanschlag über die Nutsägeblätter geführt.

Mithilfe eines Brüstungshobels und einer Raspel habe ich die Verbindungen dann nachgepasst. Nachdem zwei Verbindungen eine perfekten Passung hatten, wurde mir bewusst, dass ich die Zapfen schmäler schneiden, die Schlitze mit dem Stecheisen verlängern und die Verbindungen dann von außen mit Keilen sichern kann.

Das sparte Zeit und führte zu stabileren Verbindungen. Wenn die Zapfen gekeilt sind, können sie sich nicht aus den Schlitzen lösen. Nachdem der Leim abgebunden war, habe ich die Keile mit einer nicht geschränkten Säge bündig beigeschnitten und dann mit dem Einhandhobel bearbeitet.

Ganz große Schwalbenschwänze

Es ist einfach, sich Schwalbenschwänze als dekorative Verbindung vorzustellen, doch es gibt auch viele praktische Gründe, die für eine Verwendung dieser Verbindung am Gestell der Bank sprechen. Bei der Verwendung wird eine Hobelbank am stärksten in Längsrichtung belastet. Durch die Keilform kann die Ver-

Schneller Auftrag: *Mit einem Einweg-Farbroller lässt sich ein gleichmäßiger Leimfilm schnell auftragen. Geben Sie den Leim nur auf einer Seite der Lamellen an. Ein beidseitiger Auftrag ist eine Verschwendung von Zeit und Material.*

Erfahrung schafft gute Ergebnisse: *Wenn Sie sich Zeit nehmen, um eine plane und gut zugängliche Unterlage zum Verleimen herzustellen und die Teile einmal trocken spannen, dann wird das eigentliche Verleimen stressfrei sein und gute Ergebnisse bringen.*

Diese Bank wurde so entworfen, dass sie sich mit den vorhandenen Maschinen realisieren ließ. Nachdem eine Oberfläche mit dem Handhobel bearbeitet war, wurde die gegenüberliegende Fläche mit der transportablen Dickte gehobelt.

Einfacher Anriss: Nachdem Sie die Position der Zapfen an den Riegeln angerissen haben, werden die Linien für die Schlitze auf die Innenhälften der Beine übertragen.

Stemmen Sie eine leichte Verbindung: Mit etwas Stemmen können die Schlitze oben und unten bis auf den Riss bearbeitet werden. Wenn Sie die Enden leicht nachstechen, lassen sich die Teile leichter zusammenstecken und Sie werden nach dem Einschlagen der Keile auch eine stabilere Verbindung haben.

Es geht gerade so: Mit dieser 300-mm-Kappsäge ließen sich die Hälften der Platte gerade noch ablängen.

Material entfernen: Ein 19-mm-Forstnerbohrer wird verwendet, um das meiste Material für die durchgezapften Verbindungen an den inneren Beinen zu entfernen.

Zapfen, Plan B: Die Zapfen können auch auf der Tischkreissäge geschnitten werden, aber die Maschine muss mehrmals eingestellt werden, um die Risse genau zu treffen.

Zapfen von Hand absetzen: *Ich denke, es ist schneller, die Zapfen von Hand abzusetzen und so eine aufwändige Einstellung der Maschine zu vermeiden. Man muss einfach nur am Riss entlang schneiden.*

Für immer zusammen: *Nachdem Beine und Riegel zusammen gesteckt sind, werden von außen mit Leim bestrichene Keile eingetrieben, um die Verbindung zu sichern.*

bindung der Schwingen mit den Gestellfüßen nicht auseinander gezogen werden. Wenn Sie diese Bank von einem Kopf her stoßen, werden sich die Verbindungen eher anziehen als lösen.

Die Schwalbenschwänze helfen auch, die Teile beim Zusammenbau richtig zusammenzustecken. Wenn die Verbindungen zusammengelegt werden, passen sie. Es ist gar nicht möglich, sie an falscher Stelle zu montieren.

Sowohl die obere wie auch die untere Schwalbenschwanzverbindung ist mit der äußeren Hälfte des Gestellfußes verblattet. Die untere Verbindung befindet sich an der Innenseite der äußeren Beinhälfte und ist ein sog. weicher Schwanz (nur eine Schräge); die andere Hälfte der Verbindung bildet der ausbaubare Keil. Die obere Verbindung befindet sich an der Außenseite des Beins und wird durch eine Schlüsselschraube gesichert.

Nachdem die Brüstungen von Hand geschnitten waren, habe ich das überschüssige Material, das die Nutsägeblätter hinterlassen hatten, mit Stemmeisen, Brüstungshobel und Raspel entfernt und die Positionen der Sassen an den äußeren Beinhälften direkt von den Blättern übertragen. Ich habe die schrägen Enden der Sassen mit einer Rückensäge geschnitten und das meiste überschüssige Material dazwischen auf der Tischkreissäge entfernt.

Das verbliebene Material habe ich mit einem Stecheisen und dann mit einem Brüstungshobel entfernt. Danach habe ich mit der Float-Feile gearbeitet, wie sie zum Hobelbau eingesetzt wird, um die Sassen unten plan auszuarbeiten. Die oberen Verbindungen müssen von gleicher Stärke sein, damit die Außenseite der Beine und die Schwingen nach Montage der Bank bündig abschließen.

An der unteren Schwinge müssen die Blätter ein bisschen dünner sein als die Sassen, damit sich die Köpfe der Schwingen leicht in die Sasse an den Beinen legen lassen. Die Sasse muss auch weit genug sein, damit das rechteckige Ende der Schwinge in die schmale Stelle der Verbindung passt und dann in seine Position fällt.

Das alles erfordert etwas Nachpassen, doch da die äußere Hälfte der Beine zu diesem Zeitpunkt noch nicht verleimt ist, sieht man leicht, was sich beim Justieren tut. Nachdem der untere schräge Teil des Blattes eingepasst war, habe ich die Keile geschnitten und eingepasst.

Nachdem die Verbindungen fertig ausgearbeitet waren, habe ich an der Innenseite Leim angegeben und die äußeren Hälften der Beine auf die zuvor montierten inneren Hälften mit den gezapften Riegeln geleimt; dabei habe ich aufgepasst, dass alle Teile fluchten. Nachdem ich den Leim über Nacht hatte abbinden lassen, war ich ungeduldig geworden und wollte die ganze montierte Bank sehen.

Schrauben, Keile & die ganze Geschichte

Ich habe die beiden fertigen Rahmen auf den Boden gestellt, in einen Rahmen die beiden unteren Schwingen gesteckt, die Keile eingetrieben und dann die Schwingen in den anderen Rahmen gesteckt. Die oberen Schwingen wurden auch in Position gebracht, und nachdem die Mittelpunkte der Blattverbindungen markiert waren, habe ich ein 19-mm-Loch gebohrt, um den Kopf der Schlüsselschraube zu versenken, damit er etwa 3mm unterhalb der Oberfläche liegt. Dann habe ich ein Pilotloch gebohrt und eine 6 x 50 Schlüsselschraube gesetzt.

Ich habe die beiden Platten so auf das montierte Gestell gelegt, dass die Kanten vorne bündig mit der Außenseite der Gestellfüße abschließen und zwischen ihnen ein gleichmäßig breiter Streifen frei bleibt.

An den oberen Riegeln habe ich 19-mm-Löcher gebohrt, und 6-mm-Pilotlöcher an der Unterseite der Plattenhälften. Jeweils vier 8 x 90 mm Schlüsselschrauben verbinden eine Plattenhälfte mit dem Gestell. Nachdem ich die Bank eine Weile bewundert hatte, habe ich sie auf die Seite gelegt und die Verbindungen bündig gehobelt.

Die Hälfte ist weg: *Die Schwalbenschwänze an den Enden der Schwingen werden als Blattverbindung hergestellt. Das meiste überschüssige Material habe ich an der Tischkreissäge mithilfe von Nutsägeblättern entfernt. Eine verstellbare Rollenauflage unterstützt dabei das andere Ende der langen Teile.*

Live-Anriss: *Nachdem das Blatt geschnitten wurde, wird die dazugehörende Sasse direkt mit dem fertigen Stück angerissen. Legen Sie die Schwinge einfach in die richtige Position, richten Sie die Oberkante aus und machen mit dem Messer einen schrägen Riss.*

Erst die Verbindung und dann den Keil: *Nachdem das Schwalbenschwanzblatt eingepasst ist, wird ein passender Keil geschnitten und eingesetzt. Da hier nur an einer Hälfte des Beins gearbeitet wird, ist der gesamte Prozess gut einzusehen.*

Ein bisschen dünn: *Der Kopf der Schwinge soll sich ohne Mühe durch das fertige verleimte Bein stecken lassen. Der Winkel ist hier auf halbe Stärke eingestellt, die Luft unter der Zunge des Winkels zeigt, worum es geht.*

Die Vorderseite der Bank ist wirklich eine Fläche, auf der Werkstücke fixiert werden. Daher habe ich darauf geachtet, alle Teile abzurichten und in eine Ebene zu bringen. Während ich dabei war, habe ich mit dem Einhandhobel die Köpfe der Blätter bündig mit den Außenseiten der Beine gehobelt.

Ich habe die Bank dann wieder auf ihre Füße gestellt und die Position der Zangen als auch die 19-mm-Löcher auf der Platte, der Schwinge sowie den beiden Beinen vorne markiert. Eine Doppelspindelzange von Veritas liegt auf beiden Seiten des linken Vorderbeins, und eine kleine Schnellspannzange an der Position der Hinterzange. Ich habe am Kopf der Bankplatte für die Hinterzange eine Aussparung mit der Oberfräse hergestellt und an der Unterseite zwei 50 mm dicke und 110 mm breite Blöcke angeleimt, welche die Spindeln der großen Doppelspindelzange aufnehmen.

Auf der Platte gibt es eine Reihe Bankhakenlöcher, welche auf den Bankhaken an der Hinterzange ausgerichtet sind. Ich habe zunächst auf der Platte über die gesamte Länge einen

Riss mit diesem Abstand angezeichnet und dann je ein Loch direkt neben den Flanken des rechten Gestellfußes markiert. Mit einem Zirkel habe ich nun diesen Abstand abgegriffen und das Achsmaß auf der Bankhakenlinie abgetragen.

Ich habe diese Markierungen mit einem Anschlagwinkel vorne auf die Schwingen übertragen. Die Löcher an der unteren Schwinge liegen genau mittig auf halber Höhe, während die an der oberen Schwinge abwechselnd oben und unten angeordnet wurden und zwar jeweils 45 mm von der Kante. Die Bohrungen an den Schwingen müssen nicht mit denen auf der Platte fluchten, doch es schien eine sinnvolle Anordnung zu sein. Es war einfacher, das ursprüngliche Layout zu übertragen als sich ein neues auszudenken. Die Bohrungen an der Front werden mit einer Klemme („Veritas surface clamp") oder einem einfachen Haken verwendet, der das Werkstück unterstützt.

An der Innenseite der vorderen Plattenhälfte habe ich die Positionen für die Löcher der Niederhalter mit einem Achsmaß von 300 mm und einem Abstand von 75 mm zur Hinterkante markiert. An der hinteren Plattenhälfte befindet sich eine weitere Reihe mit Bohrungen für Niederhalter, ebenfalls mit einem Achsmaß von 300 mm. Ich wollte diese Reihe etwa in der Mitte der hinteren Plattenhälfte haben, doch dabei auch nicht direkt in die Leimfuge bohren. Daher habe ich diese Löcher genau in die Mitte der nächsten Lamelle gelegt.

***Jetzt vorsichtig:** Die Beine werden durch das Verleimen dauerhaft zusammengebaut. Vorsichtiger Leimauftrag, der die Verbindungen leimfrei lässt, und eine Zwinge unten hindern die Teile am Rutschen und machen den ganzen Prozess schmerzfrei.*

***Ein kleiner Ausflug:** Nachdem die Riegel und Schwingen montiert sind, wird die Bank auf die Seite gelegt, um die Flächen an der Front bündig zu hobeln.*

Feinabstimmung: *Die Schlüsselschrauben, mit denen die oberen Schwingen fixiert werden, sind versenkt, damit die Köpfe ein Stückchen unter der Oberfläche liegen. Die Flächen der Schwingen sollen bündig mit den Beinen abschließen.*

Bündige Köpfe: *Auch die Köpfe der Blätter werden bündig gehobelt. Neben dem Einhandhobel erkennt man eine der Schlüsselschrauben, mit denen die Platte fixiert ist.*

Das Bohren: *Die Plattenhälften sind schwer, doch mithilfe eines Auflagebockes kann man sie auf den Tisch der Ständerbohrmaschine legen, um die Löcher für die Bankhaken und die Niederhalter zu bohren.*

In der Backe der Vorderzange wurden etwa auf der Mittellinie fünf Löcher gebohrt, sie fluchten mit den Bankhakenlöchern. Auch die beiden Vorderbeine des Gestells haben Löcher. Im linken Bein sind es zwei Löcher, die gleichmäßig zwischen unterer und oberer Schwinge angeordnet sind. Die Löcher am rechten Bein wurden entsprechend gelegt, jedoch eine zusätzliche Bohrung zwischen der oberen Schwinge und der Bankplatte vorgenommen.

Da sich die Teile der Bank recht gut handhaben lassen, habe ich die Bank auseinander genommen und alle Löcher an der Ständerbohrmaschine mit einem 19-mm-Bohrer mit Zentrierspitze gebohrt, und zwar bei etwa 500 Umdrehungen. Ich habe meine Auflage mit Rolle eingesetzt, um die langen Werkstücke zu unterstützen, die weit über den Auflagetisch der Ständerbohrmaschine vorsprangen.

Ablage im Gestell

Zwischen den beiden unteren Schwingen ist ein Boden, der auf 50 mm breiten Leisten liegt, die unten an die Schwingen genagelt wurden. Die Bretter dieses Bodens sind 25 mm stark, haben unterschiedliche Breite und sind an den Längskanten gefälzt. Das erste und letzte Brett sind nur an einer Längskante gefälzt, sie stoßen an den unteren Riegel der Gestellrahmen.

Die Bretter für den Fachboden unten und auch für die Auflageleisten werden so dick wie möglich ausgehobelt. Leisten werden auch unten an die Innenkante der Plattenhälften genagelt, um die ausbaubaren Werkzeugladen zu unterstützen. Diese Ablagen sind oben offene Kisten mit einer Zarge aus 20 mm Massivholz. Die Kopfstücke sind gefälzt, dieser Falz greift in eine Nut am Kopf der Seiten. Die Böden sind umlaufend gefälzt, um in eine 6 mm Nut an der Zarge zu passen. Die Unterseite der Böden liegt dabei bündig mit den Zargen.

Diese Werkzeugladen können auf Wunsch gewendet werden, um aus der ganzen Bank oder einem Teil eine plane Fläche zu machen. Sie können genauso gut entnommen werden, um in der Mitte der Bank leichter Zwingen ansetzen zu können. Man kann sie auch leicht tragen, um Werkzeuge an ihren Platz zurückzulegen oder damit zum Mülleimer gehen, um die unvermeidlichen Späne und anderen Abfall zu entsorgen.

Ich finde nicht, dass eine Bank eine besonders feine Oberfläche braucht. Nachdem alle Oberflächen geputzt waren, habe ich die scharfen Kanten gebrochen und einmal Danish Oil aufgetragen.

Mit ein paar Niederhaltern, Klemmen und einigen F-Zwingen kann ich Werkstücke in fast jeder denkbaren Position sicher halten. Dafür ist eine Bank gedacht. Sie ist ein Mittel, um die Arbeit aller anderen Werkzeuge einfacher und effizienter zu machen.

Hobelbank für das 21. Jahrhundert

Holzliste

	Anzahl	Teil	Maße in mm			Material	Bemerkung
☐	12	Lamellen für Bankplatte	2300	75	50	Esche	
☐	4	innere Beinhälfte	785	95	48	Esche	
☐	4	äußere Beinhälfte	785	95	48		
☐	4	obere Riegel	695	57	48		
☐	4	untere Riegel	695	85	48		
☐	2	obere Schwingen	1650	150	48		
☐	2	untere Schwingen	1840	95	48		
☐	4	Keile	220	35	22		
☐	4	Auflageleisten	2300	50	20		
☐	8	Kisten-Seiten	575	75	20		
☐	8	Kisten-Kopfstücke	165	75	20		
☐	4	Kisten-Böden	550	165	20		
☐	1	Boden für Gestell				Esche	beliebig breite Einzelbretter, Längskante gefälzt
☐	1	Block für Vorderzange	760	110	50	Esche	wird unter die Platte geschraubt
☐	1	Backe für Vorderzange	760	185	60	Esche	aus drei Streifen verleimt
☐	1	Backe für Hinterzange	300	75	40	Esche	

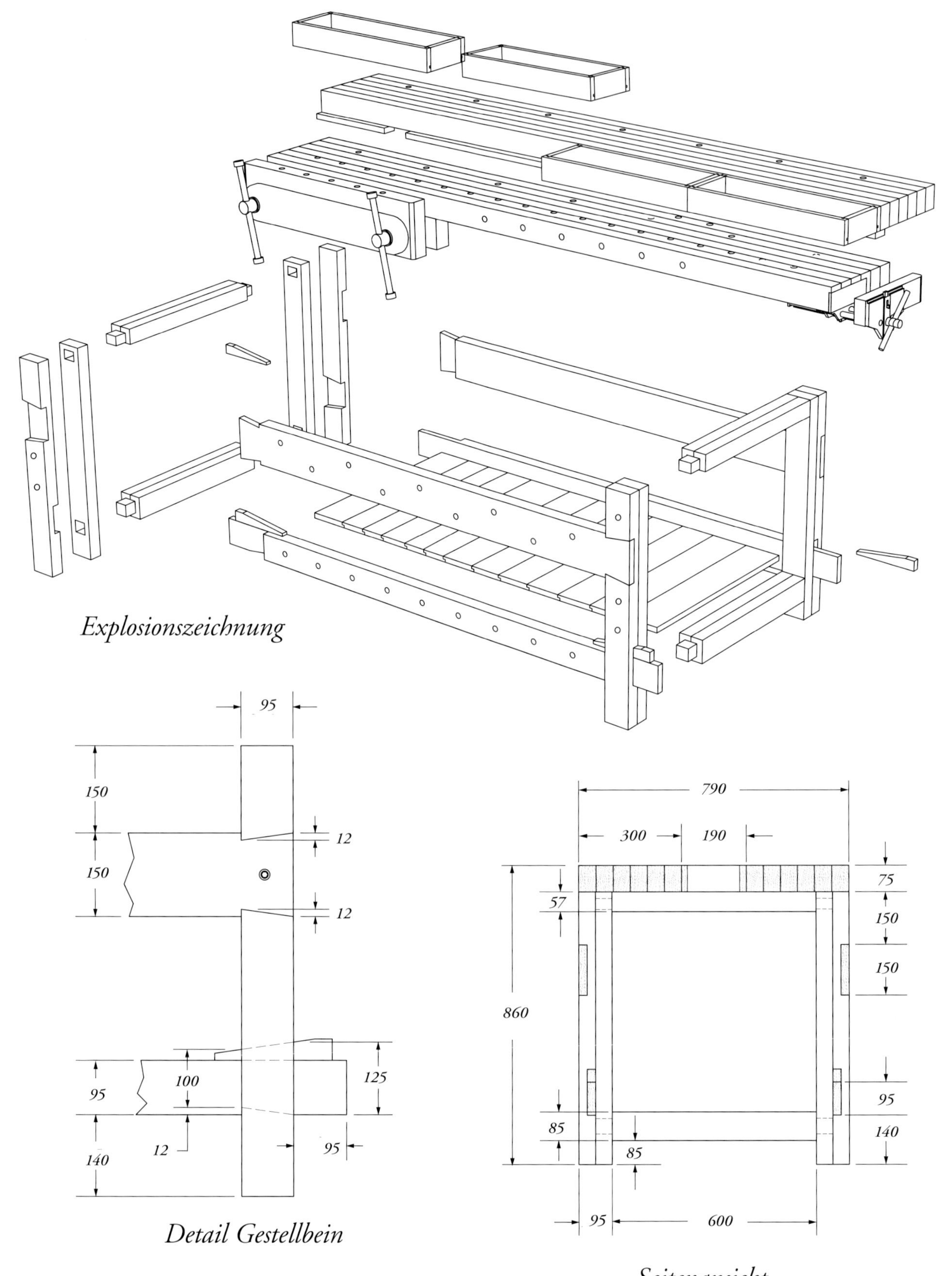
Explosionszeichnung
95
150
12
150
12
125
100
95
12
140
95
Detail Gestellbein
790
300
190
75
57
150
150
860
95
85
140
85
95
600
Seitenansicht

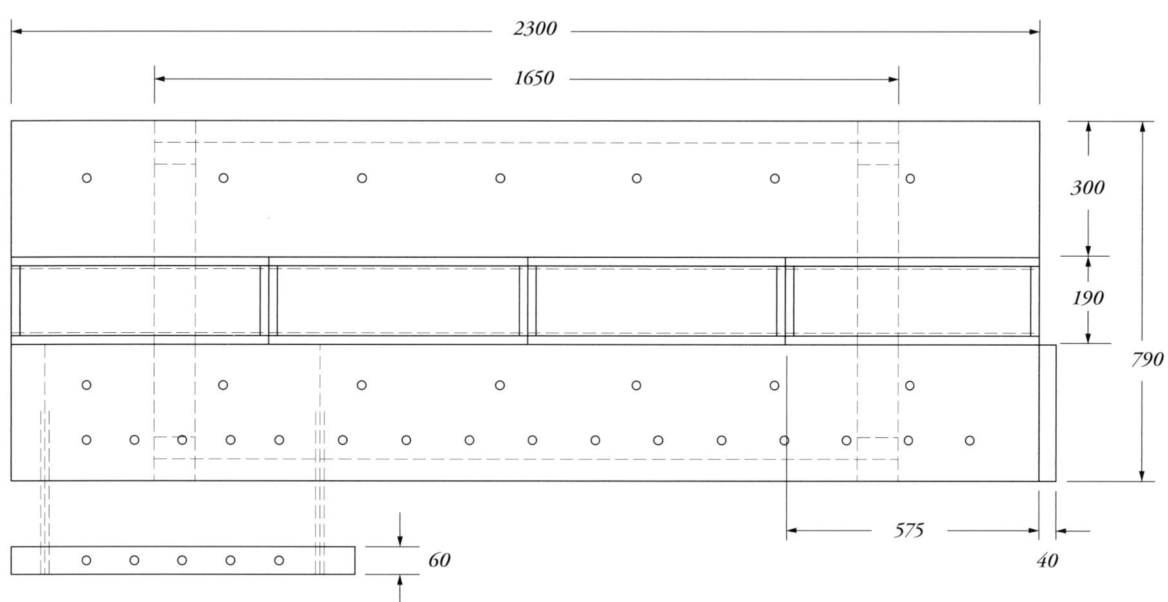

Draufsicht

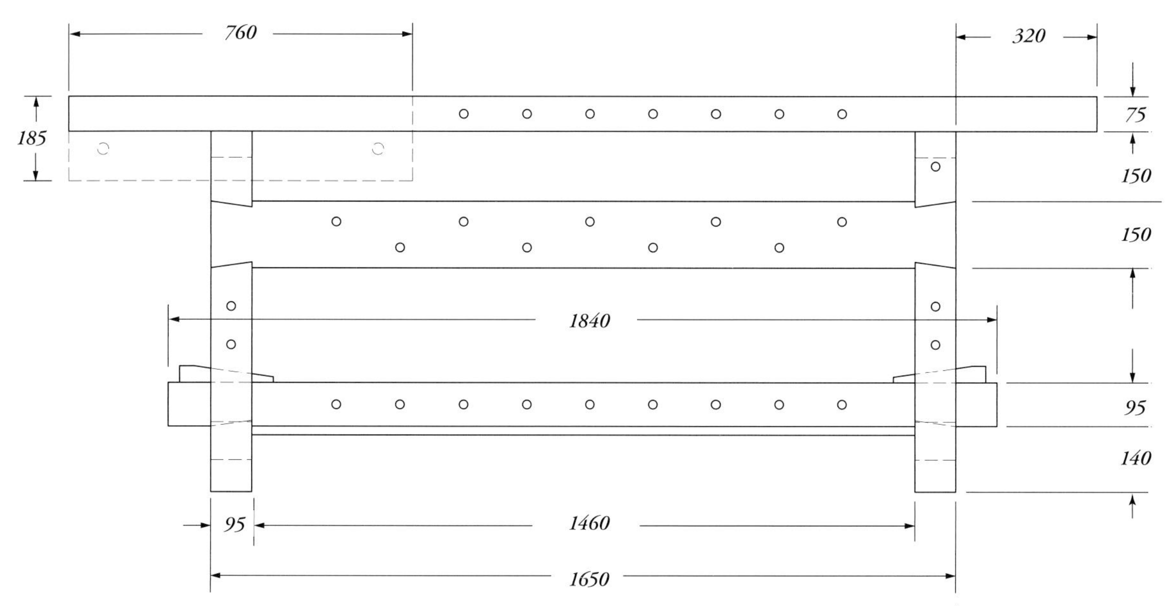

Ansicht Vorderseite

Illustrationen vom Autor

Kritik: Sie passt zu ihrem Schöpfer

von Robert W. Lang

Das Beste an meiner Bank sind nicht aufwändige Details sondern die Grundlagen. Sie ist solide und standfest, ich kann mit ihr innerhalb von wenigen Augenblicken jedes Werkstück in jeder Position einspannen. Nachdem ich die längste Zeit meiner Laufbahn als Holzhandwerker mit behelfsmäßigen Bänken verbracht habe und die ersten Jahre bei der Zeitschrift mit einer europäischen Bank, die sonst niemand verwenden würde, hat diese Bank für das 21. Jahrhundert mein Leben leichter gemacht.

Ich verwende die einfachsten Einspannvorrichtungen am häufigsten. Wenn ich etwas auf der Bankplatte fixieren muss, greife ich zuerst nach den Niederhaltern. Wenn ich etwas zwischen Platte und Zangen einspannen muss, verwende ich meist einfache Bankhaken aus Holz, die ich mir unmittelbar nach Erscheinen des Artikels gemacht habe. Obwohl Christopher Schwarz mir vorhersagte, dass ich die Bankhakenlöcher an der Doppelspindelzange nie benutzen würde, habe ich sie doch eingesetzt und sie erwiesen sich beim Einspannen von runden und unregelmäßig geformten Teilen als sehr praktisch. Der Nachteil ist lediglich, dass die Löcher in der Backe der Vorderzange nicht durchgehen, daher muss ich gelegentlich Späne aus ihnen entfernen.

Mit der Doppelspindelzange bin ich glücklicher als ich gedacht hatte. Ich hatte erwartet, dass das Fehlen einer Schnellspannvorrichtung ein Thema wäre, doch das war kein Problem. Es kam vor, dass ich mit der Kette herumfummeln musste, doch ich habe jetzt gelernt, wie die Antriebskette einzustellen ist und wie eine Überlastung vermieden wird. Ich neige dazu, manche Arbeiten an der Vorder- und andere an der Hinterzange zu erledigen. Die Hinterzange benutze ich etwa zur Hälfte, um zwischen den Backen etwas einzuspannen und zur anderen Hälfte in Kombination mit den Bankhaken. Ich habe darüber nachgedacht, an der Position der Hinterzange eine zu verwenden, doch ich bin froh, dass ich mich für die Schnellspannzange entschieden habe.

Wenn ich Zapfen schneide, entferne ich die Werkzeugablage an der Hinterzange und spanne das Werkstück mit den Backen der Zange vertikal und horizontal ein. Wenn das Werkstück horizontal in der Hinterzange eingespannt ist, gewährt die Öffnung in der Mitte der Bankplatte Raum zum Sägen. Das hatte ich nicht vorhergesehen, aber dieses Merkmal mag ich sehr. Ein weiterer unerwarteter Vorteil ist, dass man die Öffnung über der oberen Schwinge dazu nutzen kann, um eine Reihe Zwingen aufzuhängen. Die Zwingen sind dann nicht im Weg

Keine Schubladen aber es gibt Ablageflächen: *Dank der Werkzeugablagen und des Bodens im Gestell kann ich eine Menge Teile, Werkzeuge und Zwingen griffbereit halten, wenn ich arbeite. Sie mögen vielleicht sagen, dass es unordentlich ist, doch ich weiß, wo alles ist.*

aber sofort greifbar. Ich stecke auch meinen Niederhalter in die Löcher dieser Schwinge.

Ich habe immer noch eine Art Hassliebe zu Werkzeugablagen, doch die hier realisierte Lösung hat dieses Verhältnis zu 80 % Liebe und 20 % Hass verschoben. Ja, in ihnen sammeln sich jedes Mal Späne, wenn ich hoble, aber die Möglichkeit, die Werkzeugablagen einzeln zu entnehmen und sie zum Abfalleimer zu tragen, hat dieses Problem minimiert. Ich habe die Werkzeuge, die ich gerade benutze, gerne griffbereit und etwas organisiert, ohne Gefahr zu laufen, dass sie unbeabsichtigt von der Bankplatte gestoßen werden. Die vier einzelnen Container hindern die Werkzeuge daran, über die gesamte Länge der Bank zu wandern.

Ich habe in den Boden eines Containers einen Schlitz gefräst, damit ich ihn umdrehen und dort einen Holzblock mit Zunge einsetzen kann, um ihn als Anschlag zum Hobel zu verwenden. Wenn ich eine Menge Stemmeisen oder Schnitzeisen herausgeholt habe, nutze ich den Schlitz, um dort die Eisen hineinzustecken anstatt sie in den Container zu legen. Ich wende die Container nicht oft, doch wenn ich in der Bankmitte eine durchgehende plane Fläche brauche, ist es schön, dass es möglich ist. Ich entnehme einen Container eher, als dass ich ihn wende. Wenn ich ein Werkstück an der gegenüberliegenden Seite fest spannen will und der Niederhalter die Stelle nicht erreicht, dann verwende ich eine F-Zwinge in der offenen Bankmitte.

Ich erledige fast alle meine Arbeiten auf der „Zangen-Hälfte" der Bank, auf der gegenüberliegenden Seite hinter den Werkzeugablagen stelle ich oft Werkstücke ab. Es ist überraschend, wie wenig an Tiefe tatsächlich benutzt wird und ich überlege mir, ob ich mir für Zuhause eine schmälere Bank bauen soll. Wenn der Zeitpunkt kommt, um die Platte abzurichten, will ich die gegenüberliegende Hälfte vom Untergestell lösen und an die vordere Hälfte schieben. Dann kann ich beide Hälften zusammen spannen und die Platte in einem Durchgang abrichten. Übrigens, ich warte auf einen Handhobelliebhaber, der bei uns vorbeischaut und zeigt, wie man es macht. Bis jetzt bestand noch nicht die Notwendigkeit, die Bankplatte abzurichten, doch die Platte sähe bestimmt schöner aus, wenn man all die Ringe von meinem Kaffeebecher abhobeln würde.

Ich habe die Bank so entworfen, dass sie meinen Arbeitsgewohnheiten dient, doch nicht alle davon sind gute Gewohnheiten. Ich neige dazu, jede freie Fläche vollzustellen. Daher verschwinden der Boden im Gestell und die hintere Plattenhälfte gerne unter irgendwelchen Stapeln. Auf der anderen Seite ist es eine feine Sache, wenn man eine große Arbeitsfläche hat. Ich habe genug Platz, um an einem Ende der Bank ein Projekt zu montieren und andere Bereiche frei zu halten, um Teile herzustellen oder an kleineren Einheiten zu arbeiten. Oder wenn ich an Teilen arbeite, dann kann ich Stationen für die unterschiedlichen Schritte des Prozesses einrichten.

Natürlich hat so eine enorme Fläche auch Nachteile. In einer kleineren Werkstatt kann sie zu groß sein, und es ist ein langer Weg um die ganze Bank herum. Ich schneide nun mehr Stücke mit Handsäge und Schneidlade oder hoble Teile von Hand, anstatt den Weg um die Hobelbank herum zur Kappsäge, Kreissäge oder der Hobelmaschine anzutreten. Die Leute fragen mich, was ich anders machen würde, und meine Antwort ist: „Ich hätte sie gern zehn Jahre eher gebaut."

Ablage oder vollgestopft? *Sie können in den ausbaubaren Kisten eine Menge Werkzeuge ablegen.*

Eine praktische Bohle: *Die oberen Schwingen dieser Bank sind sehr praktisch, um Werkstücke hochkant einzuspannen und um meine Zwingen griffbereit zu halten.*

Exzellent zum Sägen: *Hier habe ich eine Werkzeugablage entfernt, um einen Zapfen abzusetzen. Ich mache eine Menge Arbeiten an diesem Ende der Bank.*

Vor- und Nachteile dieser Bank

+ an der Hinterzange kann man gut Teile zum Sägen einspannen
+ die offenen Ablagen bieten dem unorganisierten Holzhandwerker viel Platz
+ Größe der Bank lässt es zu, mehrere Aufgaben gleichzeitig zu erledigen

– Bank könnte schmaler sein
– die offenen Ablagen wird der unorganisierte Holzhandwerker vollstopfen

Foto: Al Parrish

***Werkzeugkiste:** Diese Hobelbank bietet jede Menge Raum, um mit ihren Handwerkzeugen zu arbeiten und sie nach getaner Arbeit zu verstauen.*

Kapitel 7

Shaker-Hobelbank

von Glen D. Huey

Als ich meine Arbeit beim *Popular Woodworking* Magazine aufnahm, bestand meine Hobelbank aus zwei kleinen Schränken auf Rollen und einem beschnittenen Türrohling. Diese Bank funktionierte irgendwie, doch sie war weder standhaft, massiv noch irgendwie als eine Bank geeignet, an der ich längere Zeit arbeiten würde. Deshalb beschloss ich, mir eine Hobelbank zu bauen. Unter den vielen Entwürfen kam mir eine Shaker-Bank in den Sinn. Ich wollte eine Bank, die etwas hermacht. Eine, bei der sich die Leute in hundert Jahren fragen würden, ob sie zur Arbeit oder als Ausstellungsstück gemacht worden war.

Ich wusste, dass ich für eine Shaker-Bank unter der Platte Türen und eine Reihe Schubladen brauchen würde. Ganz in der Tradition von Shaker-Bänken wollte ich das Untergestell anstreichen. Der Gestellrahmen und auch die Bankplatte sollten aus lebhaft gezeichnetem Ahornholz bestehen - davon hatte sich über die Jahre bei mir eine Menge angesammelt. Material, das nicht ganz so hochwertig war, doch als Bankplatte allemal seinen Dienst tun würde.

Kräftige Beine & starke Zapfen

Beginnen Sie den Bau der Bank mit den Beinen. Anstatt nach einem Querschnitt von 300 x 100 zu suchen und daraus 90 x 90 zu schneiden, schauen Sie sich besser nach Material um, das auf den erforderlichen Querschnitt verleimt werden kann. Schneiden Sie aus 200 x 100 Material acht Stücke grob auf 95 mm Breite und 860 mm Länge. Jedes Bein wird aus einem Paar dieser Rohlinge hergestellt. Da Sie ein Endmaß von 90 mm wollen, richten Sie zunächst nur jeweils eine Fläche ab, um so eine für die Verleimung ausreichend plane Fläche herzustellen.

Sobald die Beine verleimt sind und der Leim trocken, hobeln Sie die Stücke auf Endmaß aus. Dann beginnen Sie den Anriss und markieren die Schlitze der Verbindungen. Ich habe die Beine so ausgerichtet, dass die unverleimte Seite nach vorne und hinten zeigt, die Fugen zeigen also zu den Köpfen der Bank.

Die Schlitze für beide Kopfenden und die Rückseite der Bank sind gleich. Jede Position erhält einen 25 mm breiten und 105 mm hohen Schlitz für den 125 mm breiten unteren Riegel und einen 25 mm breiten und 55 mm hohen Schlitz für den 75 mm breiten oberen Riegel. Die beiden Vorderbeine erhalten den gleichen Schlitz für den 75 mm breiten unteren Riegel am Fuß der Gestellbeine. Die Unterkante der Riegel liegt 65 mm über dem Boden. Der obere Riegel ist 21 mm dick und 70 mm breit. Er wird eingezinkt (das ist ein Beleg dafür, dass der Möbelbauer in mir zum Vorschein kommt).

Es gibt viele Methoden, um die Schlitze herzustellen. Sie können sich eine Schablone aus Sperrholz machen und eine Oberfräse verwenden, Sie können auch den Großteil des überschüssigen Materials an der Ständerbohrmaschine mit einem Forstnerbohrer entfernen oder Sie können sich auch mit einem Schlitzeisen und Klüpfel durchquälen. Ich habe einen Stemmbohrer gewählt. Egal welche Methode Sie wählen, geben Sie den Schlitzen eine Tiefe von 40 mm.

Riegel für stabile Verbindungen

Wenn die Schlitze an den Beinen des Gestells fertig sind, hobeln Sie das Material für die Riegel aus. Zu den Teilen, die Sie aushobeln, sollten auch die Riegel gehören, die in Bodennähe Vorder- und Rückseite verbinden und das Gestell aussteifen (s. Abb. auf S. 104). Die Schlitze dafür werden in den unteren Riegel an der Vorder- und Rückseite geschnitten. Sie müssen auch noch die Schlitze für die Mittelaufrechte herstellen, welche an der Rückseite zwischen die Riegel gesetzt wird. Ein schneller Schritt zurück zu den Schlitzen, und dann sind Sie bereit, um die Zapfen zu schneiden.

Setzen Sie Nutsägeblätter auf die Welle Ihrer Tischkreissäge und stellen sie auf eine Schnitthöhe von 10 mm. Stellen Sie den Parallelanschlag so ein, dass er als Anschlag für die 40 mm langen Zapfen dient. Entfernen Sie bei allen Riegeln auf allen vier Seiten das überschüssige Material und legen so den Zapfen frei. Passen Sie jeden Zapfen nach, damit er in seinen Schlitz passt.

An der Vorderseite ist der Riegel oben durch einen „Einzinker" mit den Beinen verbunden. Schneiden Sie den Zinken mit der Handsäge ein und entfernen das überschüssige Material mit dem Stemmeisen.

Wenn die Zinken fertig sind, passen Sie den Riegel oben ein. Stecken Sie den unteren Riegel vorne in die Beine und sichern Sie mit Zwingen.

Eine Möbelverbindung an der Hobelbank: *Shaker Handwerker würden für den oberen Riegel einen Schwalbenschwanz wählen. Die Verbindung sollte ein Stück von der Vorderkante zurückgesetzt sein, um ausreichende Stabilität zu gewährleisten.*

Mehr Stabilität durch Holznägel: *Zusätzliche Holznägel machen die Verbindungen noch stärker. Da die Löcher mit dem gleichen Durchmesser gebohrt werden wie die Dübel, lassen sich diese leicht einschlagen.*

Kräftig und standhaft: *Alle Riegel sind durch Schlitz und Zapfen mit den Beinen verbunden. Es ist möglich, bereits zu diesem Zeitpunkt eine Bankplatte aufzulegen und eine solide Hobelbank zu haben.*

Reißen Sie an dem Riegel vorne die Länge des Schwalbenschwanzes an und legen den Riegel oben so auf die Beine, dass die Risse an den Innenkanten der Vorderbeine liegen. Übertragen Sie dann die Umrisse des Zinken auf die Enden des Riegels. Entfernen Sie mit der Säge das überschüssige Material. Passen Sie den Schwalbenschwanz vorsichtig nach, damit er stramm sitzt.

Halbstab fräsen: *An der Feder wird ein Halbstab-Profil angefräst. Würde man dieses Profil an der Nutseite fräsen, wäre die Verbindung geschwächt.*

Gestell montieren

Gehen Sie schrittweise vor. Schleifen Sie die Innenseiten der Beine und der Riegel, geben Sie Leim an den Zapfenverbindungen an und montieren die Rückseite des Gestells. Nehmen Sie Zwingen, um den Zusammenbau zu erleichtern. Sichern Sie jede Verbindung mit einem 10-mm-Dübel. Verwenden Sie zwei Dübel an den breiten Riegeln und einen an den 75-mm-Riegeln.

Bauen Sie als nächstes den Frontrahmen des Gestells zusammen. Ich habe noch eine 40-mm-Schraube an jedem Einzinker gesetzt und auch an beiden Verbindungen an dem Riegel vorne unten einen Dübel gesetzt.

Was nun die Köpfe des Gestells angeht, leimen Sie die Zapfen in die Schlitze und sichern auch diese Verbindungen mit einem Dübel. Vergessen Sie nicht die Riegel unten im Gestell. Ihr Einbau macht den Zusammenbau des Gestells etwas schwierig. Es ist nötig, alle Verbindungen gleichzeitig zusammenzuschieben. Wenn es vollständig montiert ist, ist das Gestell allein schon sehr standfest.

Füllungen mit Halbstabprofil

Damit die Bank außen den Eindruck eines Shaker-Stückes macht, habe ich mich entschlossen, die offenen Flächen an den Schmalseiten und der Rückseite mit Nut-und-Federbrettern zu füllen. Um die Füllungen etwas gefälliger zu machen, habe ich an jedem Brett ein Halbstabprofil angefräst.

Schneiden Sie die Nuten und Federn an der Tischkreissäge. Bereiten Sie zunächst alle Teile vor, die zum Schließen der Öffnungen erforderlich sind. Legen Sie die Bretter nebeneinander und markieren, welche Kante eine Nut und welche eine Feder erhält. Das erste Brett hat nur eine Nut, das letzte Brett hingegen nur eine Feder. Alle anderen Bretter haben sowohl eine Nut als auch eine Feder.

Schneiden Sie mittig an den Kanten eine 6 mm breite Nut. Dafür stellen Sie das Sägeblatt auf eine Höhe von 9 mm und den Abstand zwischen Sägeblatt und Längsanschlag auf 5 mm. Fahren Sie einmal über das Sägeblatt, drehen Sie das Brett und fahren wieder drüber. Das Ergebnis ist eine 6 mm breite Nut, die genau mittig liegt.

Füllungen einpacken: *Leisten halten die Füllungen. Diese hinteren Leisten werden an der Innenseite der Riegel und den Beinen festgeschraubt.*

Auch die passende Feder kann an der Tischkreissäge geschnitten werden. Stellen Sie das Sägeblatt auf eine Schnitthöhe von 5 mm ein. Die Feder wird hergestellt, indem in jeweils zwei Schritten an beiden Seiten des Werkstückes ein Falz geschnitten wird. Beim ersten Schnitt liegt die Vorderseite des Brettes auf dem Tisch der Kreissäge. Schneiden Sie auf beiden Seiten der Bretter, um eine Feder herzustellen.

Stellen Sie das Sägeblatt nun auf eine Höhe von 9 mm ein und den Seitenanschlag auf 6 mm. Schneiden Sie die Bretter dann hochkant, um die Arbeit an den Federn abzuschließen. Bei dieser Arbeitsfolge wird kein Abfall zwischen Sägeblatt und Anschlag stecken bleiben und das Ergebnis ist eine 6 mm Feder. Ggf. muss leicht nachjustiert werden, um eine exakte Passung zu erhalten. Sie sollten in der Lage sein, die Verbindung ohne Holzhammer oder Handdruck leicht zu verschieben. Wenn die Verbindung zu diesem Zeitpunkt zu stramm ist, wird das später Probleme schaffen, nachdem das Gestell gestrichen ist.

Das Halbstabprofil wird an der Oberfräse mit einem 6-mm-Fräser hergestellt. Es wird an der Federseite der Verbindung angefräst. Würde man das Profil an der genuteten Seite des Brettes fräsen, würde die Verbindung aufgrund der geringen Materialstärke ausbrechen.

Stellen Sie die Höhe des Fräskopfes so ein, dass die untere Kante des Halbstabprofils auf einer Höhe mit der oberen Kante der Feder liegt. Fräsen Sie dieses Detail in jedes Brett, das eine Feder erhält.

Genaue Einstellung: *Wenn die Mittelaufrechte genau an den Frontrahmen angepasst wird, erhält man eine präzise Verbindung. Es ist genauer, wenn man die Maße von den Werkstücken direkt abnimmt, als sich auf den Plan zu verlassen.*

Vielleicht die stärkste Verbindung: *Da für den Frontrahmen relativ dünne Querschnitte verbaut werden, ist eine Überblattung hier stabiler als eine gezapfte Verbindung. Dieser Rahmen wird lange halten.*

Die Füllungen werden durch eine Kombination aus innen aufgeschraubten Leisten und Profilleisten gehalten. Die Leisten innen sind aus 15 mm starkem Material geschnitten und werden an der Innenseite der Beine, der aufrechten Mittelsprosse hinten und den unteren und oberen Riegeln mit Schrauben fixiert. Die Leisten umrahmen also die Öffnung des Gestells und halten die Füllungsbretter in Position. Die profilierten Passleisten fixieren die Füllungen und werden erst eingesetzt, wenn die Arbeit am Gestell abgeschlossen ist und die Füllungen gestrichen sind.

Eine flache Unterteilung für die Füllung

Der erste Schritt beim Innenleben dieser Bank ist die Herstellung eines flachen vertikalen Rahmens, welcher den Teil mit den Schubkästen von dem Staurum hinter der Tür trennt. Dieser Rahmen wird mit Aufrechten, Riegeln und einer Füllung hergestellt.

Verwenden Sie Schlitz- und Zapfenverbindungen für den Rahmen. Schneiden Sie die Teile nach den Angaben der Holzliste auf Größe. Ich habe einen Stemmbohrer benutzt, um die 6 mm breiten, 55 mm langen und 30 mm tiefen Schlitze zu stemmen.

Als nächstes schneiden Sie an der Tischkreissäge an den vier Teilen des Rahmens eine 6 mm breite und 9 mm tiefe Nut (genauso wie die Nut an den Brettern der Füllungen geschnitten wurde). Die Einstellung des Anschlags ist aber anders als vorher, denn der Rahmen ist aus stärkerem Material.

Dann schneiden Sie die passenden Zapfen. Stellen Sie das Sägeblatt auf eine Höhe von 6 mm ein und den Seitenanschlag so, dass ein 30 mm langer Zapfen geschnitten wird. Setzen Sie an beiden Köpfen der Riegel die Brüstungen des Zapfens ab. Erhöhen Sie die Schnitttiefe auf 9 mm und setzen den Zapfen nur an der Innenkante der Riegel ab.

Der Anschlag muss neu eingestellt werden, um an der Außenkante der Riegel den Nutzapfen zu schneiden. Schieben Sie den Anschlag um etwa 9 mm Richtung Sägeblatt und setzen die Brüstung an der Außenkante ab. Dieser Versatz um 9 mm entspricht der Tiefe der Nut. Der Nutzapfen wird hier also die Nut füllen.

Um die Füllung in den Rahmen einzupassen, müssen Sie diese an jeder Seite fälzen. Die daraus resultierende Feder passt in die Nut des Rahmens und liegt genau mittig an den Kanten. Stellen Sie die Schnitttiefe und auch den Abstand zum Parallelanschlag auf 6 mm ein. Fahren Sie dann jede Kante einer Seite der Füllung über das Sägeblatt. Wenden Sie die Füllung und fälzen mit gleicher Einstellung auch die zweite Seite.

Stellen Sie die Füllung dann hochkant und erhöhen Sie die Schnitttiefe ein bisschen, sodass sie über die obere Kante des letzten Schnittes reicht. Machen Sie diese Schnitte, um die Feder der Füllung herzustellen. Schneiden Sie alle vier Kanten, wenden Sie die Füllung und schneiden auf der anderen Seite, bis die fertige Feder entsteht. Geben Sie an den Zapfen und Schlitzen Leim an – aber nicht an der Füllung – und verleimen Sie den Rahmen, der das Untergestell unterteilen wird.

Montieren Sie den fertigen Rahmen in dem Untergestell mithilfe von Rundkopfschrauben für pocket holes. Zwei Schrauben werden in den unteren Riegel gesetzt und eine weitere an der Rückseite in den oberen Riegel. Die Unterteilung wird vorne durch den Frontrahmen gehalten, der den Raum für die Schubkästen und den Stauraum definiert.

Setzen Sie Ihr bestes Gesicht auf

Der Frontrahmen der Hobelbank wird aus Aufrechten und Riegeln gebaut, die miteinander durch Verblattungen verbunden sind. Diese Verbindung ist stabil und da die Teile des Frontrahmens schmal sind, bietet diese Verbindung hier mehr Stabilität als es eine Zapfenverbindung könnte. Das Konzept besteht darin, dass an jeder Verblattung die horizontalen Teile hinter den vertikalen durchlaufen. Arbeiten Sie genau, wenn Sie diese Verbindungen schneiden.

Beginnen Sie die Verblattungen damit, dass Sie die drei Aufrechten sowie die kurze aufrechte Unterteilung zwischen den beiden oberen Schubkastenreihen sowie die vier horizontalen Unterteilungen zwischen den Schubkästen schneiden. Der Frontrahmen hat oben keinen eigenen Riegel – der obere Rie-

***Gut platzierte Zwingen:** Man braucht nicht reihenweise Zwingen, um den Frontrahmen an dem Untergestell zu fixieren. Strategisch platzierte Zwingen und ein genau rechtwinkliger Rahmen ermöglichen eine präzise Verleimung.*

gel des Untergestells dient für den Frontrahmen als Riegel. Stellen Sie das Sägeblatt auf eine Schnitttiefe von 9 mm ein. Nachdem die Position der Schubkästen nach Vorgabe des Plans markiert sind, verwenden Sie einen Gehrungsanschlag, um die aufrechten Teile des Frontrahmens über das Sägeblatt zu führen und das überschüssige Material zu entfernen. Sie brauchen für jede Überblattung eine Reihe Schnitte. Reißen Sie auch an den beiden oberen Schubkastenunterteilungen die Blattverbindungen für die Mittelstütze an und schneiden sie.

Die Schnitte an den Enden der Schubkastenunterteilungen sind einfach. Sie können die Blattverbindungen an den Köpfen dieser Unterteilungen und des unteren Riegels mit der gleichen Einstellung in die drei aufrechten Teile des Frontrahmens schneiden.

Schieben Sie den Anschlag zum Sägeblatt. Lassen Sie die passende Länge für das Gegenstück der Verbindung, aber lassen Sie die Höhe des Blattes unverändert. Führen Sie das Werkstück über das Sägeblatt, um die Länge der Verbindung zu bestimmen und entfernen Sie dann in mehreren Schnitten das überflüssige Material. Prüfen Sie die Verbindung im Hinblick auf ihre Breite und Passgenauigkeit. Eine gute Blattverbindung sollte bündig abschließen.

Um die Position der Blattverbindungen an der Mittelstütze zu markieren, montiert man am besten den Frontrahmen und legt die Mittelstütze so darauf, dass sie oben bündig mit dem Frontrahmen abschließt. Jetzt können Sie die Stellen anreißen, die für die Schubkastenunterteiler entfernt/abgearbeitet werden müssen und auch die genaue Länge der Mittelstütze. Dann gehen Sie wieder an die Tischkreissäge, um die Verbindungen abzuschließen. Wenn die Verbindungen alle hergestellt sind und passen, geben Sie Leim an und setzen die Zwingen, um den Frontrahmen zusammenzubauen.

Der Frontrahmen springt von der Vorderkante des unteren Riegels am Gestell 25 mm zurück. Vergessen Sie nicht, die aufrechte Leiste links von der Tür anzuleimen. Bauen Sie den fertigen Frontrahmen nun mit Leim und Zwingen in das Untergestellt ein. Verbinden Sie den Frontrahmen und die aufrechte Unterteilung zwischen Schubkästen und Stauraum mit Leim und zwei Nägeln mit schmalem Kopf, die beim Abbinden wie Zwingen wirken. Zusätzlich setzen Sie am oberen Riegel des Untergestells jeweils eine Schraube in die Enden der aufrechten Teile des Frontrahmens.

Unterstützung für die Schubkästen

Der Frontrahmen unterteilt die Schubkasteneinheit, doch die Schubkästen laufen auf einem Rahmen, der an der Rückseite der Unterteiler befestigt wird. Jeder dieser Schubkastenrahmen ist 20 mm stark und die Unterteiler haben eine Breite von 28 mm. Um zu funktionieren, müssen die Schubkastenrahmen an der Oberseite bündig mit den Unterteilern abschließen. Jeder Rahmen hat vorne ein Teil, das wir Verbreiterung nennen und zwei Laufleisten.

Die Rahmen, auf denen die Schubkästen laufen, beginnen also mit der Verbreiterung. Diese Teile laufen von einer Seite der Schubkastenöffnung bis zur anderen, überbrücken die Blattverbindungen des Frontrahmens und haben an den Hinterkanten jeweils an den Enden 6 mm breite, 37 mm lange und 12 mm tiefe Schlitze für die Zapfen der Laufleisten.

Die Laufleisten werden aus 50 mm breitem Material hergestellt. Schneiden Sie jeweils an einen Kopf einen 12 mm langen Zapfen und klinken Sie das andere Ende aus, welches an dem Hinterbein bzw. der aufrechten Unterteilung zwischen Schubkäsen und Stauraum mit einem 40-mm-Nagel fixiert wird. Sobald die fertigen Schubkastenrahmen in Position sind, messen Sie Position hinten und fixieren die Rahmen mit Nägeln.

Die unteren Schubkastenrahmen sind fertig, wenn die Laufleisten in die Verbreiterungen eingesetzt sind. Leimen Sie die Zapfen in die Schlitze und legen die Rahmen zur Seite, bis sie trocken sind.

Anders sieht es aber mit den oberen Schubkastenrahmen aus. Da die oberen beiden Schubkastenreihen unterteilt sind, benötigen die Rahmen hier auch noch eine mittlere Laufleiste, welche die Schubkästen auf beiden Seiten der Mittelunterteilung unterstützt. Die Verbreiterungen für diese beiden Reihen brauchen einen dritten Schlitz, der die mittlere Laufleiste aufnimmt. Positionieren Sie die Laufleiste in der Mitte der Öffnung, nicht an der Mitte der Verbreiterung. Wegen der mittleren Laufleiste muss man hinten zwischen den beiden seitlichen Laufleisten ein Rahmenteil einbauen, das in Schlitze an den Laufleisten gezapft wird. Die mittlere Laufleiste wird mit diesem hinteren Rahmenteil durch Schlitz und Zapfen verbunden.

Es ist wichtig, dass Sie jede Menge Zwingen zur Hand haben oder die Schubkastenrahmen schrittweise installieren.

Einfacher Schubkastenrahmen
Die Rahmen für die unteren Schubkästen sind schnell fertig, sobald die Schlitze und Zapfen geschnitten sind. Bauen Sie die Rahmen zusammen und setzen die Laufleisten im rechten Winkel zu den Verbreiterungen.

Zwei Schubkästen machen mehr Arbeit
Die Rahmen für die oberen Schubkästen erfordern vier weitere Schlitze, ein Rahmenstück für hinten sowie eine breite Laufleiste in der Mitte. Und zu den Schlitzen kommen noch die Zapfen.

Jede Menge Zwingen: *Um die Verbreiterungen an dem Frontrahmen zu befestigen, braucht man eine Menge Zwingen. Es ist am besten, immer nur an einen Rahmen zu arbeiten. Wenn der Leim abgebunden hat, richten Sie die Laufleisten aus und nageln sie hinten fest.*

Genagelte Verbindung: *Die Laufleisten für die Schubkästen werden mit Nägeln fixiert. Stellen Sie sicher, dass diese Leisten genau horizontal liegen. Beginnen Sie unten und messen Sie jede Position analog zum Frontrahmen.*

Schubkästen, Tür und Auszüge

Der Rahmen für die Tür wird genauso gebaut wie zuvor die Unterteilung zwischen Schubkästen und Stauraum.Verwenden Sie Schlitz- und Zapferverbindungen mit einem Nutzapfen an den Ecken. Der einzige Unterschied besteht darin, dass die Füllung hier abgeplattet ist. Machen Sie diese Abplattung an der Tischkreissäge oder mit einem Abplattkopf an der Tischfräse. Stecken Sie die Füllung beim Zusammenbau der Tür in die Nut. Geben Sie nur an den Verbindungen Leim an. Die Tür wird erst angeschlagen, nachdem das Gestell gestrichen wurde.

Wählen Sie für die Schubkästen eine traditionelle Zinkenverbindung. Die Vorderstücke werden an drei Seiten gefälzt, nachdem sie rundum mit einem 10-mm-Radiusfräser bearbeitet wurden. Die Maße der übrigen Schubkastenteile werden von der Innenseite der Vorderstücke abgenommen.

Die 40 cm langen Schubkastenseiten haben die gleiche Höhe wie die Innenseite der Frontstücke von der Unterkante bis zum Ansatz des Falzes.

Die Hinterstücke der Schubkästen sind um 20 mm niedriger als die Seiten – der Boden wird unter dem Hinterstück in Nuten an Seiten und Front geschoben – und die Länge der Hinterstücke entspricht dem Maß an der Innenseite der Schubkastenfront von Falz zu Falz.

Verwenden Sie offene Zinken, um die Seiten der Schubkästen mit dem Hinterstück zu verbinden und halbverdeckte Zinken für die Verbindung von Vorderstück und Seiten. Die Schubkastenböden werden an der Tischkreissäge leicht schräg angeschnitten, um in die 6 mm breite Nut zu gleiten, die vor dem Zusammenbau der Schubkästen an Vorderstücken und Seiten gefräst wurde.

Die Auszüge, die in den Stauraum hinter der Tür eingebaut werden, laufen auf Kulissenauszügen. Die Seiten der Auszüge haben eine Höhe von 55 mm und werden an den Ecken durch offene Zinken verbunden. Achten Sie auf die korrekte Größe der Auszüge. Die Breite der Auszüge hängt von den verwendeten Kulissenauszügen ab. Die Auszüge, die wir für dieses Projekt verwendet haben, erforderten seitlich einen Spielraum von gut 12 mm, der Auszug ist also 25 mm schmäler als die Öffnung.

Wenn die Auszüge zusammengebaut sind, verwenden Sie Drahtstifte, um an den Innenseiten der Zarge Leisten zu befestigen, auf denen dann die entnehmbaren Böden der Auszüge ruhen.

Die Auszüge müssen an der Rückseite hinterfüttert werden, damit sie bündig mit der Türöffnung abschließen. Von vorne gesehen auf der rechten Seite nageln Sie ein 15 mm starkes und 50 mm breites Brett auf den Rahmen, der Schubkästen und Stauraum trennt. Auf der linken Seite des Stauraums wird ein 38 mm starkes Stück benötigt. Schrauben Sie diese Hinterfütterung an die Gestellbeine.

Der untere Auszug ist liegt auf einer Höhe mit der Oberkante des unteren Gestellriegels – gerade hoch genug, um über die Riegel zu gleiten, wenn er ausgezogen wird. Der zweite Auszug ist 30 cm höher angeordnet. Um die Auszüge von vorne nach hinten und von einer Seite zur anderen plan zu halten, verwenden Sie ein Paar Abstandshalter, um den oberen Auszug richtig anzuordnen.

Um den Bau des Gestells abzuschließen, brauchen Sie an den Schmalseiten oben zwei Blöcke, mit denen Sie die Platte fixieren können. Dafür wird 30 mm starkes Material zwischen Vorder- und Hinterbeine eingepasst und festgeleimt.

Eine attraktive Bankplatte

Die Platte einer Hobelbank ist ein ganz wesentliches Merkmal. Diese Oberfläche wird am stärksten beansprucht und sollte meiner Meinung nach massiv und attraktiv sein. Diese Bank hat eine 70-mm-Platte aus Tiger-Ahorn, das Ausgangsmaterial war 75 mm breit. Die Platte besteht aus 32 Lamellen, die geschnitten, ausgehobelt und zu einer schweren Holzplatte verleimt wurden. Ich habe jede Lamelle über die Abrichte geschoben, um eine gerade und plane Oberfläche herzustellen und dann durch die Dickte gelassen, um sie auf gleiche Stärke auszuhobeln. Danach wurden die Streifen in Gruppen aufgeteilt und zu drei Blöcken verleimt. Diese drei Blöcke wurden nach dem Ausspannen nochmals abgerichtet und ausgehobelt. Zusätzlich wurde die Oberseite mit einem Breitbandschleifer bearbeitet, um sie auf Endmaß zu bringen.

Die Arbeit an den Schubkästen beginnt: *Mit der Tischkreissäge können Sie die Schubkästen ganz genau einpassen. Die Maße für die anderen Schubkastenteile können anhand der Innenseite der Vorderstücke leicht ermittelt werden.*

Auszüge horizontal halten: *Die Auszüge müssen von hinten nach vorne und von Seite zu Seite genau horizontal laufen. Um das sicher zu stellen, verwenden Sie Abstandshölzer.*

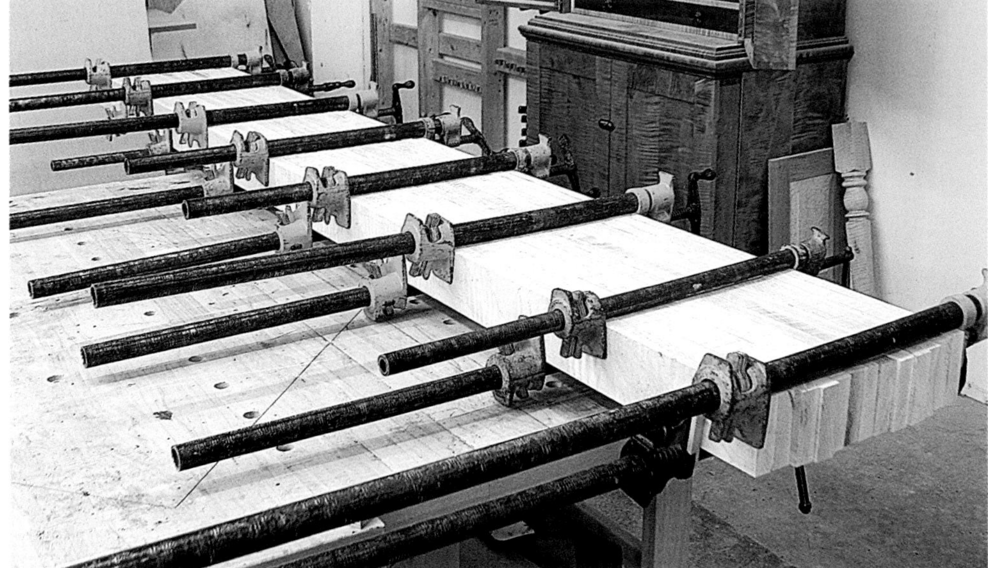

***Teile zählen:** Die Platte wurde aus 32 Lamellen verleimt. Arbeiten Sie bitte schrittweise. Wenn Sie versuchen sollten, alle Lamellen auf einmal zu verleimen, werden Sie eine ziemliche Schweinerei haben.*

***Plan abrichten:** Das Ausgangsmaterial für die Platte hat zunächst etwas Übergröße, damit es wiederholt an Abrichte und Dickte bearbeitet werden kann. Für den Bau von Hobelbänken ist es ganz entscheidend, eine absolut plane Platte herzustellen.*

***Oberfräse und Schablone:** Löcher für das Bankzubehör zu bohren kann einen Bohrer ruinieren. Mit einer Oberfräse und einem Spiralnutfräser ist diese Arbeit schnell und unbeschwert. Achten Sie auf fluchtende Mittellinien und fräsen Sie.*

Der letzte Schritt bestand darin, die drei Blöcke zu einer großen Platte zu verleimen. Die beiden Fugen mussten von Hand nachgefügt werden. Geben Sie diesen Fugen besondere Aufmerksamkeit. Jede Ungenauigkeit bei dieser Verbindung bedeutet zusätzliche Handarbeit beim Abrichten und Beiputzen.

Die Zangen Ihrer Bank spiegeln Ihre Arbeitsgewohnheiten wider. Ich verwende für Vorder- und auch Hinterzange gerne eine Schnellspannzange. Jede Zange wird mit einer Anleitung für die Montage geliefert, der man genau folgen sollte.

Vor der Oberflächenbehandlung standen die runden Löcher für die Bankhaken auf meiner Liste. Nachdem ich Geschichten

***Nochmal Löcher:** In einem zweiten Durchgang werden die Löcher an der Vorderkante der Platte gebohrt. Diese Bohrungen sind für Zubehör, mit dem sich große Platten halten lassen.*

Bilderrahmenprofile: *Die Füllungen des Untergestells werden durch Leisten gehalten, die wie Bilderrahmen montiert werden – die Ecken sind auf Gehrung geschnitten.*

Die Maserung betonen: *Zwei Anstriche mit einer Mischung aus Öl und Harz bieten ausreichend Schutz für eine Hobelbank. Sie wollen keine aufwändige Oberfläche. Es gibt keinen Grund, dass die Werkstücke auf der Bank gleiten.*

von Holzhandwerkern gehört hatte, deren Bohrer sich überhitzt hatten und die Bohrwinden verwenden hatten, wusste ich, dass ich hier eine unkomplizierte Methode finden musste, um meine Löcher zu bohren. Ich erinnerte mich, wie Löcher für verstellbare Regalböden mit der Oberfräse gebohrt werden. Könnten wir nicht die gleiche Methode bei der Hobelbank anwenden? Ja.

Verwenden Sie einen 20-mm-Spiralnutfräser und die Oberfräse, um diese Löcher zu fräsen. Um die Oberfräse beim Schneiden des Loches in Position zu halten, machen Sie sich eine Schablone, welche die Bodenplatte der Fräse in Position hält (siehe Abb. auf S. 110). Spannen Sie die Schablone mit einer Zwinge fest, setzen die Oberfräse in Position und tauchen Sie ein. Es ist ganz einfach. Um genaue Positionen der Löcher zu garantieren, markieren Sie die Mittellinien auf der Schablone und bringen sie genau mit den Linien Ihrer Bankhakenlöcher in Übereinstimmung.

Die Löcher an der Vorderkante der Arbeitsplatte sind einen anderes Rätsel, was gelöst werden muss. Ich habe auch hier die Oberfräse verwendet, doch die Oberfläche war zu schmal, um ohne Zögern einzutauchen. Um möglichen Problemen zu begegnen, spannen Sie einen langen Anschlag an die Bodenplatte und fixieren diesen Anschlag dann an der Platte, bevor Sie eintauchen. Diese Löcher an der Front ermöglichen es, auch breite Werkstücke in die Vorderzange einzuspannen. Platte und Gestell werden mit vier 125-mm-Bolzen verbunden, welche in der Platte versenkt sind und durch die Blöcke reichen. Die Bank ist nun fertig für die Oberflächenbearbeitung.

Anstrich und Finish

Alle Füllungen und Teile aus Tulpenbaum werden angestrichen. Dazu zählen die Füllungen aus den profilierten Brettern, der Rahmen an der Front, die Vorderstücke der Schubkästen sowie die Tür. Streichen Sie alle Teile zweimal und nehmen sie einen Zwischenschliff vor. Nachdem der Anstrich fertig war, habe ich die Profilleisten eingepasst, um so die Füllungen zu fixieren. Diese Leisten werden auf Gehrung geschnitten.

Für die Platte und die Rahmenteile aus Ahorn habe ich eine Mischung aus Öl und Harz genommen, wie ich sie seit Jahren verwende – ein Drittel Terpentin, ein Drittel Bootslack und ein Drittel gekochtes Leinöl. Damit wurde alles zweimal gestrichen. Alles, ja ganz recht – einschließlich der bereits lackierten Teile der Hobelbank.

Schlagen Sie die Tür mit leichten T-Bändern an, bringen Sie noch einen Holzknauf und einen Riegel an.

Ich rechne damit, dass ich an dieser Bank viele Jahre Möbel bauen werde. Ich wünschte, ich hätte mir bereits vor Jahren eine hochwertige Bank gebaut. Sie hätte nicht unbedingt die Qualität meiner Arbeit verbessert, doch sie hätte meine Arbeitsgewohnheiten verbessert. In der Werkstatt liegen keine Werkzeuge mehr herum. Jetzt habe ich eine Hobelbank, die jede Menge Stauraum bietet.

Shaker-Hobelbank

Holzliste

	Anzahl	Teil	Maße in mm			Material	Bemerkung
☐	4	Beine	90	90	840	Ahorn	
☐	1	Riegel Front unten	1340	75	45	Ahorn	40-mm-Zapfen an beiden Enden
☐	1	Riegel Rückseite oben	1340	75	45	Ahorn	40-mm-Zapfen an beiden Enden
☐	1	Riegel Rückseite unten	1340	125	45	Ahorn	40-mm-Zapfen an beiden Enden
☐	2	Riegel Kopfseite oben	450	75	45	Ahorn	40-mm-Zapfen an beiden Enden
☐	2	Riegel Kopfseite unten	450	150	45	Ahorn	40-mm-Zapfen an beiden Enden
☐	1	Mittelsprosse Rückseite	657	75	45	Ahorn	40-mm-Zapfen an beiden Enden
☐	2	Riegel zwischen Front und Rückseite	540	75	45	Tulpenbaum	40-mm-Zapfen an beiden Enden
☐	1	Riegel Front oben	1310	85	22	Ahorn	25-mm-Zapfen an beiden Enden
Unterteilung zwischen Schubkästen und Stauraum							
☐	2	Aufrechte Rahmenhölzer	673	75	20	Tulpenbaum	
☐	2	Waagrechte Rahmenhölzer	365	75	20	Tulpenbaum	30-mm-Zapfen an beiden Enden
☐	1	Füllung	536	320	20	Tulpenbaum	
Füllungen aus Profilbrettern							
☐	2	Füllungen Kopfseiten	575	368			zusammengesetzt
☐	2	Füllungen Rückwand	575	590			
Anschlag für Füllungen							
☐	4	Kopfseiten horizontale Leisten	370	16	16	Tulpenbaum	
☐	4	Kopfseiten vertikale Leisten	577	16	16	Tulpenbaum	
☐	2	Rückseite horizontale Leisten	1270	16	16	Tulpenbaum	
☐	4	Rückseite vertikale Leisten	577	16	16		
Frontrahmen und Schubkastenrahmen							
☐	3	Vertikale Unterteilungen	755	40	20		
☐	4	Unterteilungen zwischen Schubkästen	860	28	20		
☐	1	Mittelsprosse/Mittelunterteilung	276	40	20		
☐	4	Verbreiterung	800	45	20		
☐	8	Laufleisten	420	50	20		12-mm-Zapfen am Ende
☐	2	Mittlere Laufleiste	285	88	20		12-mm-Zapfen an beiden Enden
☐	2	Hintere Leiste	750	70	20		12-mm-Zapfen an beiden Enden
☐	4	Schubkastenführung	380	16	20		
☐	2	Mittlere Führung	380	16	38		
Tür							
☐	2	Aufrechte/vertikale Rahmenhölzer	678	70	20		
☐	1	Riegel oben	280	70	20		30-mm-Zapfen an beiden Enden
☐	1	Riegel unten	280	75	20		
☐	1	Abgeplattete Füllung	568	244	16		
Schubkästen Vorderstücke							
☐	2	Obere Reihe	368	110	20		
☐	2	Zweite Reihe	368	138	20		
☐	1	Dritte Reihe	778	160	20		
☐	1	Vierte Reihe	778	160	20		
☐	2	Auszüge Vorderstück	342	70	20		
☐	2	Auszüge Seiten	405	70	20		
☐	2	Auszüge Boden	365	302	10		
Verschiedene Teile							
☐	2	rechte Fülleisten, auf welche die Kulissen für die Auszüge geschraubt werden (vgl. Abb. S. 109 Mitte rechts)	440	50	16		
☐	2	linke Fülleisten, auf welche die Kulissen für die Auszüge geschraubt werden (vgl. Abb. S. 109 Mitte rechts)	440	50	38		
☐	2	Befestigungsblock für Zange	30	40	360		
☐	1	Arbeitsplatte	700	2100	70	Ahorn	
☐	1	Block für Hinterzange	390	85	40	Ahorn	
☐	ca. 10 lfm.	Profileiste für Füllungen des Gestells	20	20		Ahorn	

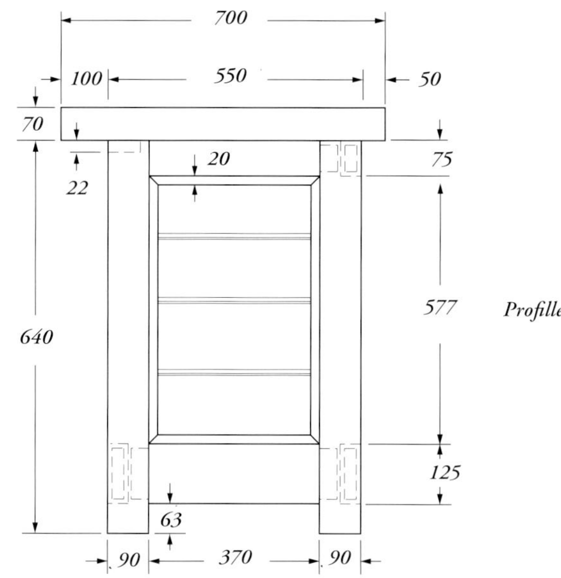

Seitenansicht

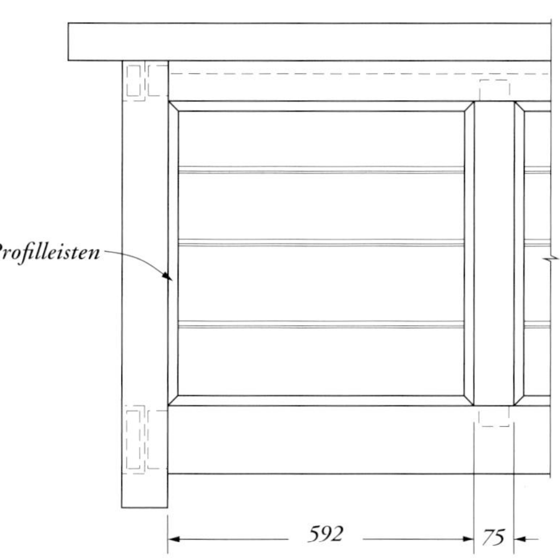

Ansicht Rückseite

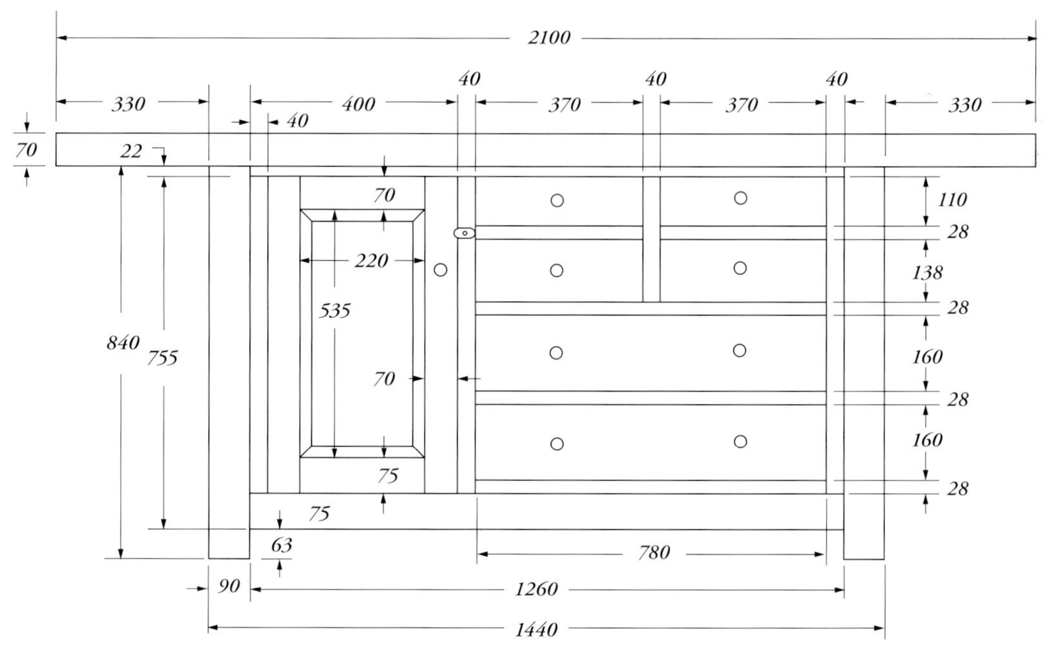

Vorderansicht

Kritik: Ein Platz für alles (wirklich)

von Glen D. Huey

Als ich mich entschied, meine Shaker-Hobelbank zu bauen, ging es mir vor allem um Stauraum. Wenn ich eine flache Fläche zur Verfügung habe, werde ich sie mit jeder Menge Werkzeug und allem möglichen anderen belegen. Um diesen Kram unter Kontrolle und die Platte freizuhalten, hielt ich es für geboten, für Stauraum hinter einer Tür zu sorgen und eine großzügige Schubkasteneinheit zu bauen. Das würde helfen, Ordnung und jedes Werkzeug an seinem Platz zu halten.

Diese Bank ist schwer. Sie wurde nicht speziell für die Verwendung von Handwerkzeugen gebaut, doch ihr extremes Gewicht ist von Vorteil, wenn Sie gerne von Hand arbeiten. Es ist nicht möglich, die Bank bei der Arbeit über den Boden zu schieben. Wenn wir die Bank zum Fotografieren verstellen müssen – oder wenn Sie Ihre Bank aus welchen Gründen auch immer verstellen müssen – ist das eine Aufgabe. Wenn die Mitarbeiter der Zeitschrift zu einer Veranstaltung fahren, lassen wir meine Bank in der Werkstatt wegen ihres exzessiven Gewichts.

Da ich meine Bank nicht oft verstelle, ist die schiere Masse für mich kein Problem. Wenn Sie jedoch Ihre Bank ständig durch die Werkstatt bewegen, könnte es eine Lösung sein, den Stauraum als zwei separate Einheiten zu konstruieren und diese dann in das Bankgestell zu schieben, wenn sie an ihre Position gebracht ist. Das ließe sich leicht bewerkstelligen, wenn Sie auf die unteren Riegel vorne und hinten einen Boden installieren, auf den sich die Einheiten schieben lassen.

Der Schrank ist eine prima Ergänzung und ein Weg, um Dinge aus dem Sichtfeld zu verbannen. Es gefällt mir, hinter der Tür Auszüge zu haben. Als ich den Schrankbereich entwarf, dachte ich an Oberfräsen und deren Zubehör – also eine Möglichkeit, um häufig benutzte Werkzeuge in Reichweite aufzubewahren. Daher habe ich die Auszüge mit ausreichend Spielraum angeordnet. Es ergab sich jedoch, dass die Oberfräsen nur kurze Zeit auf den Auszügen lagen. Der Raum hinter der Tür wurde schon bald eine Heimat für einige Oberflächenmittel, einige Stücke wohl gehüteten Hartholzes für Einlegearbeiten sowie Nägel und Schrauben. Mit dieser Anordnung ist der Raum hinter der Tür nicht angemessen genutzt. Ein weiterer Auszug wäre eine gute Sache – oder zusätzlicher Stauraum wäre eine schöne Bereicherung.

Wenn ich den Stauraum im Gestell noch einmal bauen sollte, würde ich eine zweite Veränderung vornehmen und die Auszüge ein Stückchen weiter Richtung Bankmitte anordnen. Bei der jetzigen Anordnung muss die Tür vollständig geöffnet werden, bevor man die Auszüge herausziehen kann. Wenn Sie die Tür nicht annähernd 180° öffnen, stoßen die Auszüge an die

So schwer wie sie aussieht: *Unter allen Bänken in unserer Werkstatt ist die Shaker-Bank die schwerste – selbst ohne Werkzeuge. Der massive Gestellrahmen, die Schubkasteneinheit und die Materialien (Ahorn und Tulpenbaum) geben der Bank Masse.*

Tür und hinterlassen an der Rückseite kleine Dellen. Eine 20 mm starke Abstandsleiste an der linken Seite würde den Zugriff auf die Auszüge erleichtern und das lästige Anstoßen vermeiden.

Eine weitere Veränderung im Bereich der Tür wäre eine breitere Aufrechte zwischen Tür und Schubkästen. Ursprünglich sollte hier ein schöner Beschlag die Tür geschlossen halten, doch aufgrund der schmalen Trennwand und der Nähe zu den Schubkästen habe ich mich dann doch für einen kleinen Vorreiber entschieden. Selbst mit dieser Veränderung ist die Handhabung umständlich und der Vorreiber muss genau eingestellt werden. Eine breitere Aufrechte würde ausreichend Platz schaffen für einen geschmiedeten Riegel und der Verlust an Breite bei den Schubkästen wäre gut zu verschmerzen. Ich denke, das sind kleine Veränderungen.

Beinahe unmittelbar nach Fertigstellung der Bank wurde eine mögliche Veränderung deutlich – die Höhe der Schubkästen. Meine Bank hat Schubkästen auf vier Ebenen, die Öffnung für den unteren Schubkasten beträgt dabei 16 cm. Dieser Schubkasten hat innen eine lichte Höhe von 14 cm, ideal zum Aufbewahren von selten genutzten Werkzeugen, die übereinander liegend dort über einen längeren Zeitraum gelagert werden. Das Problem besteht darin, dass Sie nur einen Schubkasten dieser Tiefe benötigen.

Die beiden oberen Schubkästen haben innen eine lichte Höhe von gut 80 mm. Das hört sich nicht zu tief an, doch es ist zu tief – besonders wenn Sie Stecheisen und Schnitzeisen in ihnen aufbewahren. Selbst wenn diese Werkzeuge in Kisten aufbewahrt werden, wird hier eine Menge Raum verschwendet. Ich grabe ständig in meinen Schubkästen, um meine Werkzeuge zu finden. Ich denke, es wäre besser, die Zahl der Schubkastenebenen von vier auf sechs zu erhöhen. Halbieren Sie die Höhe der beiden oberen Ebenen auf die Hälfte. (Ich würde mir gut überlegen, dies vielleicht auch noch bei der dritten Ebene zu tun.) Auf der zweiten Ebene von unten würde ich zwei Schubkäsen anordnen. Schmale Schubkästen lassen sich, selbst wenn sie mit Werkzeugen beladen sind, leicht herausziehen und wieder schließen.

Ich habe nicht das Gefühl, dass man an der Platte viel ändern sollte. Ich bin völlig zufrieden mit meinen beiden Schnellspannzangen, obwohl manche Holzhandwerker die Backen mit Leder beziehen würden. Die Höhe ist für meine Arbeitsweise gut, doch für Sie und Ihre Art der Arbeit mag das anders aussehen. Ich bin unter Beschuss geraten, weil ich die Bankhakenlöcher nicht durch die gesamte Platte bohre, doch ich stehe zu dieser Entscheidung. Es sammeln sich zwar geringe Mengen an Sägemehl, Spänen und anderem Müll in den Löchern, doch es ist einfach, die Löcher mit etwas Luft frei zu blasen. Abgesehen davon würde dieser Dreck in die oberen Schubkästen fallen, wenn die Bankhakenlöcher durchgebohrt würden.

Die beiden Reihen Bankhakenlöcher in der Platte funktionieren gut. Da muss man nichts verändern. Als ich die Bank baute, habe ich an der Vorderkante der Platte eine Reihe Löcher angebracht, um Bretter beim Zinken leichter flach zu halten. Oberflächenklemmen (surface clamps) sind eine prima Hilfe, die Löcher sind also hilfreich. Ich habe jedoch bemerkt, dass die Zange mit Doppelspindel, die Chris Schwarz nach Vorlage von Joseph Maxons „Mechanick Exercises" gebaut hat, eine hervorragende Alternative ist (siehe Kapitel 15). Daher würde ich bei der nächsten Version dieser Bank auf die Löcher in der Vorderkante verzichten.

Schubkästen als Stauraum: *Obwohl ich mit meinen Schubkästen sehr glücklich bin, würde ich ihre Anordnung vielleicht ändern, wenn ich diese Bank noch einmal baue.*

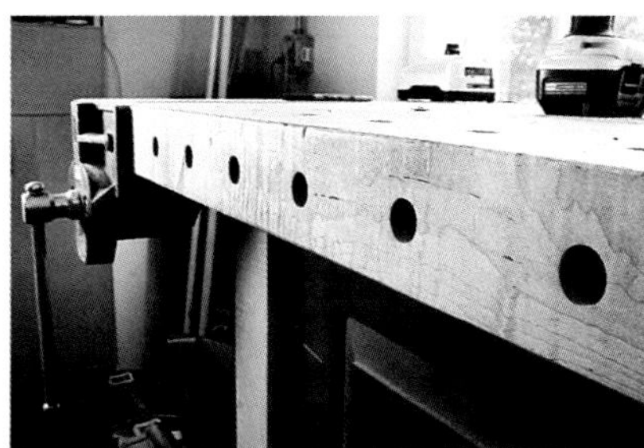

Zum Zinken: *Die Bankhakenlöcher an der Vorderkante der Bankplatte ermöglichen es mir, Korpusseiten zum Zinken an der Platte zu spannen (mit der Hilfe einer Oberflächenklemme von Veritas).*

Freundlich zu allen Werkzeugen: *Die Backe an der Hinterzange eignet sich sowohl für die Arbeit mit Handmaschinen als auch Handwerkzeugen.*

Vor- und Nachteile dieser Bank

+ Diese Bank hat jede Menge Masse. Sie wird sich nur bewegen, wenn Sie alle Kraft dran geben.
+ Stauraum (und Auszüge) sind hervorragend, um meine Werkzeuge in Griffweite aufzubewahren.
+ Das lackierte Gestell sieht mit der Zeit immer besser aus.

– Ich würde die Anordnung der Schubkästen vielleicht ändern, wenn ich die Bank noch einmal baue.
– Ich könnte noch einen weiteren Auszug gebrauchen

Foto: Al Parrish

Wenige Werkzeuge und wenig Zeit: *Diese einfache Hobelbank lässt sich schnell und einfach bauen. Dafür werden Werkzeuge verwendet, die Sie wahrscheinlich schon in Ihrer Werkstatt haben.*

Kapitel 8

24-Stunden-Hobelbank

von Christopher Schwarz & Kara Gebhart Uhl

Seit frühen Jahren habe ich schon einige Hobelbänke gebaut. Und ich habe mich bemüht, jede neue Bank noch vielseitiger, stabiler, billiger und schneller zu bauen als die letzte. Ich denke, diese Bank erfüllt all diese Ansprüche. Um meine Theorie zu testen, haben unsere Redakteurin Kara Gebhart und ich diese Bank mit einem Budget von etwa 200 $ (etwa 150 €) innerhalb von 24 Stunden in der Werkstatt gebaut.

Dieses Budget schließt das Holz, die Zange und die Schrauben ein. Und die 24 Stunden schließen wirklich alles ein, auch die beiden Stunden, die wir gebraucht haben, um das Holz im Baumarkt auszuwählen und anschließend auf dem Transportwagen auf dem Parkplatz grob auf Länge zu schneiden.

Der große Vorteil dieser Bank besteht darin, dass Sie sie mit Werkzeugen bauen können, die Sie wahrscheinlich schon in Ihrer Werkstatt haben.

Für dieses Projekt müssen Sie eine Tischkreissäge, eine Ständerbohrmaschine, eine Bohrmaschine und einige grundlegende Handwerkszeuge haben. Wenn Sie eine Abrichte und Dickte haben, wird dies die Arbeit beschleunigen, denn Sie können dann leicht das Bauholz aushobeln und mögliche Krümmung oder Verzug beseitigen. Haben Sie keine Angst davor, mit dem Bauholz zu arbeiten, wie es vom Baumarkt kommt. Achten Sie nur darauf, dass Sie möglichst gerade Stücke kaufen.

Beginnen Sie mit dem rohen Holz

Zeit 0:00 – 5:06

Hier zunächst einmal ganz kurz, woraus die Bank besteht: Die Platte besteht aus vier Lagen Birkensperrholz, welche laminiert werden und deren Kante einen Anleimer aus Kiefer erhält. Am Untergestell der Bank werden die Riegel an den Schmalseiten durch Zapfen mit den Beinen verbunden. Diese Verbindung ist durch Holznägel zusätzlich gesichert. Die Kopfrahmen werden dann mit den Schwingen an Vorder- und Rückseite durch trocken gesteckte Schlitze und Zapfen sowie durch große Bolzen verbunden – das ganze gleicht einer Bettkonstruktion.

Als wir zum Baumarkt fuhren, schien es eine gute Idee zu sein, für die Beine 10 x 10 Kanthölzer zu kaufen. Als wir dort waren, (und später, als wir bei anderen Holzhändlern fragten) fanden wir, dass die einzigen 10 x 10 Hölzer aus Kiefer B-Ware waren, die viel mehr Äste hat als A-Ware.

Nachdem wir einen Berg von astigem 10 x 10 durchgesehen hatten, entschlossen wir uns, die Beine aus 20 x 5 Material zu schneiden und zu verleimen. Es dauerte zwar länger, die Beine so zu bauen, doch wir haben nun kaum Äste.

Schneiden Sie die Teile für das Untergestell und die Anleimer der Platte grob zu. Wenn Sie eine Hobelmaschine haben, hobeln Sie Ihr Holz aus. Verleimen Sie dann die Teile für die Beine und setzen die Zwingen an. Holen Sie alle verfügbaren Zwingen und einige Eimer (jawohl, Eimer), um die Platte zu verleimen.

Schichtweise

Zeit 5:06-6:29

Ich habe ein paar von diesen Bänken gebaut und dabei eine ganz einfache Methode entwickelt, um die Arbeitsplatte herzustellen: Verleimen Sie einfach mehrere Lagen Sperrholz zu einer etwa 75 mm dicken Platte. Wir haben immer nur jeweils eine Lage verleimt, um alles unter Kontrolle zu halten und um sicher zu gehen, dass keine Fugen an den Kanten entstehen.

Sie werden für diesen Teil des Projektes wohl mindestens einen Liter Leim brauchen, sowie einen Sperrholzstreifen (ein etwa 10 x 18 cm großes 6 mm dickes Sperrholz), um den Leim gleichmäßig zu verteilen. Geben Sie eine Portion Leim auf eine Sperrholzplatte und verteilen sie, bis Sie einen dünnen und gleichmäßigen Film haben. Legen Sie eine Sperrholzplatte oben drauf und richten die Kanten aus. Drehen Sie nun ungefähr ein Dutzend 30-mm-Schrauben in die beiden Platten. Verteilen Sie die Schrauben gleichmäßig über die Fläche, doch Sie müssen es nicht zu genau nehmen. Das Ziel besteht darin, die beiden Stücke ohne Fugen zusammenzuziehen. Nach einer Trockenzeit von 30 Minuten entfernen Sie die Schrauben, geben wieder Leim an, legen das nächste Sperrholz auf und setzen Schrauben.

Alles, was schwer ist: *Verwenden Sie alle Zwingen, die Sie zur Hand haben (oder Schrauben), um die Platte zu verleimen. Wenn Sie nicht ausreichend Zwingen oder Schrauben haben, können Sie auch 20-l-Wassereimer in die Mitte stellen, vier Kanthölzer auflegen und an den Kanten C- oder F-Zwingen ansetzen.*

Wählen Sie Ihre Verbindung: *Die Teile des umlaufenden Anleimers können mit Fingerzinken, einer Gehrung oder nur mit Schrauben verbunden werden. Wenn Sie Fingerzinken wählen, sollten Sie die Verbindung an einem Teil anreißen und ausarbeiten und damit dann das Gegenstück anreißen.*

Wenn Sie keine Schrauben verwenden wollen, können Sie auch Zwingen, Kanthölzer oder irgendetwas anderes Schweres nehmen, das Sie in der Werkstatt haben, um die Stücke zusammenzupressen.

Für eine Bank haben wir vier Kanthölzer quer über die Arbeitsplatte gelegt und am Kopf jeweils mit einer Zwinge angezogen. Die Kanthölzer sollen einen Querschnitt von 5 x 5 cm und eine Länge von gut 80 cm haben. Hobeln oder schleifen Sie diese Hölzer zum Ende hin um knapp 2 mm schmäler, damit jede Zulage einen leichten Bogen bildet. Wenn Sie diesen Bogen dann gegen die Oberfläche spannen, wird in der Mitte der Platte Druck aufgebaut.

Setzen Sie schließlich jede zur Verfügung stehende Zwinge an den Rändern ein (C-Zwingen funktionieren gut).

Wenn alle vier Lagen zusammen geleimt sind, schneiden Sie die Arbeitsplatte mit einer Handkreissäge und einem geraden Anschlag zu. Da die Platte ziemlich dick ist, müssen Sie wohl von beiden Seiten schneiden. Reißen Sie also mit Vorsicht an.

Die Anleimer sind eine kleine Herausforderung

Zeit: 6:29 bis 11:49

Nehmen Sie nun die Teile für den umlaufenden Anleimer und beginnen Sie, die Fingerzinken für die Ecken anzureißen. Diese Verbindungen haben in erster Linie eine dekorative Aufgabe. Eine stumpf gestoßene Verbindung oder eine Gehrung sind auch vollkommen ausreichend (und sparen Ihnen einige Zeit). Wenn Sie die Aufgabe noch einfacher machen wollen, verwenden Sie etwa 12 mm dünnes Material für den Anleimer, das sich aufgrund seiner Flexibilität viel leichter mit Zwingen fixieren lässt als dickeres Material.

Hier ist unser Vorschlag, wie Sie die Fingerzinken schneiden: Reißen Sie zunächst die Verbindungen an den beiden Schmalseiten an, hier steht nur ein Zinken vor. Jeder Zinken ist 45 mm lang und 25 mm breit. Schneiden Sie das überschüssige Material mit einer Handsäge oder der Bandsäge weg und prüfen Sie die Verbindung an der Platte. Wenn sie perfekt passen, verwenden Sie diese Verbindungen, um die Gegenstücke an den beiden langen Leisten anzureißen. Schneiden Sie die Schlitze an den langen Leisten und prüfen die Verbindungen. Passen Sie die Verbindungen ggf. mit dem Stecheisen, einem Simshobel oder Brüstungshobel nach.

Leimen Sie die Leisten jetzt an der Arbeitsplatte fest. Da die Lagen des Sperrholzes im rechten Winkel übereinander liegen, hat jede Kante der Platte ausreichend Langholz. Das bedeutet, dass sich die Leisten mit Leim allein gut befestigen lassen. Setzen Sie so viele Zwingen an wie möglich. Während der Leim trocknet, lesen Sie sich die Anleitung für die Montage der Zange durch, denn das ist die nächste Aufgabe.

Die Anleitung, die der Zange von Veritas beiliegt, ist ausführlich und leicht verständlich; es dauert nur ein bisschen, bis alles wie geschmiert läuft. Bevor Sie anfangen, stellen Sie sicher, dass der Tisch der Ständerbohrmaschine genau im rechten Winkel zum Bohrer liegt – das wird Ihnen eine Menge Enttäuschung ersparen. Wenn die Zange installiert ist, legen Sie die Platte auf ein Paar Böcke (sie werden dafür etwas Hilfe benötigen) und bereiten sich auf den Bau des Untergestells vor.

Ein kräftiges Untergestell

Zeit: 11:49 bis 14:54

Das Untergestell dieser Bank wird mit Schlitz- und Zapfenverbindungen hergestellt. Die beiden Endrahmen werden verleimt und die Verbindungen dann mit Holznägeln gesichert. Die Endrahmen werden mit den Zargen an der Vorder- und Rückseite durch nicht geleimte Zapfen und Bolzen verbunden.

Zuerst machen Sie sich einen Probeschlitz aus einem Stück Abfall, nach dessen Vorlage Sie alle Zapfen bemessen können. Wir haben unsere Schlitze an der Ständerbohrmaschine mit einem 19-mm-Forstnerbohrer und einem Anschlag hergestellt.

Überlappen: *Die einfachste Methode zur Herstellung sauberer Schlitze mit der Ständerbohrmaschine besteht darin, zunächst eine Reihe von leicht überlappten Löchern zu bohren. Danach entfernen Sie das restliche Material zwischen den Bohrungen, bis der Bohrer sich im Schlitz frei nach links und rechts bewegen lässt. Jetzt müssen Sie nur noch die Enden des Schlitzes mit dem Stemmeisen eckig ausarbeiten.*

Auf diese Weise können Sie saubere Schlitze herstellen. Nachdem Sie den Probeschlitz gemacht haben, gehen Sie an die Tischkreissäge und schneiden Ihre Zapfen.

Ich schneide meine Zapfen an der Tischkreissäge mithilfe von Nutsägeblättern. Der Parallelanschlag legt die Länge des Zapfens fest; die Höhe der Sägeblätter bestimmt die Bemessung der Brüstungen. Stellen Sie die Höhe auf 8 mm ein, schneiden Sie an einem Abfallstück einen Zapfen und probieren Sie, ob er in den Probeschlitz passt. Wenn die Passung dicht ist, schneiden Sie alle Zapfen der Riegel an Vorderseite, Rückseite und den beiden Köpfen.

Verwenden Sie nun Ihre Zapfen, um die Position der Schlitze an den Beinen des Gestells anzureißen. Verwenden Sie die Zeichnungen als Anhaltspunkt. Schneiden Sie die Schlitze an der Ständerbohrmaschine und setzen Sie die Bolzen ein.

Böse Bolzen

Zeit: 14:54 bis 18:59

Die Bolzen für dieses Projekt haben uns mit rund 20 € belastet, doch sie sind es wert. Es gibt billigere Alternativen zu diesen speziellen Bolzen, doch lassen sie sich nicht so einfach montieren.

Sie können die Installation damit beginnen, dass Sie zum Versenken des Kopfes an den Beinen ein 28 mm großes und 12 mm tiefes Loch bohren, welches genau mittig an der Position der Riegel liegt. Danach bohren Sie im Zentrum des Senkloches ein 15-mm-Loch, welches durch das Bein bis in den Schlitz führt, den Sie zuvor geschnitten haben.

Stecken Sie nun die Kopfrahmen und die Riegel an Vorder- und Rückseite trocken zusammen und setzen Zwingen an. Verwenden Sie einen 15-mm-Bohrer mit Zentrierspitze, um am Ende jedes Zapfens das Zentrum des Loches zu markieren.

Nehmen Sie das Gestell wieder auseinander und spannen den Riegel vorne an die Arbeitsplatte oder in eine Zange. Verwenden Sie eine Dübelschablone und einen 15-mm-Bohrer (wie auf der Abb. auf S. 120, um weiter das Loch für den Bolzen zu bohren. Sie müssen etwa 95 mm tief in die Zarge bohren. Dann wiederholen Sie das Prozedere an den anderen Zapfen. Jetzt müssen Sie ein 30-mm-Loch bohren, dass sich mit dem 15-mm-Loch schneidet, welches Sie gerade in die Riegel gebohrt haben. Dieses 30-mm-Loch hält eine spezielle runde Mutter, die alles zusammen zieht. Um die Position des 30 mm Loches genau zu bestimmen, habe ich mir eine einfache Lehre gemacht (siehe Abb.), die ich von einem anderen Projekt hatte. Sie funktioniert wunderbar und ich möchte sie Ihnen empfehlen.

Zapfen schneiden an der Tischkreissäge: *Wir schneiden unsere Zapfen mit Nutsägeblättern. Wir mögen diese Methode, da sich so mit einer einzigen Einstellung alle Schnitte an einem Zapfen machen lassen. Schneiden Sie zunächst die Brüstungen an der Vorder- und Rückseite (siehe oben). Danach können Sie Brüstungen an den Kanten herstellen.*

Probepassung: *Testen Sie schließlich die Passung an dem Testschlitz, den Sie zuvor hergestellt haben.*

Spitze Markierung: *Nachdem Sie das Loch für den versenkten Bolzenkopf sowie das Loch für den Schaft des Bolzens gebohrt haben, markieren Sie die Position am Kopfholz des Zapfens mithilfe eines Spiralbohrers mit Zentrierspitze.*

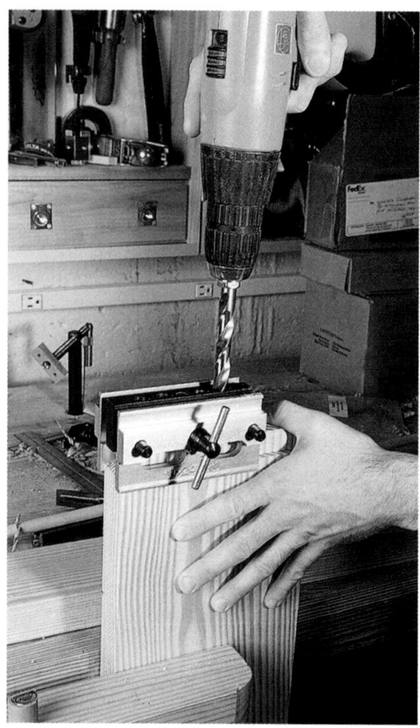

Extra tief bohren: *Bohren Sie mithilfe einer Dübellehre und eines 15-mm-Bohrers ein Loch für den Bolzen. Das ist ein tiefes Loch, Sie werden vielleicht einen extra langen Bohrer für diese Aufgabe brauchen.*

Lehre für genaue Position: *Um die Position für die Messingmutter im Bild genau zu ermitteln, bauen Sie sich eine einfache Lehre wie hier auf der Abbildung mit einem 15-mm-Dübel, einem Abschnitt und einem Nagel. Der Nagel sitzt genau dort, wo das Zentrum der Messingmutter liegen soll. Stecken Sie den Dübel in die Bohrung am Zapfen der Schwinge und schlagen den Nagel ein. Bohren Sie dann hier ein 32-mm-Loch und Ihre Verbindung wird sich mit Leichtigkeit zusammenbauen lassen.*

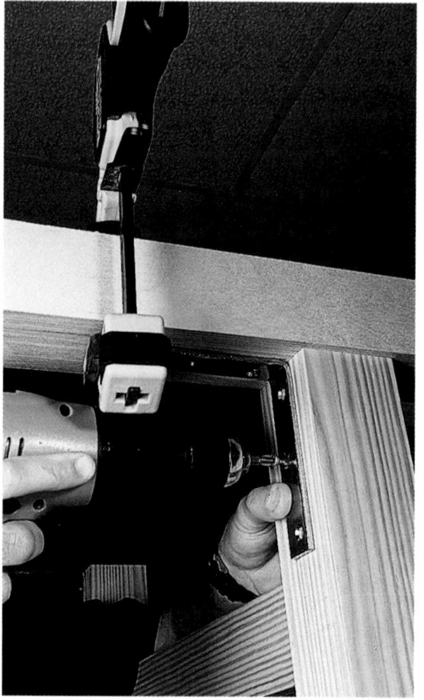

Trick mit Zulage: *Mit diesem Trick ist es einfach, die Winkel anzubringen, mit denen die Platte auf dem Gestell fixiert wird. Legen Sie zunächst ein Brett auf die Beine und spannen den Winkel daran fest. Dann fixieren Sie den Winkel mit Schrauben am Bein.*

Manchmal können Bohrer „wandern" – selbst wenn sie von einer Dübellehre geleitet werden – und diese einfache Vorrichtung garantiert den Erfolg.

Putzen oder schleifen Sie all Ihre Beine und Riegel und bauen dann das Untergestell zusammen. Zuerst leimen Sie die Riegel an den Schmalseiten ein. Geben Sie Leim an und ziehen die Zwingen an. Wenn der Leim getrocknet ist, bohren Sie durch jede Verbindung ein 10 mm großes und etwa 5 cm tiefes Loch. Geben Sie etwas Leim an und treiben den Holznagel mit dem Hammer ein. Verwenden Sie hierfür ein 53 mm langes Stück 10-mm-Dübel. Setzen Sie dann die Bolzen ein und ziehen sie mit einer Ratsche an, um alles zusammenzuziehen.

Jetzt können Sie die 125-mm-Winkel an die Beine schrauben, verwenden Sie dafür die Abbildung oben rechts als Anhaltspunkt. Wenden Sie die Arbeitsplatte auf den Böcken und bringen das montierte Untergestell in Position. Schrauben Sie es fest.

Bankhakenlöcher und Details

Zeit: 18:59 bis 23:02

Bankhakenlöcher sind wichtig, um große Bretter einzuspannen, Tischbeine zu halten und sogar zum Spannen komplizierter Konstruktionen. Die meisten runden Bankhakenlöcher haben einen Durchmesser von 19 mm und nehmen eine breite Palette an handelsüblichen Haken auf.

Wir haben für diese Bank unsere eigenen Haken gemacht, damit wir das Budget nicht sprengen. (Wenn Ihr Budget es jedoch zulässt, empfehlen wir Ihnen die Messinghaken von Veritas, die kosten rund 20 € das Paar.)

Unsere selbst gemachten Haken wurden aus 75 mm langen 19-mm-Dübelstäben gemacht, an die wir ein Stückchen Hartholz (38 x 38 x 15 mm) geschraubt haben.

Zuerst bohren Sie auf der Ständerbohrmaschine das Bankhakenloch in den Block Ihrer Hinterzange. Während Sie diesen Block abgenommen haben, geben Sie den Köpfen des Blockes ein Profil Ihrer Wahl. Wir haben uns für eine traditionelle Rundung mit Absatz entschieden. Eine einfache Fase ließe sich schneller herstellen, falls Sie in Eile sind.

Montieren Sie nun den Block der Zange wieder und reißen auf der Platte die Position der Bankhakenlöcher an. Sie sollten einen Abstand von 20–28 cm haben. Sie werden sich eine einfache Schablone machen müssen, um die Löcher zu bohren. Sie besteht aus drei Abfallstücken und wird auf der Abbildung oben auf der nächsten Seite in Verwendung gezeigt.

Wir haben die Bankhakenlöcher mit einem 19-mm-Bohrer in einer Handbohrmaschine gebohrt. Arbeiten Sie mit langsamer Drehzahl, denn Sie brauchen jede Menge Drehmoment.

Brechen Sie jetzt die scharfe Kante jedes Bankhakenloches; das vermeidet Ausriss, wenn Sie einmal einen widerspenstigen Bankhaken aus seinem Loch ziehen. Sie können hierfür den Fasenkopf in Ihrer Oberfräse verwenden oder die Ränder

den Fasenkopf in Ihrer Oberfräse verwenden oder die Ränder mit etwas grobem Schleifpapier bearbeiten.

Wir haben die Platte mit einem Schleifgerät und Körnung 120 geschliffen. Brechen Sie alle Kanten mit 120er Schleifpapier. Sie brauchen für diese Bank kein aufwändiges Finish – nur einen Schutz vor Flecken und Kratzern. Wir haben drei Teile handelsübliches Polyurethan mit einem Teil Verdünnung gemischt und das dann zweimal aufgetragen. Lassen Sie zwischen den Anstrichen mindestens vier Stunden trocknen. (Nein, diese vier Stunden Trockenzeit wurden in unserer Kalkulation nicht berücksichtigt.)

Dann haben wir unsere Stoppuhr angehalten und die Zeit geprüft: 23 Stunden und zwei Minuten. Wir hatten gerade genug Zeit, um die Werkstatt zu kehren, falls jemand dort unten arbeiten sollte.

***Schablone in Benutzung:** Hier sehen Sie unsere Schablone zum Bohren der Bankhaken in Operation. In der Bodenplatte aus Sperrholz befinden sich zwei 19-mm-Löcher: Eines für den Bohrer und das andere, um die Anrisslinien auf der Bankplatte zu sehen.*

Optionen

Ein Vorteil dieser Bank besteht darin, dass sie als freistehende Bank eingesetzt werden kann oder als Auflagetisch hinter Ihrer Tischkreissäge. Mit einer Arbeitshöhe von 865 mm ist sie genauso hoch wie die meisten Tischkreissägen am Markt: Falls Ihre Tischkreissäge eine andere Höhe hat, sollten Sie die Höhe der Werkbank entsprechend anpassen. Also prüfen Sie Ihre Säge, bevor Sie mit dem Bau beginnen.

Wenn Sie einen Werkzeugschrank für diese Bank wollen, schauen Sie bitte im Kapitel „Hobelbank für Maschinenwerkzeuge“ auf Seite 126 nach (welche auf der Abbildung rechts zu sehen ist). Der Werkzeugschrank unter jener Bank ist so bemessen, dass er auch perfekt unter diese Bank passt. Der Schrank wurde aus je einer Tafel 19 mm und 13 mm Sperrholz gebaut

24-Stunden-Hobelbank

	Anzahl	Teil	Maße in mm			Material	Bemerkung
☐	1	Arbeitsplatte	1480	610	75	Sperrholz	4 Lagen 19-mm-Sperrholz verleimen
☐	2	Anleimer Schmalseiten	680	75	35	Kiefer	
☐	2	Anleimer Vorder- und Rückseite	1480	75	35	Kiefer	
☐	4	Gestellbeine	790	75	75	Kiefer	
☐	4	Zargen Schmalseiten	600	75	35	Kiefer	
☐	2	Schwingen Vorder- und Rückseite	1010	175	35	Kiefer	
☐	1	Backe für die Zange	380	150	70	Kiefer	

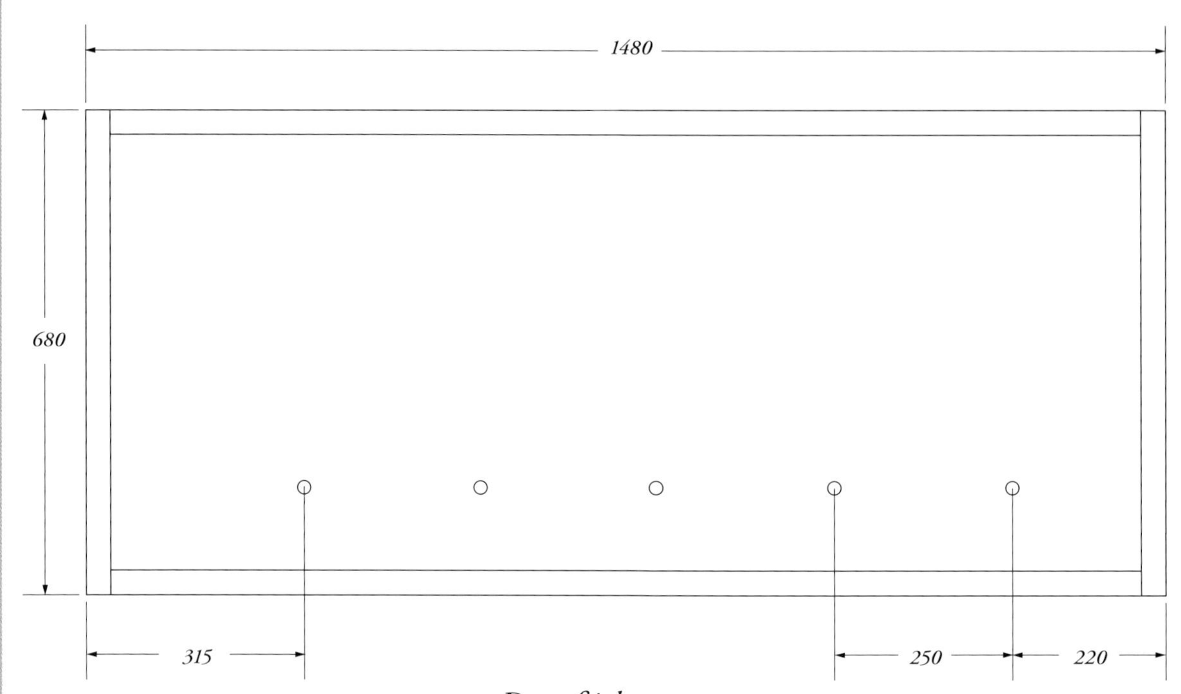

Draufsicht

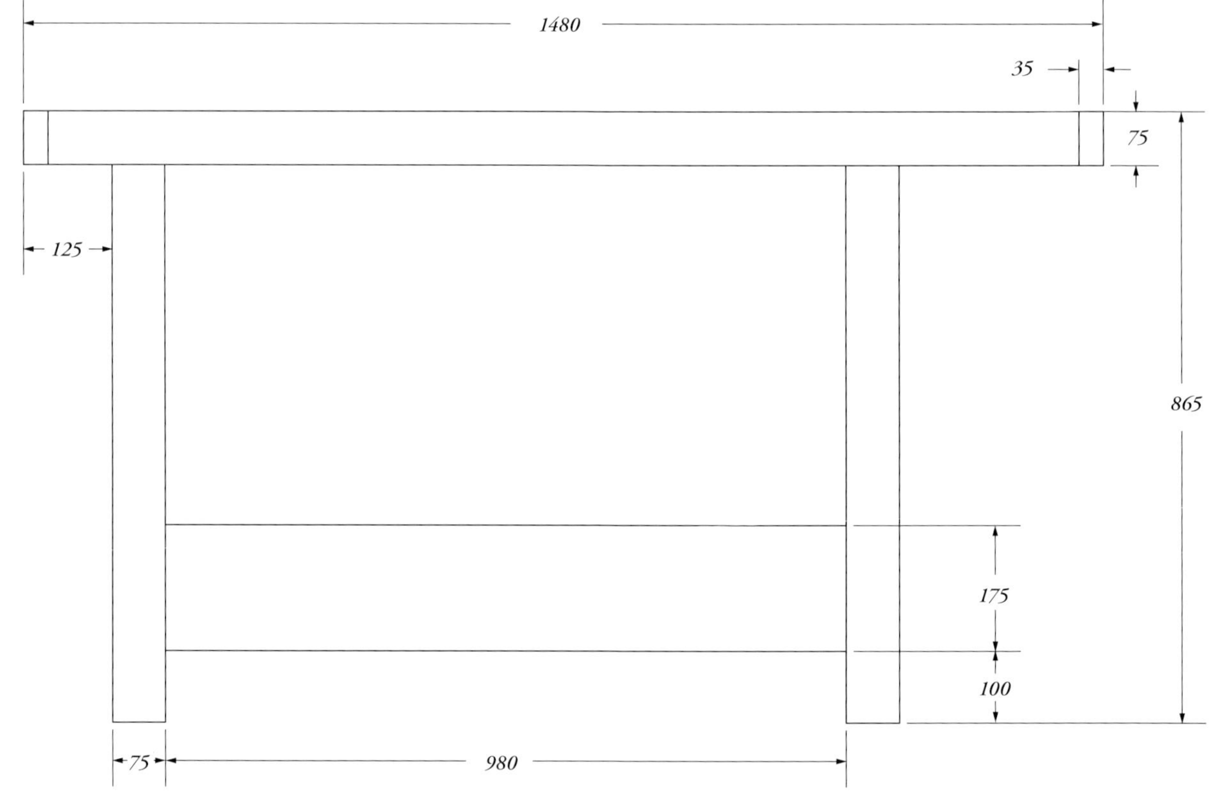

Ansicht Front

1130
75 980
75
20
35
650 495

Untergestell Draufsicht

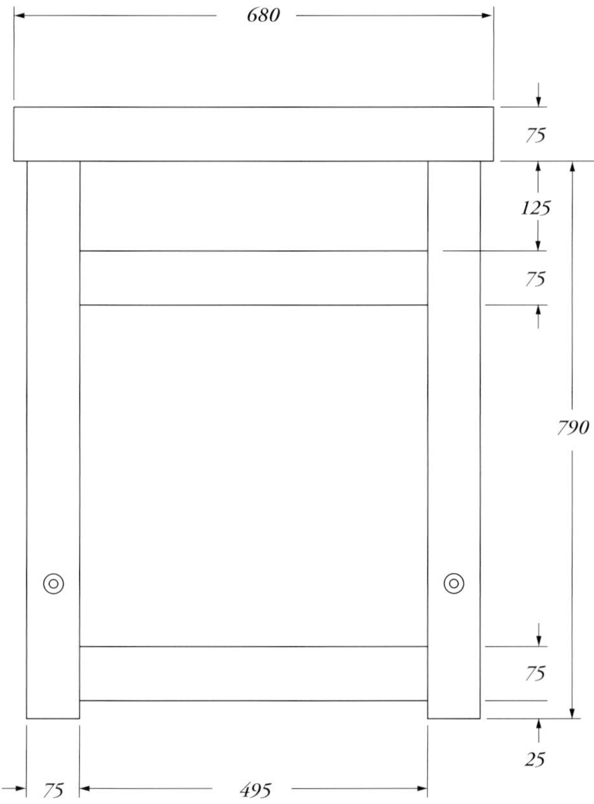

Seitenansicht

Illustrationen: Robert W. Lang

Kritik: Neues Material, bewährter Entwurf

von Christopher Schwarz

Manchmal sieht es so aus, als würden meine Entwürfe für Hobelbänke als Mutprobe beginnen.

2003 beschlossen wir, dass unser Magazin an einer neuen Woodworking Show teilnimmt. Wir würden zu jeder Veranstaltung fahren, um dort Zeitschriften und Bücher zu verkaufen, doch wir mussten etwas Nützliches an unserem Stand zeigen.

Ich hatte die bemerkenswert dumme Idee, dass wir auf jeder Veranstaltung eine Hobelbank bauen und diese am Ende des Wochenendes dann einem glücklichen Besucher schenken.

Das hörte sich zunächst wie eine gute Idee an, doch wir mussten ein Design entwickeln, dass sich mit Materialien realisieren ließ, die man in jeder Stadt der Vereinigten Staaten finden kann. Wir mussten in der Lage sein, es in weniger als 24 Stunden zu bauen, und es musste etwas sein, das Holzhandwerker wirklich wollten.

Auf die Plätze fertig los: *Die einzige Bank, die sich noch schneller bauen lässt, wäre ein massiver Türrohling auf zwei Böcken.*

Nachdem wir einige Zeit mit dem CAD-Programm und dem Rechner verbracht hatten, war die 24-Stunden-Hobelbank geboren.

Ich entschied mich ein Untergestell zu verwenden, das fast eine Kopie meiner Werkbank für Handmaschinen war, welches spezielle Bolzen von Veritas anstatt der üblichen Bolzen mit sechseckigen Kopf verwendet (die Bolzen von Veritas lassen sich in der halben Zeit einbauen). Die wirklich große Veränderung war die Verwendung von Birkensperrholz für die Platte, das in mehreren Lagen zu einer Stärke von 75 mm verleimt wird und dann einen mit Fingerzinken verbundenen Anleimer erhält, der die Sperrholzkanten verdeckt.

Ich liebe dieses Design auf ganz unterschiedliche Weise. Wir bauten es in weniger als 24 Stunden. Ich habe fünf oder sechs von ihnen gebaut (ich konnte sie bei Bedarf im Schlaf bauen) und die Platte blieb bemerkenswert plan und stabil. Selbst nach einem Jahr intensiver Nutzung und Reisen war die Platte noch völlig plan und sah dabei gut aus. Und das könnte ich nicht von jeder massiven Hobelbankplatte sagen.

Doch der gut aussehende Anleimer machte alles ziemlich umständlich. Es ist schwierig, den Anleimer zu schneiden und an der Platte zu befestigen, besonders unter den nicht gerade idealen Bedingungen einer Woodworking Show (schreiende Babys, kreischende Oberfräsen, keine richtigen Einspannmöglichkeiten). Doch wir kamen zurecht.

Wenn ich diese Bank noch einmal bauen sollte, würde ich zuerst die Platte verändern. Ich würde sie 50 bis 60 cm breit machen und ich würde den massiven Anleimer einfach vergessen. Ich würde die Kanten der Sperrholzplatte stattdessen einfach streichen und das ganze eine 12-Stunden-Hobelbank nennen. Jawohl, soviel Zeit würden Sie dann sparen.

Die andere entscheidende Überlegung sind die Spannmöglichkeiten dieser Bank. Wir mussten etwas auswählen, das sich relativ schnell installieren lässt, überall erhältlich ist und dabei auch vielseitig.

Meine erste Lösung bestand darin, eine der osteuropäischen Vorderzangen zu nehmen und an der Position der Hinterzange zu verwenden. Es waren rein wirtschaftliche Überlegungen und Schnelligkeit, die mich zu dieser Entscheidung trieben. Dies ermöglichte es, etwa 90 % der üblichen Aufgaben mit einer halbwegs brauchbaren Zange zu erledigen.

Was habe ich aufgegeben? Gezinkte Zargen. Es gibt bei dieser Bank keine praktische Lösung, um Zinken an einer Korpusseite zu schneiden, ohne zwei Zwingen ins Spiel zu bringen. Meine Überlegung war, dass die Besucher einer typischen Woodworking Show ihre Zargen eher mit einer Vorrichtung von Leigh oder Keller herstellen. Und ich denke immer noch, dass ich hier richtig liege.

Was würde ich modifizieren/ändern, wenn ich die Bank heute wieder bauen würde? Gute Frage. Ich arbeite viel von Hand. Wenn ich überwiegend mit Maschinen arbeiten würde, würde ich rein gar nichts verändern. Doch wenn ich Handwerkszeuge verwenden wollte, würde ich folgendes an der 24-Stunden-Bank verändern:

1. Geben Sie der Bank eine Vorderzange – entweder eine Beinzange oder eine große alte Schnellspannzange von Record mit einer Holzbacke (Details hierzu finden Sie in meinen Überlegungen zur 250-€-Bank). Das würde es mir erlauben, eine Korpusseite mit der Hilfe nur einer Zwinge zu zinken. Und, wenn ich die folgenden Veränderungen vornehmen würde, wäre die Bank auch prima zum Fügen.

2. Montieren Sie die Platte so, dass die Vorderkante bündig mit den Beinen abschließt. Ich kann bei dieser Frage richtig leidenschaftlich werden. Es ist gut. Tun Sie es.

3. Bauen Sie einen „Toten Mann" ein. Damit könnte man hervorragend Kanten fügen und dies würde Ihnen auch unbeschwertes Zinken ermöglichen.

4. Vergessen Sie den massiven Anleimer. Ich habe das schon erklärt, ich meine es ernst. Sie wollen diesen Anleimer nicht bauen, oder?

5. Bauen Sie die Platte in einer anderen Technik. Nach der ersten Show haben wir begonnen, die Platte in einer viel einfacheren Methode zu bauen. Haben Sie schon einmal etwas von Schrauben gehört? Das sind großartige Zwingen. Wir haben angefangen, unsere Platten mithilfe von Schrauben zu laminieren. Hier erfahren Sie, wie wir vorgingen.

Wir haben die oberste Lage der Platte mit dem Gesicht auf den Boden gelegt, die nächste Lage daneben gelegt und auf beiden mit einem Farbroller Leim angegeben. Dann haben wir sie zusammengelegt und verschraubt – entlang der Kanten und der Mittellinie. Es funktionierte prima. Die Schrauben zogen die Lagen zusammen und drückten eine Menge Leim raus. Nach einer Stunde haben wir die Schrauben wieder entfernt und eine weitere Lage 19 mm Birkensperrholz in der gleichen Weise aufgebracht.

Es lief phantastisch und führte zu einigen anderen Verbesserungen beim Bau von Arbeitsplatten in unserer Zeitschrift.

Dies ist ein gutes Beispiel für eine Hobelbank mit Sperrholz-Arbeitsplatte. Sie ist stabil, kann schnell gebaut werden und hat die offene Bauweise, mit der das Arbeiten an einer Bank zum Vergnügen wird. Es gibt keine Riegel oder Werkzeugschränke, die beim Spannen im Weg sind. Und mit ein paar kleinen Veränderungen (siehe oben) wird sie sogar noch besser.

Was wurde nun aus dieser Hobelbank? Auf der letzten Woodworking Show gaben wir auch diese Bank ab. So hatten wir einfach weniger Gepäck auf der Rückreise. Und, wie immer, versuchte der Gewinner mit unserer Redakteurin Kara Gebhart auszugehen. Diese Bank wirkt also wie ein Liebestrunk.

„Toter Mann": *Ein verschiebbarer „Toter Mann" würde an dieser Bank Wunder wirken. Natürlich, Sie würden dann auch eine Vorderzange brauchen.*

Nicht wieder: *Der massive Anleimer sah attraktiv aus, war aber eine Qual. Wenn ich diese Bank noch einmal bauen sollte, werde ich mir vielleicht einen Topf Farbe holen und die Sperrholzkanten anstreichen.*

Vor- und Nachteile dieser Bank

+ Schnell, einfach und sehr stabil
+ Mit einer Hinterzange an richtiger Position lassen sich viele Aufgaben bewältigen

– Bauen Sie eine Ablage
– Vergessen Sie den Anleimer
– Ändern Sie die Methode, mit der die Platte hergestellt wird (siehe oben)
– Verschieben Sie die Platte so, dass die Vorderkante bündig mit den Vorderbeinen abschließt.

Foto: Al Parrish

Große Montagefläche: *Sie können keine Bank kaufen, die all das kann, was diese Bank bietet: Sie ist eine halb-traditionelle Hobelbank, eine Verlängerung des Maschinentisches und ein Montagetisch. Selbst wenn Sie eine kaufen könnten, wäre sie viel kostspieliger als das, was wir für Holz, Beschläge und Zange ausgegeben haben.*

Kapitel 9

Hobelbank für Maschinenwerkzeuge

von Christopher Schwarz

Es ist ein Wunder, dass in einer von Maschinen dominierten Welt die handelsüblichen Hobelbänke immer noch weitgehend auf Handarbeit ausgelegt sind. Diese Monster im europäischen Stil sind eher zum Hobeln, Stemmen und Zinken gemacht als zur Arbeit mit Oberfräse, Lamello-Fräse und Nagler.

Was die Sache noch schlimmer macht, ist die Tatsache, dass traditionelle Bänke für die wenigen in einer Maschinenwerkstatt anfallenden Handarbeiten zu groß sind (die meisten haben 180 cm); und sie sind zugleich zu klein (meist 60 cm tief), um darauf größere Projekte zu montieren. Hinzukommt der Preis. Sie können eine passable Bank für rund 800 € kaufen, doch wirklich schöne können mehr kosten als eine brandneue Tischkreissäge.

Einer meiner Kollegen, Glen Huey, fand für dieses Problem eine Lösung, als er vor vielen Jahren seine Werkstatt gründete. Huey arbeitet manchmal von Hand, doch meist lautet sein Motto: „Wenn du es nicht auf der Tischkreissäge machen kannst, ist es die Sache nicht wert."

Daher entwarf Huey seine Bank als Teil seiner Tischkreissäge. Sie ließ sich an die Rückseite der Tischkreissäge andocken und erfüllte folgende Funktionen:

- eine kleine traditionelle Hobelbank, um mit Handwerkzeugen zu arbeiten
- Eine großzügige und stabile Tischverlängerung.
- Ein enorm großer Montagetisch (wenn man die Platte der Tischkreissäge mit einbezieht)
- Ein großzügig bemessener Raum für Handwerkzeuge und Handmaschinen in den Schubkästen und auf dem großen Boden unter der Arbeitsplatte.

Ich habe Glen beobachtet, wie er dutzende Projekte auf dieser Bank baute – alles, von Eckschränken bis zu einem Sekretär mit einschlagender Klappe – und sie hat ihn dabei nie im Stich gelassen.

Ich habe Glens großartige Idee übernommen und sie etwas weiter entwickelt mit einer ganz großen Hinterzange, Bankhaken und einem extra Boden. Ich habe Platte, Beine und Riegel aus Kiefer gemacht und für den Werkzeugschrank Sperrholz verwendet. Die Kosten für Holz, Beschläge und Zange beliefen sich auf rund 300 € – weniger als die Hälfte eines Einsteigermodells. Wenn das noch zu viel sein sollte, können Sie die Bank auch für weniger bauen. Lesen Sie dazu die Geschichte "Bauen Sie eine Bank - behalten Sie ihr Geld" auf Seite 133.

Wie auf der Abbildung links zu sehen, wurde diese Bank für eine Tischkreissäge vom Typ „Delta Unisaw" entworfen. Indem Sie die Beine der Bank um bis zu 75 mm länger machen, können Sie mit der gleichen Holzliste und dem gleichen hier beschriebenen Design jede handelsübliche Tischkreissäge bedienen.

Wenn die fertige Bank an Ihrer Tischkreissäge befestigt wurde, wird sie Ihnen eine riesige Plattform bieten, um Projekte zusammenzubauen – fast zwei Quadratmeter. Ich nenne das einen „Montageplatz".

Wenn Sie eine Kreissäge mit Keilriemenantrieb haben, kann diese Bank leicht angepasst werden, um den hinten heraushängenden Motor unterzubringen. Wenn Sie die Bank ohne den Werkzeugschrank bauen, wird für die allermeisten Modelle auch ohne jede Veränderung zwischen den Beinen genug Platz für den Motor sein. Ich habe ein halbes Dutzend dieser Sägen getestet, um sicherzustellen, dass das stimmt. Wenn Ihre Säge die Ausnahme sein sollte, müssen Sie lediglich die Arbeitsplatte etwas nach links verschieben, bevor Sie sie am Untergestell fixieren. Wenn Sie unter der Platte etwas Stauraum wünschen, empfehle ich Ihnen eine Reihe Schubkästen auf der linken Seite. Die rechte Seite lassen Sie für den Motor offen.

Ganz gleich welche Bank Sie bauen, es wird Ihre Arbeitsweise verändern. Sie können große Schränke auf der Tischkreissäge und Bank zusammenbauen anstatt auf dem Fußboden oder der Einfahrt. Sie werden eine verlässliche Tischverlängerung an der Tischkreissäge haben anstatt eines wackeligen Rollenbocks. Und Sie haben eine Bank für Handarbeit mit allem, was dazu gehört. Mit einem Satz Bankhaken wird die hervorragende Hinterzange von Veritas jede übliche Spannaufgabe bewältigen. Wollen wir nicht gleich loslegen?

Zuerst die Bankhakenlöcher: *Bohren Sie die 19-mm-Löcher in die Vorderkante der Platte, bevor Sie die Platte verleimen. Das erspart Ihnen später die Anfertigung einer Schablone oder – falls Sie freihändig bohren – verlaufende Bankhakenlöcher.*

Ordentlich auftragen: *Ich habe zunächst jeweils vier Streifen geleimt und diese Abschnitte dann zur Arbeitsplatte verleimt. Sparen Sie nicht mit Leim oder Zwingen – ansonsten haben Sie schnell eine unschöne Fuge in der Platte.*

Beginnen Sie mit der Platte

Wenn Sie noch keine Hobelbank haben, dann stellen Sie zunächst die Platte her, legen Sie auf zwei Böcke und bauen darauf den Rest der Bank. Die erste Aufgabe besteht darin, die 5 cm starken Bohlen auf handliche Länge zu schneiden. Ich habe es folgendermaßen gemacht.

Das Holz wird in unserem Holzhandel in anderen Querschnitten und Längen angeboten, daher schlage ich eine leichte Überarbeitung vor, welche die Bemessung des Ausgangsmaterials offen lässt: Beginnen Sie immer mit den längsten Teilen. Die Stücke für die Arbeitsplatte längen Sie auf 1,35 m ab. Aus dem restlichen Material werden dann die beiden Schwingen, die vier Gestellbeine sowie die kurzen Riegel geschnitten.

Wenn Sie eine Abrichte und Dickte haben, hobeln Sie alle Materialien winklig aus und schneiden sie dann an der Tischkreissäge auf Maß. Wenn Sie diese Maschinen nicht haben, schneiden Sie mit der Säge die runden Kanten ab. Leihen Sie sich einige Extra-Zwingen von Ihrem Nachbarn und stellen sicher, dass Sie genug Leim haben. Jetzt geht es an das Verleimen der Platte.

Hier haben Sie einen Rat, der auf Erfahrung beruht: Verleimen Sie immer nur einige wenige Bretter. Ja, das dauert länger, doch das Ergebnis wird eine Platte ohne Fugen sein, die am Ende wahrscheinlich auch planer ist. Verleimen Sie zunächst jeweils vier Bretter und verwenden Sie dafür jede Menge Leim und Zwingen (ich brauchte für diesen Job fast 0,7 l Leim) . Hier haben Sie noch einen wichtigen Tipp: Wenn Sie die Platte mit einem Handhobel abrichten (und nicht mit einer Zylinderschleifmaschine), dann achten Sie darauf, dass die Fasern der Lamellen alle in die gleiche Richtung laufen. Das wird Ausriss beim Hobeln vermeiden.

Nachdem der Leim an allen Abschnitten getrocknet ist, wird es eine gute Idee sein, jeden Abschnitt nochmals leicht abzurichten und auszuhobeln. Das wird das Verleimen der Platte erleichtern und im Endergebnis zu einer planeren Platte führen. Wenn Sie diese Maschinen nicht haben, verleimen Sie mit besonderer Vorsicht und richten die Platte zum Schluss ab. Bevor Sie die Abschnitte miteinander verleimen, nehmen Sie den Teil, der vorne liegen soll und bohren an der Vorderkante die 19-mm-Löcher für die Bankhaken. Das ist zu diesem Zeitpunkt viel einfacher als an der fertig verleimten Platte.

Nachdem Sie die Bankhakenlöcher gebohrt haben, verleimen Sie die fünf Abschnitte, setzen die Zwingen an und lassen alles in Ruhe trocknen.

Ein gezapftes Gestell

Das Untergestell dieser Bank wird komplett mit Zapfenverbindungen hergestellt. An den beiden Rahmen der Schmalseiten werden die Zapfenverbindungen mit Holznägeln gesichert. Diese im Englischen als „drawboring" bezeichnete Technik, bei der die Löcher für maximalen Pressdruck leicht versetzt angeordnet sind, werde ich Ihnen genau zeigen. Die beiden Rahmen der Schmalseiten werden mit den Riegeln der Vorder- und Rückseite durch nicht geleimte Zapfen und Bolzen verbunden. Dabei handelt es ich um robuste Beschläge, die Bettbeschlägen gleichen. Diese Bolzen sind stabiler als eine geleimte Verbindung und können bei Bedarf immer nachgezogen werden.

Der erste Schritt besteht darin, an einem Abschnitt einen Probeschlitz herzustellen, mit dem Sie dann alle Zapfen bemessen können. Ich habe meine Schlitze an der Ständerbohrmaschine mit einem 20-mm-Bohrer und einem Anschlag hergestellt. Sie können so erstaunlich saubere Schlitze herstellen. Für Details

Zuerst die Hügel herstellen: *Zunächst eine Serie von überlappenden Löchern zu bohren ist die einfachste Methode, um an der Ständerbohrmaschine saubere Schlitze herzustellen.*

Dann entfernen: *Danach gehen Sie zurück und entfernen das überschüssige restliche Material zwischen diesen Löchern, bis der Bohrer ohne Widerstand durch den Schlitz gleiten kann. Jetzt müssen Sie nur noch mit einem Stemmeisen die Enden des Schlitzes eckig ausstechen.*

Zuerst Vorder- und Rückseite: *Ich schneide meine Zapfen mit Nutsägeblättern. Ich mag diese Methode, denn sie erfordert nur eine einzige Einstellung an der Säge, um alle Schnitte am Zapfen zu machen. Zuerst schneiden Sie die Wangen und Brüstungen an Vorder- und Rückseite.*

Dann die Kanten: *Danach schneiden Sie die Wangen und Brüstungen an den Kanten.*

siehe die obigen Abbildungen. Nachdem Sie Ihren Probeschlitz gemacht haben, geht es an die Tischkreissäge, um die Zapfen zu schneiden.

Ich habe meine Zapfen an der Tischkreissäge mit Nutsägeblättern geschnitten. Der Parallelanschlag legt die Länge des Zapfens fest; die Höhe der Sägeblätter bestimmt die Brüstungen. Stellen Sie die Höhe der Nutsägeblätter auf 8 mm ein, schneiden an einem Stück Abfall einen Zapfen wie oben zu sehen und prüfen Sie, ob er in den Probeschlitz passt. Wenn die Passung fest aber nicht zu stramm ist, schneiden Sie alle Zapfen an den Riegeln der Vorder-, Rück- und Schmalseite.

Verwenden Sie nun Ihre Zapfen, um die Position der Schlitze an den Gestellbeinen festzulegen. Die Zeichnungen dienen als Anhaltspunkt. Stellen Sie die Schlitze an der Ständerbohrmaschine her. Bereiten Sie sich auf den Zusammenbau der beiden Rahmen für die Schmalseiten vor.

Erklärung zu „Drawboring“ – Holznägel in leicht versetzten Bohrlöchern

Bevor Leime so verlässlich waren wie heutzutage, sicherten Handwerker eine Zapfenverbindung mit Holznägeln, um so eine eher mechanische Verbindung herzustellen. Es ist überhaupt nicht schwierig zu machen und verringert dabei auch das Risiko einer offenen Brüstung.

Test: *Prüfen Sie die Passung an dem Probeschlitz, den Sie vorher hergestellt hatten. Hiermit sorgen Sie für eine gute Passung.*

Zapfen anreißen: *Durch Holznägel gesicherte Zapfen, bei denen die Löcher leicht versetzt angeordnet werden, sind eine einfache Methode zur Herstellung hoch belastbarer Verbindungen. Beginnen Sie mit einem 10-mm-Loch durch den Schlitz. Stecken Sie den Zapfen nun in den Schlitz und markieren den Mittelpunkt des Loches mit einem Bohrer und Klüpfel, wie auf dem Bild rechts zu sehen. Danach bohren Sie in den Zapfen ein Loch, dass etwa einen Millimeter weiter Richtung Brüstung liegt.*

Bohrung übertragen: *Nachdem Sie das Loch zum Versenken des Schraubenkopfes sowie das Loch für den Schaft des Bolzens gebohrt haben, markieren Sie die Position auf dem Kopfholz des Zapfens durch einen Bohrer mit Zentrierspitze.*

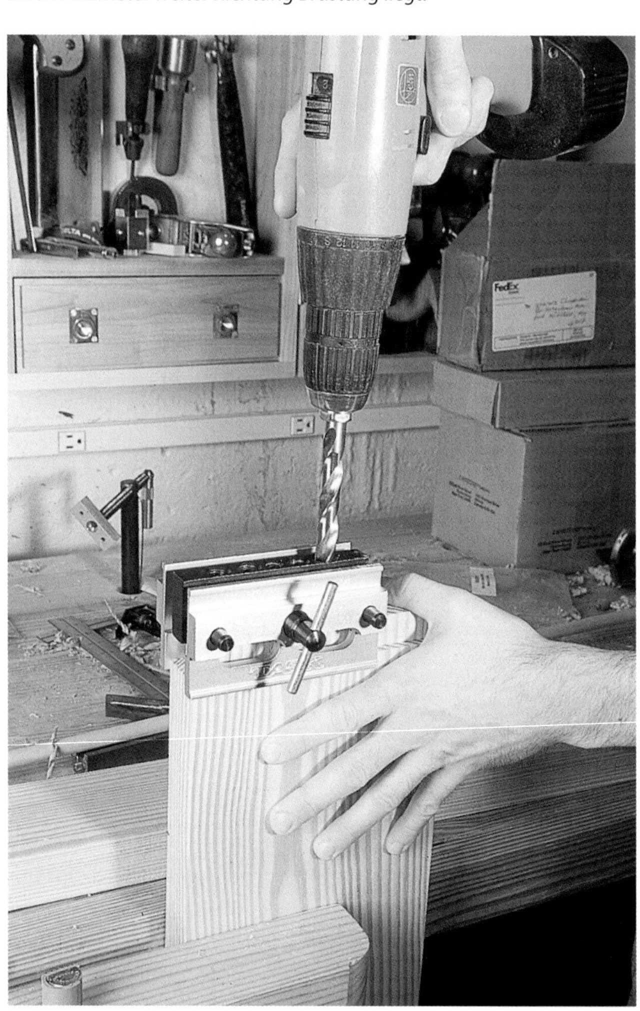

In die Tiefe gehen: *Nutzen Sie eine Dübellehre, um mit einem 12-mm-Bohrer ein Loch für den Bolzen zu bohren. Das ist ein tiefes Loch, Sie werden vielleicht einen besonders langen Bohrer für diesen Job brauchen.*

Der Schlüssel einer derartigen Verbindung ist ein Holznagel oder Dübel, der den Zapfen in den Schlitz zieht. Beginnen Sie damit, durch das geschlitzte Werkstück ein 10-mm-Loch für den Holznagel zu bohren, so wie es auf der Abbildung oben links gezeigt wird. Dieses Loch sollte etwa 12 mm von der Kante des Beines zurückspringen und bis zur anderen Seite durchgebohrt werden.

Stecken Sie die Verbindung nun trocken zusammen und verspannen sie. Nehmen Sie einen 10-mm-Holzbohrer mit Zentrierspitze, stecken ihn in das Loch, welches Sie gerade gebohrt haben. Schlagen Sie mit einem kleinen Klüpfel leicht auf den Bohrer, um so den Mittelpunkt an der Wange des Zapfens zu markieren, wie es auf dem mittleren Foto oben zu sehen ist. Setzen Sie daraufhin eine zweite Markierung, die etwa 1 bis 1,5 mm näher an der Brüstung des Zapfens liegt. Ich verweise auf die Illustrationen am Ende dieses Kapitels, auf denen im Detail die Herstellung der Verbindung gezeigt wird.

Bohren Sie nun an dieser zweiten Markierung durch den Zapfen ein 10-mm-Loch. Wenn Sie so weit sind, dann leimen Sie die Riegel zwischen den Beinen ein und spannen. Geben Sie dann etwas Leim in die Bohrungen und schlagen einen 10-mm-Dübel ein. Der leichte Versatz der Bohrungen wird die Verbindung sofort zusammenziehen. Warten Sie auf diesen abschließenden Schritt, bis die Bankbolzen des Gestells installiert sind.

Bolzen für die Ewigkeit

Ein Satz spezieller Bolzen für dieses Projekt kostet mehr als die üblichen Bolzen mit Sechskantmutter. Das mag übertrieben erscheinen, ist die Sache aber wert. Diese Bolzen sind einfacher zu installieren als traditionelle Bettbolzen. Und sie lassen sich viel einfacher anbringen als die üblichen Bolzen mit Sechskantmutter und Unterlegscheibe.

Beginnen Sie den Einbau, indem Sie an den Gestellbeinen 12 mm tiefe 30 mm Löcher zum Versenken des Schraubenkopfes bohren. Bohren Sie dann im Zentrum ein 12-mm-Loch, das durch das Bein bis zum Zapfen reicht. Stecken Sie die Teile nun

***Der Trick mit dem Dübel:** Um die Position für die Messingmutter oben links genau zu markieren, bauen Sie sich wie hier zu sehen eine einfache Lehre aus einem 12-mm-Dübel, einem Abschnitt und einem Nagel. Der Nagel sitzt genau dort, wo das Zentrum der Messingmutter liegen soll. Stecken Sie einen Dübel in die Bohrung am Riegel und schlagen leicht auf den Nagel. Bohren Sie hier ein 25-mm-Loch und Ihre Verbindung wird mit Leichtigkeit zusammengehen – so einfach ist das.*

trocken zusammen und setzen Zwingen an. Verwenden Sie einen 12-mm-Bohrer mit Zentrierspitze, um das Zentrum des Loches auf den Kopf jedes Zapfens zu übertragen, wie es auf der Abbildung S. 130 oben rechts gezeigt wird.

Nehmen Sie das Gestell auseinander und fixieren Sie die Schwinge der Vorderseite mit einer Zwinge an der Arbeitsplatte oder in einer Zange. Verwenden Sie eine Dübelschablone und einen 12-mm-Bohrer, um die Löcher für die Bolzen zu bohren. Sie müssen etwa 90 mm tief in den Riegel bohren. Wiederholen Sie diesen Vorgang an den anderen Zapfen.

Jetzt müssen Sie ein 25-mm-Loch bohren, das sich mit dem 12-mm-Loch schneidet, welches Sie gerade gebohrt haben. Dieses 25-mm-Loch nimmt eine spezielle runde Mutter auf, die alles zusammenzieht. Um präzise anzureißen, wo dieses 25-mm-Loch liegen soll, habe ich mir eine einfache Lehre gebaut, wie sie auf den Abbildungen oben dargestellt wird. Die Idee dazu hatte ich von der Montageanleitung der Zange. Es funktioniert wunderbar. Manchmal können Bohrer „wandern" – selbst wenn sie von einer Dübellehre geführt werden – doch mit dieser Lehre gehen Sie auf Nummer sicher.

Putzen oder schleifen Sie alle Ihre Beine und Riegel und bauen das Gestell zusammen. Fixieren Sie die Platte auf dem Gestell. Sie können oben an den Beinen Dübel einleimen und an der Unterseite der Platte korrespondierende Löcher bohren,

Schneller Werkzeugschrank: Ich habe die Mittelaufrechte des Werkzeugschrankes provisorisch mit Nägeln fixiert, damit ich ihre Position noch einmal sorgfältig prüfen kann.

oder Sie können auch spezielle Beschläge mit 60-mm-Schrauben verwenden. In jedem Fall sollten Sie aber darauf achten, dass die Platte etwas arbeiten kann.

Ein moderner Werkzeugschrank

Nach all diesen traditionellen Verbindungen war ich bereit, die Lamellofräse anzuwerfen. Sie können diesen Werkzeugschrank aus einer Tafel 19 mm Sperrholz und einer weiteren Tafel 12 mm Sperrholz herstellen.

Schneiden Sie die Teile auf Maß und beginnen mit einem 12 mm breiten und 18 mm tiefen Falz an der Hinterkante der Korpusteile, der die Rückwand aufnehmen soll. Am besten machen Sie das an Ihrer Tischkreissäge. Schneiden Sie die Schlitze für die Lamellos, geben Leim an und setzen die Zwingen am Korpus an. Wenn der Leim abgebunden hat, schneiden Sie die Mittelsenkrechte auf Maß, setzen Sie sie ein und fixieren Sie sie mit Nägeln. Schrauben Sie die Rückwand in den Falz und bügeln Sie einen Streifen Birkenfurnier auf, um die Kanten der Sperrholzplatte zu verdecken. Schrauben Sie diesen Werkzeugschrank dann an der vorderen Schwinge und den Beinen des Gestells fest.

Bauen Sie die Schubkästen aus 12 mm Sperrholz. Die meisten vergleichbaren Schubkästen haben nur 6 mm Böden, doch da diese Schubkästen besonders stark strapaziert werden, habe ich mich für 12 mm Sperrholz entschieden.

Wenn die Schubkästen fertig sind, müssen Sie in dem Korpus aufgehängt werden. Auszüge zu montieren ist nicht schwer, wenn man zwei Tricks kennt. Die meisten Profis werden nur an der Innenseite des Korpus einen Riss machen und den Auszug dort anschrauben. Sie würden es auch so machen, wenn Sie jeden Tag Auszüge montieren müssten. Für alle anderen ist es einfacher, Abstandshalter aus Sperrholzstreifen zu machen, welche die Auszüge in Position halten, wenn Sie sie am Korpus festschrauben. Montieren Sie zuerst die Auszüge für die oberen Schubkästen. Legen Sie Ihren Abstandshalter an und legen darauf den Auszug. Schrauben Sie ihn an den Löchern fest, welche eine Verstellung des Auszugs nach vorne oder hinten erlauben.

Dann installieren Sie die Auszüge an den Schubkastenseiten und verwenden dabei die Löcher, die eine Verstellung des Auszugs nach oben oder unten erlauben. Setzen Sie den Schub-

Zum Justieren der Schubkastenfronten: *Hier sehen Sie den kleinen Beschlag, der an der Rückseite einer Blende eingelassen wurde. Die Schraube hat in dem Kunststofffutter etwas Spiel, dadurch können Sie die Blende ein bisschen bewegen, bis sie perfekt passt. Hier ist ein Tipp: Sie können den weißen Kunststoff leicht hobeln, wenn er nicht bündig mit der Blende sein sollte.*

Bringen Sie Ihre Auszüge an: *Verwenden Sie Abstandshalter, um die Auszüge genau in Position zu bringen. Man braucht nur ein paar Minuten, um sie herzustellen, doch sie sind eine dritte Hand, wenn die Auszüge am Korpus fixiert werden.*

kasten ein und testen Ihre Arbeit. Justieren Sie die Auszüge und fixieren Sie mit ein paar weiteren Schrauben, wenn alles passt. Hängen Sie die restlichen Schubkästen auf.

Schubkastenblende

Die Montage von Blenden kann bei einschlagenden Schubkästen wie hier recht schwierig sein. Die beiden besten Werkzeuge für diese Aufgabe sind ein paar dünne Leisten, und Beschläge zum Justieren, die auf der Rückseite der Blende eingesetzt werden.

Beginnen Sie damit, auf die Sperrholzkanten ein Furnier zu bügeln (falls gewünscht) und die Schrauben für die Schubkastengriffe/Knäufe zu setzen. Montieren Sie nun die Aufdoppelung auf den unteren Schubkästen. Entnehmen Sie die oberen Schubkästen aus dem Korpus und spannen mit Zwingen die Blenden auf die unteren Schubkästen. Justieren Sie diese Blenden mithilfe der dünnen Leisten, bis Sie an den Seiten und unten eine etwa 1,5 mm breite Fuge haben. Ggf. müssen Sie die Blenden mit einem Hobel oder Schleifpapier etwas nacharbeiten, bis Sie passen. Wenn Sie zufrieden sind, heften Sie die Blenden mit Stiften an und sichern Sie dann mit ein paar Schrauben.

Setzen Sie die oberen Schubkästen wieder in den Korpus. Bohren Sie zwei Pilotlöcher in das Vorderstück und stecken Schrauben so in die Löcher, dass die Spitzen etwa 1,5 mm vorstehen. Nehmen Sie eine Blende, bringen Sie vorsichtig in Position und fixieren sie mit den dünnen Leisten. Drücken Sie nun die Blende gegen den Schubkasten, sodass die Schraubenspitzen in die Rückseite der Blende greifen. Entfernen Sie die Blende.

Bohren Sie an der Rückseite der Blenden 25-mm-Löcher, um dort die Justierbuchsen einzusetzen. Schlagen Sie diese ein, bis sie so aussehen wie oben auf der Abbildung. Ersetzen Sie nun die Schrauben in dem Schubkasten mit den Schrauben für die Justierbuchsen und bringen die Blende an. Sie werden in der Lage sein, die Blenden etwas zu verschieben, bis Sie rundherum eine gleichmäßige Fuge haben. Wenn Sie zufrieden sind, setzen Sie noch zwei weitere Schrauben, um die Blende in dieser Position zu fixieren.

Details: Bankhaken & Zange

Das Achsmaß der 19-mm-Bankhakenlöcher auf der Platte ist abhängig von der Zange, die Sie kaufen. Wenn Sie eine Veritas Zange mit Doppelspindel haben, bohren Sie Ihre Bankhakenlöcher alle 25 cm, wie dies auf den Zeichnungen am Endes dieses Kapitels dargestellt ist (oder etwas weniger), und brechen Sie die Kanten der Löcher etwas. Ich habe mir vier Veritas Wonder Pups gekauft, um sie als Bankhaken zu verwenden. Sie können sich auch Ihre eigenen Bankhaken herstellen, indem Sie einen 20-mm-Dübel in eine kleine 20 mm dicke Holzplatte leimen.

Die Montage der Hinterzange ist ein eigenes Projekt und erfordert einen langen Nachmittag und präzises Bohren. Die Anleitung, die mit der Zange geliefert wird, ist erstklassig, wie auch die Zange selbst. Daher besteht kein Grund, hier ins Detail zu gehen. Wenn Sie die Zange so wie dargestellt montieren, ist sie erstaunlich vielseitig. Mit ihr lassen sich Bretter gut einspannen, um deren Köpfe zu bearbeiten, wie etwa beim Zinken. Mit den Bankhaken lassen sich große Füllungen zum Schleifen auf Ihrer Bank einspannen. Und mit den Bankhakenlöchern an der Vorderkante und Zange können Sie Bretter bis zu einer Länge von 153 cm einspannen, um die Kanten zu bearbeiten.

Wenn Ihr Werkstück sowohl lang als auch breit ist (z. B. eine große Möbeltür), können Sie eine Schublade des Werkzeugschrankes aufziehen, um so zusätzliche Unterstützung während der Bearbeitung der Kante zu haben. Die Auszüge sind auf eine Belastung von bis zu 50 kg ausgelegt, Sie sollten also in der Lage sein, alles bis auf schwerste Platten zu bearbeiten.

Eine der letzten Aufgaben bei dieser Bank ist das Abrichten der Arbeitsplatte. Ich habe die hohen Stellen mit einer Raubank

Ganz einfach: *Bohren Sie zwei Pilotlöcher in die Schubkästen und setzen dort Schrauben ein, sodass deren Spitzen etwa 1,5 mm vorstehen. Positionieren Sie dann Ihre Schubkastenfront mithilfe dünner Leisten.*

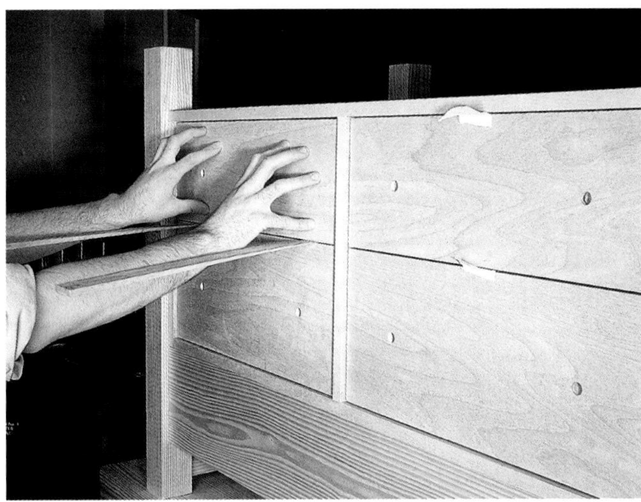

Dann drücken: *Sobald Ihre Schubkastenfront in Position ist, drücken Sie die Blende gegen die Schraubenspitzen. Dies markiert dann an der Rückseite die Position der Justierbuchsen.*

Bauen Sie eine Bank – behalten Sie Ihr Geld

Der Kauf einer guten Hobelbank wird Sie um 2.000 Euro oder mehr erleichtern. Sie können sich eine Bank bauen, die genauso schwer, praktisch und für jede Gelegenheit gerüstet ist und das für einen Bruchteil des Preises. Hier erfahren Sie, was wir bezahlt haben, um diese Bank zu bauen und drei Wege, wie es mit noch weniger geht.

Deluxe Bank
- Sechs 4 m lange Bohlen Kiefer
- Eine Tafel 19 mm Birkensperrholz
- Eine Tafel 12 mm Birkensperrholz
- Eine Veritas Zange mit Doppelspindel
- Vier Veritas Bench Pups
- Vier Paare 50 cm Kulissenauszüge für Schubkästen

Einfachere Bänke
Wenn das für Sie zu viel ist, kann man die Bank auch leicht für weniger bauen.
- Weniger kostspielige Zange – Große Vorderzange
  Bauen Sie die Bank mit einer einfacheren Zange und stellen die Bankhaken selber her.
- Schöne Zange aber ohne Werkzeugschrank
  Bauen Sie die Bank ohne den Werkzeugschrank und machen Sie sich Ihre eigenen Bankhaken.

Economy-Modell:
Bauen Sie die Bank mit einer billigeren Zange, ohne Werkzeugschrank und verwenden Sie herkömmliche Bolzen anstelle der speziellen Veritas Bankbolzen.

Nr. 7 abgenommen, dabei habe ich den Hobel in beiden Richtungen schräg über die Platte geführt. Danach habe ich mit einem Exzenterschleifer nachgearbeitet. Prüfen Sie den Arbeitsfortschritt gelegentlich mit einer Richtlatte oder Richtscheiten. Wenn Sie es bevorzugen, können Sie anstelle einer Raubank auch mit einem Bandschleifer arbeiten.

Wenn Sie den Werkzeugschrank mit Werkzeug befüllen, wird sich die Bank nicht bewegen. Daher wird es kaum nötig sein, sie hinten an Ihrer Tischkreissäge zu befestigen. Wenn Sie die Bank aber dennoch verschieben sollten, können Sie zwischen den Schwingen an der Vorder- und Rückseite (also unter dem Werkzeugschrank) einen weiteren Boden einziehen und diesen mit Werkzeugen oder Sandsäcken belegen. Oder Sie können sich einen Weg ausdenken, um die Bank an der Platte oder dem Gestell Ihrer Tischkreissäge zu befestigen.

Wenn Sie Ihre Bank da haben, wo Sie wollen, werden Sie auf der Platte zwei Führungsnuten ausfräsen wollen, welche die Gleitführung des Gehrungsanschlags aufnehmen. Bei meiner Säge waren diese Nuten 9 mm tief, 28 mm breit und 25 cm lang. Messen Sie die Gleitführung und geben noch ein wenig hinzu.

Hobelbank für Maschinen

Materialliste

	Anzahl	Teil	Maße in mm			Material	Bemerkung
☐	1	Arbeitsplatte	1320	660	75	Kiefer	
☐	4	Beine	790	65	65	Kiefer	
☐	4	Riegel Schmalseiten	555	75	35	Kiefer	30 mm lange Zapfen an beiden Enden
☐	2	Schwingen Vorder- und Rückseite	1020	175	35	Kiefer	20 mm lange Zapfen an beiden Enden
☐	2	Zangen Blöcke	660	180	45		
☐	2	Werkzeugschrank Seiten	400	600	19	Sperrholz	Falz 19 m x 12 m für die Rückwand
☐	2	Werkzeugschrank Boden/Deckel	940	600	19	Sperrholz	
☐	1	Werkzeugschrank Mittelaufrechte	362	581	19	Sperrholz	
☐	1	Werkzeugschrank Rückwand	964	386	19	Sperrholz	
☐	2	obere Schubkästen Blende	458	150	19	Sperrholz	
☐	4	obere Schubkästen Seiten				Sperrholz	Die Maße des eigentlichen Schubkastens richten sich nach dem verwendeten Beschlag.
☐	2	obere Schubkästen Frontstück				Sperrholz	
☐	2	obere Schubkästen Hinterstück				Sperrholz	
☐	2	obere Schubkästen Boden				Sperrholz	
☐	2	untere Schubkästen Blende	458	206	19	Sperrholz	
☐	2	untere Schubkästen Seiten				Sperrholz	Die Maße des eigentlichen Schubkastens richten sich nach dem verwendeten Beschlag.
☐	2	untere Schubkästen Frontstück				Sperrholz	
☐	2	untere Schubkästen Hinterstück				Sperrholz	
☐	2	untere Schubkästen Boden				Sperrholz	

Hinweis:
Je nach verwendetem Beschlag veriieren die Maße

12-mm-Durchgangsloch für den Bolzenschaft

25-mm-Loch für Unterlegscheibe und Mutter

30-mm-Loch zum Versenken des Bolzenkopfes

75

12

Schwinge

Zapfen

Bein

Bolzen Untergestell

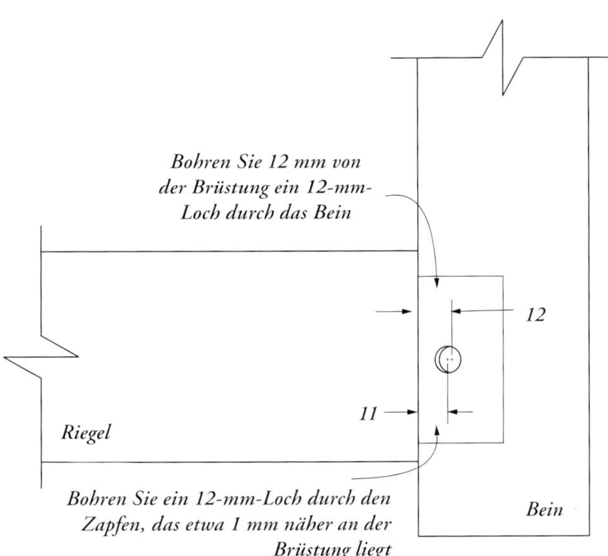

Durch Holznägel gesicherte Zapfenverbindung an den Riegeln der Schmalseiten

Illustrationen: Robert W. Lang

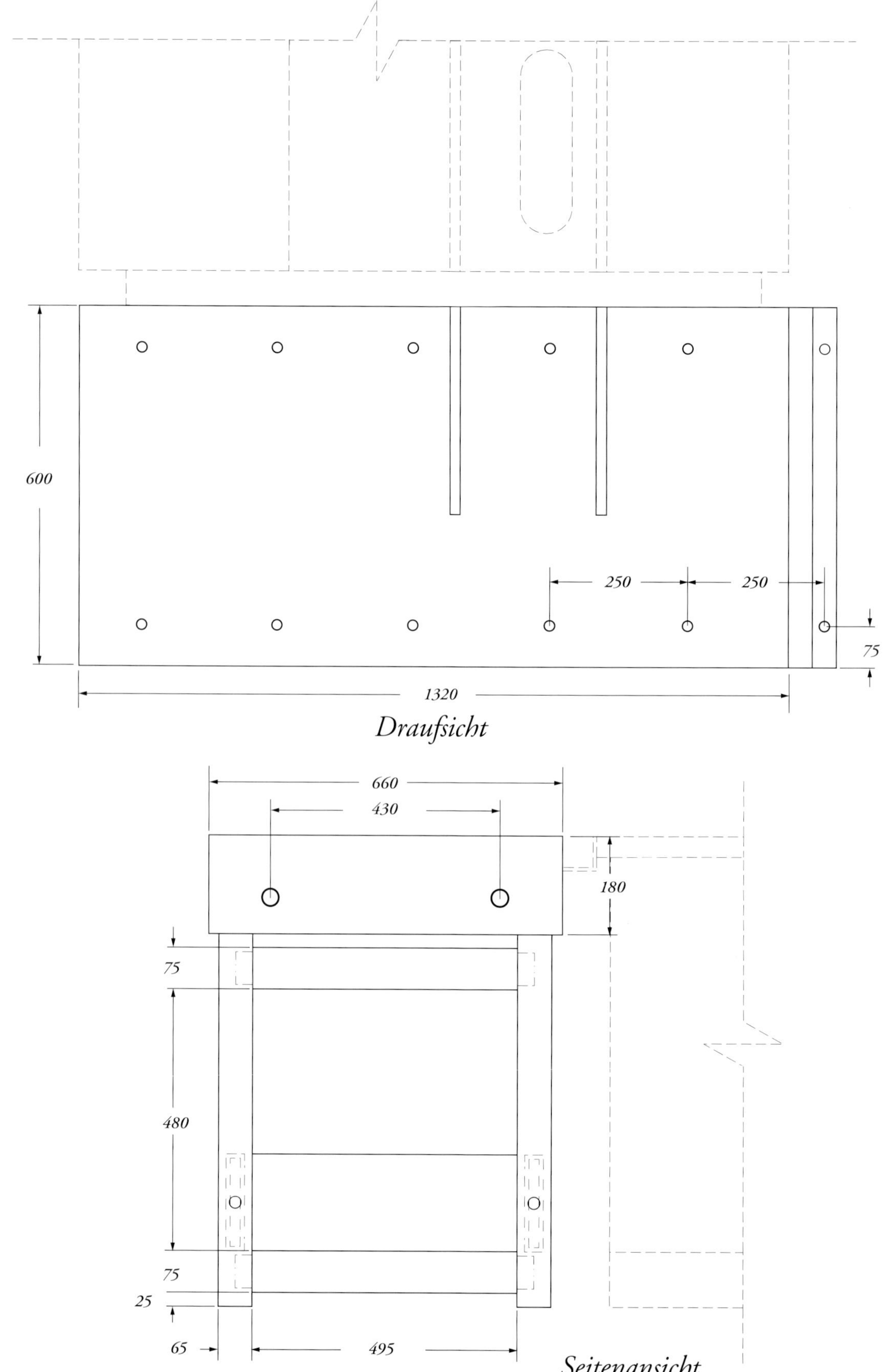
600
250
250
75
1320
Draufsicht
660
430
180
75
480
75
25
65
495
Seitenansicht

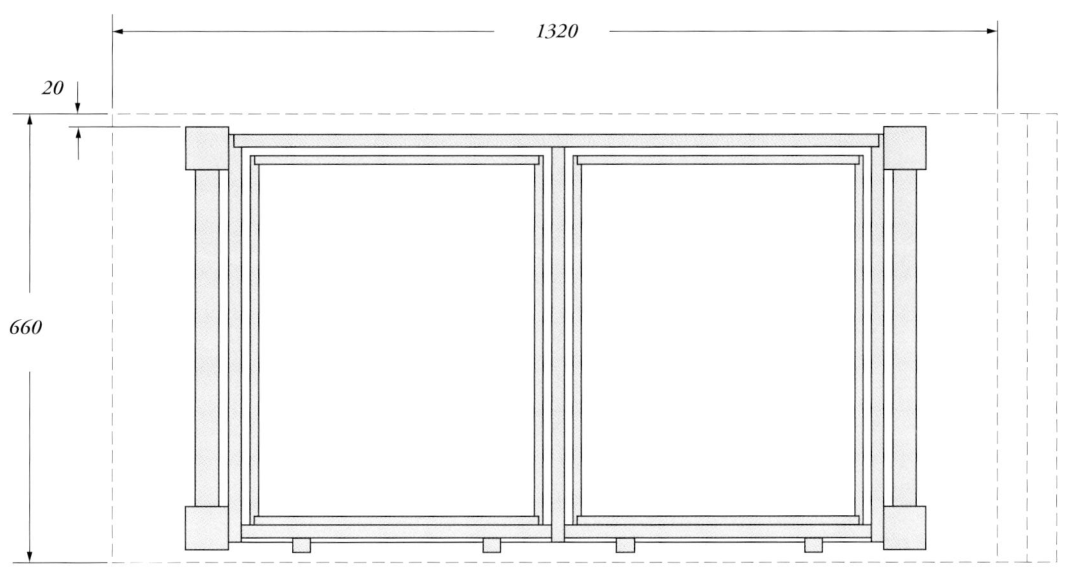

Schnitt durch das Gestell von oben

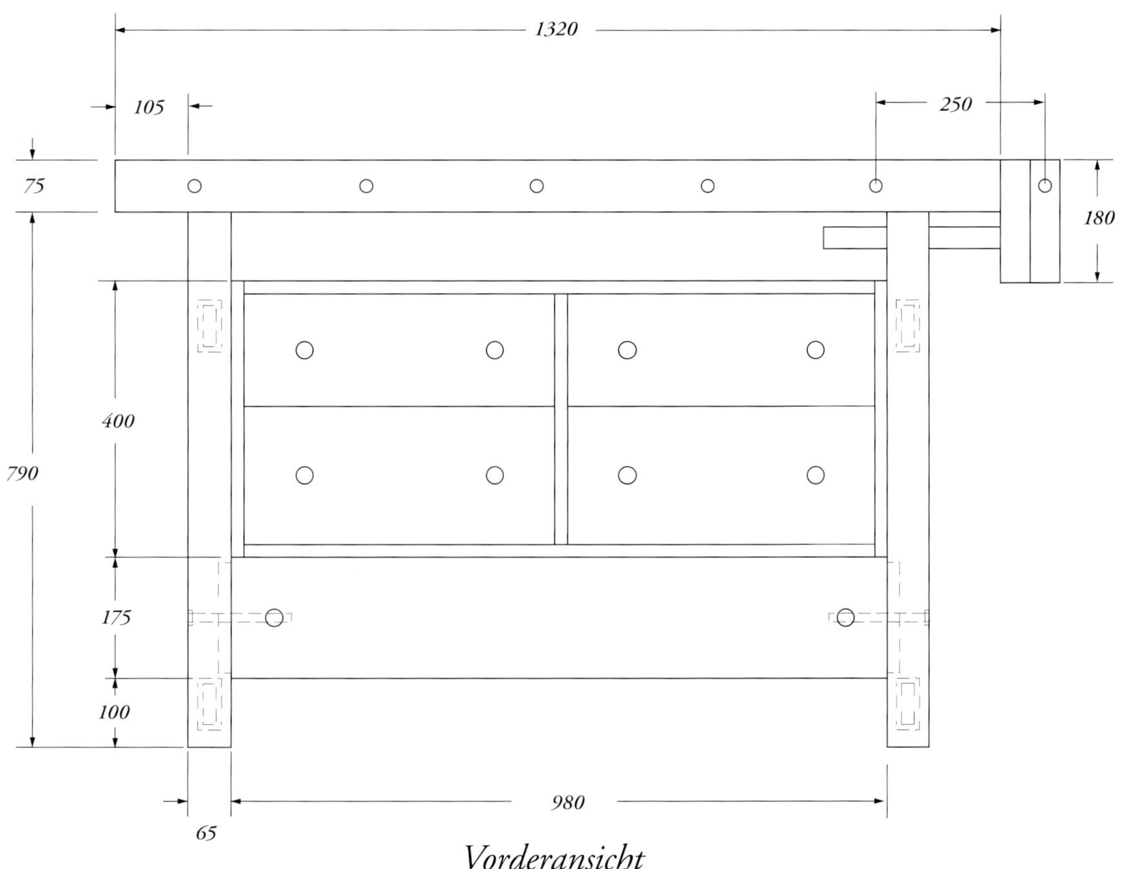

Vorderansicht

Kritik: Kurz aber geeignet

von Christopher Schwarz

Nachdem ich meine 250-€-Hobelbank gebaut hatte, war ich mit meinem Arbeitsbereich bei der Arbeit ganz zufrieden. Ich hatte einen Werkzeugschrank, eine Hobelbank und einen Platz, an dem ich gegen eine Wand arbeiten konnte, Die einzige Einschränkung war das „Fenster", ein schmaler Lichtstreifen direkt unterhalb der Decke und dazu noch vergittert. Wir arbeiteten im „Sirupraum", dem Untergeschoss eines alten Coca-Cola-Abfüllbetriebes.

Ich machte damals eine Menge gezinkte Verbindungen und widmete mich zunehmend der Handarbeit, obwohl ich wusste, dass ich die großen freistehenden Maschinen niemals aufgeben würde. Ich wollte mir für meine kleine Werkstatt zu Hause eine Bank bauen, die besser als die meines Großvaters war, der eine Bank im europäischen Stil hatte mit wackligem Untergestell und ohne Hinterzange

Hier war die Aufgabenstellung: ich hatte einen kleine Werkstatt (4,5 x 7,5m). Keinen Werkzeugschrank. Keine Tischverlängerung für meine Maschinen. Und das Zinken machte zu Hause keinen Spaß.

Ich wollte all diese Probleme lösen und das so günstig wie möglich, was immer wichtig ist, wenn man nur das Gehalt eines Autors hat, mit dem Gehalt eines zweiten Autors verheiratet ist und kleine Kinder hat.

Die Werkbank für Tischmaschinen war die Antwort. Wie ich bereits im Text erwähnt hatte, stammte die Anregung hierfür von der Verlängerung, die Glen Huey für seine Tischkreissäge verwendete. Sie diente auch als Stauraum und für etwas Handarbeit. Ich entschloss mich, die Bank aus Sumpf-Kiefer zu bauen und eine Zange von Veritas mit Doppelspindel anzubringen, um besser zinken zu können.

Es war schwierig zu entscheiden, wo diese Zange an der Bank montiert werden soll. Ich hatte das Gefühl, sie besser als Vorderzange zu verwenden. Doch ich erkannte, dass diese Zange an der Position der Hinterzange die Möglichkeiten noch erweitern würde. Mit der Zange am rechten Ende der Bank könnte ich sie als Hinterzange zum Zinken und auch zum Fügen von Kanten. Es schien ein bisschen gewagt, doch ich hatte bereits andere Bänke ähnlicher Bauart gesehen, also wollte ich es probieren.

Die andere große Veränderung an dieser Bank war der Versuch, die speziellen Bolzen von Veritas für Untergestelle von Bänken anstelle der herkömmlichen Bolzen mit Sechskantmutter zu verwenden, wie ich sie an der 250-€-Bank eingesetzt hatte. (Sie funktionierten prima.)

Und dann war da auch noch der Werkzeugschrank unter der Platte, bei dem ich ein ungutes Gefühl hatte. Ich wusste, dass ich damit die Freiheit beim Einspannen aufgeben würde, die ich bei der 150-€-Hobelbank so genossen hatte (siehe Kapitel 8). Doch auch ich brauchte Stauraum, wie viele andere Holzhandwerker auch. Meine Sammlung an Bohrern und Fräsköpfen für Oberfräse sowie Handhobeln nahm einfach zu viel Platz in der Werkzeugkiste ein.

Hier erfahren Sie, wie die Bank sich bei jahrelangem Einsatz schlug.

1. Ich war überrascht, wie lange ich diese Bank zu Hause behielt und benutzte. Obwohl sie recht kurz ausfällt (132 cm), war ich beeindruckt, welche Arbeiten ich alle an ihr ausführen konnte. Und wenn ich die Veritas-Zange mit Doppelspindel aufdrehte, war auch die Bearbeitung von 150 cm langen Brettern kein Problem.

Freistehend: *Nachdem ich einen Schiebetisch für meine Tischkreissäge gekauft habe, wurde diese Bank nicht länger als Tischverlängerung benutzt. Ich habe Sie also gegen die Wand gestellt und als traditionelle Hobelbank verwendet.*

Greift gut: *Wenn Sie die Doppelspindel so benutzen wie abgebildet, wird es gut funktionieren. Wenn Sie aber nur einen Bankhaken in der Backe einsetzen, werden Sie die Zange einseitig belasten.*

2. Die Arbeitshöhe von 86,5 cm war perfekt. Das ist genau die Höhe meiner Tischmaschinen. Und diese Höhe ist auch nicht zu hoch für Handarbeit.

3. Ich habe die Position der Beine schnell verändert, damit sie bündig mit der Vorderkante der Platte abschließen. Doch das war eine falsche Fährte. Sie können an der Vorderseite der Bank wirklich keine Kanten fügen. Es gibt dort keine Zange. Das führte dazu, dass ich die meisten Kanten in der Zange mit Doppelspindel bearbeitete. Auch hier war ich überrascht, wie gut ich damit zurecht kam. Wenn die Zange gut justiert war (mehr dazu später), dann konnte ich ein 180 oder 240 cm langes Brett dort zum Fügen einspannen und es hielt.

4. Bei der Doppelspindel hatte ich gemischte Gefühle. Sie übertraf meine Erwartungen bei Bearbeitung von Kanten. Und sie war großartig, um daran Zapfen zu schneiden, Schubkästen oder Zargen zu zinken und dergleichen.
   Doch ich hatte auf zweierlei Weise mit der Zange zu kämpfen. Das erste Problem war die richtige Position. An der Position der Hinterzange konnte ich die Zange nicht so montieren, dass ich zwischen den Spindeln einen Freiraum von 60 cm habe. Die Platte hatte nur eine Breite von 66 cm. Ich hatte also kein Glück, wenn ich 60 cm breite Korpusseiten zinken wollte. Ich musste die Korpusseiten mit Zwingen vorne an der Arbeitsplatte und dem vorderen Gestellbein fixieren. Aus diesem Grund habe ich die Beine so verschoben, dass sie bündig mit der Vorderkante der Arbeitsplatte abschließen.
   Die Veritas-Zange mit Doppelspindel ist ein hervorragendes Produkt und ich empfehle sie immer noch wärmstens. Doch sie ist komplex und erfordert gelegentlich Pflege oder Reparatur. Zumindest meine Zange brauchte sie. Die Inbusschraube, welche die Spindel mit dem Gussteil der Zange verband, löste sich immer wieder, egal wie fest ich sie anzog. Schließlich gelang es mir, sie so weit anzuziehen, dass sie ihre Einstellung hielt. Ich weiß nicht, was ich genau gemacht habe. Weiterhin habe ich zwei Schrauben abgedreht, mit denen die Spindeln an der Backe fixiert werden. Meine Vermutung ist, dass diese Schrauben aus weichem Stahl waren, denn nachdem ich sie mit zwei hochwertigen Schrauben ersetzt hatte, gab es keine Probleme.

5. Die Werkzeugablage unter der Platte war auch so eine Sache. Ich war zwar dankbar für all den Stauraum, doch ich hatte den Raum verloren, um dort Zwingen anzusetzen, wie ich es gerne mache. Ich war auch nicht glücklich, als ich bemerkte, dass an dieser Bank keine traditionellen Niederhalter oder die hervorragenden Niederhalter von Veritas verwendet werden können. Es gab einfach nicht genug Platz für den Schaft des Niederhalters.
   Ich habe mehrere Lösungen überlegt, darunter einen Ausbau des Werkzeugschrankes. Schließlich habe ich die Bank mit auf die Arbeit genommen, wo sie Megan Fitzpatricks erste Bank wurde. Danach ging sie an die Werkstatt meines Vaters in Charleston, S.C. Er ist eher ein Maschinenschreiner, braucht Stauraum und hatte keine Verlängerung für seine Tischkreissäge. Und diese Beziehung scheint gut zu funktionieren.

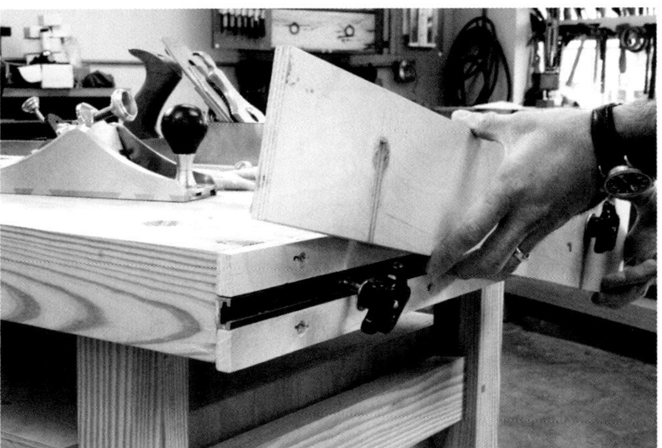

Verstellbar und vielseitig: *Dieser verschiebbare Anschlag, den ich später montiert habe, hilft beim Hobeln von Hand. Er lässt sich höher und tiefer einstellen oder auch ausbauen, und das einfach durch Drehen der beiden Knöpfe.*

Vor- und Nachteile dieser Bank

+ Zange mit Doppelspindel ist überraschend vielseitig
+ jede Menge Stauraum
+ Arbeitshöhe von 86,5 cm ist ideal für Handarbeit und als Tischverlängerung für freistehende Maschinen
– keine Vorderzange. Die Bank braucht eine Vorderzange.
– Braucht mehr Freiraum zwischen der Arbeitsplatte und dem Werkzeugschrank

Foto: Al Parrish

Nach Jahren im täglichen Einsatz haben wir die „150-€-Bank" modifiziert, um sie noch besser zu machen. Sie kostet jetzt ein bisschen mehr, die Verbesserungen sind es wert.

Kapitel 10

Eine Hobelbank für 250 € (oder so)

von Christopher Schwarz

Als ich diese Bank im Jahre 2000 baute, bestand meine Mission darin, für nur 150 € die bestmögliche Bank zu bauen. Nachdem ich die Bank gebaut hatte, wollte ich die Hobelbank mit nach Hause nehmen und damit die Bank meines Großvaters ersetzen. Pläne ändern sich jedoch bekanntermaßen. Die Hobelbank erwies sich als so praktisch, dass ich sie bei der Arbeit ließ und eine ähnliche für meine Werkstatt zu Hause baute.

Wie alles in einer aktiven Werkstatt, entwickelte sich auch diese Hobelbank in den folgenden Jahren. Meine Arbeitsgewohnheiten änderten sich – ich verwende jetzt noch häufiger Handwerkzeuge. Und auch mein Verständnis, was eine gute Hobelbank ausmacht, hat sich vertieft.

Im Ergebnis sehen Sie hier also das Produkt von mehr als vier Jahren Nachdenken und Experimentieren. Ich kann nicht behaupten, dies sei die ultimative Hobelbank, doch ich kann sagen, dass es sich um ein flexibles und preisgünstiges Design handelt, welches sich leicht verändern lässt, während sich Ihre Arbeit entwickelt.

Achten Sie auf den Spalt: *Wenn Sie die Arbeitsplatte verleimen, wollen Sie sicher sein, dass alle Lamellen fluchten. Geben Sie Leim an und spannen Sie dann zunächst an einem Ende so, dass hier alle Bretter perfekt plan sind. Dann fragen Sie einen Freund, der eine Parallelzwinge am anderen Kopf ansetzt und die Lamellen solange justiert, bis sie plan liegen. Arbeiten Sie sich schrittweise in Richtung auf Ihren Freund vor und lassen ihn nach jeder Zwinge bei Bedarf spannen.*

Die Merkmale der Bank

Das Folgende wird sich anhören wie die Beschreibung aus einem Werkzeugkatalog, doch vergessen Sie nicht, der Preis hierfür ist etwa ein Viertel dessen, was für eine handelsübliche Bank verlangt wird. Das ist ein gutes Geschäft. Diese Bank bietet ein einfaches und dabei vielseitiges System, um große oder unregelmäßig geformte Werkstücke einzuspannen. Sie können eine Haustür mit dieser Bank einspannen. Sie können auch die runde Platte eines Esstisches mit Leichtigkeit fixieren. Mit dem Anschlag am Kopf der Bank können Sie extrem dicke Stücke oder auch nur 6 mm dünne Teile hobeln. Dieser Anschlag ist eine einfache Modifikation.

Die Bank ist 85 cm hoch, sie kann also bei den meisten Tischkreissägen als Tischverlängerung geparkt werden – und 85 cm sind auch eine ideale Höhe, um zu hobeln oder mit Handmaschinen zu arbeiten.

Der Zapfen gibt die Größe des Schlitzes vor: *Wenn Sie Ihre Zapfen geschnitten haben, legen Sie sie direkt auf das Gestellbein und nutzen die Kanten als Lineal, um zu markieren, wo der Schlitz beginnen und enden soll.*

Zu groß zum Stemmen: *Verwenden Sie einen 25 mm Forstnerbohrer in Ihrer Ständerbohrmaschine, um für den Schlitz zunächst überlappende Löcher zu bohren.*

Diese Bank hat Stehvermögen, ist schwer und für einen langen Einsatz entworfen. Das Untergestell ist wie ein Bett gebaut mit einem System aus Bolzen und Muttern. Sie können also immer nachspannen, falls sich etwas löst oder Sie können die Bank auch leicht abbauen, wenn Sie sie verstellen müssen.

Und sie hat einen enormen Wert. Als ich die Bank das erste Mal gebaut habe, betrugen die reinen Materialkosten $ 175 (etwa 130 €). Mit der Inflation ist der Preis auf $ 198 (etwa 145 €) gestiegen. Vor ein paar Jahren habe ich jedoch die hölzerne Zange durch eine aus Metall ersetzt, die hier abgebildet ist. Ich bin so froh, das gemacht zu haben; diese Zange ist viel kräftiger. Wenn Sie die Bank in dieser Ausführung bauen (was ich empfehle), liegt der Preis bei $ 286 (etwa 210 €). Und das ist immer noch ein Schnäppchen.

Lasst uns einkaufen gehen

Zunächst eine Bemerkung zum Holz. Ich habe bei einem lokalen Händler „Southern yellow pine“, dt: Sumpf-Kiefer*, erstanden. Anders als vieles Bauholz ist dieses Material ziemlich trocken und astfrei.

Und nun zu den Beschlägen: Die Bolzen, Muttern und Unterlegscheiben werden verwendet, um die Schwingen an der Vorder- und Rückseite mit den Rahmen der beiden Schmalseiten zu verbinden. Mit der Verwendung dieser Beschläge nutzen wir eine Technik, wie Sie zum Bau von Betten verwendet wird, um eine starke Verbindung herzustellen, die sich leicht abbauen lässt. Der Pup and Wonder Dog von Veritas wird Ihnen den Kauf einer kostspieligen Hinterzange ersparen. Mit diesen beiden einfachen Beschlägen können Sie fast alles an Ihrer Bank befestigen, um zu hobeln, schleifen oder stemmen. Die Vorderzange wird vorne an der Bank montiert; besonders in Verbindung mit einem „Toten Mann“, den ich schon bald nach Bau der Bank nachgerüstet habe, eignet sie sich zum Einspannen.

Bereiten Sie das Holz vor

Trennen Sie das Holz auf und längen es ab. Sie werden wahrscheinlich bemerkt haben, dass Ihr Material gerundete Kanten hat und dass die Kanten nicht ganz glatt sind. Ihre erste Aufgabe besteht darin, mit Abrichte und Dickte diese gerundeten Kanten zu entfernen und das Material auf eine Stärke von 45 mm zu bringen.

Wenn Sie Ihr Holz ausgehobelt haben, beginnen Sie mit der Arbeitsplatte. Sie besteht aus 1,75 m langen Brettern mit einem Querschnitt von 35 x 85 mm, die hochkant gestellt verleimt werden. Sie werden fünf Ihrer 5 x 20 cm Bohlen brauchen, um die Platte zu bauen. Verleimen Sie Ihre Platte in Etappen, um die Aufgabe überschaubar zu halten. Verleimen Sie einige Bretter und richten den Block noch einmal leicht ab und lassen ihn durch die Dickte, damit er ganz plan ist. Verleimen Sie diese Blöcke dann zu einer großen Arbeitsplatte.

Wenn Sie die Arbeitsplatte schließlich verleimen, wollen Sie sicher gehen, dass alle Blöcke fluchten. Das wird Ihnen später

* Diese Holzart ist in Deutschland nicht zu bekommen. Alternativ können Sie Kiefer verwenden. Achten Sie vor allem auf weitgehend astfreies und gerades Holz.

stundenlanges Nacharbeiten mit dem Handhobel ersparen. Werfen Sie einen Blick auf die Abbildung auf S. 141, um eine Anregung zu bekommen, wenn Sie an diesem Punkt angelangen. Wenn der Leim trocken ist, längen Sie die Köpfe der Platte rechtwinklig ab. Wenn Sie an Ihrer Tischkreissäge keinen großen Schiebetisch haben sollten, versuchen Sie die Köpfe mit einer Handkreissäge zu schneiden (Die Platte ist so dick, dass Sie von beiden Seiten schneiden müssen.). Oder Sie können eine Handsäge verwenden und am Kopf der Platte mit Zwingen einen Anschlag fest spannen.

Bauen Sie das Untergestell

Das Gestell wird mit Zapfenverbindungen gebaut. Es besteht aus zwei Rahmen, die durch zwei Schwingen miteinander verbunden sind. Diese Riegel werden mit 25 mm breiten und tiefen Zapfen sowie 15 cm langen Bolzen montiert.

Beginnen Sie die Arbeit an dem Gestell, indem Sie alle Teile zuschneiden. Die 70 mm starken quadratischen Beine werden aus zwei Stücken Kiefer verleimt. Verleimen Sie die Beine, setzen die Zwingen an und lassen sie ruhen. Kümmern Sie sich nun um die Zapfen an den Schwingen. Es ist eine gute Idee, zunächst an einem Abschnitt einen Probeschlitz herzustellen, um daran gleich die Zapfen zu testen. Ich schneide meine Zapfen gerne mit Nutsägeblättern an der Tischkreissäge. Legen Sie die Riegel mit dem Gesicht auf die Tischkreissäge und entfernen das überschüssige Material, bis die Zapfen die richtige Größe haben. Da Kiefernholz relativ weich ist, machen Sie Brüstungen an den Kanten der oberen Riegel für die Rahmen 25 mm hoch. Dieser breitere Absatz wird verhindern, dass Ihre Zapfen das Vorholz am Kopf Ihrer Beine beim Verleimen herausdrücken.

Verwenden Sie nun Ihre Zapfen, um die Position der Schlitze anzureißen. Das Foto auf S. 142 oben zeigt, wie das geht. Spannen Sie sich ein Stück Holz als Anschlag auf den Tisch der Ständerbohrmaschine und bohren Sie die Schlitze. Machen Sie die Schlitze etwa 1,5 mm tiefer als Ihre Zapfen lang sind. Das gibt Ihnen etwas Raum für überschüssigen Leim.

Wenn Sie Ihre Schlitze gebohrt haben, stemmen Sie die Schlitze mit einem Lochbeitel rechteckig aus. Gehen Sie auf Nummer sicher, dass die Zapfen passen und bauen das Gestell einmal trocken zusammen. Beschriften Sie jede Verbindung, damit Sie die Bank später wieder leicht zusammenbauen können.

Bolzen

Es gibt einen Trick, um die Schwingen mit den Gestellbeinen zu verbinden. Hobelbänke werden oft hin und her bewegt. Eine schlichte Zapfenverbindung wird etwas Unterstützung brauchen. Schauen Sie sich zunächst die Zeichnung auf S. 147 an, um zu verstehen, wie diese Verbindung funktioniert. Hier erfahren Sie, wie Sie die Verbindung am besten bauen.

Spannen Sie zunächst einen 25-mm-Forstnerbohrer in Ihre Ständerbohrmaschine um an den Beinen die Löcher zu bohren, mit denen die Köpfe der Bolzen versenkt werden. Danach spannen Sie einen 10-mm-Bohrer mit Zentrierspitze ein und bohren am Zentrum des Senkloches durch das Bein in den zuvor hergestellten Schlitz.

***Entfernen Sie die Sättel:** Stemmen Sie nun den Schlitz mit Stemmeisen und Klüpfel eckig aus.*

***Tief bohren:** Es ist einfacher, die 10-mm-Löcher in der folgenden Reihenfolge schrittweise zu bohren. Zunächst bohren Sie auf der Ständerbohrmaschine die Löcher in die Gestellbeine. Dann stecken Sie das Bein auf die Schwinge. Bohren Sie nun in die Schwinge und nutzen das Loch im Bein als Führung (links). Nehmen Sie das Bein wieder ab und vertiefen das Loch in der Schwinge. Das gerade gebohrte Loch wird Ihnen dabei wieder als Führung dienen. Sie müssen immer noch vorsichtig arbeiten, um den Bohrer lotrecht und im rechten Winkel zu führen (rechts).*

Stecken Sie die Zapfen der Schwingen in die Schlitze an den Beinen. Bohren Sie mit einem 10-mm-Bohrer so tief wie möglich durch das Bein in die Schwinge. Das Loch in dem Bein wird den Bohrer führen, wenn er in die Schwinge schneidet. Dann entfernen Sie das Bein und bohren das 10-mm-Loch noch tiefer. Sie werden hierfür wahrscheinlich einen extra langen Bohrer brauchen.

Jetzt kommt der kritischste Teil. Sie müssen jeweils an den Köpfen beider Schwingen zwei kleine Schlitze schneiden. Diese Schlitze werden eine Mutter und eine Unterlegscheibe aufnehmen und sie müssen sich mit den 10-mm-Löchern schneiden, die Sie gerade gebohrt haben. Stecken Sie die Verbindung zusammen und ermitteln, wo diese Schlitze hinkommen. Bohren Sie die Schlitze an der Ständerbohrmaschine so, wie es oben auf der Abbildung zu sehen ist. Prüfen Sie Ihre Verbindung. Fädeln Sie die Verbindung mit dem Bolzen, zwei Unterlegscheiben und einer Mutter ein. Verwenden Sie eine Ratsche, um alles dicht zu ziehen. Wenn Sie Schwierigkeiten haben sollten, dass der Bolzen in das Gewinde der Mutter greift, bohren Sie das Loch mit einem 11-mm-Bohrer auf. Das wird Ihnen etwas Spielraum geben, ohne die Stabilität der Verbindung zu beeinträchtigen.

***Platz für zwei Muttern:** die Schlitze an den Schwingen werden auch an der Ständerbohrmaschine hergestellt. Machen Sie sie 30 mm tief, um sicherzugehen, dass eine Unterlegscheibe hineinpasst. Wenn es nicht gehen sollte, beschneiden Sie die Unterlegscheibe etwas.*

Zusammenbau des Gestells

Diese Bank hat zwischen den beiden Schwingen an Vorder- und Rückseite einen großzügigen Boden. Schneiden Sie sich die Latten dafür aus Abfallholz. Schneiden Sie auch die beiden Leisten, mit deren Hilfe die Platte auf dem Untergestell befestigt wird. Sie werden damit die Platte an dem Gestell festschrauben. Putzen oder schleifen Sie alles vor dem Zusammenbau – bis Körnung 150 sollte reichen.

Beginnen Sie den Zusammenbau damit, dass Sie die beiden Rahmen der Schmalseiten verleimen. Geben Sie Leim in den Schlitzen an und spannen Sie die Rahmen, bis der Leim trocken ist. Für extra Belastbarkeit sichern Sie die Zapfen mit 10-mm-Holznägeln.

Schrauben Sie die Auflageleisten innen an die beiden Schwingen. Achten Sie darauf, dass diese Leisten nicht die Schlitze für die Bolzen verdecken. Verbinden Sie nun die Schwingen mit den Kopfrahmen (dafür brauchen Sie keinen Leim). Geben Sie am Gewinde der Bolzen etwas Vaseline oder Maschinenfett an, denn Sie wollen nach dem Zusammenbau diese Öffnungen mit Heißkleber verschließen. Die Vaseline wird dafür sorgen, dass sich die Bolzen auch noch nach Jahren anziehen lassen.

Schrauben Sie jeweils an den oberen Riegel der Schmalseiten innen eine Leiste fest. Dann bohren Sie leicht ovale Löcher in diese Leisten. Dadurch können Sie die Platte am Gestell fixieren. Schließlich schrauben Sie noch die sieben Bretter auf die Auflageleisten.

Arbeitsplatte abschließen

Bevor Sie die Platte fixieren, sollten Sie die Bankhakenlöcher bohren und die Zange fixieren. Legen Sie anhand der Zeichnung die Position der Bankhaken fest. Ich habe mir eine einfache Schablone gemacht, um dem 19-mm-Bohrer in der Bohrwinde die nötige Führung zu geben. Diese Schablone sehen Sie oben auf der Abbildung.

Bringen Sie nun Ihre Zange an der Unterseite der Platte in Position und befestigen Sie nach den Montageanweisungen des Herstellers. Ich habe an meiner Metallzange eine Holzbacke angebracht, welche die Einspannmöglichkeiten verbessert und die Werkstücke schont.

Jetzt sind Sie bald durch, doch Sie müssen noch die Platte abrichten. Verwenden Sie Richtscheite, um mögliche Problemstellen zu identifizieren.

Sie arbeiten ohne Strom: *Die Verwendung von Bohrwinde und Spiralbohrer mag nach harter Arbeit aussehen. Doch Sie können so ein erstaunliches Drehmoment erzeugen – viel mehr, als Sie mit einem Akkubohrer könnten. Dummerweise funktionierte meine Handbohrmaschine nicht, daher war dies die einzige Möglichkeit.*

Hobelbank für € 250

Anzahl	Teil	Maße in mm			Bemerkung
☐ 1	Arbeitsplatte	1800	680	75	
☐ 4	Beine	790	70	70	
☐ 2	Schwingen für Vorder- und Rückseite	1250	175	35	25 mm lange Zapfen an jedem Ende
☐ 2	Riegel für Schmalseite – oben	530	175	35	50 mm lange Zapfen an jedem Ende
☐ 2	Riegel für Schmalseite – unten	530	75	35	50 mm lange Zapfen an jedem Ende
☐ 2	Auflageleisten für Ablage	1200	35	35	
☐ 7	Bretter für Ablage	465	75	35	
☐ 2	Leisten zur Befestigung der Platte	430	35	35	

Richtscheite bestehen einfach aus zwei gleichen geraden Hartholzstreifen. Legen Sie einen auf ein Ende der Arbeitsplatte und den anderen an das gegenüberliegende Ende. Bücken Sie sich, sodass Ihr Auge in einer Ebene mit den Richtscheiten liegt. Wenn die Platte plan ist, werden die beiden Richtscheite perfekt miteinander fluchten. Falls nicht, werden Sie gleich sehen, wo Sie nacharbeiten müssen. Verwenden Sie eine kurze Raubank, um die hohen Stellen abzuarbeiten. Danach bearbeiten Sie die Platte leicht in diagonaler Richtung mit einer langen Raubank. Zum Abschluss arbeiten Sie noch einmal in Längsrichtung. Tragen Sie an Gestell und Platte zweimal eine Mischung als Leinöl und Harz auf.

Als die Bank fertig war, habe ich mich über den Preis und die Arbeitszeit gefreut, etwa dreißig Stunden. Wenn Sie Ihre Bank gebaut haben, scheuen Sie sich nicht, sie zu modifizieren. Alle Bänke sollten sich verändern lassen, wenn Sie neue Techniken lernen.

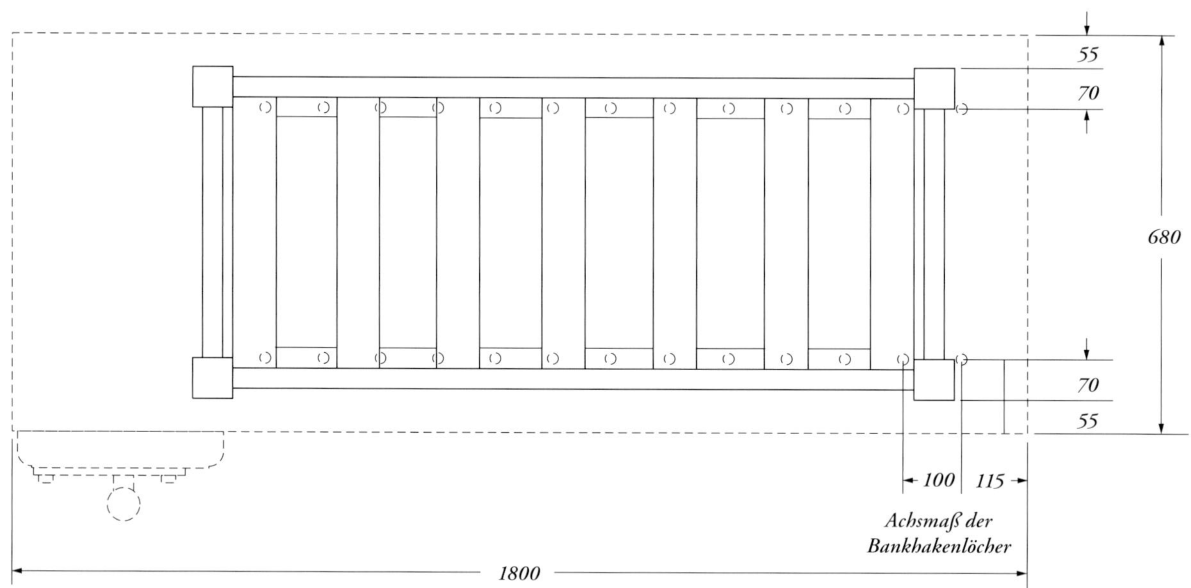

Draufsicht (Schnitt)

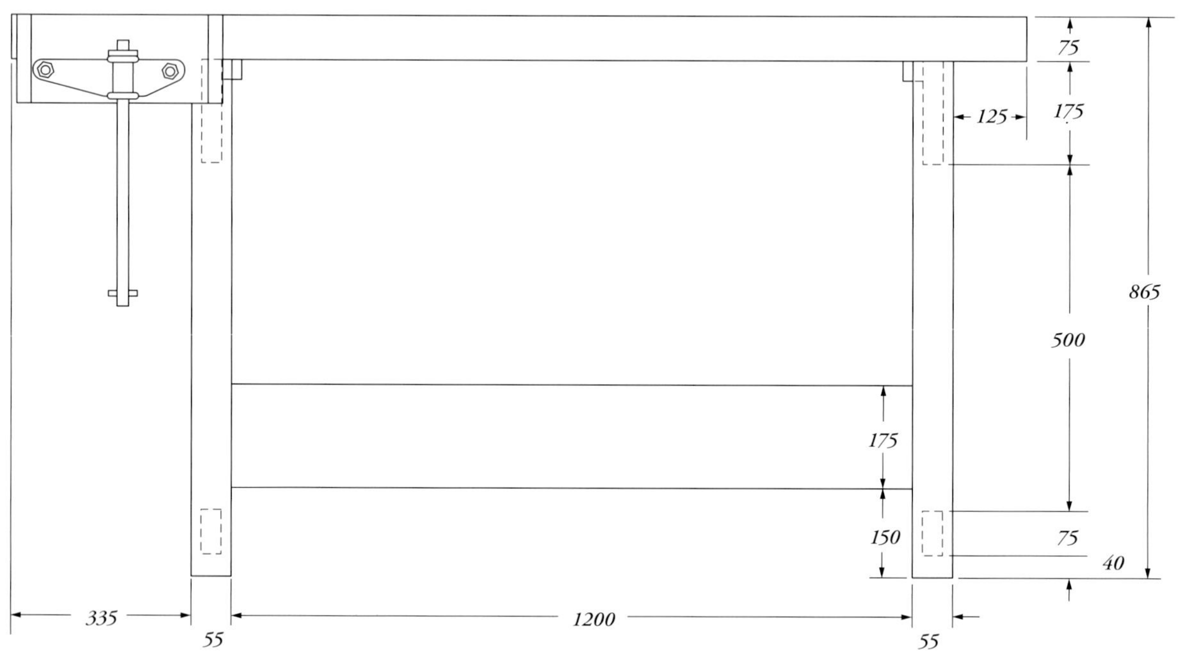

Vorderansicht

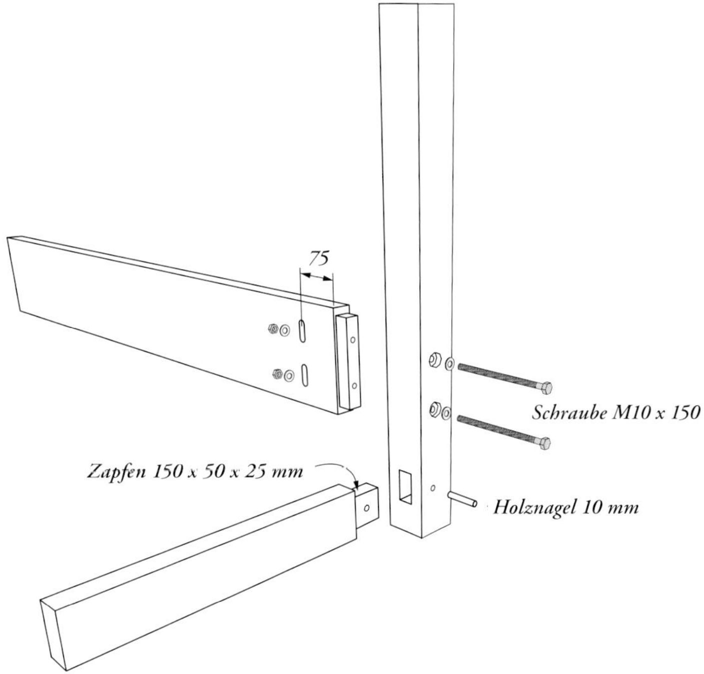

Gestellbein Detail

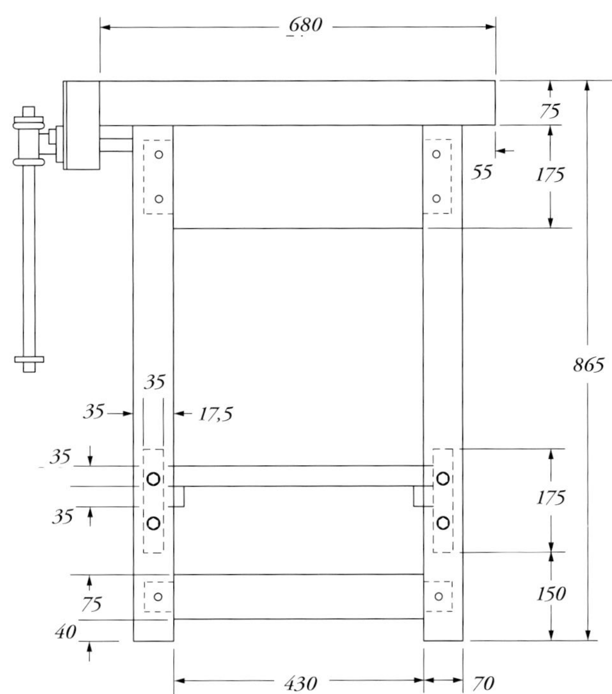

Seitenansicht

Illustrationen: Robert W. Lang

Kritik: Ein großartiges Experiment

von Christopher Schwarz

Die Hobelbank für 150 € (inflationsbereinigt nun „Hobelbank für 250 € genannt, und die Preise steigen weiter) hat ihren Ursprung in einem Gespräch mit Steve Shanesy, damals Herausgeber von „Popular Woodworking". Ich war damals dort Redakteur und ich war frustriert.

Meine Hobelbank bei der Arbeit taugte nichts.

Ein Kollege hatte gerade den Bau einer schönen Hobelbank abgeschlossen, doch das hatte ihn zwei Monate harter Arbeit gekostet.

Diese Bank hatte mehr als 800 € gekostet, und das allein für Holz und Beschläge.

Es sah so aus, als ob ich mit meiner Schrottbank auskommen müsste, bis ich befördert würde oder über kostenloses Ahornholz stolperte und zwei Monate frei hätte. Doch anstatt dieses Schicksal zu akzeptieren, dachte ich darüber nach, wie ich dieses Problem zu meinen Gunsten lösen könnte. Könnte ich eine Bank entwerfen, die sich viel günstiger bauen ließe? So günstig, dass Shanesy mich diese Bank während meiner Arbeitszeit bauen ließe und wir sie gleich in der Zeitschrift veröffentlichen könnten?

Maßanfertigung: *Ich habe an dieser Bank viel experimentiert. Manche Dinge funktionierten, andere nicht. Doch die Bank blieb dabei immer ein loyaler und fähiger Partner in der Werkstatt (bis ich sie schließlich verkaufte).*

Der Schlüssel zu dieser Bank waren meine Kindheitserfahrungen mit Sumpf-Kiefer auf unserem Bauernhof und in der Werkstatt. Sumpf-Kiefer* war die einzige Kiefernart, die ich kannte. Daher konnte ich Leute nicht verstehen, die sich in Zeitschriften und Büchern darüber ausließen, dass Kiefer leicht, spröde und weich sei.

Sumpf-Kiefer hat eine Härte, die es mit Ahorn aufnehmen kann. Wenn trocken steht es sehr gut. Und wenn sich das Harz im Holz gesetzt hat, können Sie sich glücklich schätzen, wenn Sie einen Nagel einschlagen können. Zudem ist es viel günstiger als Ahorn.

Der andere Trick bestand darin, anstelle einer Hinterzange einen Wonder Dog von Veritas zu verwenden sowie eine günstige Vorderzange aus osteuropäischer Produktion. Seit ich die Bank gebaut habe, wurden zwar viele Veränderungen an ihr vorgenommen, doch ich mag immer noch den ursprünglichen Entwurf. Hier erfahren Sie, was ich geändert habe und warum.

1. Ich habe die Vorderzange durch eine Schnellspannzange von Record ersetzt (eine der letzten, welche die Firma herstellte). Die ursprüngliche Zange just verzog sich einfach zu stark. Es war fast unmöglich, Zapfen ohne Hilfe von Zulagen zu schneiden. Die Zange verzog sich und packte nicht mehr. Ich habe an der Record-Zange eine riesige Holzbacke fixiert und es macht immer noch Freude, damit zu arbeiten.

2. Die Höhe der Arbeitsplatte habe ich auf 86,5 cm verringert, um besser hobeln zu können. Die ursprüngliche Höhe von 96 cm war einfach lächerlich. Wegen der Position meiner Riegel konnte ich die Beine nicht einfach unten kürzen. Ich nahm die Bank auseinander und schnitt von beiden Rahmen oben 10 cm ab. Diese Veränderung nahm einen Vormittag in Anspruch, doch das war die Sache wert.

3. Ich habe das Gestell nach vorne gezogen, damit die Vorderseite der Beine mit der Plattenkante in einer Ebene liegt. Das machte die Bearbeitung von Kanten einfacher.

4. Ich habe einen „Toten Mann" eingebaut, wodurch die Bank noch besser für die Bearbeitung von Kanten geeignet war.

5. Ich habe an der Vorderkante der Platte und an den Beinen 19 mm gebohrt. Ich mochte die Löcher an den Beinen. Für die Löcher an der Vorderkante der Platte habe ich jedoch kaum Verwendung gefunden (das war vor Erfindung der Veritas Surface Vise).

* Diese Holzart ist in Deutschland nicht zu bekommen. Alternativ können Sie Kiefer verwenden. Achten Sie vor allem auf weitgehend astfreies und gerades Holz.

6. Ich habe die Ränder der Bankhakenlöcher mit Oberfräse und Fasenfräser bearbeitet. Viele Leute haben mich gefragt, warum ich das gemacht habe, deswegen sollte ich es erklären. Sumpf-Kiefer ist faserig. Beim Herausziehen der Bankhaken oder anderen Zubehörs riss das Holz aus, was mich nervte. Daher habe ich die Kanten stark gebrochen und ich mag es.
   Das hat nicht nur die Ränder unempfindlicher gemacht, so wurde es auch einfacher, den Bankhaken unter die Oberfläche der Platte zu drücken. Diese Fase nimmt auch Späne und Müll auf, die ansonsten gerne zwischen Bankhaken und Werkstück geraten.

Es hört sich so an, als hätte diese Bank eine Menge Veränderungen erfordert. Bei dieser Bank ist so viel stimmig, dass zwei Dinge hier wiederholt werden müssen. Die Verwendung von Bolzen mit Sechskantkopf, Unterlegscheiben und Muttern erwies sich aus großartige Idee. Das Untergestell muss so gut wie nie nachgespannt werden. Vielleicht, weil es acht Bolzen gibt, die mit einigem Abstand angeordnet sind. Vielleicht sind sie auch etwas angerostet.

Als ich diese Bank baute, hatte ich vor, für das Untergestell einen Werkzeugschrank zu bauen. Ich bin froh, dass ich dazu nie die Gelegenheit hatte. Die offene Bauweise der Bank war eine Offenbarung. Im Vergleich zu all den anderen Bänken in unserer Werkstatt, die eigentlich Werkzeugschränke mit Arbeitsplatte waren, ließ sich alles so leicht auf der Bankplatte festspannen. Die offene Bauweise gab mir die Freiheit, die Dinge etwas zu verändern, um etwa andere Zangen zu montieren, die Platte zu verschieben oder einen verschiebbaren „Toten Mann" einzubauen.

Ich habe an dieser Bank eine Menge Projekte gebaut, doch als ich anfing, andere Hobelbänke zu bauen, um andere Ideen zu verfolgen, hatte ich bald keinen Platz mehr für sie. Da habe ich sie an einen guten Freund verkauft, der sie immer noch nutzt. Wenn ich eine letzte Veränderung an dieser Bank vornehmen könnte, wäre es eine Hinterzange. Die Wonder Dogs von Veritas fungieren als Ersatz einer Hinterzange, doch sie stoßen an ihre Grenzen, wenn man es mit dünnen Werkstücken zu tun hat. Ich würde wahrscheinlich eine weitere Schnellspannzange an der Position der Hinterzange montieren. Das würde die Sache perfekt machen.

Die Inflation der letzten zehn Jahre hat den Preis dieser „150-€-Hobelbank" zwar steigen lassen, doch man hat mir zu diesem Preis noch keinen Entwurf gezeigt, den ich bevorzugen würde. Und die Leute bauen diese Bank immer noch.

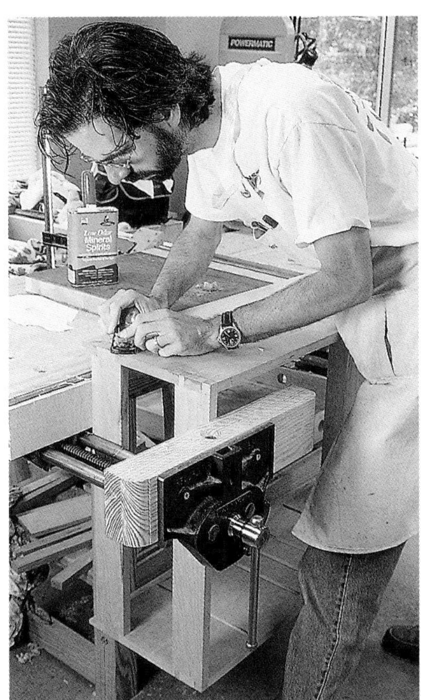

Weit geöffnet: *Die große Vorderzange von Record war eine enorme Verbesserung. Nachdem ich auch noch eine schwere Holzbacke montiert hatte, habe ich meine mickrige osteuropäische Zange nie mehr vermisst.*

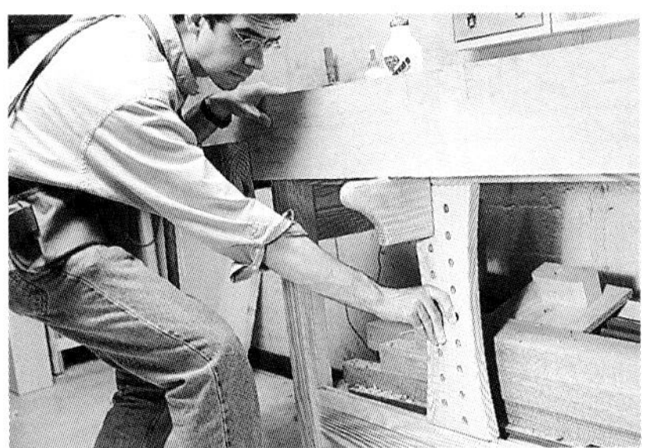

Besser dran mit einem „Toten Mann": *Der Einbau eines „Toten Mannes" war eine weitere Verbesserung, die sich bezahlt machte. Ich baue nun kaum eine Bank ohne.*

Brechen Sie die Kante: *Mit einer Oberfräse und einem Fasenkopf können Sie die Ränder der Bankhakenlöcher bearbeiten. Das vermied Splitter an meiner Kiefer-Arbeitsplatte. Platten aus Laubholz brauchen diese Behandlung nicht unbedingt.*

Vor- und Nachteile dieser Bank

+ offene Bauweise erlaubt spätere Veränderungen
+ verstellbarer „Toter Mann" erleichterte Bearbeitung von Kanten
+ mit der Vorderkante bündig abschließende Vorderbeine erleichterte die Arbeit an Kanten noch mehr
+ Schnellspannzange mit Holzbacke war der traditionellen europäischen Vorderzange überlegen

– Bohrungen in der Vorderkante der Platte sind ziemlich überflüssig.
– Ich wünsche mir statt der Latten einen durchgehenden Boden im Gestell

Foto: Jim Stack

Ein kräftiger Mischling: *Diese Bank verbindet die Vorzüge von europäischen Bänken und Modellbauerbänken*

Kapitel 11

Die Hobelbank für alle Fälle

von Jim Stuard

Die erste Werkstatt, in der ich gearbeitet habe, gehörte einem deutschen Möbelschreiner der alten Schule. Es war eine professionelle Werkstatt, doch die Methoden waren ziemlich traditionell. Wir verwendeten moderne Maschinen, aber die meiste Zeit arbeiteten wir an traditionellen Bänken im europäischen Stil. Diese Bänke hatten ein kräftiges Untergestell und eine dicke Arbeitsplatte aus Ahorn. Ein Hauptmerkmal waren die gusseisernen Zangen für die Vorderseite und eine Schmalseite, sowie eine Reihe Bankhakenlöcher, die mit dem Haken an der Hinterzange fluchteten. Bis vor zwei Jahren war diese Bank die beste, die ich je benutzt hatte.

Dann ergab es sich, dass ich eine Modellbauerbank des 19. Jahrhunderts benutzte. Sie war ein wenig niedriger, als ich es gewohnt war. Sie war mit einer Modellbauerzange von Emmert ausgerüstet. Diese Zange ließ sich um 90° neigen und um 360° drehen. Sie hatte zudem ein Paar kleine Backen an der Unterseite, um auch kleine Werkstücke zu halten. Die breiten Backen waren leicht schräg gestellt, um auch unregelmäßig geformte Werkstück zu halten. Es war eine hervorragende Zange für fast alle Arten der Holzbearbeitung. Diese Emmert-Zangen gehören jedoch lange der Vergangenheit an, und wenn Sie nicht ein historisches Exemplar dieser gusseisernen Monster finden, werden Sie sich mit einer Reproduktion begnügen müssen. Die Fa. Highland Hardware und Woodcraft bieten eine schöne Reproduktion der Emmert für rund 250 € oder weniger an, sie kosten damit weniger als die historischen Stücke gehandelt werden.

Für meine Bank habe ich meine beiden bevorzugten Bänke miteinander vermählt: Die Bank auf der Abbildung links ist ihr Erstgeborenes. Sie hat nicht nur die besten Merkmale ihrer Eltern, sie bietet auch einige Möglichkeiten, die sie zu einem Original machen.

Diese Hobelbank bietet die Vielseitigkeit, um viele Aufgaben der Holzbearbeitung mit Leichtigkeit zu erfüllen. Sie hat eine Reihe Bankhakenlöcher, um von Hand zu hobeln und zu schnitzen. Hinzukommt eine praktische Schnellspannzange an einem Ende und eine Modellbauerzange vorne.

Wählen Sie Ihr Metall

Bevor Sie das erste Stück Holz schneiden, stellen Sie sicher, dass Sie alle erforderlichen Beschläge beisammen haben. Dazu gehören die Zangen, Bankhaken sowie Bolzen für das Untergestell. Beginn Sie Ihre Bank damit, dass Sie die Platte so entwerfen, dass sie die beiden Zangen aufnimmt. Vermessen Sie die Zangen und Bankhaken, um die richtigen Abstände zu ermitteln.

Stellen Sie sicher, dass die Bankhaken nicht die Funktion der Zangen beeinträchtigen. Legen Sie als nächstes fest, welche Art von Untergestell sie verwenden möchten. Die Bank in meiner Lehrzeit hatte vier kräftige Beine, die oben und unten durch Riegel miteinander verbunden waren. Die Modellbauerbank hatte Kufenfüße, das Gestell bestand aus zwei Endrahmen, welche durch zwei breite Schwingen verbunden waren. Das ist auch die Gestellform, die ich gewählt habe.

Bauen Sie die Arbeitsplatte

Die Arbeitsplatte und zum großen Teil auch das Gestell wurden aus zwei großen Ahornbohlen 25 x 5 gebaut. Die Schwingen wurden aus Stücken 10 x 10 Ahorn gemacht, das 40 mm starkes Material lieferte. Teilen Sie die großen Bohlen grob auf und längen Sie ab.

Nachdem Sie an jeder Bohle eine Kante angefügt haben, schneiden Sie etwa 65 mm breite Streifen runter. Meine Bohlen hatten liegende Jahrringe. Indem ich sie auftrennte, konnte ich die 65-mm-Streifen um 90° drehen und verleimen. Dadurch bekam ich eine Platte mit stehenden Jahrringen. Das ist sehr vorteilhaft, denn eine solche Platte wird sich nicht so stark werfen.

Bauen Sie die Teile wieder zusammen

Verleimen Sie die Platte in Abschnitten von maximal 30 cm Breite. Das macht es einfacher, eine Seite auf einer 300 mm breiten Hobelmaschine abzurichten und anschließend auf Stärke auszuhobeln. Danach verleimen Sie dann die beiden Hälften der Platte. Nachdem Sie diese Abschnitte geputzt haben, können die Hälften zu einer Platte verleimt werden. Wenn Sie die Platte fertig verleimt haben, können Sie sie plan abrichten. Ich habe einen alten Stanley Nr. 7 mit genuteter Sohle, der diese Aufgabe gut bewältigte.

Um die Köpfe der Platte rechtwinklig zu schneiden, können Sie eine Tischkreissäge mit Schiebeschlitten verwenden, doch ich habe es auf die einfache und billige Art mit einem geraden Anschlag und einer Handkreissäge gemacht. Ich habe eine

Jede Menge Metall: *Zu den Beschlägen für meine Bank gehören eine Schnellspannzange von Jørgensen, eine Modellbauerzange, mehrere Bankhaken und Niederhalter von Veritas sowie Bolzen für das Untergestell.*

Teilen Sie es auf: *Schneiden Sie Ihre Ahornbohlen in 65-mm-Streifen. Auf dem Foto sehen Sie, wie die Streifen auf der Bandsäge geschnitten werden. Ich habe so ein paar Streifen geschnitten, dann habe ich die restlichen Schnitte auf der Tischkreissäge gemacht. In beiden Fällen sollten Sie einen Freund oder eine Tischverlängerung mit Rollen haben, um die Streifen aufzunehmen.*

Kanten und Köpfe: *Nachdem Sie Ihren Ahorn in Streifen geschnitten haben, müssen Sie ihn wieder verleimen. Verwenden Sie üblichen Holzleim (keine Lamellos) und achten darauf, dass die eine Seite der Streifen, welche nicht winklig gefügt wurde, nach oben zeigt.*

Schiene mit kleinen Klemmbacken. Diese Schiene führt die Handkreissäge. Messen Sie einfach den Abstand von der Kante der Bodenplatte bis zum Sägeblatt. Dann übertragen Sie diesen Abstand von der gewünschten Schnittlinie. (Machen Sie das mit einem Zimmermannswinkel) Spannen Sie die Schiene an dem zurückgesetzten Riss fest und längen Sie die Arbeitsplatte winklig ab. Sie müssen ggf. mehrmals in zunehmender Tiefe schneiden, wenn Ihre Handkreissäge nicht stark genug ist, um in einem Durchgang durch die ganze Platte zu schneiden.

Als nächstes formen Sie die Platte so, dass Ihre Zangen gut passen. Beide Zangen wurden mit ausführlichen Montageanleitungen geliefert. Manche Zangen erfordern Ausfräsungen an der Platte, andere müssen unterfüttert werden (wie meine Zange von Jørgensen). Dann sind die Bankhakenlöcher an der Reihe. Ich habe Bankhaken und Niederhalter von Veritas verwendet. Sie brauchen ein 19-mm-Loch. Um die Löcher richtig zu verteilen, messen Sie zunächst die maximale Öffnung Ihrer Hinterzange. In meinem Fall betrug diese 225 mm, daher habe ich die Löcher von dem Bankhaken an der Zange aus mit einem Achsmaß von 175 mm angeordnet. Wenn Ihr Werkstück nicht kürzer als 175 mm ist, wird es sich so bequem einspannen lassen. Als nächstes bohren Sie die Löcher für die Bankhaken in die Platte. Die Anleitung für die Veritas Bankhaken zeigt, wie man sich eine Schablone macht, um diese Löcher zu bohren.

Schlitze an Beinen und Kufen

Die Höhe Ihrer Bank sollte von Ihrer persönlichen Körpergröße abhängen. Ich habe die Höhe meines Hüftknochens (ungefähr 85 cm) als Anhaltspunkt genutzt, andere Handwerker empfehlen jedoch die Höhe vom Boden bis zur Hand, was etwas niedriger wäre. Für mich ist das eine gute Höhe, da sie nicht zu starke Rückenschmerzen verursacht und ich viel mit Handmaschinen arbeite. Längen Sie die Beine, Kufen und Riegel ab.

Reißen Sie die Zapfenverbindungen an und schneiden Sie sie. Die kurzen Riegel sind bündig mit der Innenseite der Rahmen.

Die Schwingen an der Vorder- und Rückseite des Gestells springen 20 mm hinter die Gestellbeine zurück. Das lässt Platz für Zubehör. Um die Schlitze herzustellen habe ich einen 12-mm-Stemmbohrer verwendet.

Für kräftige Beine

Verwenden Sie an den Beinen unten Doppelzapfen. Das verdoppelt die Leimfläche und sorgt für eine kräftige Verbindung. Schneiden Sie die Zapfen mit Nutsägeblättern, mit denen sich schöne flache Zapfenwangen herstellen lassen. Die Zapfen der Schwingen haben eine Stärke von 25 mm. Die Doppelzapfen der Füße sind jeweils 12 mm breit.

Reißen Sie die Schlitze an: *Zur Position der Schlitze an Beinen und Kufen siehe Zeichnungen. Wenn Sie keinen Stemmbohrer haben, arbeiten Sie an einer Ständerbohrmaschine mit 12-mm-Bohrer und entfernen dann von Hand den Abfall mit dem Stemmeisen. Unabhängig davon, welche Maschine Sie verwenden, müssen Sie Ihr Werkstück für jeden Schlitz auf den Tisch spannen. Die Schlitze in den Kufen und für die oberen Riegel sind 40 mm tief, die für die langen Schwingen aber nur 20 mm.*

Einzelne und Doppelte: *Verwenden Sie Nutsägeblätter auf Ihrer Tischkreissäge, um die Zapfen zu schneiden. Mit dem ersten Schnitt sollten Sie die Brüstung herstellen. Danach machen Sie mehrere Schnitte, um das Ende des Zapfens zu schneiden. Für größere Stabilität wählen Sie für die Kufen Doppelzapfen. Nachdem Sie einen Standardzapfen hergestellt haben, spannen Sie das Bein an ein Brett, wie auf dem Foto zu sehen. Stellen Sie Ihre Nutsägeblätter auf eine Breite von 12 mm ein. Das Endergebnis sind zwei 12-mm-Zapfen.*

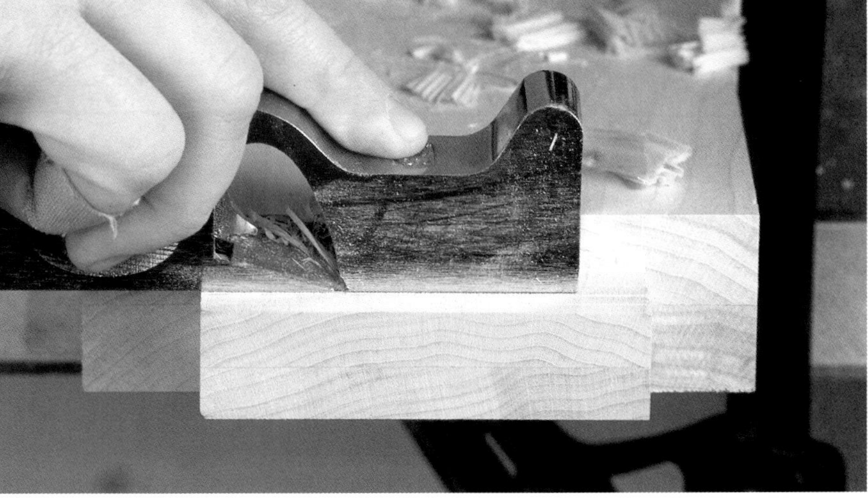

Passgenaue Verbindung: *Die Schlitze arbeiten Sie vorsichtig mit dem Stecheisen nach (links). Vermeiden Sie einen Hammer. Die einzige Stelle, an der Sie ihn vielleicht verwenden müssen, ist das Ende des Schlitzes. Verwenden Sie einen Brüstungshobel, um die Wangen nachzupassen (rechts). Machen Sie ein paar Striche und prüfen die Passung. Fahren Sie fort, bis alles genau passt.*

Für die Bolzen: *Nachdem an der Innenseite der Schwingen die Öffnungen für die Muttern hergestellt sind (links), bohren Sie mithilfe einer selbst zentrierenden Dübelschablone die Löcher für die Bolzen in das Kopfholz der Zapfen.*

Extra Genauigkeit: *Um die Löcher für die Bolzen in den Gestellbeinen zu machen, bohren Sie zunächst ein 25-mm-Loch und zwar genauso tief wie den Kopf des Bolzens. Bohren Sie dann durch den Restquerschnitt ein 12-mm-Loch. Stecken Sie die Schwinge in den Schlitz und ziehen den Bolzen an. Ich habe die Mutter mit einer Storchschnabelzange gehalten.*

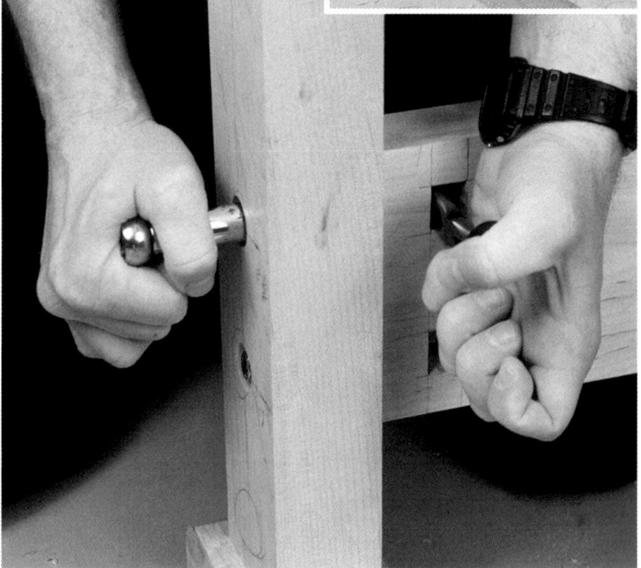

Damit alles zusammenpasst

Nachdem Schlitze und Zapfen hergestellt sind, muss vielleicht noch etwas nachgepasst werden. Ich habe die Schlitze mit einem scharfen 12- und 20-mm-Stecheisen bearbeitet und mit einem Brüstungshobel die Zapfen nachgearbeitet.

Tipps beim Zapfen

- Wenn Sie Nutsägeblätter zum Schneiden von Zapfen verwenden, schneiden Sie zunächst die Brüstung. Das wird Ausriss an der Brüstung vermeiden.
- Wenn Sie eine Kreissäge zum Schneiden von besonders starkem Holz verwenden, machen Sie zwei oder drei Schnitte, die schrittweise tiefer werden. Damit verhindern Sie, dass sich das Sägeblatt übermäßig erhitzt.
- Die Bolzenlöcher stellen Sie am besten her, indem Sie zunächst ein 25-mm-Loch bohren, und zwar in einer Tiefe, die dem Bolzenkopf und der Unterlegscheibe entspricht. Anschließend bohren Sie mit einem 10-mm-Bohrer mit Zentrierspitze.
- Wenn Sie Zapfen schneiden, wollen Sie eine nicht zu stramme Passung, die sich mit Handdruck allein zusammenstecken lässt.

Machen Sie Platz für die Beschläge

Bevor Sie die Rahmen der Schmalseiten verleimen, bohren Sie die 12-mm-Löcher für die Beschläge. Für die Löcher in den Beinen verwenden Sie eine Ständerbohrmaschine und für die Löcher in den Schwingen eine Dübellehre.

Stellen Sie nun an den Schwingen quadratische Öffnungen her; verwenden Sie hierfür einen 20-mm-Forstnerbohrer und stemmen dann eckig aus. Der 10-mm-Bolzen wird durch die Beine in die Schwinge geführt und hier enden, wo die Mutter eingesetzt wird. Dann bohren Sie an den Enden der Schwingen die 10-mm-Löcher für die Bolzen.

Kufen profilieren

Damit die Köpfe der Kufen nicht so plump aussehen, bearbeiten Sie die obere Kante an Ihrer Oberfräse mit einem 21-mm-Abrundfräser. Die Unterseite der Kufen dünnen Sie mit der Bandsäge um 10 mm aus.

Gestell zusammenbauen

Als nächstes bohren Sie die Löcher für die Bolzen in die Beine. Danach verleimen Sie die Rahmen der Schmalseiten. Nun bauen Sie das Gestell probeweise zusammen.

__Fußarbeit:__ Wenn Sie keinen 20-mm-Kopf haben, um die Oberkante der Kufen zu bearbeiten (rechts), dann schneiden Sie auf der Tischkreissäge eine 45°-Fase und brechen die Kanten mit Schleifpapier. Um den 40 cm langen Ausschnitt an der Unterseite der Kufen herzustellen, schweifen Sie zunächst die Enden. Danach schneiden Sie das Material dazwischen heraus (rechts). Abschließend putzen Sie die Enden.

__Auf dem Kopf stehen:__ Nachdem Sie die Platte geschliffen oder gehobelt haben, legen Sie sie mit dem Gesicht nach unten auf zwei Böcke. Darauf stellen Sie dann das Gestell. Markieren Sie die Lage des Gestells auf der Unterseite der Platte. Dann reißen Sie die Position der Dübellöcher an und bohren für die 20-mm-Dübel, welche die Platte auf dem Gestell halten, 25 mm tiefe Löcher in Beine und Platte.

Wenn die Schwingen in die Schlitze der Gestellbeine gesteckt sind, reiben Sie das Loch für die Bolzen mit einem 11-mm-Bohrer aus. Das wird den Zusammenbau erleichtern. Wenn Sie daran gehen, das Gestell zu verschrauben, können Sie die Muttern mit etwas Heißkleber setzen. Tunken Sie die Enden der Bolzen in etwas Vaseline, damit sie nicht in dem Bohrloch festkleben. Dann geben Sie etwas Heißkleber in die Bohrung, bis die Mutter bedeckt ist. Das wird dafür sorgen, dass die Muttern in Position bleiben. Wenn der Kleber hart geworden ist, wiederholen Sie die Prozedur auf der anderen Seite des Gestells. Nehmen Sie das Gestell wieder auseinander und schleifen es. Ein Anstrich mit gekochtem Leinöl ist das ideale Finish für die Bankplatte. Danach bauen Sie die Bank wieder zusammen.

Platte montieren

Während die Platte mit dem Gesicht nach unten auf den Böcken liegt, bringen Sie das Gestell in die gewünschte Position und markieren sie. Drehen Sie das Gestell um und markieren an allen vier Beinen oben die Mittelpunkte. Schlagen Sie an jedem dieser Mittelpunkte einen kleinen Nagel ein. Lassen Sie den Nagel etwa 6 mm vorstehen und knipsen den Kopf ab. Legen Sie nun die Platte auf das Gestell. Drücken Sie die Platte runter, damit die Nägel an der Unterseite der Platte die Position der Dübel markieren. Bohren Sie an diesen markierten Positionen 20-mm-Löcher in die Platte. Machen Sie das Gleiche am Gestell, nachdem Sie zuvor die Stifte gezogen haben. Jetzt leimen Sie an jedem Gestellbein oben einen 20-mm-Dübel ein und legen die Arbeitsplatte auf die Dübel. Die Platte wird durch ihr Gewicht in Position gehalten.

Wenn der Leim trocken ist, installieren Sie Ihre Zangen. Dann kommt der Schritt, den Sie nicht übergehen sollten. Hinterlassen Sie Ihre Markierung an dieser Bank, sei es eine Unterschrift oder ein Brandstempel. Ansonsten werden Sie künftige Generationen um die Gelegenheit bringen, etwas über die Herkunft dieser Bank zu erfahren.

Alles und auch noch Stauraum

Die Bank, wie sie auf den vorhergehenden Seiten abgebildet ist, kann sich so sehen lassen. Wir haben aber entschieden, dass etwas Stauraum der Sache keinen Abbruch tun würde. Unser Chefredakteur David Thiel hat den Schrank für diese Bank gebaut. Seine Höhe behindert nicht die Funktion der Bankhaken.

Schneiden Sie zunächst anhand der Holzliste am Ende dieses Kapitels die Platten zu.

Einfache Ecken: *Die Ecken sind einfach gefälzt. Schneiden Sie den Falz mit Nutsägeblättern auf der Tischkreissäge und lassen eine Zunge von 7 mm Stärke und 19 mm Breite stehen. Die 7 mm tiefe Nut für die Mittelaufrechte kann jetzt auch an Deckel und Boden geschnitten werden.*

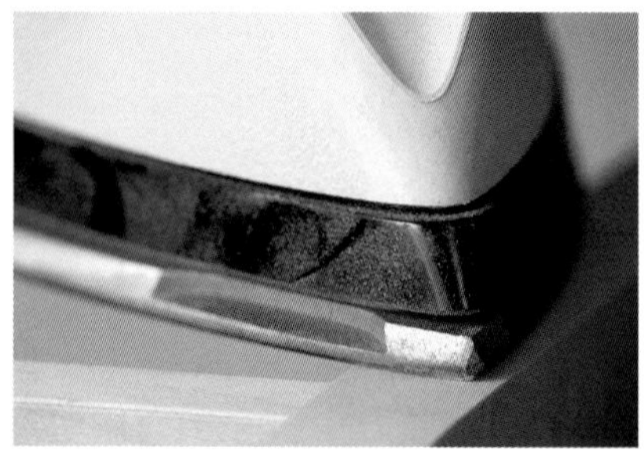

Kanten aufbügeln: *Die Furnierkanten werden mit einem normalen Haushaltsbügeleisen angebracht, dessen Temperatur auf Baumwolle eingestellt ist.*

Es ist ein Wärmeableiter: *Während der Klebstoff noch warm und weich ist, verhindern Sie mit einem Holzblock, dass sich beim Abkühlen die Kanten des Furniers lösen.*

Einfache Schubkästen: *Eine Verbindung aus gefälztem Vorderstück und genuteten Seiten gibt der Schubkastenzarge eine hohe Stabilität. Anschließend wird die Blende vorne auf die Zarge geschraubt.*

Fälze schneiden

Die gefälzten Verbindungen werden auf der Tischkreissäge mit Nutsägeblättern und einer Schablone am Parallelanschlag hergestellt. Stellen Sie die Säge so ein, dass sie 19 mm abnimmt. Fahren Sie die Nutsägeblätter auf 12 mm hoch und führen beide Seiten flach über die Säge, damit fälzen Sie Deckel, Boden und die Hinterkanten. Die Hinterkante von Deckel und Boden sollten jetzt auch bearbeitet werden, um einen Falz für die 19 mm starke Rückwand herzustellen.

Stellen Sie die Säge dann so ein, dass sie eine 7 mm tiefe Nut für die Mittelaufrechte schneidet. Wenn Sie den Seitenanschlag auf eine Breite von 655,5 mm einstellen, sollte die Aufrechte genau in der Mitte liegen; um auf Nummer sicher zu gehen, schneiden Sie beide Nuten an Boden und Deckel von der gleichen Seite (links oder rechts).

Es folgt der Zusammenbau. Leimen und nageln (oder schrauben oder heften) Sie die Mittelaufrechte zwischen Deckel und Boden. Diese Unterteilung sollte vorne bündig mit der Vorderkante abschließen und hinten bündig mit dem Falz an Deckel und Boden. Falls diese Zwischenwand ein bisschen zu tief sein sollte, lassen Sie sie vorne vorspringen, um sie später bündig zu hobeln. Setzen Sie die Seiten und legen die Rückwand ein, die an vier Seiten von den Fälzen eingefasst wird und befestigen sie.

Kanten anleimen

Nun ist der Zeitpunkt gekommen, um an den Sperrholzkanten Furnier aufzubügeln. Wählen Sie Kanten, die als Rollenware angeboten werden und an denen bereits ein heißsiegelfähiger Leim aufgetragen wurde. Sie werden die Kanten etwas länger schneiden und sie mit einem heißen Bügeleisen befestigen. Wenn sie sorgfältig angebracht werden, sieht der Schrank so aus, als sei er aus Massivholz angefertigt.

Kleben Sie die Kanten zunächst auf Boden und Deckel und längen sie an der Innenkante der Seiten ab. Dann leimen Sie eine Kante auf die Mittelsenkrechte und lassen sie zunächst über Deckel und Boden laufen. Schneiden Sie diese Kante an der Innenkante von Deckel und Boden ab. Zum Abschluss erhalten die beiden Seiten eine Kante. Verwenden Sie einen Holzblock, um die Kanten anzudrücken.

Schubkästen bauen

Nachdem der Korpus hergestellt ist, wenden wir uns den Schubkästen zu. Bauen Sie Ihre Schubkästen mit einfachen Verbindungen. Eine 6 mm breite Nut, die an dem Vorderstück und beiden Seiten des Schubkastens um 6 mm von der Unterkante zurückgesetzt ist, nimmt den Boden auf, der am Hinterstück mit Nägeln fixiert wird.

Alle Verbindungen können an der Tischkreissäge geschnitten werden. Die vier Schubkästen an unserem Werkzeugschrank haben alle unterschiedliche Größe. Die schrittweise abnehmende Höhe sieht nicht nur gut aus, sie ermöglicht eine effiziente Nutzung des Raums. Sie haben alle Freiheit, die Höhe der Schubkästen nach Ihren Bedürfnissen festzulegen.

Wir haben emaillierte Auszüge verwendet, die unten an den Schubkästen montiert werden und an beiden Seiten der Schubkastenzarge 9 mm Freiraum benötigen. Viele Standardauszüge brauchen an jeder Seite 12 mm Platz, passen Sie also die Größe der Schubkästen entsprechend an, wenn die Auszüge eine andere Bemessung haben.

Letzte Handgriffe

Die aufgedoppelten Schubkastenfronten sowie die beiden Türen erhalten einen 6 mm starken Anleimer aus massivem Ahorn. Runden Sie eine Kante mit einem 3-mm-Radiusfräser, wobei die Oberfräse in einen Tisch eingebaut ist. Diese Leisten werden dann auf Gehrung geschnitten und auf die Sperrholzkanten geleimt.

Hier noch ein Tipp zu den Gehrungsschnitten der Anleimer: Wir hatten an unserer Säge Probleme mit Ausriss. Daher haben wir die Scheibenschleifmaschine genommen und den Gehrungsanschlag auf 45° eingestellt. Nachdem wir die Leisten grob auf Länge geschnitten hatten, haben wir die Gehrungen an der Schleifmaschine nachgearbeitet. Wir haben die Türen mit Topfbändern angeschlagen. Die Wahl liegt bei Ihnen. Die leicht vorstehenden und profilierten Anleimer der Schubkästen und Türen verdecken den Sperrholzkern und geben dem Projekt ein attraktives Detail.

Um den Schrank zwischen den beiden Schwingen des Gestells zu halten, haben wir an seiner Unterseite vier Blöcke aus 12 mm Sperrholz angebracht. Sie halten den Schrank in Position und erlauben bei Bedarf zugleich einen leichten Ausbau.

Hobelbank für alle Fälle und Werkzeugschrank

Bank

Anzahl	Teil	Maße in mm			Material	Bemerkungen
☐ 1	Platte	2130	680	57	Ahorn	
☐ 4	Beine	890	57	88	Ahorn	
☐ 2	Kufen	660	57	88	Ahorn	
☐ 2	Schwingen	1386	150	40	Ahorn	20 mm lange Zapfen an beiden Enden
☐ 2	Riegel Kopfrahmen	484	150	40	Ahorn	40 mm lange Zapfen an beiden Enden

Werkzeugschrank

Anzahl	Teil	Maße in mm		Material
☐ 2	Deckel und Boden	1130	545	Birkensperrholz 19 mm
☐ 2	Seiten	500	545	Birkensperrholz 19 mm
☐ 1	mittelaufrechte Unterteilung	476	526	Birkensperrholz 19 mm
☐ 1	Rückwand	1330	486	Birkensperrholz 19 mm
☐ 2	Türen	458	319	Birkensperrholz 19 mm
☐ 1	Schubkasten Blende	639	73	Birkensperrholz 19 mm
☐ 1	Schubkasten Blende	639	95	Birkensperrholz 19 mm
☐ 1	Schubkasten Blende	639	120	Birkensperrholz 19 mm
☐ 1	Schubkasten Blende	639	160	Birkensperrholz 19 mm
☐ 2	Schubkasten Seiten	Die Maße des eigentlichen Schubkastens richten sich nach dem verwendeten Beschlag.		Birkensperrholz 12 mm
☐ 2	Schubkasten Seiten			Birkensperrholz 12 mm
☐ 2	Schubkasten Seiten			Birkensperrholz 12 mm
☐ 2	Schubkasten Seiten			Birkensperrholz 12 mm
☐ 1	Schubkasten Vorderstück			Birkensperrholz 12 mm
☐ 1	Schubkasten Vorderstück			Birkensperrholz 12 mm
☐ 1	Schubkasten Vorderstück			Birkensperrholz 12 mm
☐ 1	Schubkasten Vorderstück			Birkensperrholz 12 mm
☐ 1	Schubkasten Hinterstück			Birkensperrholz 12 mm
☐ 1	Schubkasten Hinterstück			Birkensperrholz 12 mm
☐ 1	Schubkasten Hinterstück			Birkensperrholz 12 mm
☐ 1	Schubkasten Hinterstück			Birkensperrholz 12 mm
☐ 4	Schubkasten Böden			Birkensperrholz 12 mm

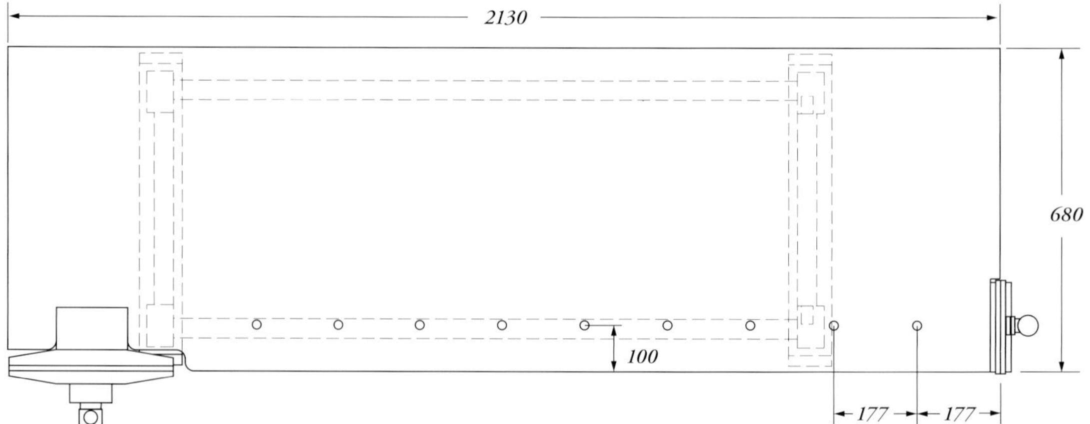

Draufsicht

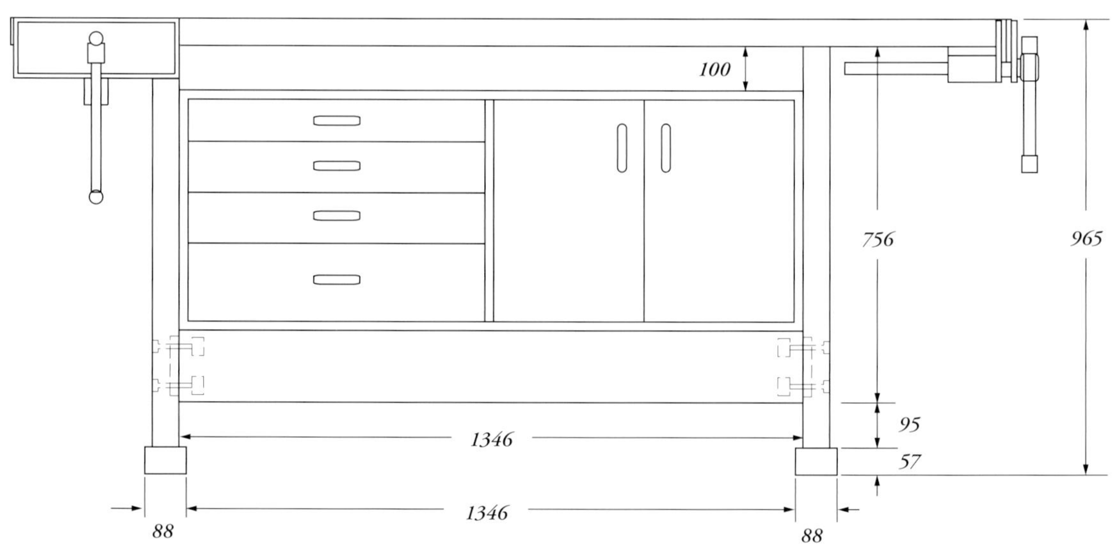

Frontansicht

1344
19
7
545
19

Werkzeugschrank – Draufsicht Schnitt

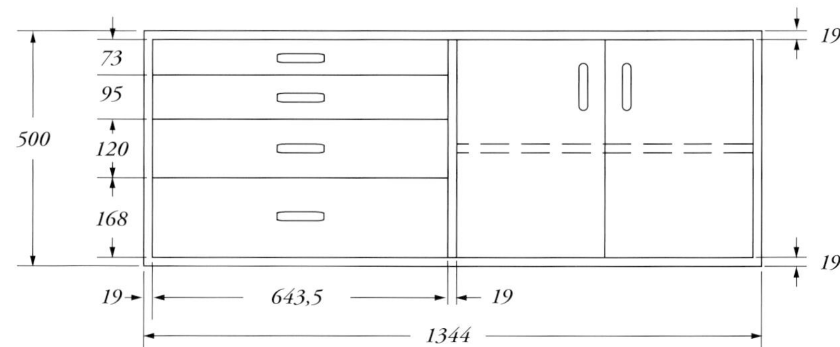

Werkzeugschrank – Ansicht

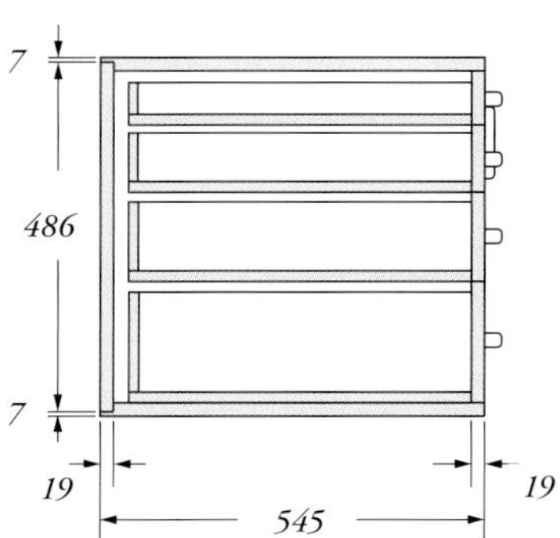

Werkzeugschrank – Querschnitt

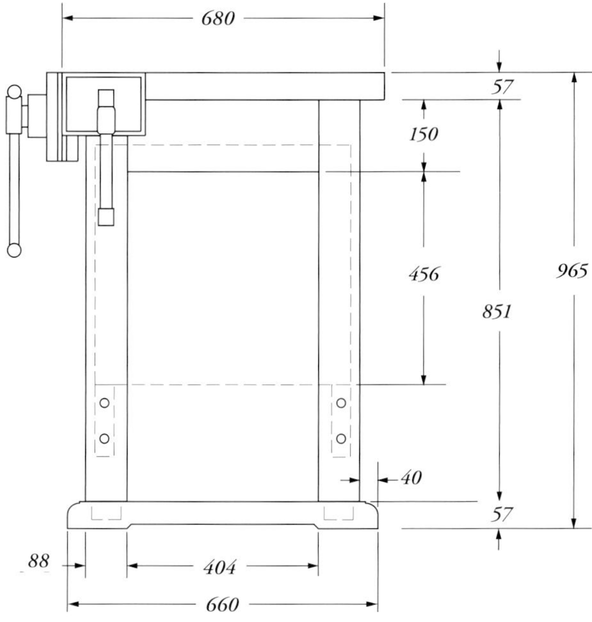

Seitenansicht

Illustrationen: Robert W. Lang

Kritik: Sein Ziel ist richtig

von Christopher Schwarz

Diese Bank von Jim Stuard war in meiner Karriere als Holzhandwerker ein Schlüsselerlebnis. Es war die erste „richtige" Bank, die ich benutzt habe. Während es vielleicht einige Dinge gibt, die ich ändern würde, wenn ich die Bank heute bauen würde, so muss ich Ihnen doch sagen, das Jim alle grundsätzlichen Dinge richtig gemacht hat. Das ist eine gute Bank.

Hier sind einige Aspekte, die ich bei der Arbeit an dieser Bank geschätzt habe:

1. Die Hinterzange. Jim montierte an der Position der Hinterzange eine Schnellspannzange, meine erste Begegnung mit diesem Arrangement. Es war eine gute Einrichtung, um von Hand zu hobeln und dazu viel einfacher zu montieren als die großen L-förmigen Hinterzangen. Nachdem ich mich in diese Anordnung verliebt hatte, fing ich an, an meinen Hinterzangen große Holzbacken zu montieren, um so die Bankhakenlöcher näher an die Vorderkante zu bringen (und damit mehr Unterstützung für Bretter zu bekommen). Bei Jim liegen die Bankhaken etwa 100 mm hinter der Vorderkante. Das ist recht nah, doch 50 mm wären besser, wenn Sie oft mit Falz-, Nut- und Profilhobeln arbeiten.

2. Die Masse. Dies ist eine schwere Bank, und ich habe mich nie darauf gefreut, sie zu verstellen. Sie ist aus Ahorn und wenn sie voll mit Werkzeug beladen war, brauchten wir zwei Mann, um sie über den Boden zu schieben. Jims Bank war wirklich ein Monster. Hier verliebte ich mich in Masse.

3. Den Nachbau der Modellbauerzange von Emmert. Jim arbeitete damals oft an gekrümmten und verrückten Werkstücken, da lag ihm die Emmert-Zange. Diese Zange ließ sich trapezförmig einstellen, neigen und man konnte runde Werkstücke spannen.

Bereit für den Einsatz: *Die Bank von Jim Stuard ist eine Kombination aus traditionellem europäischem Stil und einigen Elementen des Modellbaus. Er hat immer sowohl Handwerkzeuge also auch Maschinen verwendet, und diese Bank passt zu seinem Arbeitsstil.*

4. Keine Banklade. Jim war der erste, der mich davon überzeugte, dass Bankladen ein Himmel für Abfall sind.

5. Extrem stabile Verbindungen. Neben all den Zapfenverbindungen wird das Gestell durch acht Bolzen zusammengehalten, fast wie ein Bett. Das macht die Bank steif und dennoch kann man sie transportieren. Jim füllte die Vertiefungen für die Muttern und Unterlegscheiben nach dem Zusammenbau mit Heißkleber. Das erleichtert eine erneute Montage der Bank.

6. Wenn ich die Bank für mich persönlich selber bauen würde, gäbe es folgende Veränderungen.

7. Ich habe immer gedacht, die Bank ist hoch, und auch Jim ist der Meinung. Obwohl Jim und ich recht groß sind, ist eine 95-cm-Bank einfach zu hoch für Handarbeit. Als ich Jim kürzlich darauf ansprach, antwortete er folgendermaßen: „Ich würde sie wahrscheinlich um 5 cm kürzen, um sie angenehmer für Handarbeit zu machen, doch das wäre mit unverhältnismäßigem Aufwand verbunden. Die Riegel oben an den Rahmen der Schmalseiten müssten herausgeschnitten und neue geschnitten werden. So weit wird es nicht kommen."
   Es ist vielleicht einfacher, ein Loch in den Werkstattboden zu graben und die Bank dort abzulassen oder ein Podest zu bauen, auf dem man steht. Wenn ich die Bank bauen würde, hätte sie eine Höhe von 85 cm.

8. Ich würde den Schrank kleiner machen. Der Schrank lässt unter der Bankplatte nur einen Spielraum von knapp 10 cm. Das ist nicht genug, um dort eine Zwinge (bequem) anzusetzen oder um traditionelle Niederhalter zu verwenden. Wenn ich mir die Bank bauen würde, fiele der Schrank 10 cm niedriger aus. Dann könnte ich die Veritas Niederhalter auf der Platte verwenden. Ich würde den Schrank wahrscheinlich auch aus Massivholz bauen, doch das ist mein Problem.

9. Die Platte hat eine Tiefe von fast 68 cm. Ein paar Zentimeter weniger würden die Funktionalität der Bank nicht beeinträchtigen und man bräuchte weniger Holz.

10. Ich würde wahrscheinlich einen Bankknecht für diese Bank bauen, um die Kanten langer Werkstücke, die in der Vorderzange eingespannt sind, leichter von Hand hobeln zu können.

Kräftige Verbindungen: *Die Doppelzapfen an den Kufen und die massiven Verbindungen sorgen dafür, dass Jims Kinder (und Enkel) diese Hobelbank benutzen können.*

Nachdem die Bank zusammengebaut war, hat Jim etwas Heißkleber in die Öffnungen gefüllt, welche die Muttern und Unterlegscheiben halten. Dies hielt sie in Position, um bei nächsten Mal alles leichter montieren zu können.

Vor- und Nachteile dieser Bank

- \+ Kräftige Verbindungen sorgen dafür, dass diese Bank langlebig ist.
- \+ Die Einspannvorrichtungen passen zu einem vielseitigen Holzhandwerker, der Handwerkzeuge verwendet und krumme Teile bearbeitet.
- \+ Der Verzicht auf eine Banklade bedeutet, keinen Müll anzusammeln.
- – Für Holzhandwerker, die keine Giganten sind oder viel Handarbeit machen, sollte die Bank niedriger ausfallen.
- – Montieren Sie an der Hinterzange eine kräftige Backe und bringen die Bankhaken etwas nach vorne.
- – Bauen Sie sich einen Bankknecht, um Kanten bearbeiten zu können.

Vorher und nachher: *Ein paar Veränderungen, die nichts oder wenig kosten, haben diese Bank verwandelt. Eine neue (und teure) Zange würde auch nicht schaden.*

Kapitel 12

Werten Sie Ihre Hobelbank auf

von Christopher Schwarz

Ich sage das nicht gerne, aber ganz gleich wie viel Zeit und Geld Sie darauf verwenden Ihre Bank zu bauen oder zu kaufen: Sie wird wahrscheinlich nicht so nützlich sein, wie sie sollte. Ähnlich wie bei der Einstellung einer neuen Tischkreissäge oder eines Handhobels, so gibt es auch eine Reihe von Dingen, die jeder machen sollte, um seine Hobelbank aufzuwerten. Und es gibt auch einige einfache Verbesserungen, mit der Ihre Bank Kunststücke vollbringen wird, die Sie nicht für möglich gehalten hätten.

Die meisten dieser Verbesserungen sind schnell und billig. Und alle werden Ihre Holzbearbeitung einfacher, präziser oder schlichtweg sauberer machen.

1. Verbessern Sie Ihre Topographie

Die Arbeitsplatte regelmäßig abzurichten ist wie ein Ölwechsel bei Ihrem Auto. Es ist eine Routinearbeit, die Ihnen Unannehmlichkeiten auf der Straße ersparen wird. Eine plane Fläche ist aus drei Gründen ganz entscheidend für genaue Arbeit:

- Wenn Sie ein Brett hobeln, schleifen oder fräsen, wollen Sie, dass Ihr Werkstück fest auf der Platte aufliegt; eine plane Platte wird helfen, dass sich Ihr Werkstück nicht bewegt.
- Eine plane Platte wird zeigen, ob Ihre Werkstücke hohl oder rund sind. Wenn Sie jemals an einer Türfüllung eine hohle Stelle oder Verzug korrigieren wollen – ein bekanntes Übel – dann müssen Sie eine plane Platte haben, um zu wissen, wann Ihre Füllung schließlich plan ist.
- Eine plane Arbeitsplatte leitet Sie, wenn Sie Ihre Projekte montieren. Wenn Sie nicht wollen, dass Ihr Tisch, Stuhl oder Schrank wackelt, dann müssen die Beine oder das Gestell alle in einer Ebene liegen. Eine flache Platte wird Ihre Probleme direkt offenbaren und die beste Lösung zeigen.

Wie richtet man nun die Platte ab? Die einfachste Methode ist, die Platte durch einen großen Breitbandschleifer zu lassen, wie Sie ihn in mittelgroßen Schreinereien finden können. Zwei Holzhandwerker, die ich kenne, haben für dieses Privileg 50 € hinlegen dürfen. Der einzige Nachteil besteht darin, dass sich danach einige Schleifpartikel in Ihrer Bank festsetzen, was Ihre Arbeit in der Zukunft verkratzen kann.

Es besteht auch die Möglichkeit, dass Sie Ihre Bank zu Hause mit einer Oberfräse abrichten – sobald Sie eine ziemlich komplexe Führung gebaut haben, welche die Maschine führt und hält.

***Vor dem Abrichten:** Richtscheite sind der Schlüssel um herauszufinden, ob eine Bank- oder Tischplatte wirklich plan ist. Prüfen Sie die Platte, indem Sie die helle Leiste über die gesamte Länge verteilt an verschiedene Positionen auflegen und jeweils die Oberkante beider Richtscheite vergleichen.*

Meine Methode ist schneller. Ich richte die Bänke mit einem Nr. 5 Jack plane, einer Nr. 7 Raubank und ein Paar Stäben ab. Das sind zwei Streifen 19 mm Sperrholz, 50 mm lang und 90 cm lang (oder Sie können auch ein Aluminiumprofil verwenden). Diese traditionell als Richtscheite bezeichneten Leisten zeigen schnell, ob Ihre Bank plan ist oder wo dies nicht der Fall ist.

Platzieren Sie zuerst einen Richtscheit an einem Kopf der Bank. Dann legen Sie den anderen Richtscheit über die ganze Länge der Platte verteilt an mehreren Positionen auf. Gehen Sie in die Hocke, damit Ihr Auge auf gleicher Höhe wie die Leisten ist, um zu sehen, ob die oberen Kanten parallel verlaufen. Wenn sie es sind, dann ist dieser Bereich plan. Wenn sie es nicht sind, dann sehen Sie, wo die höheren Stellen liegen.

Früher wurden Richtscheite aus besonders gut stehendem Holz hergestellt, wie etwa Mahagoni. Manchmal hatten Sie sogar an den Kanten eine Einlage aus Ebenholz und Buchsbaum, also einem schwarzen und einem weißen Holz, um die Unterschiede besser sehen zu können. Ich ziehe Sperrholz vor, denn es steht sehr gut und ist billig. Wenn Sie einen Kontrast

Weg mit den Hügeln: *Beim Abrichten Ihrer Platte wird die meiste Arbeit mit einem Jack Nr. 5 verrichtet, der hohe Stellen schnell abtragen kann. Meine Bank neigt immer dazu, in der Mitte hohl zu werden (ähnlich wie bei einem Wasserstein). Daher beginne ich damit, die langen Kanten abzuarbeiten.*

Erst schräg und dann gerade: *Die Stärke der Raubank Nr. 7 ist ihre Länge. Aufgrund der Länge gleitet der Hobel über die tiefen Stellen und trägt an den hohen Stellen ab. Führen Sie den Hobel zunächst diagonal und kümmern Sie sich nicht weiter um Ausriss (oben). Wenn Ihre Platte plan ist, hobeln Sie in Faserrichtung (unten).*

zwischen Ihren Richtscheiten brauchen, empfehle ich „Ebenholz aus der Dose" (schwarzen Sprühlack).

Markieren Sie alle hohen Stellen direkt auf Ihrer Bank und beginnen Sie, diese Stellen mit Ihrem mittellangen Hobel abzutragen. Prüfen Sie Ihren Arbeitsfortschritt wiederholt mit den Richtscheiten. (Mehr dazu rechts in dem Kasten „Halten Sie Ihre Richtscheite im Fokus").

Wenn die Platte relativ plan ist, greifen Sie zu Ihrer Raubank Nr. 7. Hobeln Sie zunächst diagonal, von Ecke zu Ecke. Dann kommen Sie ebenfalls in diagonaler Bewegung von der anderen Seite zurück. Machen Sie das ein paar Mal bis Sie auf der gesamten Fläche dünne Späne abheben. Zum Abschluss hobeln Sie die Platte in Längsrichtung. Beginnen Sie an der Vorderkante und arbeiten zur Hinterkante. Wenn es gut aussieht, prüfen Sie mit den Richtscheiten.

Halten Sie Ihre Richtscheite im Fokus

Wenn Sie Richtscheite verwenden, besteht eine Schwierigkeit darin, beide Leisten im Fokus zu haben, wenn Sie bald zwei Meter auseinander liegen. Wenn eine der Leisten verschwimmt, ist es schwierig zu sagen, ob sie miteinander fluchten.

Die Lösung kommt aus der Welt der Fotografie. Nehmen Sie einen dünnen Karton – ich verwende den Rücken eines Notizblockes. Stechen Sie mit Ihrer Ahle in der Mitte des Kartons ein knapp 1 mm großes Loch. Gehen Sie vor den Richtscheiten in die Hocke und schauen durch das kleine Loch auf die Richtscheite. Sie sollten nun beide im Fokus sein.

Wenn Sie an einer Kamera die Blende verkleinern, ist ein größerer Ausschnitt des Bildes im Fokus. Das gleiche Prinzip funktioniert auch mit Ihrem Auge. Wenn Sie die Öffnung verkleinern, durch die Licht dringt, wird ein größerer Teil Ihres Blickfeldes im Fokus sein.

Prüfen Sie immer beide Enden der Richtscheite, indem Sie Ihr Auge von links nach rechts gleiten lassen und nicht Ihren Kopf. So können Sie die Richtscheite besser ablesen.

2. Ein „Toter Mann" hilft

Eine der schwierigsten Operationen ist die Bearbeitung der schmalen Kante eines Brettes oder einer Tür. Die Hauptschwierigkeit besteht darin, dass Werkstück sicher einzuspannen. Die traditionelle Lösung ist ein sog. „Toter Mann". Ich habe den auf der Abbildung an einem Nachmittag eingebaut und frage mich nun, wie ich vorher ohne auskommen konnte.

Da der Tote Mann vorne über die gesamte Front der Bank verschoben werden kann, können Sie Werkstücke jeder Länge bearbeiten. Und da sich die Auflage höher oder tiefer stellen lässt, können Sie schmale Bretter oder sogar Haustüren halten. Mithilfe Ihrer Vorderzange und dieses Zubehörs können Sie fast alles fixieren.

Ich habe den „Toten Mann" eingebaut, indem ich zwei Leisten eingeschraubt habe, die an einer langen Kante jeweils genutet waren. Der „Tote Mann" selber hat an beiden Köpfen einen etwas kleineren Zapfen, mit dem er in den Nuten gleitet.

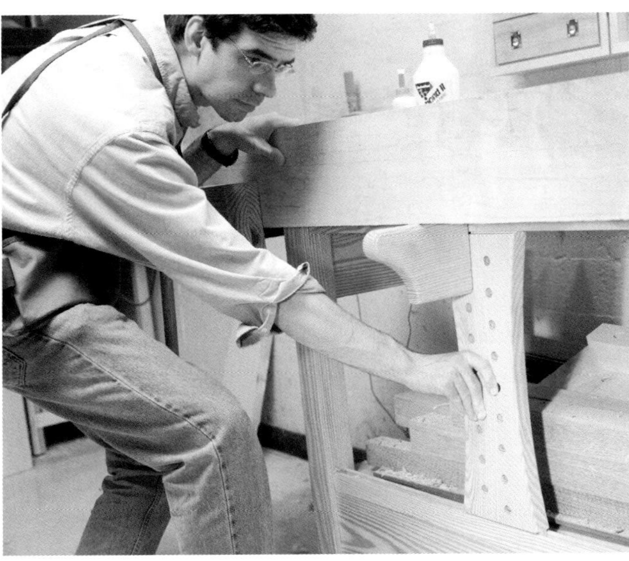

Halten Sie es: *Die wichtigste Verbesserung ist zwar eine abgerichtete Platte, doch direkt danach kommt ein verschiebbarer „Toter Mann". Mit dieser cleveren Hilfe werden Sie auch Türen leicht bearbeiten können.*

3. Bauen Sie eine Auflage an Bein oder Platte

Ich halte den verschiebbaren „Toten Mann" zwar für die optimale Lösung, doch es gibt noch einfachere Möglichkeiten, um große Werkstücke in Ihrer Bank zu unterstützen.

Wenn Sie häufig große Türen bearbeiten, dann ist eine Auflage am Gestellbein für Sie wahrscheinlich eine große Hilfe. Sie bohren einfach im Abstand von 10 cm an dem Bein, das gegenüber Ihrer Vorderzange liegt (wenn die Vorderzange links montiert ist, also das rechte Gestellbein) 20-mm-Löcher. Brechen Sie die Kanten (siehe nächster Abschnitt zu Bankhakenlöchern) und stecken in ein Loch einen 20-mm-Dübel. Fertig.

Patenter Helfer: *Eine Auflage am vorderen rechten Gestellbein ist eine große Hilfe, um lange Werkstücke einzuspannen und man braucht nur rund 20 Minuten, um Ihre Bank damit auszustatten. Es gibt bestimmt originellere Methoden, doch keine ist effizienter.*

4. Bankhaken

Ein gutes System mit Bankhaken und Löchern erleichtert Routinearbeiten und selbst schwierige Stücke lassen sich spielerisch einspannen. Eine Bank lässt sich schnell und einfach mit runden Bankhakenlöchern nachrüsten.

Ich habe auf meiner Arbeitsplatte gerne mindestens zwei Reihen Bankhakenlöcher, die einen Abstand von jeweils 10 cm haben. An einigen Bänken hatte ich Bankhakenlöcher, die mit den Bankhaken der Hinterzange fluchteten. So lassen sich Werkstücke zwischen meiner Hinterzange und einem beliebigen Bankhaken einspannen. Doch selbst wenn Sie keine Hinterzange haben sollten, können Sie das Potential von Bankhakenlöchern mit einem sog. Wunderhaken (Wonder Dog) von Veritas nutzen.

Dieser Wunderhaken ist im Prinzip eine Art Minizange, die sich in ein 19-mm-Bankhakenloch stecken lässt. Er erlaubt es Ihnen, in jeder beliebigen Richtung zu spannen. Das ist hilfreich, um runde oder andere unregelmäßige Werkstücke zum Schleifen oder Hobeln einzuspannen.

Um die Bankhakenlöcher zu bohren, machen Sie sich am besten eine Lehre, wie sie auf der Abb. auf S. 166 mitte links zu sehen ist. Nehmen Sie einen 19-mm-Bohrer und eine Bohrmaschine.

Spannen Sie die Lehre auf Ihre Bankplatte und bohren das Loch durch die Platte durch. Arbeiten Sie mit niedriger Drehzahl. Nach dem Bohren müssen Sie die Kanten brechen, damit kein Ausriss entsteht, wenn Sie Ihren Bankhaken rausziehen. Am einfachsten macht man das mit einer Oberfräse.

Clever und Günstig: *Wenn Sie sich keine Hinterzange leisten können, dann erleichtern diese Wunderhaken (Wonder Dogs) viele Spannaufgaben. Mit zwei Wunderhaken und herkömmlichen Bankhaken können Sie auch unregelmäßige Werkstücke spannen.*

Eine Lehre für Bankhaken: *Diese Vorrichtung funktioniert wie eine primitive Dübellehre. Markieren Sie mit Rissen, wo Ihre Bankhaken hinkommen sollen. Richten Sie die Lehre anhand der Risse aus und spannen sie auf der Platte fest. Verwenden Sie eine Bohrmaschine. Einen Akkubohrer würden Sie unter Umständen überfordern.*

Hilfe für die Bankhakenlöcher: *Durch stark gebrochene Kanten vermeiden Sie Ausriss an der Platte, wenn Sie einen bockigen Haken herausziehen.*

Setzen Sie einen 45°-Fasenträger ein, an dessen Ende ein 19-mm-Anlaufring montiert ist. Setzen Sie den Anlaufring in das Bankhakenloch, stellen die Fräse an und tauchen Sie ein, um einen 9 mm tiefen Schnitt zu machen.

5. Montieren Sie eine Hinterzange

Wenn Sie nur eine Zange haben, dann wird die fast immer an der Front Ihrer Bank angebracht sein. Eine Hinterzange, die am Kopf der Bank montiert wird, ist eine extrem praktische Ergänzung. Mit dem versenkbaren Metallbankhaken, den viele Zangen haben, können Sie wirklich lange Werkstücke an Ihrer Bank zwischen dem Haken der Zange und dem Haken auf der Arbeitsplatte einspannen. Es ist auch einfach praktisch, eine zweite Zange zu haben.

Wenn Sie eine Hinterzange auswählen, haben Sie drei gute Optionen:

- Sie können für einen Preis von 50 bis 120 € eine traditionelle Schnellspannzange mit versenkbarem Bankhaken kaufen. Sie lässt sich einfach installieren.
- Sie können auch eine Vorderzange kaufen, an der Sie hölzerne Backen befestigen. Diese Lösung kann etwas billiger sein (etwa 60 €), doch sie erfordert mehr Arbeit. Der Vorteil dieser Zange besteht darin, dass Sie oben an der hölzernen Backe Bankhakenlöcher anbringen können.
- Sie können eine teure Spezialzange kaufen, die Dinge kann, die Ihre Vorderzange nicht kann. Die Veritas Zange mit Doppelspindel (ca. 300 €) bietet eine riesige Hinterzange, mit der

Besorgen Sie sich eine bessere Zange: *Eine Hinterzange, wie dieses Modell von Veritas, ist ein Luxus, den wir alle verdienen. Nachdem ich an meiner Bank zu Hause eine installiert habe, benutze ich sie viel häufiger als meine alte Vorderzange.*

sich fast alle flachen Werkstücke einspannen lassen. Oder Sie kaufen eine Modellbauerzange (ca. 250 € oder mehr), mit der sich unregelmäßige Werkstücke in jedem beliebigen Winkel gut halten lassen. Beide sind teuer, doch sie sind es wert.

6. Installieren Sie einen Anschlag zum Hobeln und Schleifen

Viele Holzhandwerker spannen Ihr Werkstück fest, wenn es eigentlich nicht sein müsste. In vielen Fällen wird die Schwerkraft und die Schubkraft Ihres Werkzeugs diese Aufgabe übernehmen.

Ein Anschlag zum Hobeln ist im Wesentlichen eine Lippe am Ende ihrer Bank, die sich nach oben und unten verstellen lässt. Wenn Sie Ihr Werkstück hobeln wollen, legen Sie es einfach an den Anschlag und hobeln dagegen. Die Schwerkraft und der Schub Ihres Werkzeugs werden das Werkstück halten.

Der vielseitigste Anschlag zum Hobeln ist ein Streifen 12 mm Sperrholz, dessen Länge der Breite der Arbeitsplatte entspricht. Zwei Flügelmuttern, Bolzen und Unterlegscheiben erlauben Ihnen, den Anschlag nach oben und unten zu verstellen, je nach Stärke Ihres Werkstückes.

Diese Beschläge werden Sie in jedem Baumarkt finden. Das Teil, welches in die Bank eingeschlagen wird, ist eine 20 mm lange Buchse mit 6-mm-Gewinde. Zunächst müssen Sie ein 9-mm-Loch am Kopf Ihrer Bank bohren. Geben Sie etwas Epoxidharz an und drehen Sie die Buchse langsam mit einem Maulschlüssel ein. Dann stecken Sie einen etwa 30 mm langen Bolzen durch eine Flügelschraube und eine Unterlegscheibe. Der eigentliche Anschlag besteht aus Sperrholz mit zwei 8 mm breiten Schlitzen. Machen Sie diese Schlitze lang genug, damit sich der Anschlag unter die Oberfläche der Platte drücken lässt.

Mit diesem Anschlag können Sie Holz fast jeder Stärke mit Leichtigkeit hobeln. Lösen Sie die Flügelmuttern, stellen den Anschlag auf die gewünschte Höhe ein und ziehen die Schrauben wieder an, um den Anschlag zu fixieren.

***Stopp!:** Wenn Sie einen Handhobel verwenden, sollten Sie € 5,- und eine Stunde Zeit investieren, um diesen Anschlag zu bauen. Das ist der vielseitigste Anschlag, den ich je benutzt habe und funktioniert für dicke und dünne Werkstücke gleichermaßen. Der Schlüssel für diesen Hobelanschlag sind die Beschläge. Auf der Abb. links sehen Sie, wie eine Schraubenbuchse, ein 30 mm langer Bolzen, eine M6 Flügelmutter und eine Unterlegscheibe montiert werden.*

***Verbessern Sie Ihren Griff:** Der Niederhalter von Veritas ist ein Vergnügen. Er ist technisch durchdacht und hält das Werkstück mit erstaunlichem Druck. Ich würde Zinken nicht mehr ohne ihn stemmen.*

7. Installieren Sie einen Niederhalter

Manchmal müssen Sie ein Brett auf Ihrer Bank fixieren, um an einem Kopf arbeiten zu können, etwa wenn Sie das Holz zwischen Schwalben ausstemmen. Nichts ist so schnell und effizient hierfür wie ein hochwertiger Niederhalter.

Ein Niederhalter ist im Prinzip ein Haken, der in ein Loch an Ihrer Bank fällt. Sie ziehen Ihnen mit einer Schraube an oder schlagen ihn mit dem Klüpfel fest, um das Werkstück auf der Bank zu fixieren.

Es gibt drei Typen, deren Kauf sich lohnt. Der Niederhalter aus dem Hause Veritas ist der Mercedes unter ihnen. Er fällt leicht in jedes 19-mm-Loch Ihrer Bank und wird mit einer oben liegenden Schraube angezogen. Ich habe diesen Niederhalter über Jahre hinweg täglich verwendet und er hat mich nie im Stich gelassen.

Die zweite Option ist günstiger. Glasfasergefüllte Niederhalter aus Nylon sind billig, doch Sie müssen unter Ihre Platte greifen, um sie zu verwenden.

Der dritte Typ ist ein Metallhaken. Schlagen Sie auf den Kopf, um ihn anzuziehen und schlagen Sie auf den Rücken, um ihn wieder zu lösen. Alle Modelle aus Gusseisen, die ich in Katalogen gesehen habe, erfüllen meine Ansprüche nicht. Freunde, die sich auch für Handwerkszeuge begeistern, empfehlen geschmiedete Niederhalter oder solche aus gezogenem Draht. Erkundigen Sie sich einmal in Ihrer Gegend, ob es einen Schmied gibt, der Ihnen das machen kann. Rechnen Sie mit 25–60 € für einen, vielleicht auch etwas mehr.

Schonen Sie Ihre Platte: *Schärfen Sie niemals auf Ihrer Bank, ohne eine Unterlage zu verwenden. Die Schleifpaste und Farbe werden sich in Ihre Platte eingraben und das Holz verschmutzen, das Sie auf die Bank legen. Dieses einfache Tablett fällt in die Bohrungen der Arbeitsplatte (also keine Zwingen) um Ihre Sauerei einzudämmen.*

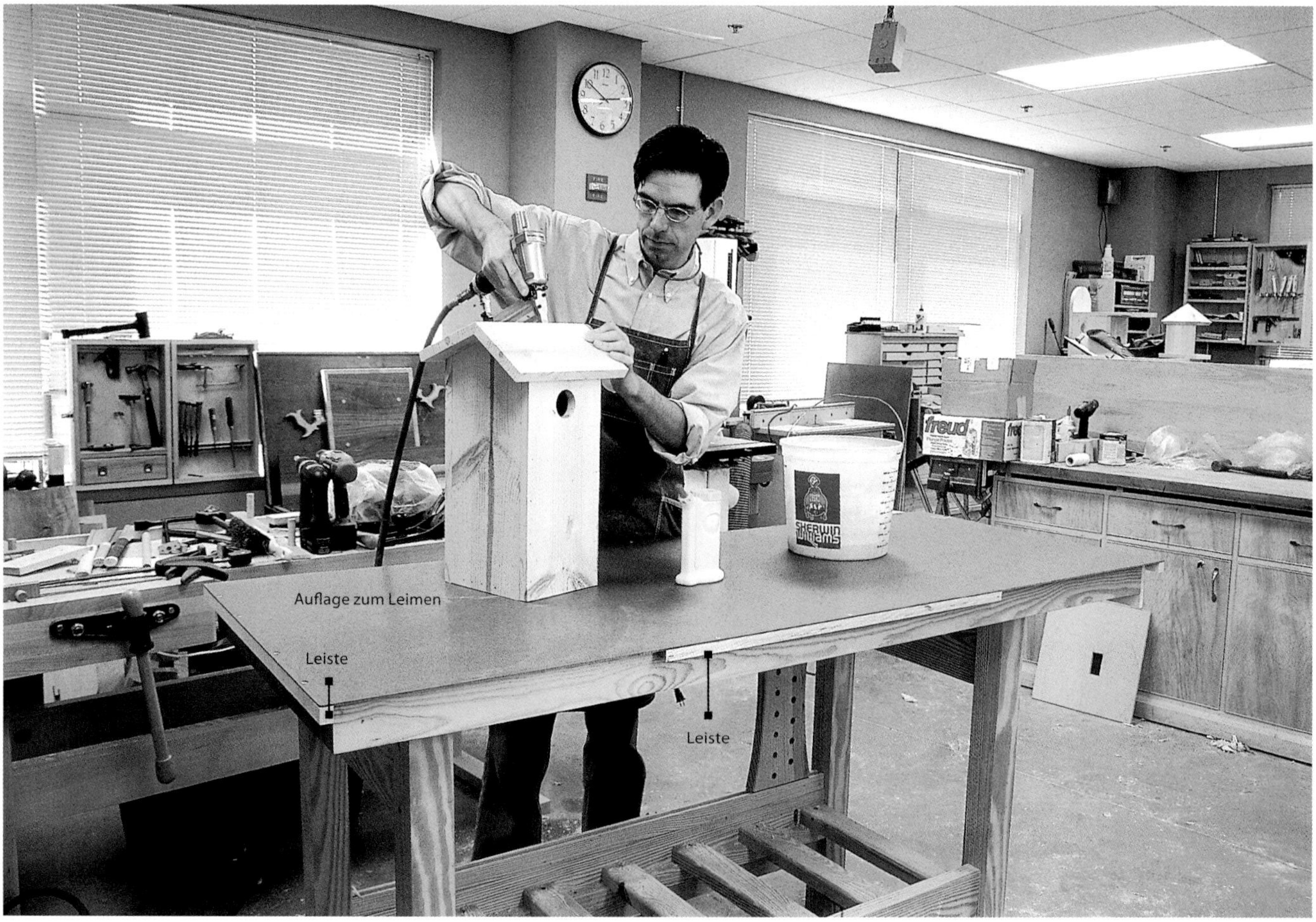

Auflage zum Leimen

Leiste

Leiste

Schonen Sie Ihre Platte II: *Bevor ich mir meine 300 m² Traumwerkstatt leisten kann, muss ich Projekte auf meiner Bank zusammenbauen. Diese Abdeckung hält meine Arbeitsplatte wie neu. Stellen Sie sicher, dass die Leisten, welche die Platte halten, nicht in Konflikt mit Ihren Zangen kommen.*

***Kein Verkanten:** Zulagen verbessern die Spannkraft jeder Zange. Der Dübel verhindert, dass die Zulage auf den Boden fällt, wenn Sie die Zange öffnen.*

8. Bauen Sie sich ein Tablett zum Schärfen und für die Oberflächenbearbeitung

Einige Leute werden mich penibel nennen, doch es gibt gute Gründe, um Ihre Bank vor Schleifpaste und Oberflächenmitteln zu schützen. Schleifpaste besteht aus Metallpartikeln und Schleifmittel. Sie werden sich in Ihre Bank und später in Ihre Arbeit eingraben. Oberflächenmittel (besonders Beizen und Glasuren) können noch nach Wochen und Jahren Ihre Arbeit abscheuern, wenn Sie etwas verschütten sollten.

Aus diesem Grund ist ein Tablett mit einer niedrigen Lippe ideal zum Schärfen und zur Oberflächenbearbeitung. Ich habe meine Tabletts aus billigem Sperrholz und die Lippen aus 20 mm Reststücken hergestellt – hinzukommen Leim und Schrauben. Sie können das Tablett so modifizieren, dass es in zwei Bankhakenlöcher greift, dann müssen Sie es nicht fest spannen. Damit eignet sich das Tablett besonders gut zum Schärfen, denn es bewegt sich nicht bei der Arbeit.

9. Eine Auflage nur zum Leimen

Nicht alle von uns haben den Luxus einer extra Bank nur für den Zusammenbau. Daher montiere ich die meisten Möbel direkt auf meiner Bank – sowohl auf der Arbeit als auch zu Hause.

Leimspritzer sind für die meisten Holzhandwerker ein großes Problem. Besonders getrockneter Leim kann Ihre Arbeit leicht verkratzen.

Daher habe ich zum Verleimen eine abnehmbare Platte, die genau auf meine Bank passt. Sie besteht aus 3 mm dünnem Hartfaser (erhältlich in Ihrem lokalen Baumarkt) und vier Leisten, die sie sicher auf der Bank halten.

Warum sollte man nicht Zeitungspapier oder eine Decke verwenden? Naja, Zeitungen verursachen eine Menge Müll, sind langsam und schmutzig. Decken können – wenn sie nicht perfekt flach auf Ihrer Bank liegen – dazu führen, dass Sie das Werkstück beim Verleimen etwas verziehen. Wenn Sie sich keine Hartfaserplatte zum Verleimen machen wollen, wird eine dünne Tischdecke aus Kunststoff die nächstbeste Lösung sein.

10. Mit Zulagen lässt sich besser spannen

Häufig beschweren sich Holzhandwerker darüber, dass ihre Zangen ein Werkstück nicht gut halten, wenn Sie nur eine Seite der Backe verwenden. Die Backe verzieht sich etwas – besonders bei Holzzangen – und das schwächt den Griff am Werkstück.

Die Lösung ist so einfach, dass ich überrascht bin, sie nicht häufiger zu sehen. Legen Sie einfach eine Zulage gleicher Stärke auf die andere Seite der Backe und Ihr Problem ist gelöst. Ich habe einen ganzen Satz solcher Zangenzulagen in den Stärken, die ich am häufigsten verwende (12, 15, 20 und 25 mm). Um mir noch mehr zu helfen, treibe ich einen 20-mm-Dübel durch jede dieser Zulagen. Dadurch fällt sie nicht auf den Boden, wenn ich die Zange löse. Diese schnelle und einfache Lösung wird ihnen eine Menge Frustration ersparen.

PHOTO BY AL PARRISH

Allzeit bereit: *Ein Bord direkt über der Bank schützt die Werkzeuge und man kann sie auch leicht finden.*

Kapitel 13

Werkzeughalter an den Wänden

von Robert W. Lang

Ich habe meine Handwerkszeuge lange in den Schubkästen von Mechanikerschränken aufbewahrt. Meine Werkzeuge waren geordnet und geschützt, doch es war nicht sehr praktisch. Schneidwerkzeuge stießen aneinander, wenn die Schubkästen geöffnet oder geschlossen wurden und meine Reißwerkzeuge waren nie zur Stelle. Während der Bauprojekte blieben die Werkzeuge auf der Bank liegen, doch dort wurden sie bald begraben, wenn sich Werkstücke, Späne, Abschnitte und noch mehr Werkzeuge stapelten.

Als ich meine erste Werkstatt eröffnete, entschloss ich mich, für die Werkzeuge einen Hängeschrank mit zwei breiten Türen zu bauen. Ich habe die Türen so entworfen, dass sie die Werkzeuge aufnehmen, die ich regelmäßig verwende. Zwischen den Türen waren Fachböden und ein Block mit gezinkten Schubladen. Dieser Schrank veränderte meine Arbeitsweise. Die Werkzeuge hatten alle ihren Platz und waren gleich griffbereit. Wenn ich an der Innenseite der Türen zu viel nackte Fläche sah, wusste ich, es war Zeit, eine Pause zu machen und etwas aufzuräumen.

Während der Hängeschrank gut funktionierte, habe ich ihn doch nie ganz fertig gebaut. Ich hatte vor, einen Riegel und einen Verschluss zu montieren, um die Türen geschlossen zu halten, doch nach ein paar Monaten merkte ich, dass ich die Türen kaum schloss. Es war wie mit einem Fernseher in den meisten Häusern – die Türen erfüllen zwar ihren Zweck, doch der Fernseher ist immer an (oder die Werkzeuge immer in Benutzung) und eigentlich braucht man sie nicht.

Als ich bei *Popular Woodworking* anfing, wollte ich meinen Werkzeugschrank mitbringen und aufhängen. Diesen Plan musste ich aufgeben, als ich merkte, dass der größte Vorzug der Werkstatt, jede Menge Fenster nämlich, mir nicht die benötigten 1,8 m Wandfläche geben würde. Ich verwahrte meine Werkzeuge wieder in Schubladen und allen möglichen Kisten, und ich fragte mich, wie man eine Wand einbauen könnte ohne eines der Fenster zu verlieren. Ich wollte die Zugänglichkeit, Sicherheit und Ordnung einer Kiste, doch ich entwickelte einen unausführbaren Plan.

Als ich eines Tages in die Werkstatt kam, schaute ich wie immer kurz nach links. Meist wird dort auf der Bank unseres Herausgebers Christopher Schwarz ein interessantes Projekt, ein Teil davon oder ein esoterisches Werkzeug liegen. Was meine Aufmerksamkeit auf sich zog, war eine einfache und elegante Lösung für das gleiche Problem, mit dem ich konfrontiert war. Er hatte am Fenster und direkt über seiner Bank ein einfaches Bord installiert, das mehr Werkzeuge aufnahm als ich es für möglich hielt.

Zwei etwa 20 mm starke und 90 mm breite Bretter, offensichtlich Reste von Sockeln, wurden von Abstandshaltern 12 mm auseinander gehalten. Das hintere Brett war ein paar Zentimeter länger als das vordere, dadurch ließ es sich leicht an der Wand befestigen, oder in diesem Fall am Futter unseres Fensters. Schon am Nachmittag war ich dabei, eine ähnliche Werkzeughalterung am Fenster über meiner Hobelbank in meiner Ecke der Werkstatt zu bestücken.

Ich war begeistert, wie gut diese einfache Konstruktion ein Problem gelöst hatte. Meine einzige Sorge beim Hängen der Werkzeuge war, dass sie nicht fallen würden. Als ich meinen Werkzeugschrank baute, machte ich mir spezielle Halterungen für einzelne Werkzeuge. Bei der neuen Halterung passten die meisten Werkzeuge in den Schlitz zwischen den beiden Brettern. Sie waren greifbar, im Blickfeld und nicht in Gefahr. Einige wenige passten nicht in den Schlitz. Daher habe ich ein paar Schrauben und Nägel gesetzt, um sie am Rand der Halterung zu platzieren.

Die Ordnung ergab sich mit der Zeit von selbst. Anstatt vorab zu planen, wo jedes einzelne Werkzeug hinkommen soll, benutzte ich gleich die Halterung und steckte die Werkzeuge in den Schlitz, sobald ich mit einer Arbeit durch war. Es dauerte nicht lange und es erschien eine Organisation, die besser funktionierte als ich es hätte planen können. Ich merkte, dass die Schlitze für viele Werkzeuge gut sind, doch nicht alles passte ganz so wie ich wollte.

Über der Bank am anderen Ende der Werkstatt tauchten plötzlich Shaker-Haken an der Werkzeughalterung meines Kollegen auf. Zunächst ein paar an einem Ende, dann eine komplette Reihe mit daran aufgehängten Hämmern. Ein oder zwei Tage später waren auch über der ersten Werkzeughalterung solche Haken und hielten mehr als ein Dutzend Sägen. Da ich kein Sammler bin, benötigte ich nicht so viel Platz – ich habe nur vier Sägen und fünf Hämmer, doch meine Werkzeughalterung brauchte einige Verbesserungen und Ergänzungen.

Einfach ist gut: *Am Anfang stehen zwei Bretter beliebiger Länge, 20 mm stark und 90 mm breit. Das hintere Brett ist um einige Zentimeter länger als das vordere, um es leichter an der Wand zu befestigen. Die Halterung ist breit genug, um die Werkzeuge sicher zu halten und bietet Platz für Shakerhaken, an denen weitere Werkzeuge aufgehängt werden.*

Das ideale Maß ist unterschiedlich: *Die beiden Bretter werden durch 12-mm-Abstandshalter voneinander getrennt, die Werkzeuge fallen in den Spalt. Das war für meine Werkzeuge ein ideales Maß, doch dieses Maß kann variiert werden, um Ihre Werkzeuge aufzunehmen.*

Schön ist nebensächlich: *Schrauben und Nägel sind nicht so attraktiv wie Shakerhaken, doch sie erfüllen ihren Dienst – besonders bei beengtem Platzangebot und spezieller Hängung.*

Langfristige Flexibilität: *Die Flexibilität der Schlitze gibt Ihnen die Freiheit, die Anordnung zu verändern, wenn sich Ihre Werkzeuge, Bedürfnisse, Gewohnheiten und Projekte mit der Zeit ändern.*

Meine erste Ergänzung war ein einfaches Bord, das etwa 10 cm breit ist und auf Konsolen ruht, die mit der Bandsäge geschnitten wurden. Das bot Platz für Hobel und einige andere Werkzeuge, die ich nicht hängen wollte aber doch griffbereit brauchte. Es blieb noch das Problem, das Chaos der Stemmeisen zu ordnen. Sie passen zwischen die Bretter der Halterung, doch da sie mit ihren breiten Griffen kopflastig sind, hängen sie nicht gerade. Es störte mich, wie sie gegeneinander lehnten wie eine Gruppe arbeitsloser Gammler. Ich wollte, dass sie gerade stehen – in Habachtstellung und einsatzbereit. Meine Lösung war eine weitere Ablage, die in ausgeklinkten Konsolen gehalten wurde und mit einer Serie von Löchern, die auf die Griffe der Stemmeisen abgestimmt sind. Ich habe mit einigen unterschiedlich großen Löchern und verschiedenen Stemmeisen experimentiert. Dabei fand ich, dass 22-mm-Löcher für fast alle Griffe passten. Ich wollte vor dem Loch eine Öffnung, damit ich das Stemmeisen nicht über seine gesamte Länge anheben muss, um es aus der Halterung zu nehmen.

Unterstützung durch Konsole: *Das Werkzeuggestell hat an beiden Enden und in der Mitte aufrechte Hölzer. Sie bieten Platz für Klammer und Konsolen, die Unterstützung für Ablagen bieten.*

Passender Schlitz: *ein 22-mm-Loch, vom Rand eines 50 mm breiten Brettes um 3 mm zurückgesetzt, hält eine Vielzahl unterschiedlich großer Griffe. Der gesägte Schlitz, der das Loch mit der Vorderkante verbindet, erlaubt Ihnen ein Stemmeisen aufzuhängen, dessen Klinge breiter ist das der Durchmesser des Griffes.*

Nach etwas mehr Experimenten und zwei Probestücken hatte ich meine Maße. Die Löcher wurden so gebohrt, dass der Rand des Loches 3 mm hinter der Vorderkante eines 5 cm breiten Brettes lag. Ein Achsmaß der Löcher von knapp 30 mm ließ genug Raum, um jeden Griff einzeln greifen zu können.

Nachdem ich eine Serie von Mittellinien im gleichen Abstand angerissen hatte, trug ich davon jeweils nach beiden Seiten ein Viertel des Durchmessers ab, schnitt von der Vorderkante der Ablage zu jedem Loch und stellte so 22 mm breite Schlitze her, die jedes Loch zur Vorderkante hin öffneten. Ich habe eine Raspel genommen, um die Kanten an den Löchern und Schlitzen zu brechen, setzte die Ablage in die Klammern und montierte sie. Breitere Stemmeisen müssen ein bisschen gedreht werden, um sie in die Ablage zu stecken oder zu entnehmen. Schmale gleiten einfach hinein. Alle werden sicher gehalten.

Da ich mich mehr um Funktion als um Dekoration kümmerte, habe ich die Ablagen aus Reststücken gemacht und ihnen kein Finish gegeben. Ein bisschen Schleifen und ein Überzug mit Schellack, Lack, Öl oder Wachs würde sie attraktiver machen, doch bei Dingen, die ich für die Werkstatt mache, kümmere ich mich darum selten.

Das großartige an diesen Halterungen ist, dass man sie anpassen kann und dass sie sich einfach und schnell bauen lassen. Sobald Sie einmal anfangen, werden Sie noch zwei oder drei weitere brauchen, während die Liste der nötigen Werkzeuge wächst und sich Ihre Arbeitsweise sowie Ihre Projekte verändern. So ist es mir passiert. Wenn Sie aber die Linie zum „Sammler" überschreiten, werden Sie wohl noch viel mehr brauchen.

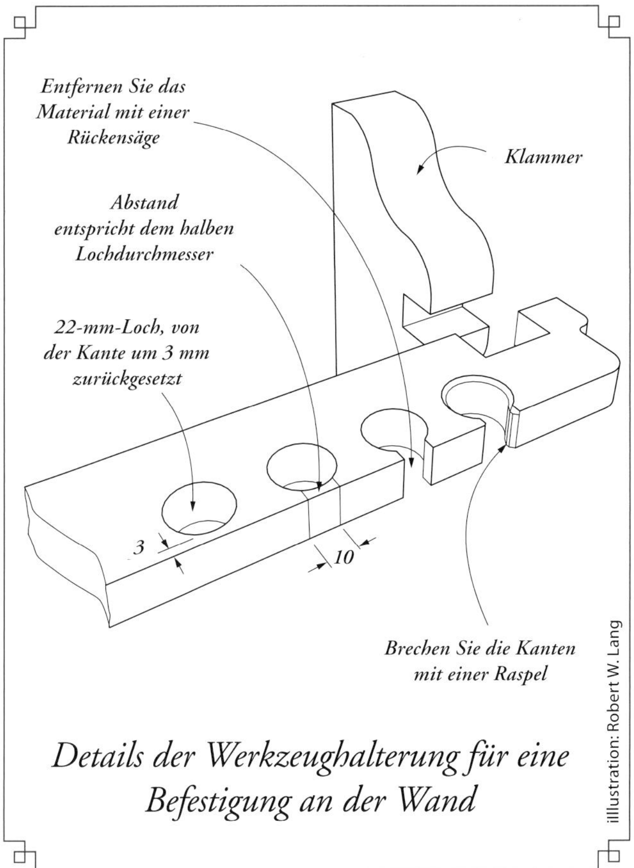

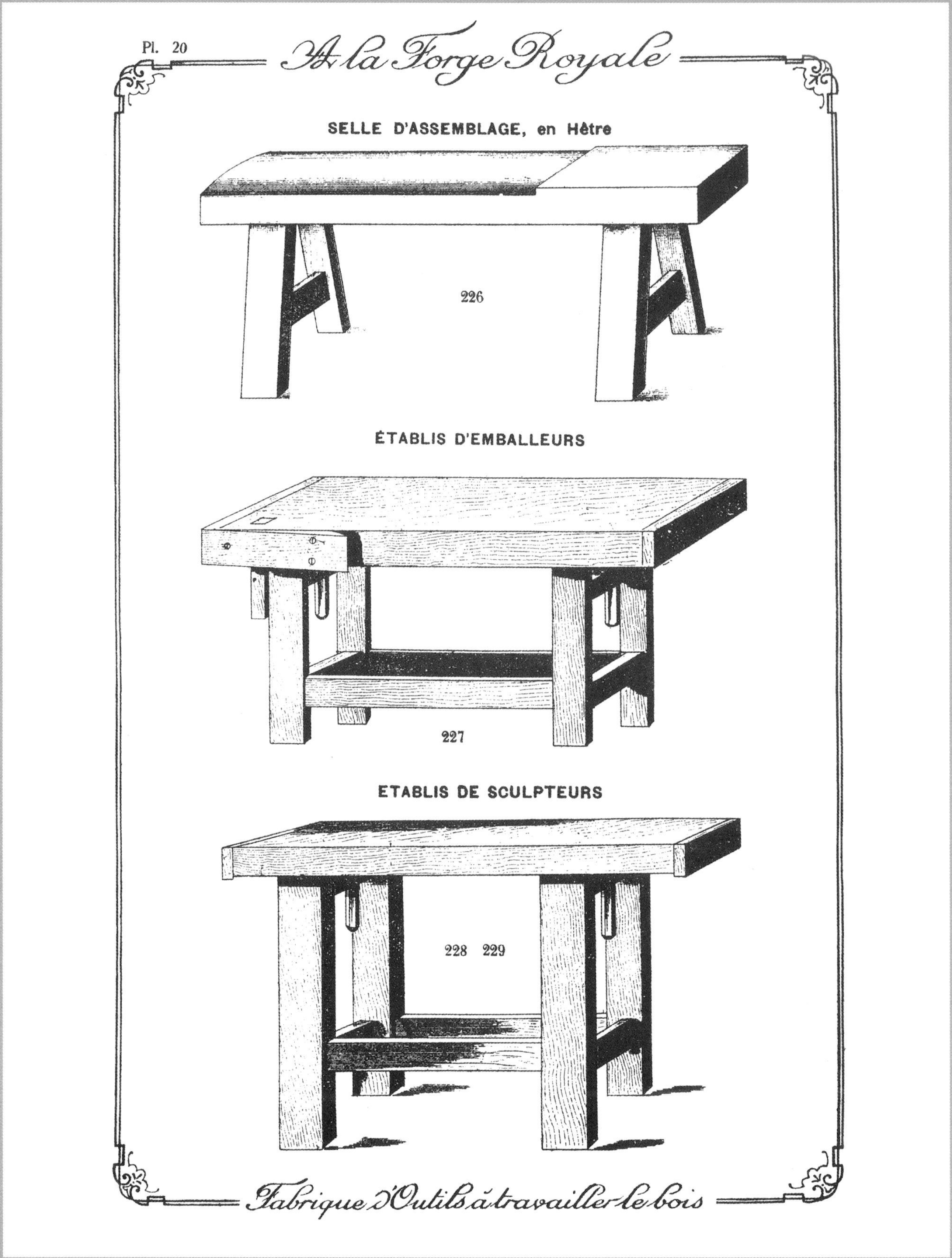
Pl. 20
A la Forge Royale
SELLE D'ASSEMBLAGE, en Hêtre
226
ÉTABLIS D'EMBALLEURS
227
ETABLIS DE SCULPTEURS
228 229
Fabrique d'Outils à travailler le bois

illustration from a la forge royale tool catalog, early 20th century

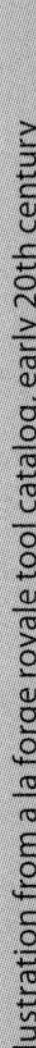

Ich spreche Bänkisch: *Manchmal müssen Sie den genauen Verwendungszweck einer Bank kennen, um sie richtig zu verstehen. Das kann Ihnen helfen herauszufinden, ob die Bank für Ihre Bedürfnisse modifiziert werden kann oder ob Sie bei Null beginnen müssen. Hier sind französische Bänke für einen Monteur, einen Packer und einen Bildhauer dargestellt.*

Kapitel 14

Entwürfe für Bänke: Vorher und nachher

von Christopher Schwarz

Jedes Mal, wenn ich um einen Vortrag über Hobelbänke gebeten werde, mache ich den Teilnehmern folgendes Angebot: Bringen Sie ein Foto Ihrer Hobelbank oder eine Entwurfszeichnung mit und wir werden gemeinsam versuchen, sie zu verbessern.

In fünf Jahren hatte ich nicht einen, der dieses Angebot annahm. Vielleicht ist es den Leuten einfach peinlich, wenn ihre Entwürfe vor einem Publikum diskutiert werden und ich kann das nachvollziehen. Doch wenn ich nach dem Vortrag wieder in mein Büro zurückkehre, gibt es mindestens eine Person, die mir ein Foto oder eine Skizze schickt, die ich kritisch prüfen soll. Die Leute wollen also diese Information.

Ich kann unmöglich jedem Holzhandwerker auf der Welt einen kostenlosen Beratungsdienst in Sachen Hobelbank anbieten. Ich habe bereits genug mit Mails zu kämpfen. Doch ich kann Ihnen einen Eindruck geben, wie ich Entwürfe so überarbeite, dass die ursprünglichen Ziele des Entwerfers gewürdigt werden und zugleich – mit möglichst wenigen Strichen und Veränderungen – noch nützlicher in der Werkstatt werden.

Meist mache ich die Entwürfe einfacher und nicht komplizierter. Ich versuche Herz- und Kopfschmerzen zu vermeiden, bevor Sie Ihre Bänke bauen und schließlich benutzen. Wenn Sie den Rest dieses Buches bereits gelesen haben, können Sie wahrscheinlich schon vermuten, was ich verändern will – meine Vorliebe für schwere und einfache Bänke ist wohl bekannt. Doch das soll nicht heißen, dass ich jede Bank in einen französischen Frankenstein verwandle.

In diesem Kapitel werde ich zehn übliche Entwürfe für Bänke bearbeiten, die ich im Internet gefunden habe. Jede dieser Bänke wurde mit bestimmten Parametern entworfen. Einige sind für Maschinenschreiner gedacht, andere sind für Leute mit beschränktem Budget. Wieder andere sind für absolute Anfänger.

Ich versuche die grundlegenden Annahmen zu übernehmen und modifiziere die Bank in mitunter subtiler Weise, um eine Bank zu schaffen, die einfacher ist und dabei mehr Möglichkeiten zum Halten von Werkstücken bietet.

Jeder Abschnitt enthält Zeichnungen der originalen Bank mit Hinweisen auf ihre Stärken. Auf der gegenüberliegenden Seite finden Sie die überarbeitete Version mit einigen meiner Veränderungen.

Wenn Sie eine dieser Bänke bauen sollten, haben Sie keine Hemmungen einen Entwurf zu wählen, der die Bank in der ursprünglichen Version zeigt. Jede dieser Bänke hat bestimmte Vorzüge – ansonsten hätte ich sie einfach übergangen wie so vieles andere Feuerholz auch.

Vorher und nachher:

Arbeitstisch Werkbank

Voraussetzung: Dieser Arbeitstisch hat eine Arbeitsplatte aus einer Tafel 19 mm Sperrholz, die Kanten haben einen 30 mm starken Massivholzanleimer. Das Untergestell wurde wie ein günstiges Küchenmöbel gebaut, mit einem aus schmalen Streifen hergestellten Frontrahmen, einigen Verstärkungen im Innern und Auflagen für die Platte. Die Schubladen laufen auf Holzauszügen. Vorne ganz rechts an der Platte lassen sich Werkstücke mit einer Schnellspannzange halten.

Ziel/Verwendungszweck: Normalerweise werden solche Bänke vor allem als Montagetisch und Stauraum für Werkzeuge gebaut. Diese Bank passt nicht ganz in diese Rubrik, da sie mehr als 90 cm hoch ist. Das ist zu hoch, um darauf einen Möbelkubus zu montieren (wenn Sie jedoch nur Türen und Füllungen darauf montieren wollen, wäre sie dagegen geeignet).

Aufgrund der Höhe scheint dieser Tisch eher für einen Maschinenschreiner entworfen zu sein. Das ist also das Kriterium, nach dem ich ihn bewerten und modifizieren werde. Dies ist keine Bank für viel Handarbeit. Dafür fehlen einfach Einspannvorrichtungen und Masse.

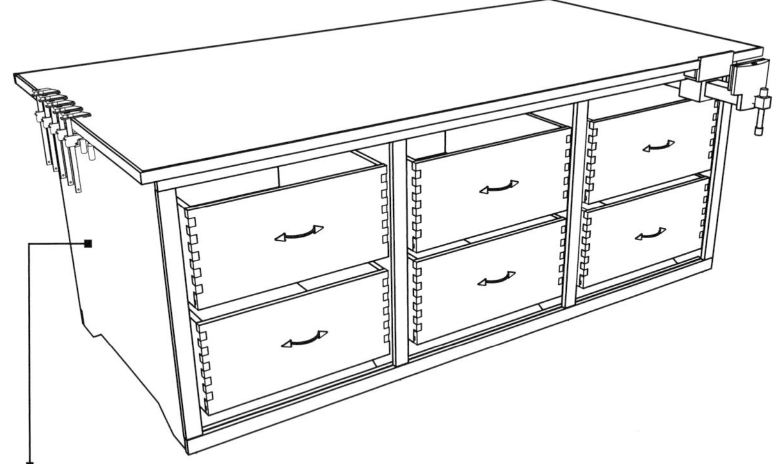

Diese Bank bietet Ihnen eine Menge Arbeitsfläche und Stauraum. Dabei kommt sie mit einem kleinen Budget und wenig Material aus. Sie können sie wahrscheinlich mit drei Tafeln Sperrholz und etwas Massivholz bauen.

Auf der Platte aus einer ganzen Sperrholztafel können Sie jedes Möbelteil montieren und haben immer noch Platz, um Rahmen zusammenzubauen, Ihr Werkzeug abzulegen oder dergleichen.

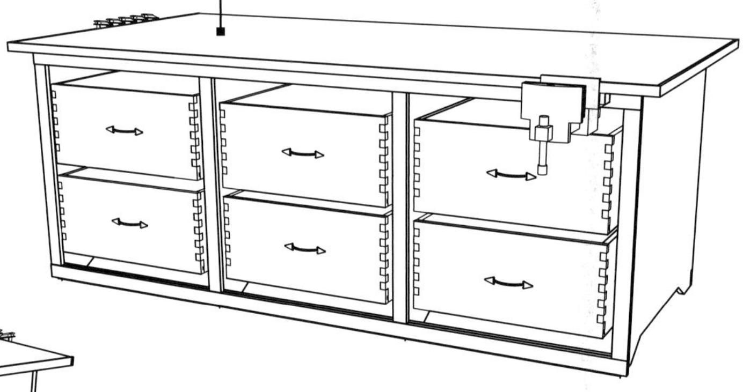

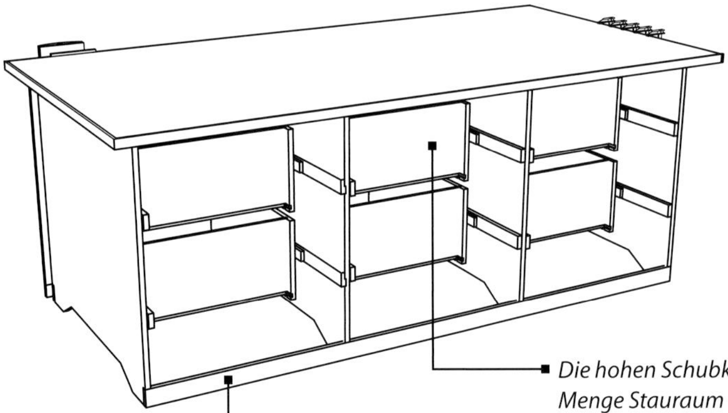

Die hohen Schubkästen (fast 30 cm) bieten eine Menge Stauraum für alle Handmaschinen, die ein Holzhandwerker brauchen kann.

Die einfache Bauweise verwendet wahrscheinlich nur Leim und Schrauben, Sie könnten diese Bank in ein oder zwei Tagen bauen. Die Schubladen haben alle gleiche Größe. Das erleichtert Ihnen die Arbeit, denn Sie können die Fingerzinken mit einer Einstellung herstellen.

Vorher

Obwohl diese Bank für Nutzer von Handmaschinen gedacht ist, halte ich die Platte für zu dünn. Investieren Sie 50 € mehr und verleimen Sie die Platte aus zwei Sperrholzplatten. Verzichten Sie auf den Anleimer an den Kanten. Der wird niemandem etwas vormachen.

Um Dinge auf Ihrer Arbeitsplatte fest spannen zu können, werden Sie den oberen Riegel des Frontrahmens verschieben müssen. Ich würde alle Schubladen weiter unten anordnen (da ist jede Menge verschenkter Platz) und den Riegel des Frontrahmens direkt über den Schubladen. Das würde es Ihnen erlauben, hier eine Zwinge anzusetzen und Werkstücke zu halten.

Ich mag Bänke nicht, die einfach nur zusammengeschraubt sind. Die werden eher als „Schränke" bezeichnet. Ihre einzige Hoffnung, dass diese Bank länger überlebt, sind weitere Aussteifungen innen (die der Bank auch mehr Masse geben).

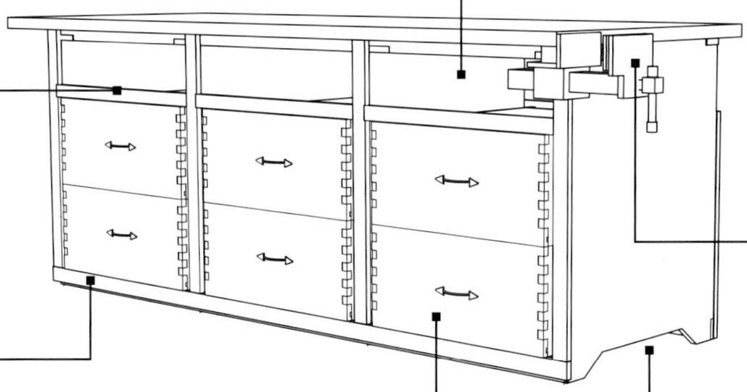

Überlegen Sie sich, ob Sie die Schnellspannzange nicht lieber am rechten Kopf der Bank (und bündig mit der Vorderkante) montieren. Wenn Sie einige Bankhakenlöcher in Ihrer Platte anbringen, können Sie Werkstücke für den Handbandschleifer einspannen.

Sie werden gegen den unteren Riegel des Frontrahmens treten.

Ich würde mir überlegen, die Anordnung der Schubkästen zu verändern. Machen Sie eine Reihe hohe Schubkästen und zwei niedrigere. Sie brauchen einen Platz, um Ihre Winkel, Schraubendreher und Fräsköpfe aufzubewahren. Ich habe diese Veränderung hier in der Zeichnung nicht umgesetzt, doch Sie können sich das vorstellen.

Ich denke, 120 cm sind zu viel, selbst für einen Montagetisch. Wenn Sie dem Tisch eine Breite von 90 cm geben, wäre das leichter zu handhaben. Zugegeben, Sie hätten dann weniger Platz für Unnützes auf Ihrer Platte, doch auf der anderen Seite werden Sie dann diese Dinge in den Schubladen verstauen.

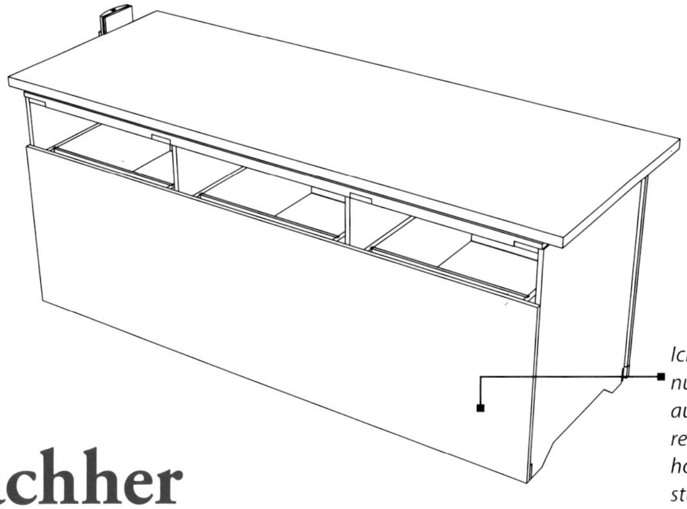

Ich denke, diese Bank braucht etwas mehr Masse, und sei es nur eine starke Rückwand, mit welcher der Werkzeugschrank ausgesteift werden kann. Ich würde auch die Riegel und Aufrechten des Frontrahmens etwas breiter machen und innen horizontale Streben einziehen, um die dünne Platte zu unterstützen und die Konstruktion auszusteifen.

Nachher

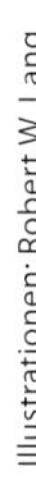

Vorher und nachher:

Kleine Hobelbank

Voraussetzung: Diese Hobelbank mit einem Untergestell aus Endrahmen und Schwingen wurde offensichtlich zum Arbeiten unter beengten Verhältnissen entworfen. Ich werde sie also nicht auf eine Länge von 3 m strecken. Der Entwerfer musste mit wenig Platz auskommen. Die Bank ist 90 cm hoch, 68 cm tief und 180 cm lang. Man könnte diese Bank ohne Schwierigkeiten vor eine 2,5–3 m lange Wand stellen. Die Werkstücke werden mithilfe einer traditionellen Hinterzange, einer Vorderzange und einer Reihe eckiger Bankhakenlöcher eingespannt.

Ziel/Verwendungszweck: Diese Bank sieht so aus, als wäre sie für einen Holzhandwerker, der gerne von Hand arbeitet, nämlich mit feinen Details und offenen Verbindungen. Es sieht so aus, als wollte man die Platte möglichst groß machen, mit einem fast 58 cm breiten massiven Teil und einer Banklade dahinter. Das schafft eine schöne Arbeitsfläche und die Lade hinten bietet Raum für Stemmeisen und Kleinteile, die man zur Hand haben will.

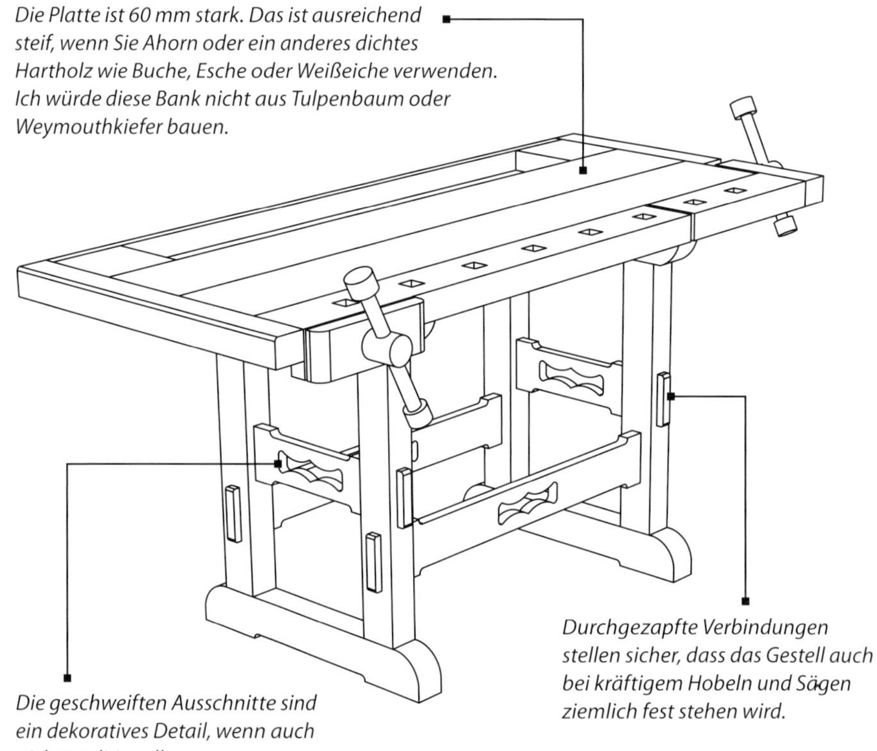

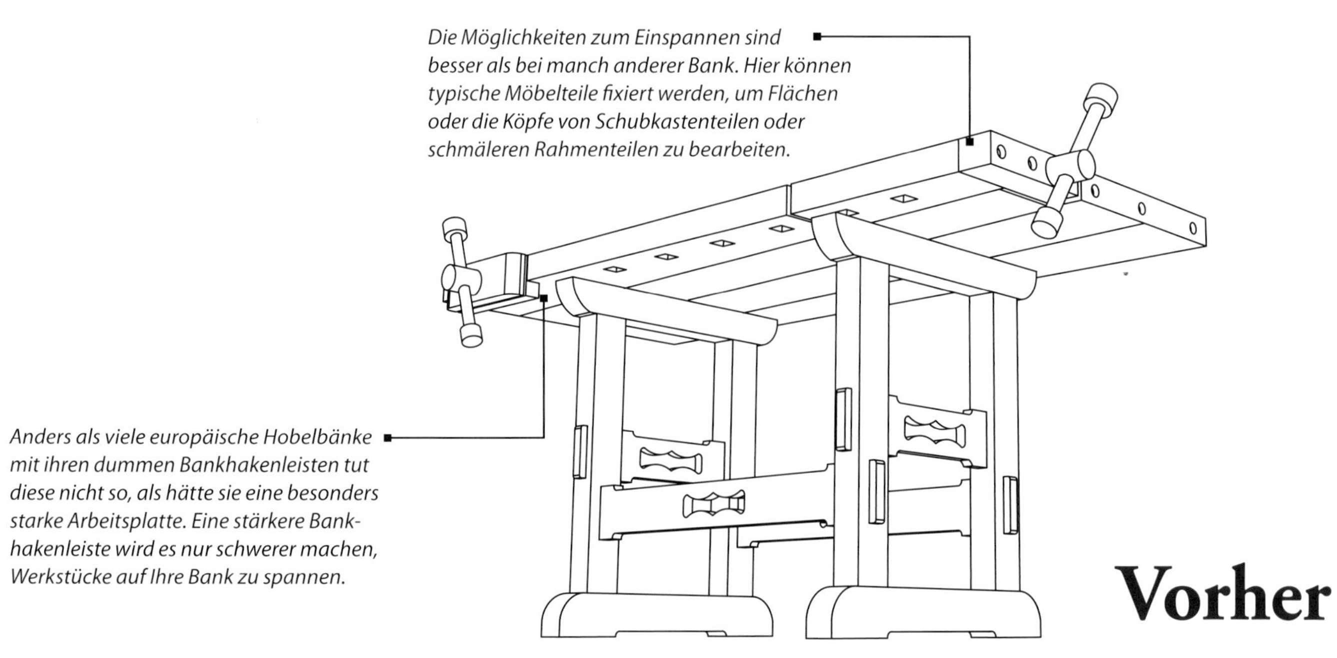

Vorher

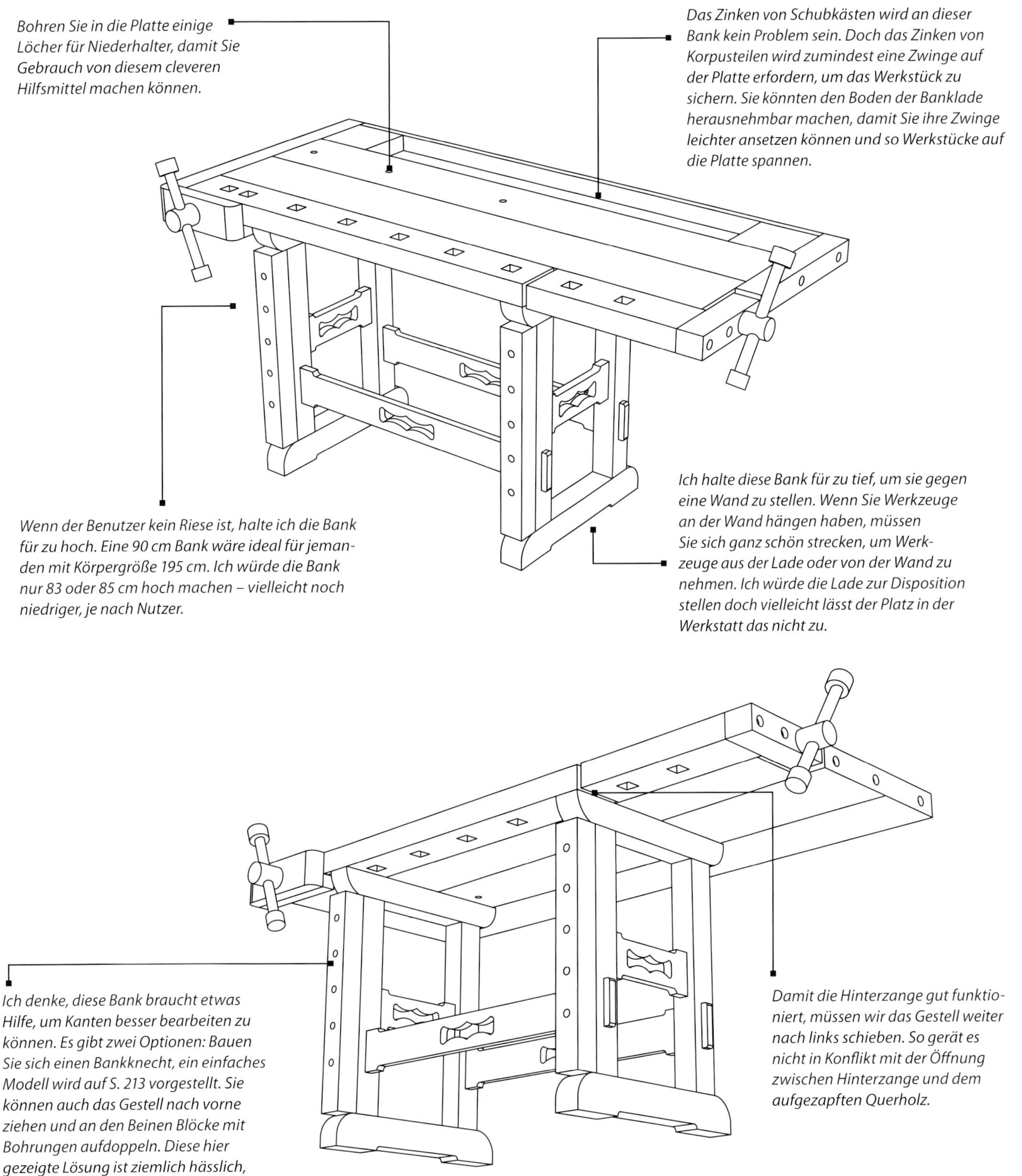
Bohren Sie in die Platte einige Löcher für Niederhalter, damit Sie Gebrauch von diesem cleveren Hilfsmittel machen können.
Das Zinken von Schubkästen wird an dieser Bank kein Problem sein. Doch das Zinken von Korpusteilen wird zumindest eine Zwinge auf der Platte erfordern, um das Werkstück zu sichern. Sie könnten den Boden der Banklade herausnehmbar machen, damit Sie ihre Zwinge leichter ansetzen können und so Werkstücke auf die Platte spannen.
Wenn der Benutzer kein Riese ist, halte ich die Bank für zu hoch. Eine 90 cm Bank wäre ideal für jemanden mit Körpergröße 195 cm. Ich würde die Bank nur 83 oder 85 cm hoch machen – vielleicht noch niedriger, je nach Nutzer.
Ich halte diese Bank für zu tief, um sie gegen eine Wand zu stellen. Wenn Sie Werkzeuge an der Wand hängen haben, müssen Sie sich ganz schön strecken, um Werkzeuge aus der Lade oder von der Wand zu nehmen. Ich würde die Lade zur Disposition stellen doch vielleicht lässt der Platz in der Werkstatt das nicht zu.
Ich denke, diese Bank braucht etwas Hilfe, um Kanten besser bearbeiten zu können. Es gibt zwei Optionen: Bauen Sie sich einen Bankknecht, ein einfaches Modell wird auf S. 213 vorgestellt. Sie können auch das Gestell nach vorne ziehen und an den Beinen Blöcke mit Bohrungen aufdoppeln. Diese hier gezeigte Lösung ist ziemlich hässlich, doch sie ist hilfreich für alle, die eine Bank wie diese erben.
Damit die Hinterzange gut funktioniert, müssen wir das Gestell weiter nach links schieben. So gerät es nicht in Konflikt mit der Öffnung zwischen Hinterzange und dem aufgezapften Querholz.

Nachher

Vorher und nachher:

Roubo Hobelbank

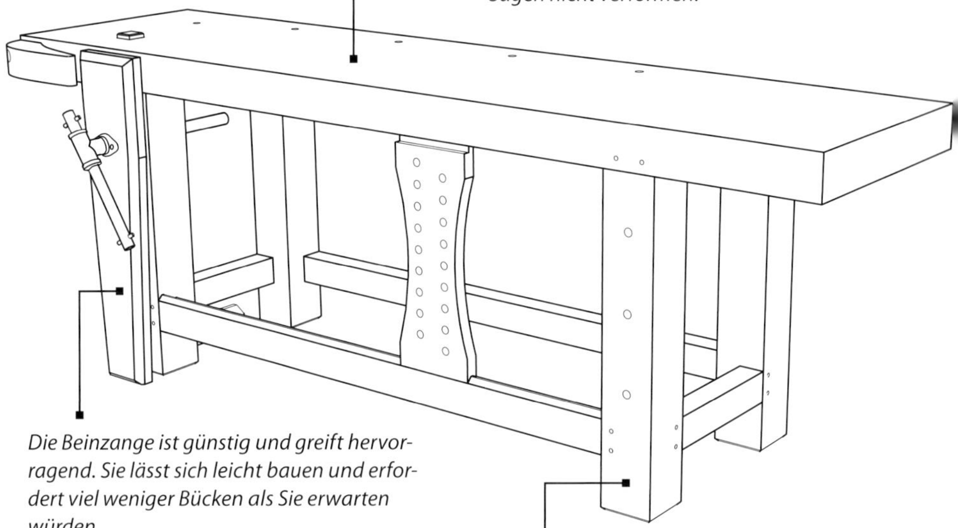

Diese Bank ist besonders massiv und schwer. Sie wird sich auch bei intensivem Hobeln und Sägen nicht verformen.

Voraussetzung:
Dies ist die Skizze der ersten französischen Hobelbank, die ich 2005 aus Sumpf-Kiefer gebaut habe. Sie ist weniger Kopie einer bestimmten Bank von André Roubo sondern vielmehr eine Annäherung mit vielen ihrer wichtigen Details. Die massive Platte (aus streifenweise verleimten Bauholz) ist mit dem Gestell durch Zapfen verbunden, die mit Holznägeln gesichert sind. Alle Verbindungen sind stark bemessen und dauerhaft.

Die Beinzange ist günstig und greift hervorragend. Sie lässt sich leicht bauen und erfordert viel weniger Bücken als Sie erwarten würden.

Die Vorderkante der Arbeitsplatte und die Beine liegen in einer Ebene – dadurch lassen sich Werkstücke gut einspannen, um ihre Kanten zu bearbeiten.

Ziel/Verwendungszweck:
Roubo hat vermerkt, dies sei eine Bank für Bauschreiner. Ich denke, das trifft die Sache nicht. Diese Bank taucht in den Büchern von Roubo immer wieder auf und wird von Handwerkern für alle möglichen Aufgaben verwendet, von Arbeiten mit Bauholz bis hin zu Marketerie. Ich bin daher nicht davon überzeugt, dass die Bank nur für Zimmerleute war. Zudem war die Vorstellung von „Bauschreinern" im 18. Jahrhundert weiter. Sie bauten Fenster, Türen in Rahmenbauweise und auch Möbel, die nicht furniert waren. Mit anderen Worten, eine Menge von dem, was ein typischer Holzhandwerker bauen würde. Ich habe diese Bank als ein Holzhandwerker gebaut, der sowohl Maschinen als auch Handwerkszeug verwendet und der traditionelle Einspannmöglichkeiten erkundet.

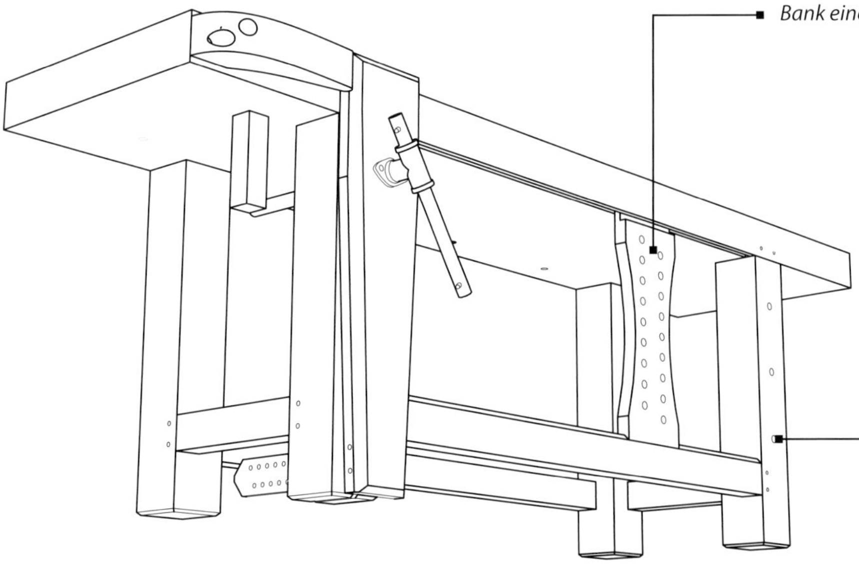

Der verstellbare „Tote Mann" unterstützt eine große Vielfalt von Werkstücken. Sie können daran sogar mit Zwingen Werkstücke fixieren. Das ist für jede Bank eine Verbesserung, die nur wenige Euro kostet.

Dank der Bohrungen in den Beinen und der Platte können Sie mit Niederhaltern Bretter und montierte Teile an beinahe jeder Position der Bank fest spannen – sogar Schablonen für die Oberfräse.

Vorher

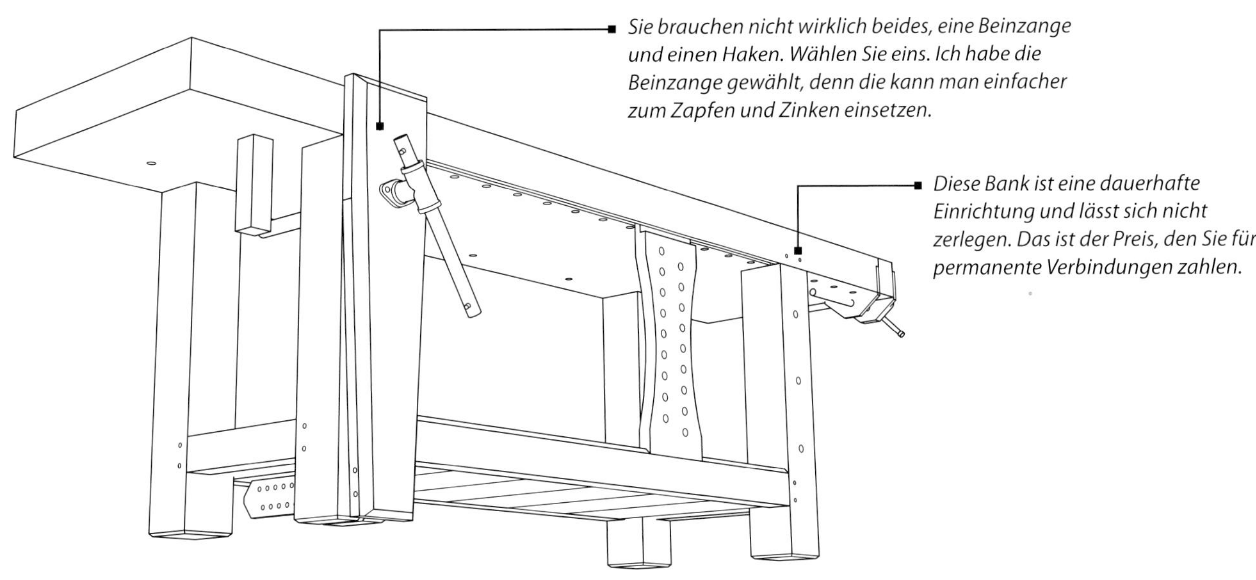

Sie brauchen nicht wirklich beides, eine Beinzange und einen Haken. Wählen Sie eins. Ich habe die Beinzange gewählt, denn die kann man einfacher zum Zapfen und Zinken einsetzen.

Diese Bank ist eine dauerhafte Einrichtung und lässt sich nicht zerlegen. Das ist der Preis, den Sie für permanente Verbindungen zahlen.

Es gab an dieser Bank keine Hinterzange. Das erschwert die Bearbeitung von Brettflächen. Ich habe hier eine Zange von Benchcrafted installiert. Ich mag Hinterzangen, über die ein französischer Schreiner des 18. Jahrhunderts die Nase rümpfen würde: In seinen Augen wäre sie wohl zu „deutsch". Die einfachere Lösung ist der Einbau einer Schnellspannzange.

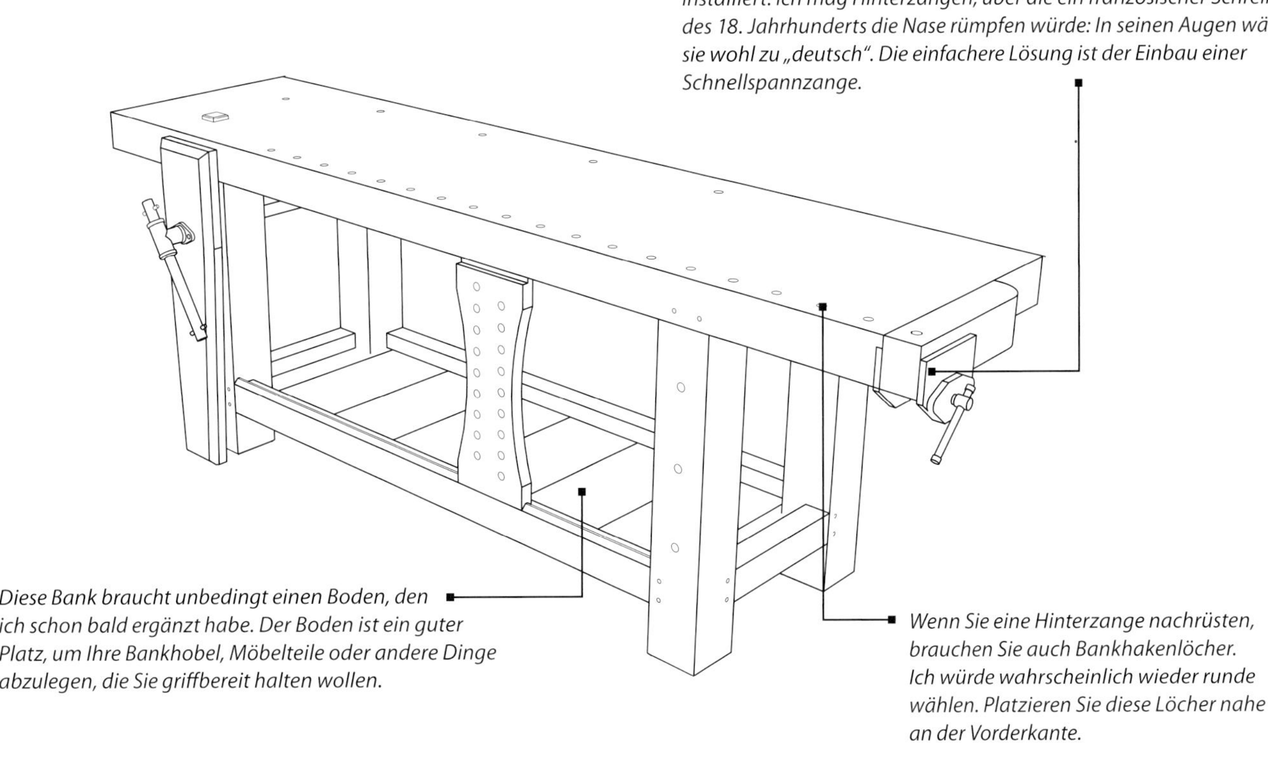

Diese Bank braucht unbedingt einen Boden, den ich schon bald ergänzt habe. Der Boden ist ein guter Platz, um Ihre Bankhobel, Möbelteile oder andere Dinge abzulegen, die Sie griffbereit halten wollen.

Wenn Sie eine Hinterzange nachrüsten, brauchen Sie auch Bankhakenlöcher. Ich würde wahrscheinlich wieder runde wählen. Platzieren Sie diese Löcher nahe an der Vorderkante.

Nachher

Vorher und nachher:

Nicholson Werkbank

Voraussetzung/Ausgangslage: Diese Bank im englischen Stil wurde entworfen, um bei minimalem Materialeinsatz und maximaler technischer Planung eine große Arbeitsfläche zu schaffen. Die Platte wird von Rippen unterstützt, damit gleicht sie ein bisschen der Tragfläche eines Flugzeugs (vgl. „torsion box", S. 12). Durch die schräg ausgestellten Beine können in der Beinzange breiter Werkstücke eingespannt werden, ohne in Konflikt mit der Spindel zu kommen. Und die Wagenzange an der Position der Hinterzange ist zwar nicht englisch aber doch ein sehr effektives Merkmal.

Ziel/Verwendungszweck: Englische Hobelbänke mit einer breiten Schürze vorne sind ideal, um von Hand zu hobeln. Sie haben nicht die Masse französischer Bänke, sie müssen das durch eine durchdachte Konstruktion ausgleichen (wie etwa die breiten Schürzen vorne und hinten). Auf dieser Bank lassen sich dank der Wagenzange auch gut Brettflächen hobeln. Wenn Sie eine Schwäche haben sollte, dann ist es ihr geringes Gewicht, das sie beim Stemmen von Schlitzen herumspringen lässt.

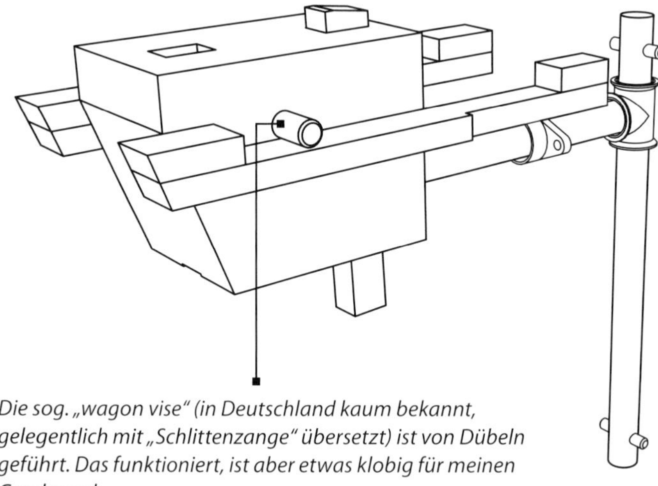

Die sog. „wagon vise" (in Deutschland kaum bekannt, gelegentlich mit „Schlittenzange" übersetzt) ist von Dübeln geführt. Das funktioniert, ist aber etwas klobig für meinen Geschmack.

Unter all den Hobelbänken, die ich bisher gebaut habe, ist dies die größte Bank mit dem geringsten Materialeinsatz. Ich habe sie aus Kiefer gebaut, und das Holz wurde nach zwei Jahren härter, nachdem sich das Harz gesetzt hatte.

Der angewinkelte Schraubstock ist ein echter Erfolg. Er erlaubt jede halbwegs sinnvoll bemaßte Schubladenseite einzuspannen, ohne dass es zu irgendwelchen Konflikten mit den Hakenleisten kommt.

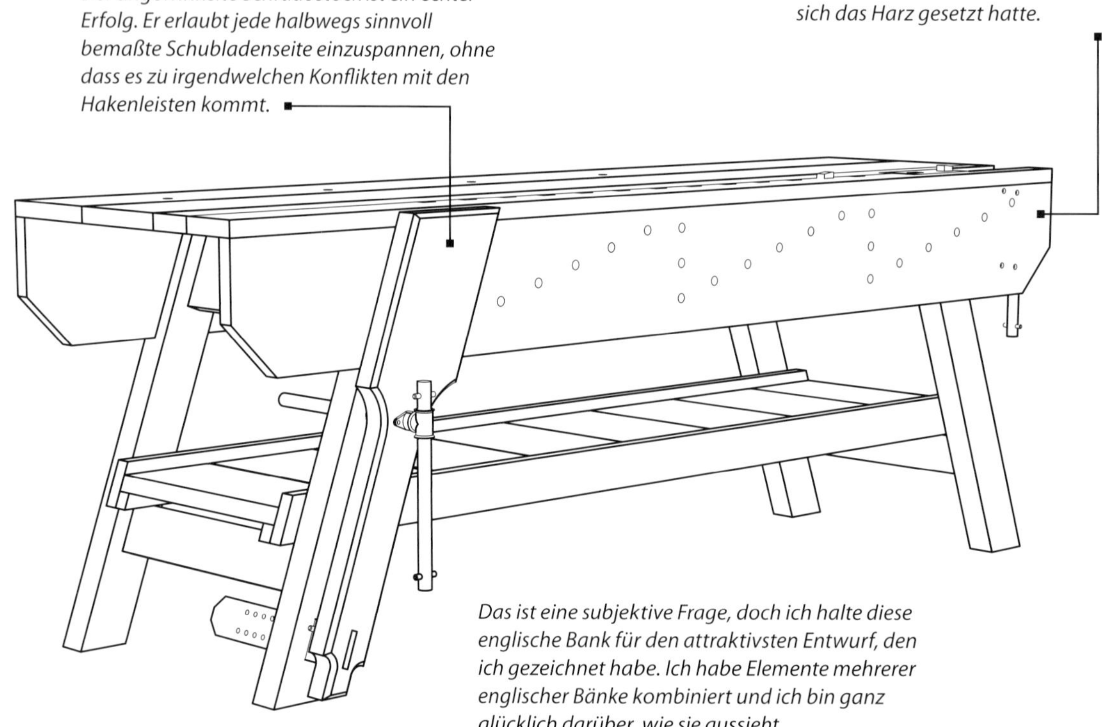

Das ist eine subjektive Frage, doch ich halte diese englische Bank für den attraktivsten Entwurf, den ich gezeichnet habe. Ich habe Elemente mehrerer englischer Bänke kombiniert und ich bin ganz glücklich darüber, wie sie aussieht.

Vorher

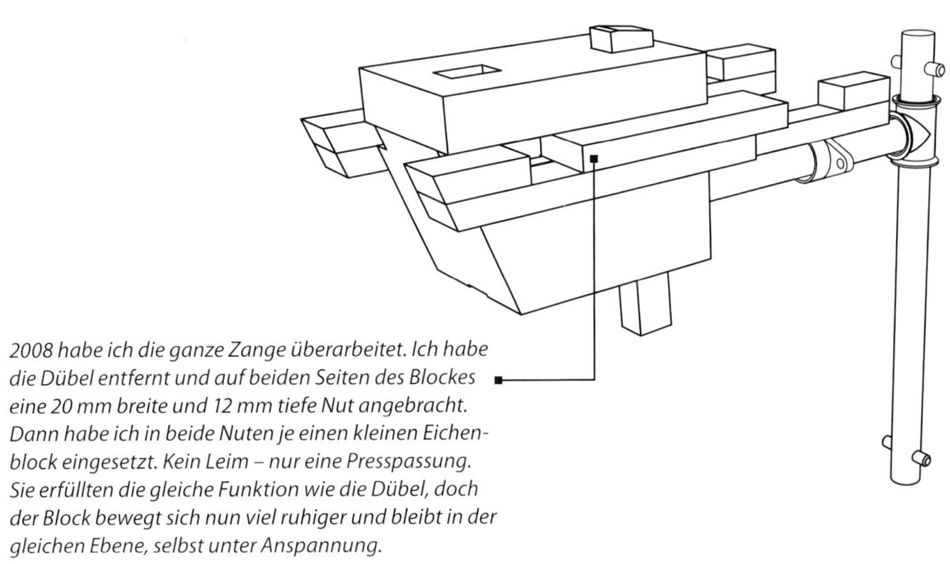

2008 habe ich die ganze Zange überarbeitet. Ich habe die Dübel entfernt und auf beiden Seiten des Blockes eine 20 mm breite und 12 mm tiefe Nut angebracht. Dann habe ich in beide Nuten je einen kleinen Eichenblock eingesetzt. Kein Leim – nur eine Presspassung. Sie erfüllten die gleiche Funktion wie die Dübel, doch der Block bewegt sich nun viel ruhiger und bleibt in der gleichen Ebene, selbst unter Anspannung.

Ich habe eine Eisenspindel für die Beinzange verwendet, da ich damals nichts anderes zur Verfügung hatte. Wenn ich die Bank noch einmal bauen sollte, werde ich eine Holzspindel gebrauchen.

Obwohl die Bank gut funktionierte, wollte ich doch mehr Masse, denn sie war ein Fliegengewicht und sprang beim Stemmen. Ich habe die Plattenstärke verdoppelt, indem ich unten Bretter aufgedoppelt habe. Wenn ich die Bank noch einmal bauen sollte, würde ich die Platte gleich doppelt so stark machen. Ich würde auch viel breitere Rippen verbauen, um die Konstruktion auszusteifen und mehr Masse zu bekommen. Das würde die Materialkosten in die Höhe treiben, doch auch das Gewicht. Aber ich meine, das würde sich lohnen. An diesen „Nachher"-Zeichnungen habe ich die Schürze an der Vorderseite abgenommen, damit Sie die Veränderungen innen sehen können.

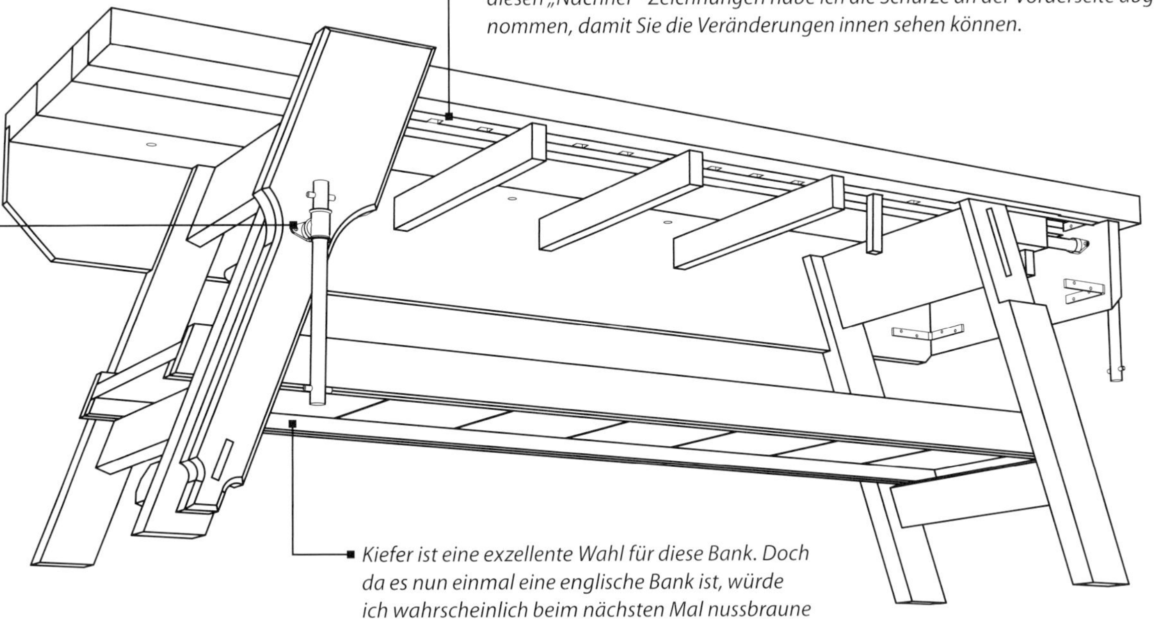

Kiefer ist eine exzellente Wahl für diese Bank. Doch da es nun einmal eine englische Bank ist, würde ich wahrscheinlich beim nächsten Mal nussbraune Eiche verwenden, damit sie etwas mehr wie die antiken Bänke aussieht.

Nachher

Vorher und nachher:

Fahrbare Werkbank

Voraussetzung/Ausgangssituation: Im Kern dieses komischen Entwurfs liegt die clevere Idee, eine Werkbank mobil zu machen. Die Idee besteht darin, dass Sie zwei Platten unterhalb der Riegel ausklappen und die Werkbank lernt laufen. Eine großartige Sache, einmal davon abgesehen, dass alles andere an diesem Entwurf nahelegt, dass dies keine Werkbank ist. Sie haben eine dünne Platte aus 19 mm Sperrholz, die überhaupt nicht unterstützt wird. Und diese Platte liegt auf zusammengebauten Beinen (eine gute Idee), die aus 5 x 10 Material hergestellt wurden. Und die Sperrholzplatte (90 x 150 cm) hat eine furchtbar unpraktische Größe. Zeit, einmal mit dem Radierer an die Zeichnung zu gehen.….

Ziel/Verwendungszweck: Dies ist in Wirklichkeit ein prima Wagen für den Transport von Teilen – ich hätte so etwas gerne im Betrieb, wenn Sie noch zwei Böden einziehen würden. Es könnte sich auch als nützlich erweisen, um eine kleine Maschine mobil zu machen – denken Sie an eine kleine Hobelmaschine, eine Ständerbohrmaschine oder eine Kappsäge. Doch da es sich nun einmal „Werkbank" schimpft, wollen wir aus ihr eine machen. So bekommen Sie eine mobile Arbeitsstation, die mehrere Dinge kann. Dazu zählt dann auch ein gelegentlicher Einsatz als Werkbank.

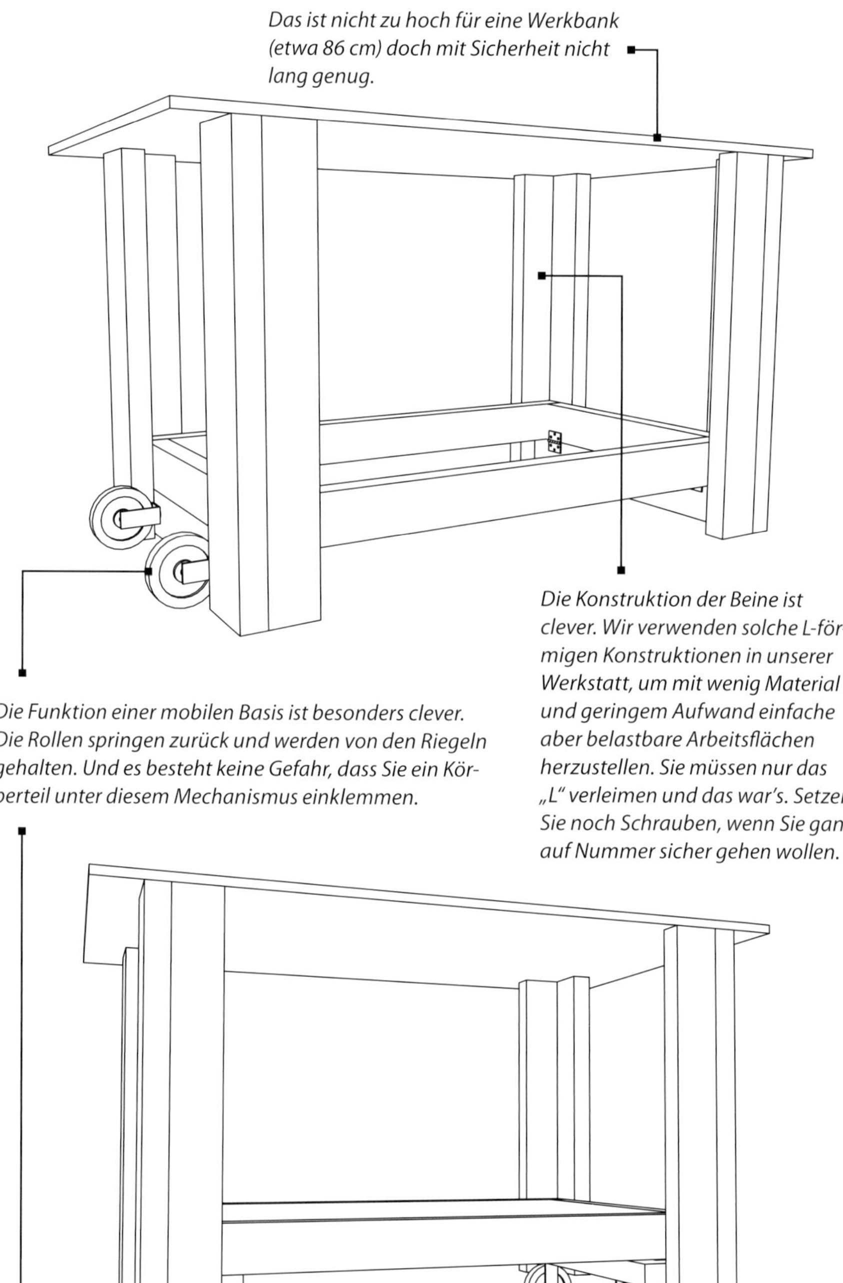

Das ist nicht zu hoch für eine Werkbank (etwa 86 cm) doch mit Sicherheit nicht lang genug.

Die Konstruktion der Beine ist clever. Wir verwenden solche L-förmigen Konstruktionen in unserer Werkstatt, um mit wenig Material und geringem Aufwand einfache aber belastbare Arbeitsflächen herzustellen. Sie müssen nur das „L" verleimen und das war's. Setzen Sie noch Schrauben, wenn Sie ganz auf Nummer sicher gehen wollen.

Die Funktion einer mobilen Basis ist besonders clever. Die Rollen springen zurück und werden von den Riegeln gehalten. Und es besteht keine Gefahr, dass Sie ein Körperteil unter diesem Mechanismus einklemmen.

Vorher

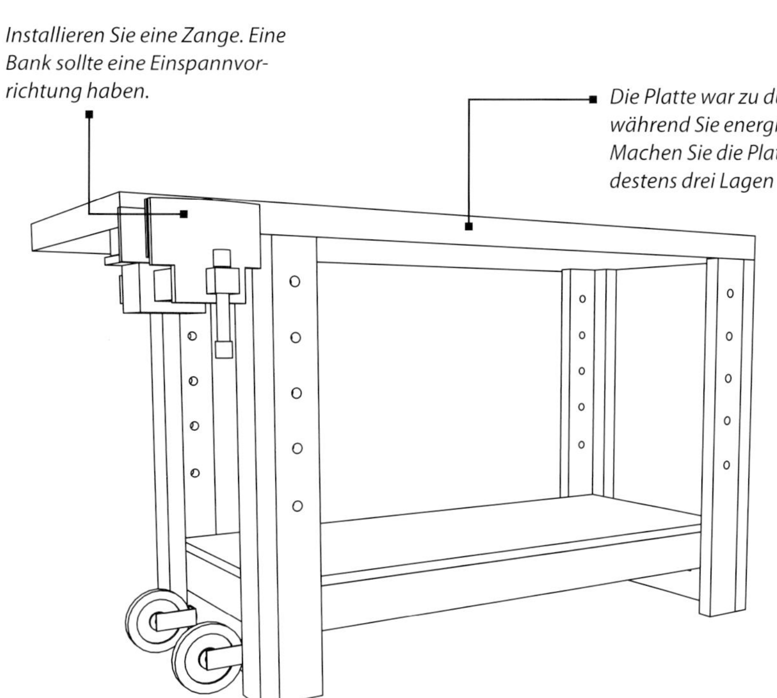
Installieren Sie eine Zange. Eine Bank sollte eine Einspannvorrichtung haben.
Die Platte war zu dünn für alles außer Federkissen, während Sie energisch ausgeschüttelt werden. Machen Sie die Platte dicker – verwenden Sie mindestens drei Lagen 19 mm Sperrholz.
Wenn Sie nicht mehrere Lagen Sperrholz verwenden wollen, steifen Sie die Platte an ihrer Unterseite mit Leisten aus.

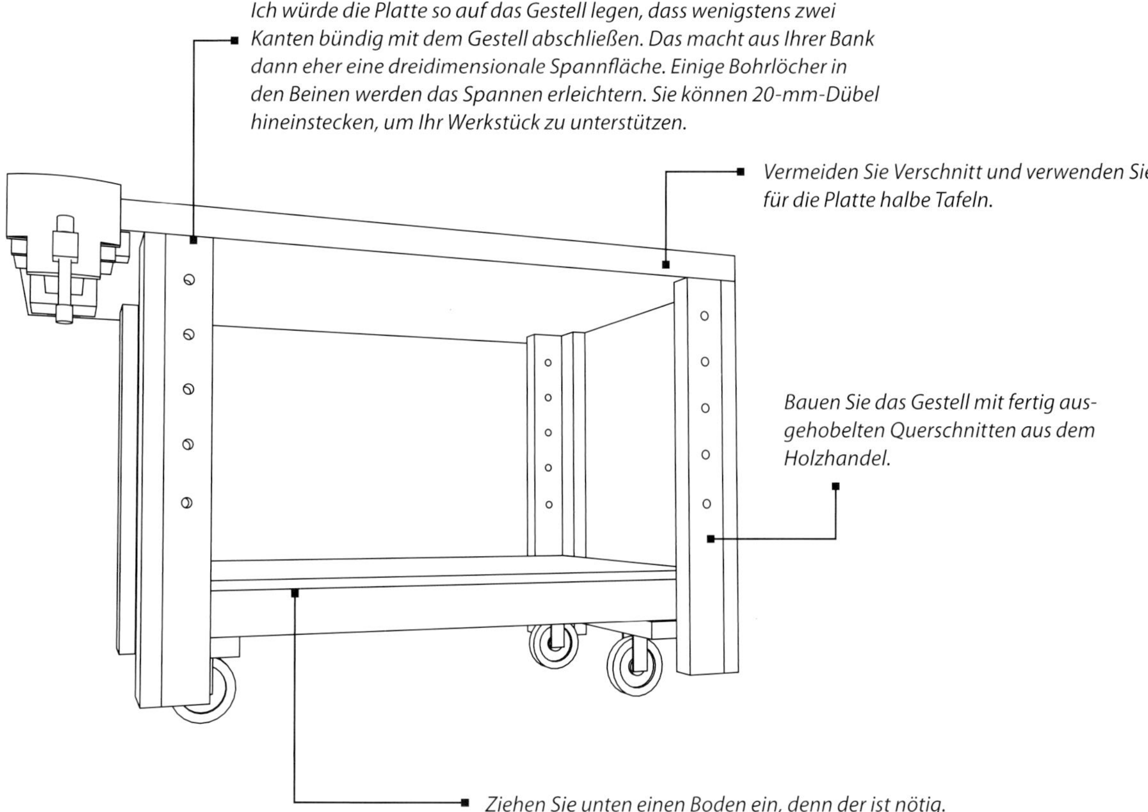
Ich würde die Platte so auf das Gestell legen, dass wenigstens zwei Kanten bündig mit dem Gestell abschließen. Das macht aus Ihrer Bank dann eher eine dreidimensionale Spannfläche. Einige Bohrlöcher in den Beinen werden das Spannen erleichtern. Sie können 20-mm-Dübel hineinstecken, um Ihr Werkstück zu unterstützen.
Vermeiden Sie Verschnitt und verwenden Sie für die Platte halbe Tafeln.
Bauen Sie das Gestell mit fertig ausgehobelten Querschnitten aus dem Holzhandel.
Ziehen Sie unten einen Boden ein, denn der ist nötig.

Nachher

Vorher und nachher:

Arts-&-Crafts-Werkbank

Voraussetzung/Ausgangssituation:
Diese Bank hat so viele Möbeldetails, dass sie fast schön genug ist, um sie einen Bibliothekstisch zu nennen. Alles in allem halte ich den Entwurf für einen visuellen Erfolg, besonders das Untergestell. Die stark bemessenen Teile und die möbelähnlichen Details passen sich den Anforderungen einer Werkbank an. Die beiden Endrahmen des Gestells werden durch Schwingen mit verkeilten Zapfen verbunden – ein Merkmal, dass man sowohl bei Entwürfen der Arts-&-Crafts-Bewegung wie auch bei einigen frühen Hobelbänken findet.

Es ist die Platte, die diese Bank von der Möbelwelt trennt. Sie ist aus 6 cm breiten Streifen verleimt und wird von einem 10 cm hohen Anleimer eingefasst. Die Platte ist 65 cm breit und 185 cm lang, die Arbeitshöhe beträgt 70 cm.

Diese Bank sieht zwar gut aus, ist sehr massiv und hat einige gute Merkmale, doch der Entwurf kann noch etwas verfeinert werden, um mehr Aufgaben in der Werkstatt erfüllen zu können.

Ziel/Verwendungszweck:
Der Gestalter hat eine Vorliebe für Masse, offene Verbindungen und Arts-&-Crafts-Details. Daher nehme ich an, dass diese Bank für eine Werkstatt entworfen wurde, die sowohl mit Maschinen als auch Handwerkszeugen arbeitet. Ich hoffe, dass meine Veränderungen und Einspannvorrichtungen auch dieser Ästhetik folgen.

Die Bank hat eine gute Größe. Sie ist ziemlich lang für eine moderne Werkstatt, niedrig genug für Handarbeit und nicht zu breit.

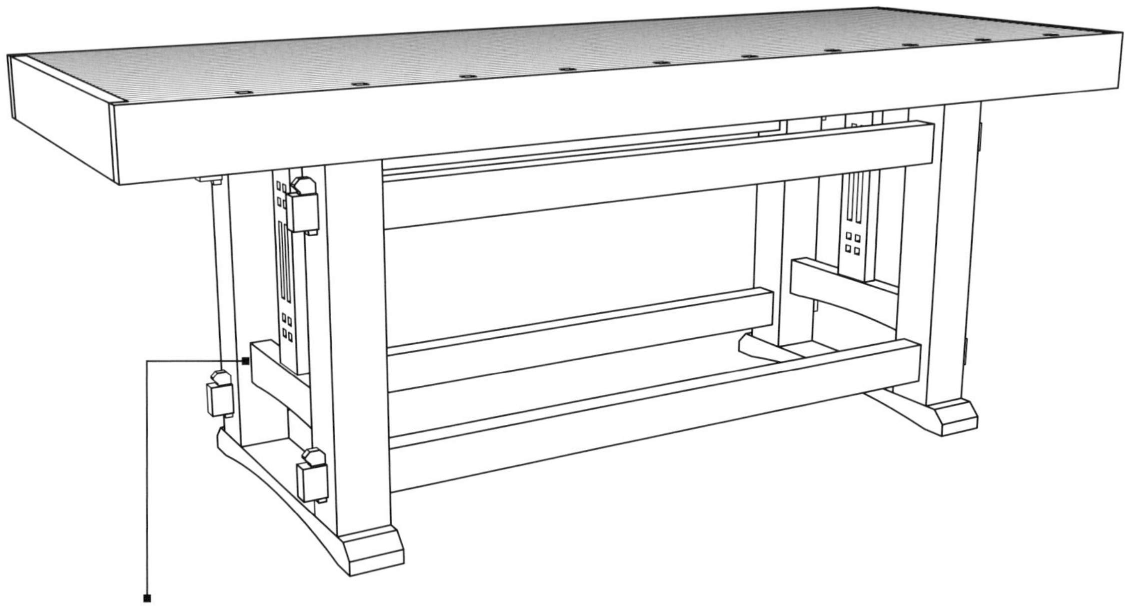

Das Gestell ist massiv, wird durch kräftige Verbindungen zusammengehalten und sieht auch noch gut aus.

Vorher

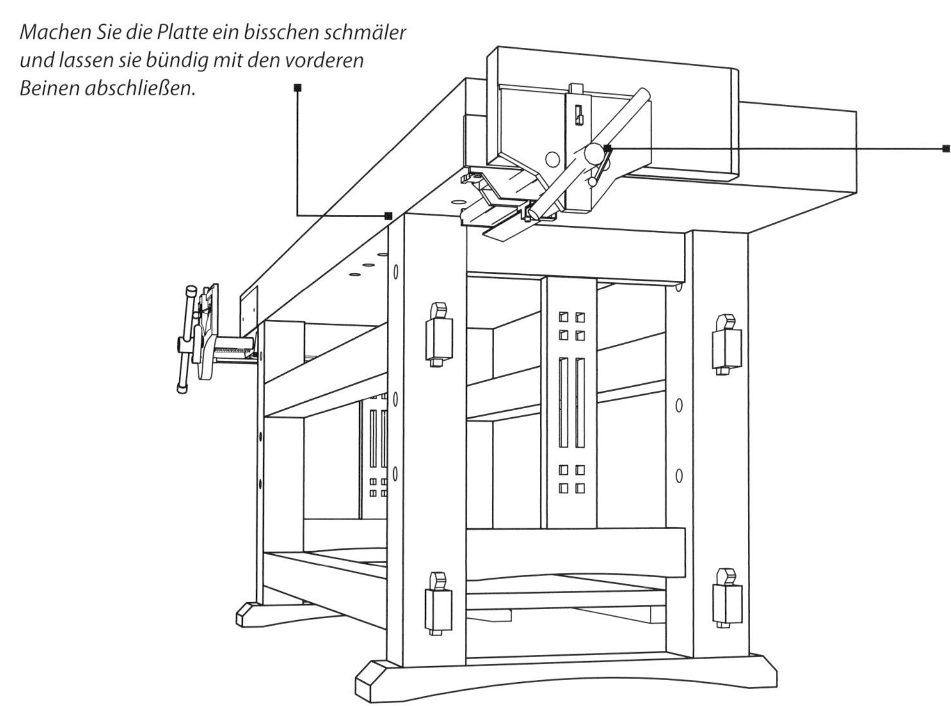

Machen Sie die Platte ein bisschen schmäler und lassen sie bündig mit den vorderen Beinen abschließen.

Zangen des frühen 20. Jahrhunderts würden an dieser Bank gut aussehen. Je eine Schnellspannzange an der Position von Vorder- und Hinterzange wäre eine Lösung.

Ich denke, die Platte würde eher der Ästhetik der Arts-&-Crafts-Bewegung entsprechen, wenn sie aus weniger und dickeren Streifen verleimt wäre. Vergessen Sie den Anleimer, der nur ein Hindernis bildet, wenn man Dinge auf die Platte spannen will.

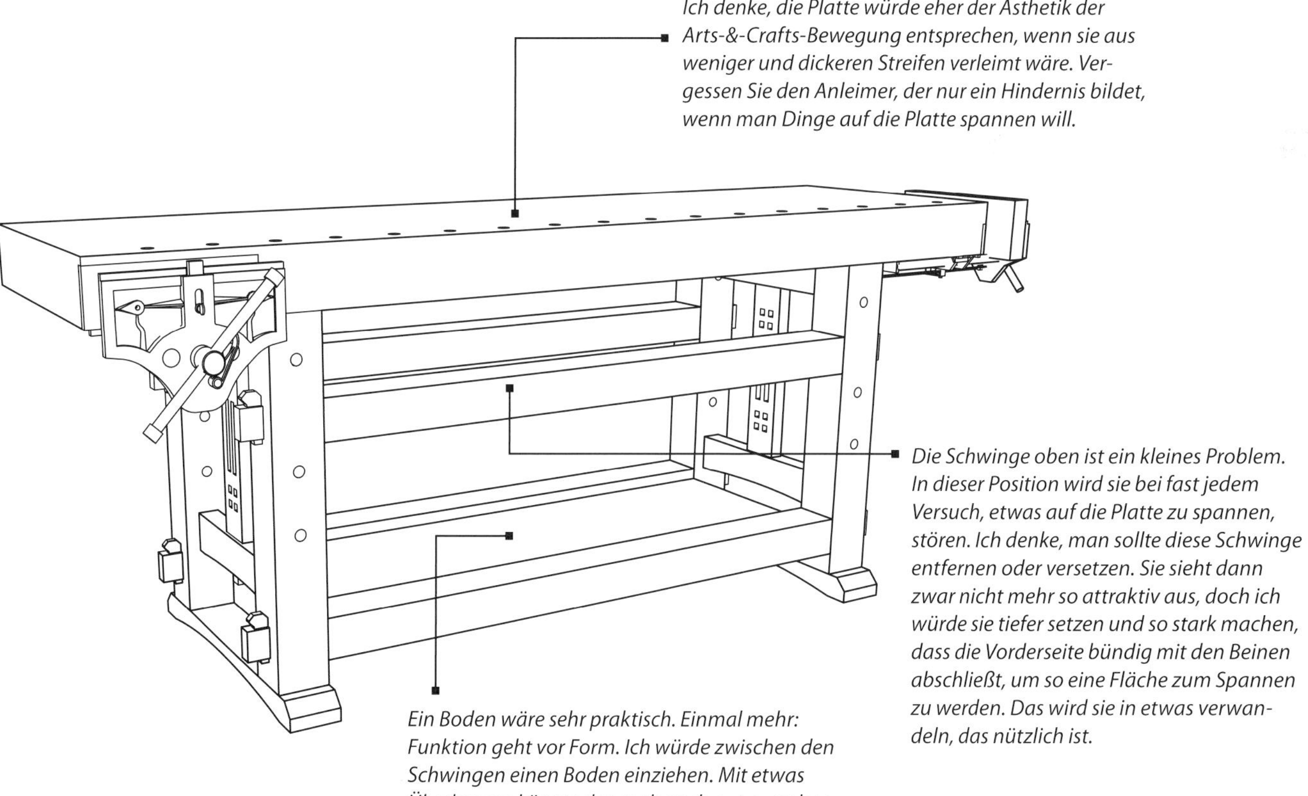

Die Schwinge oben ist ein kleines Problem. In dieser Position wird sie bei fast jedem Versuch, etwas auf die Platte zu spannen, stören. Ich denke, man sollte diese Schwinge entfernen oder versetzen. Sie sieht dann zwar nicht mehr so attraktiv aus, doch ich würde sie tiefer setzen und so stark machen, dass die Vorderseite bündig mit den Beinen abschließt, um so eine Fläche zum Spannen zu werden. Das wird sie in etwas verwandeln, das nützlich ist.

Ein Boden wäre sehr praktisch. Einmal mehr: Funktion geht vor Form. Ich würde zwischen den Schwingen einen Boden einziehen. Mit etwas Überlegung könnte der auch noch gut aussehen.

Nachher

Vorher und nachher:

Skandinavische Hobelbank

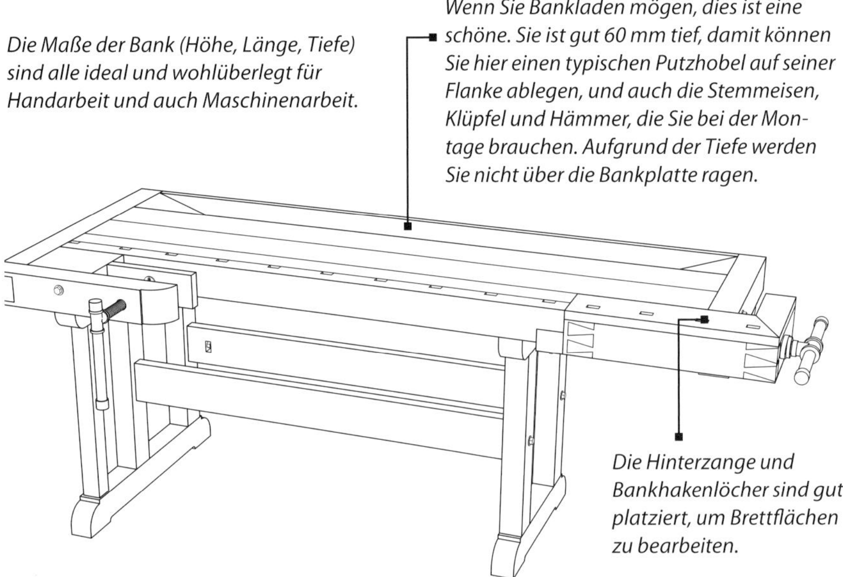

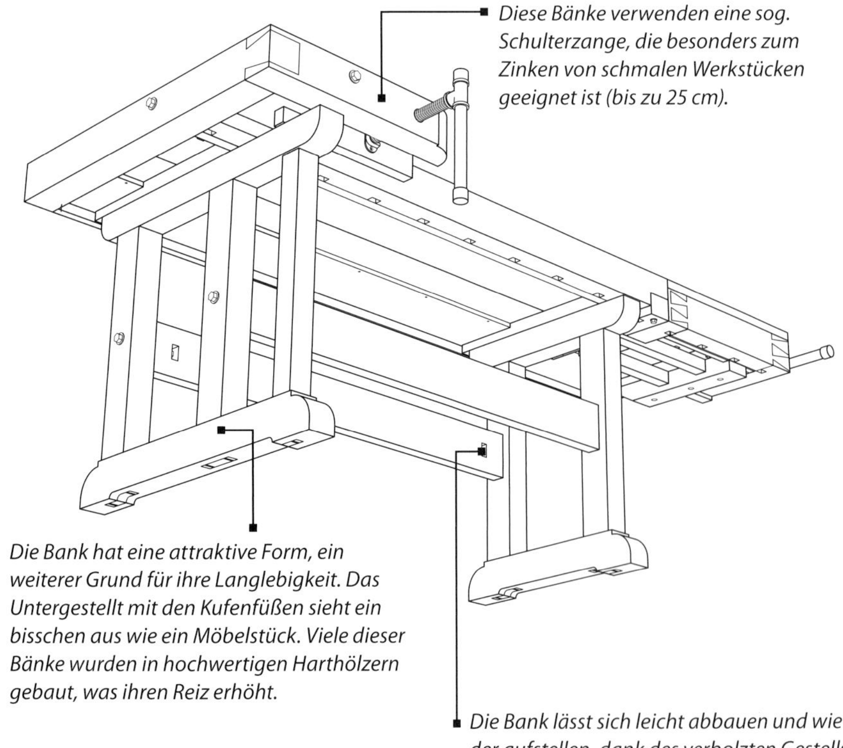

Voraussetzung/Ausgangslage:
Es mag etwas arrogant erscheinen zu denken, ich könnte eine klassische skandinavische Hobelbank verbessern, welche als die höchst entwickelte Form von Hobelbänken gilt. Sie ist im Vergleich mit anderen Bänken mit Sicherheit die komplexeste.

Die Schulterzange, die ich für einen Nachkommen des französischen Hakens halte, ist für viele Aufgaben hervorragend geeignet, besonders zum Zinken von Schubkastenteilen. Dank ihres Designs sind keine Parallelführungen oder andere Hindernisse zwischen der Backe und dem Boden im Weg. Das hat seinen Preis: Komplexität. Die meisten skandinavischen Hobelbänke erfordern ein extra Bein und zusätzliche Unterstützung für die Schulterzange.

Die allgegenwärtige Hinterzange ist in der Theorie eine großartige Idee. Sie bietet viel Raum an der Bank, um Bretter einzuspannen und deren Flächen zu bearbeiten. Wie bereits an anderer Stelle in diesem Buch besprochen, senken sich manche Arten von Hinterzangen so stark, dass sie unbrauchbar werden. Und sie schaffen an Ihrer Bank einen Bereich, an dem nicht gestemmt werden darf. Insgesamt hat die Bank eine Menge Masse, hat die richtige Größe für viel Handarbeit und bietet eine Lade, ein Merkmal, das viele Holzhandwerker wünschen. Mit all diesen Merkmalen ist es kein Wunder, dass diese Bank als der Homo sapiens in der Evolution der Hobelbänke gilt.

Die Bank ist fast 68 cm breit (an der schmalsten Stelle), 210 cm lang und 84 cm hoch. Das sind alles gute Maße.

Vorher

Ich bin der Ansicht, dass die Komplexität der Bank ihr größter Nachteil ist. Wenn Sie sich die Pläne für diese Bank ansehen, werden Sie bemerken, dass zu ihrem Bau eine Menge Berechnung und feiner Möbelbau gehört. Ich bin nicht gegen Berechnungen und feine Arbeit, doch sie können für einen angehenden Holzhandwerker ein Hindernis bedeuten. Mein Geschmack neigt zu einfacheren Bänken.

Ich würde den Boden der Banklade aus vier Abschnitten herstellen, die sich entnehmen lassen, um dort Werkstücke auf die Platte spannen zu können.

Ich würde auch ein paar 19-mm-Löcher in die Platte bohren für Niederhalter.

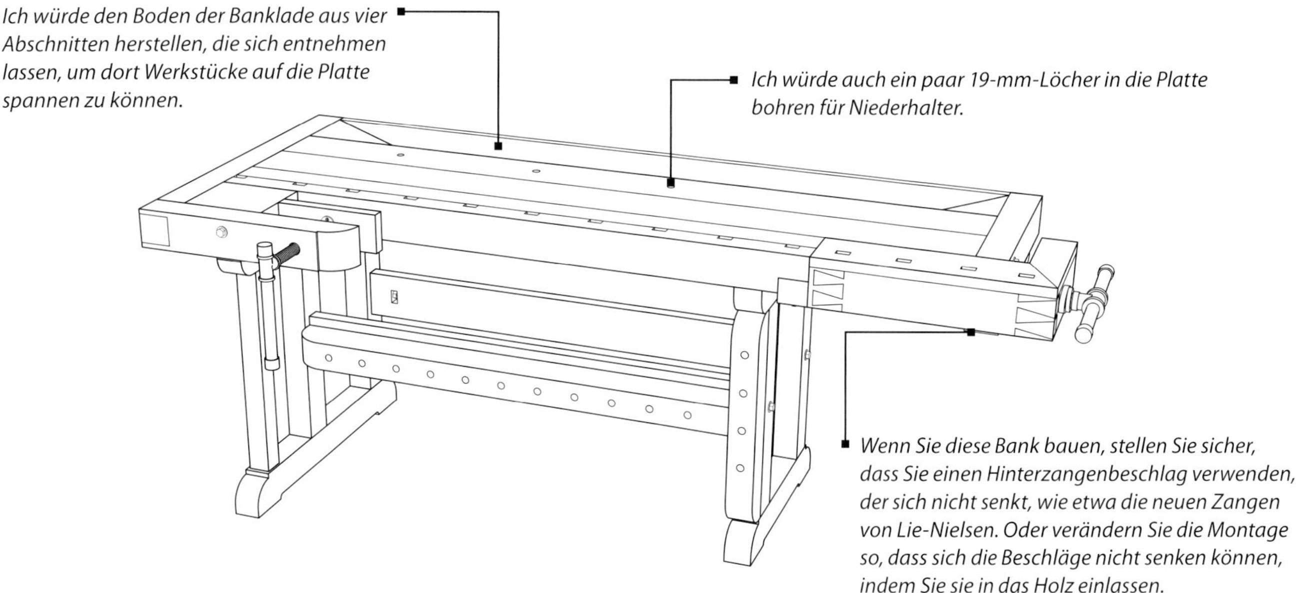

Wenn Sie diese Bank bauen, stellen Sie sicher, dass Sie einen Hinterzangenbeschlag verwenden, der sich nicht senkt, wie etwa die neuen Zangen von Lie-Nielsen. Oder verändern Sie die Montage so, dass sich die Beschläge nicht senken können, indem Sie sie in das Holz einlassen.

Ziel/Verwendungszweck:
Die Bänke wurden offensichtlich für Handarbeit und Möbelschreiner entworfen und da liegen ihre Stärken. Doch ich denke, der Grund dafür, dass dieser Stil so beliebt ist, liegt daran, dass sie auch für viele Formen der maschinellen Holzbearbeitung gut geeignet sind. Die Leiste um die Platte herum ist zum Beispiel so massiv, dass sich daran viel fest spannen lässt.

Anmerkung zur dt. Ausgabe:
Diese Bänke als „skandinavisch" zu bezeichnen ist etwas irreführend. Die hier gezeigte Bank mit „deutscher" Vorderzange war bis Anfang des 20. Jahrhunderts der häufigste Typ in Deutschland. Viele ihrer Merkmale finden sich an Bänken in ganz Europa zu unterschiedlichen Epochen. Es ist daher eher eine „europäische" Bank.

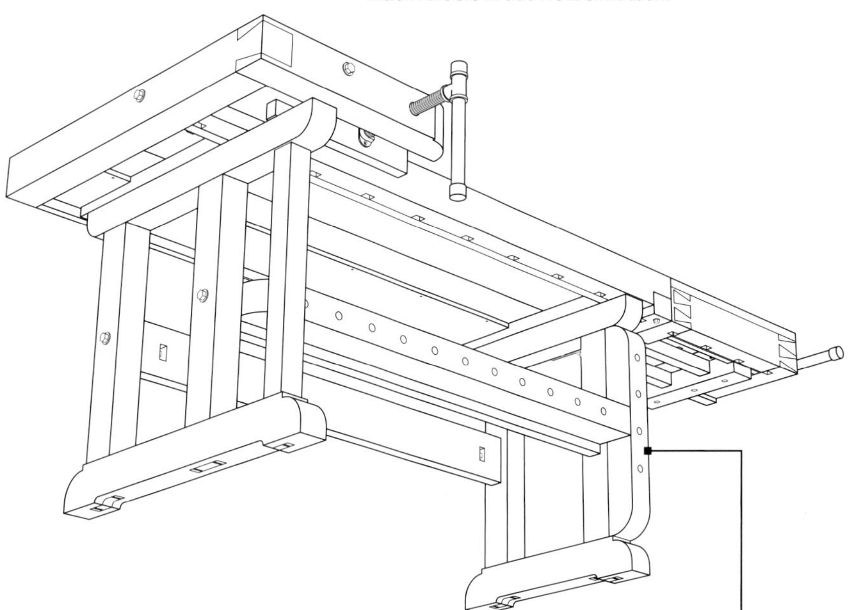

Als ich an solchen Bänken gearbeitet habe, war ich frustriert, wenn ich lange Bretter oder große Türen bearbeiten musste. Sie brauchen die Unterstützung eines Bankknechtes, um das Werkstück zu halten (siehe das Kapitel über Einspannmöglichkeiten und die Diskussion zu Bankknechten). Sie können auch versuchen, kurze Bretter an der Vorderkante der Bankplatte zu befestigen, indem Sie die Auflage am Arm einer F-Zwinge in das Bankhakenloch stecken und die Zwinge anziehen. Die andere Option sieht so aus, dass Sie am rechten Bein vorne und an der Schwinge ein Stück Holz aufdoppeln. Das habe ich hier auf den Zeichnungen gemacht. Die Bank sieht nicht mehr ganz so schön aus, doch ich würde diese Aufdoppelungen sofort nachrüsten, wenn ich diese Bank erben sollte.

Nachher

Vorher und nachher:

Variation einer französischen Hobelbank

Die Bank ist ein guter Entwurf für einfache Aufgaben der Holzbearbeitung an Flächen, Kanten und Köpfen. Es wird einige Zeit brauchen, bis Sie aus dieser Bank herauswachsen (vielleicht auch nie). Und es kostet wahrscheinlich weniger als 150 €, diese Bank zu bauen, wenn Sie bei Bauholz und alten Zangen vom Flohmarkt bleiben.

Ausgangslage:
Ich weiß nicht, wer diese Hobelbank entworfen hat, doch ich vermute, dass er oder sie von einem Design begeistert ist, dass der inzwischen verstorbene Bog Key aus Georgia propagierte. Key entwarf eine einfache Hobelbank aus Bauholz, die sich mit Handwerkszeugen bauen ließ und nicht zu viel Federlesen mit besonderer Ausstattung oder Verbindungen machen. Sie war vor Jahren der Ausgangspunkt für meine 250-€-Bank.

Der Schlüssel zu Keys Bank war das Laminieren von relativ dünnen Streifen. Sie konnten einen durchgehenden Schlitz in einem Bein herstellen, indem Sie zwei Stücke 5 x 10 nehmen und an beiden eine Vertiefung schneiden. Wenn Sie dann beide Teile verleimten, hatten Sie sofort einen durchgehenden Schlitz – ohne ein Lochbeitel zu brauchen. Das war sehr clever.

Sie konnten das gleiche auch machen, um einen Zapfen herzustellen. Verleimen Sie einfach drei Lagen und lassen Sie die mittlere länger als die beiden äußeren. Voila! Fertigzapfen.

Diese Bank hier nimmt diese Grundsätze auf und wendet Sie auf eine pseudo-französische Bank an. Und sie ist damit zu 90 % erfolgreich. Gar nicht schlecht in meinem Buch.

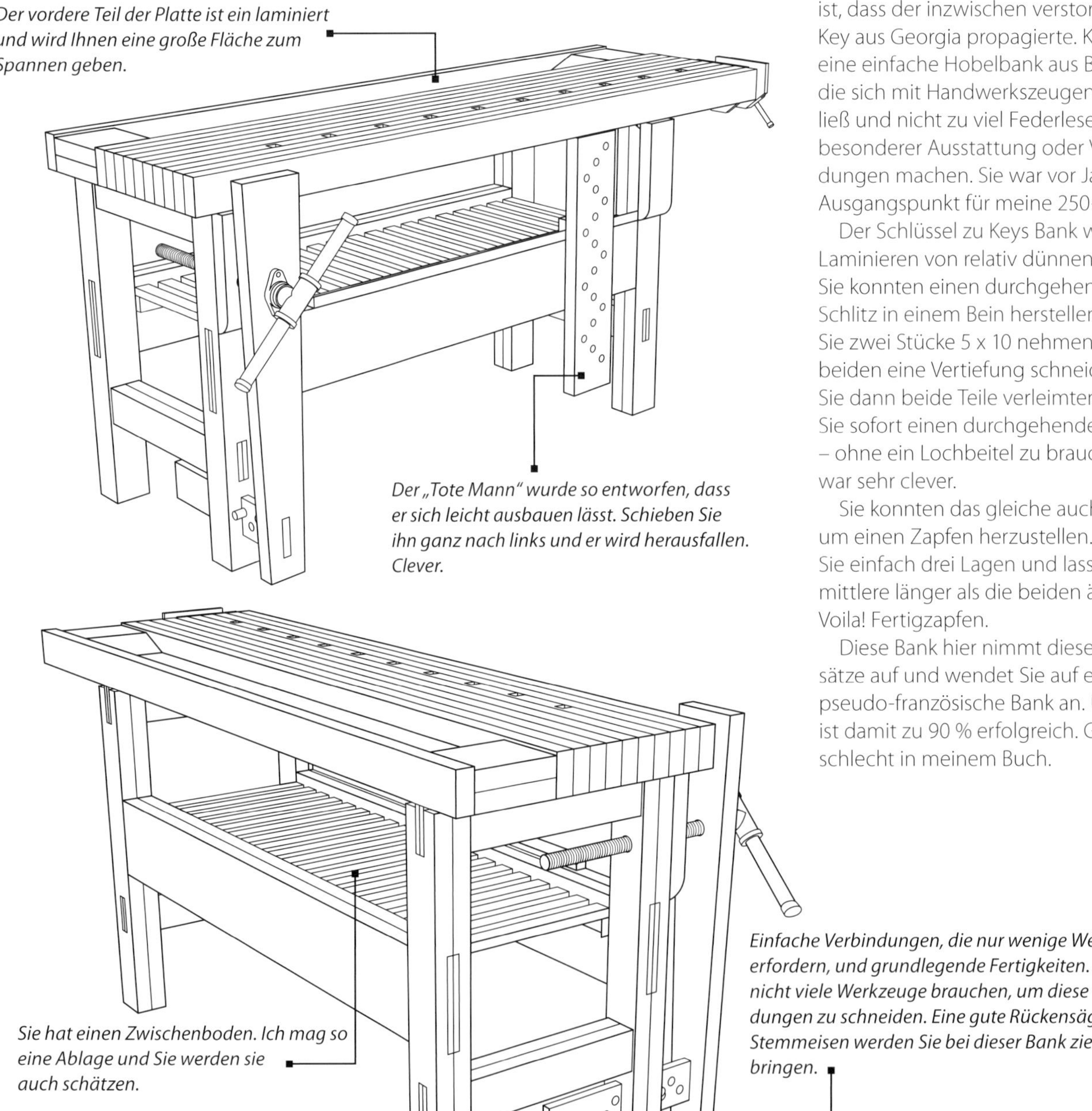

Vorher

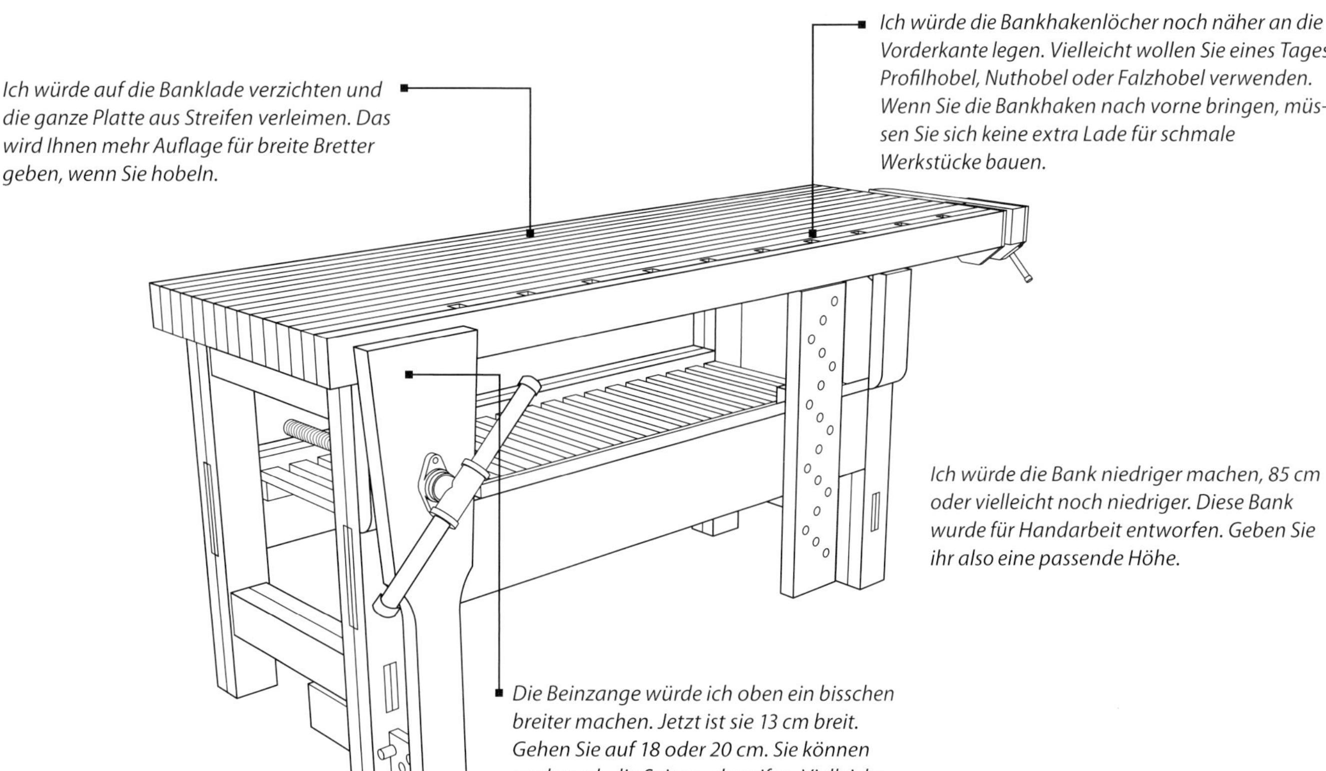

Die Bank ist ziemlich lang (180 cm), nicht zu breit (weniger als 60 cm) und für meinen Geschmack ein bisschen hoch (88 cm). Die Bank hat genug Masse und Möglichkeiten zum Einspannen: eine Beinzange, eine Schnellspannzange an der hinteren Position und einen Toten Mann.

Die Werkzeuglade ist immer nur eine Option, man könnte sie bei diesem Design auch weglassen. Dennoch denke ich, dass es hier Raum für Verbesserungen gibt, die sie noch hilfreicher machen würde.

Ziel:
Diese Bank ist ein ausgezeichneter Entwurf für einen Anfänger, der mit Handwerkszeug arbeiten will und wenig Geld, Werkzeug und vielleicht auch Fertigkeiten hat. Das Großartige an dieser Bank ist die relativ offene Bauweise. Damit kann sie in der Zukunft für alle denkbaren Projekte verwendet werden.

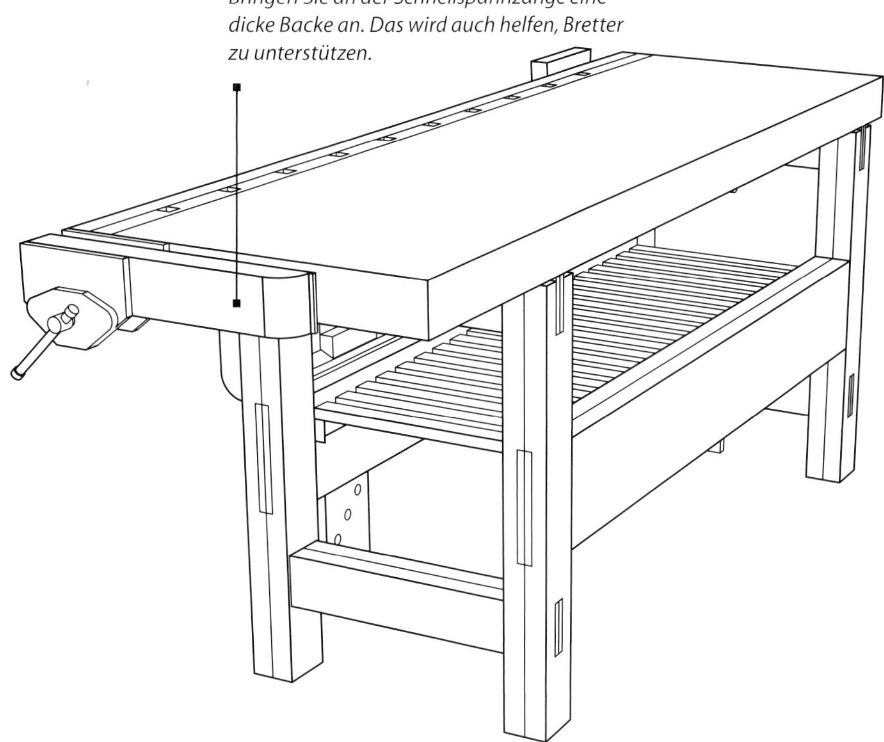

Nachher

Vorher und nachher:

Eine Bank mit diagonalen Streben

Ausgangssituation:
Ich habe die einfachsten und schwierigsten Hobelbänke für das Ende dieses Kapitels aufgehoben. Ich überlasse es Ihnen zu entscheiden, welche das sind.

Diese Bank hat eine Form, die mir nie zuvor begegnet ist. Natürlich habe ich schon einmal Bänke mit diagonaler Verstrebung gesehen. Doch mit dieser Art Verstrebung noch nicht. Die Streben bilden ein flaches X. Die Enden dieses X sind mit den Endrahmen durch ein gekeiltes Zapfenschloss verbunden. Ziemlich spektakulär ist, wie die beiden Streben miteinander durch einen lose durchgesteckten Zapfen verbunden werden, der auf beiden Seiten mit einem Keil geschlossen wird. Offensichtlich liebt hier jemand gekeilte Zapfenschlösser

Die anderen Details: Die Platte hat eine gute Größe, sie ist 60 cm tief und 190 cm lang. Die Arbeitshöhe liegt bei 85 cm. Die Bank hat eine winzige Vorderzange und eine gigantische Hinterzange.

Die Kufen der Endrahmen sitzen plan auf dem Boden.

Diese Bank benötigt ein paar Eingriffe. Ich bin nicht sicher, ob ich sie gangbar machen kann.

Ziel:
Ich denke, es ist offensichtlich, dass diese Bank für jemanden entworfen wurde, der von Hand arbeitet aber entweder

1. Material sparen will und daher diagonale Streben verwendet oder
2. gekeilte Zapfenschlösser, schräg abgesetzte Zapfen und wilde Verbindungen bewundert.

Wie dem auch sei, wir müssen diese Bank so verändern, dass Sie diesen beiden Ansprüchen gerecht wird oder es wenigstens versucht. Wo ist mein Radiergummi?

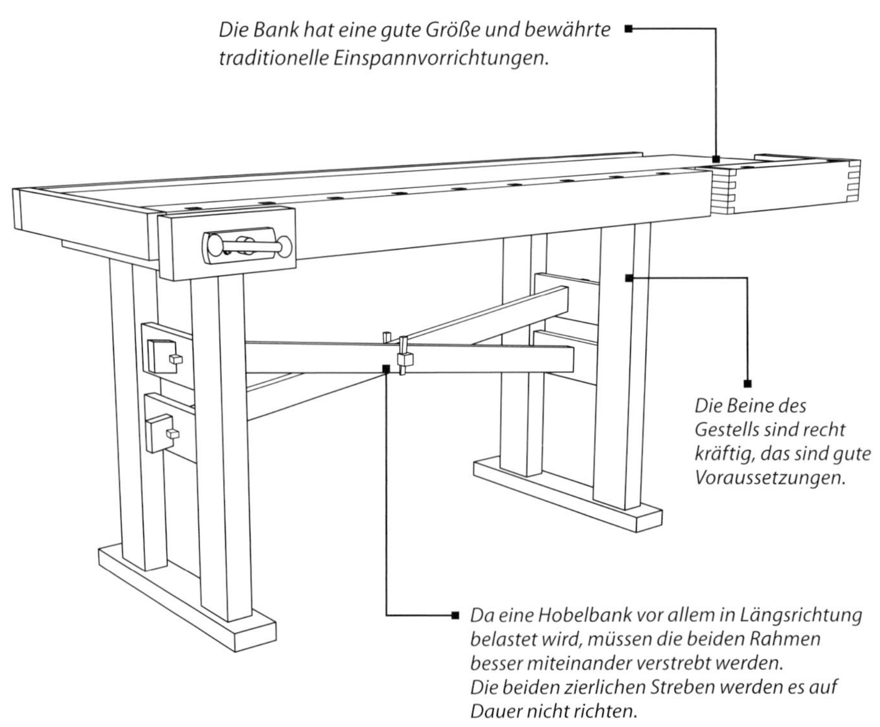

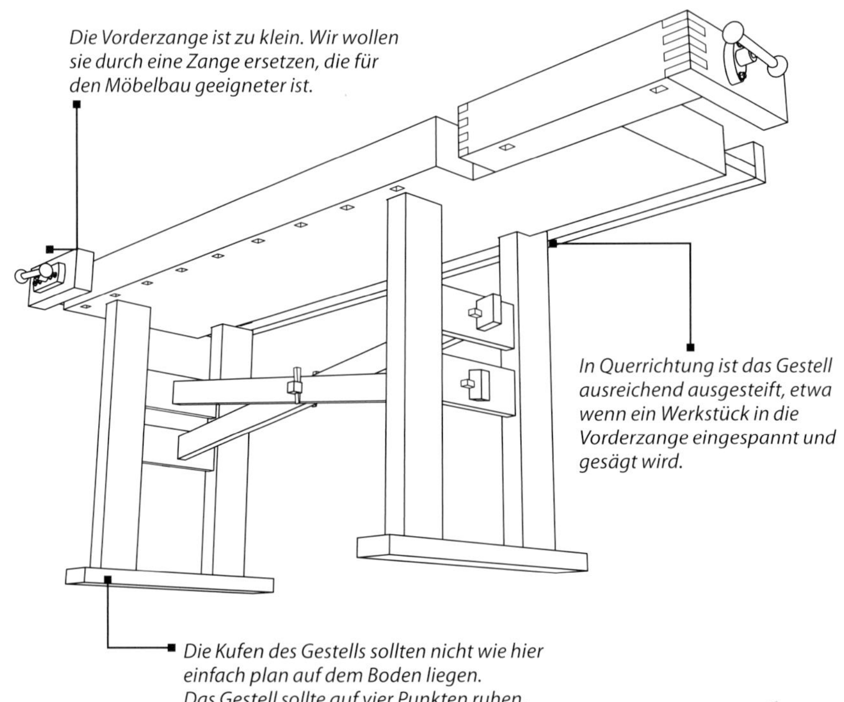

Vorher

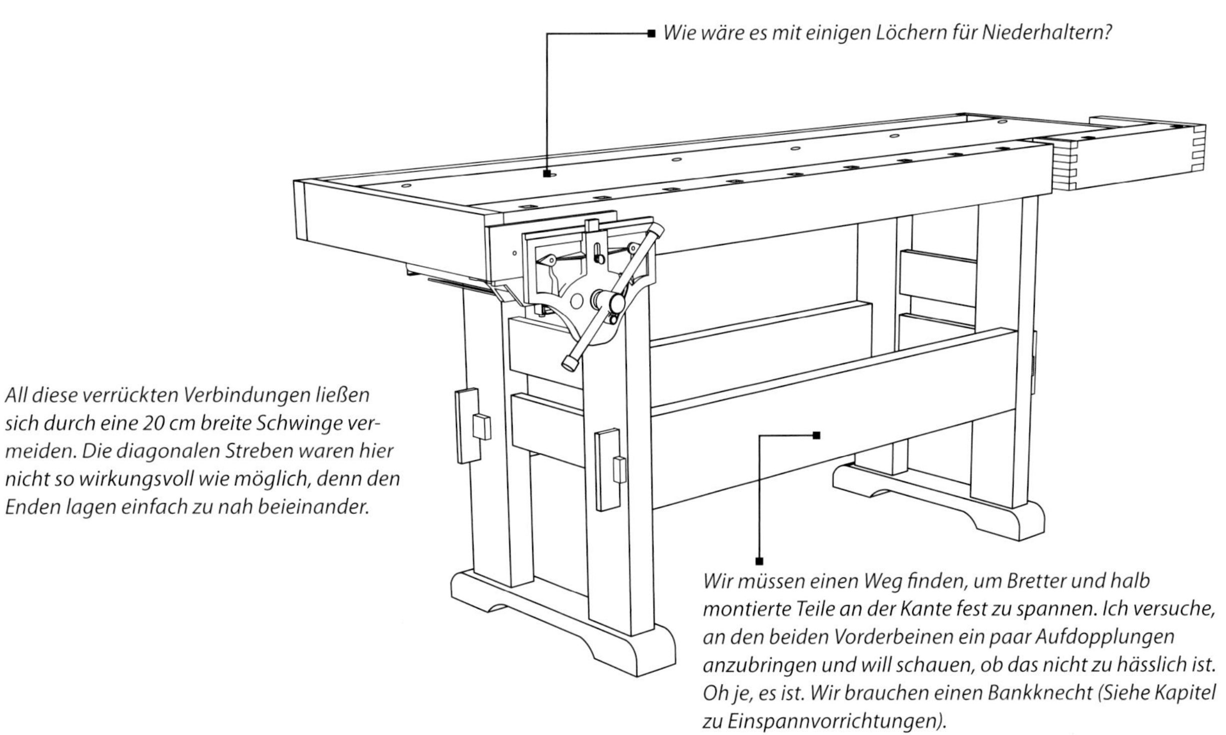

All diese verrückten Verbindungen ließen sich durch eine 20 cm breite Schwinge vermeiden. Die diagonalen Streben waren hier nicht so wirkungsvoll wie möglich, denn den Enden lagen einfach zu nah beieinander.

Wir müssen einen Weg finden, um Bretter und halb montierte Teile an der Kante fest zu spannen. Ich versuche, an den beiden Vorderbeinen ein paar Aufdopplungen anzubringen und will schauen, ob das nicht zu hässlich ist. Oh je, es ist. Wir brauchen einen Bankknecht (Siehe Kapitel zu Einspannvorrichtungen).

Ein kräftiger Anschlag ist hilfreich.

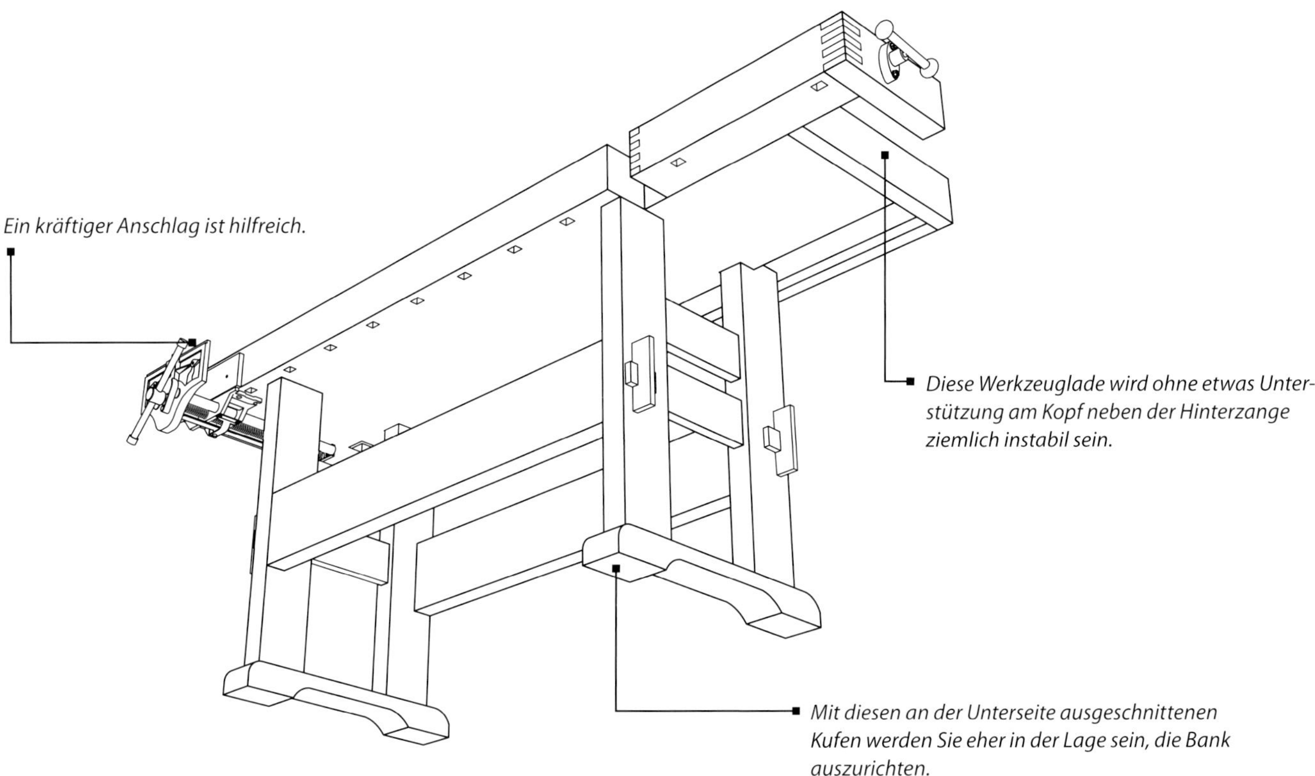

Diese Werkzeuglade wird ohne etwas Unterstützung am Kopf neben der Hinterzange ziemlich instabil sein.

Mit diesen an der Unterseite ausgeschnittenen Kufen werden Sie eher in der Lage sein, die Bank auszurichten.

Nachher

Vorher und nachher:

500-Pfund-Werkbank

Ausgangssituation:
Diese Bank besteht aus stark bemessenen Teilen. Die meisten Teile des Untergestells sind 75 oder gar 100 mm dick. Eine Ausnahme bilden die Schwingen, die nur armselige 25 mm dünn sind. Die Platte ist 75 mm stark und misst 150 x 90 cm. Wiegt diese Bank 500 Pfund? Schwer zu sagen. Wenn Sie aus Blei gemacht wird, vielleicht schon. Ich habe meine Zweifel, ob sie aus Ahorn mehr als 300 Pfund auf die Waage bringen würde.

In jedem Fall zieht der Name und dieses Stück sieht ganz sicher aus wie eine Werkbank. Nachdem ich mich einige Zeit mit dem Entwurf beschäftigt habe, kam ich zu dem Ergebnis, dass ich mit einem Entwurf bei Null beginnen würde, anstatt diese Bank zu modifizieren. Manchmal reicht ein Radiergummi einfach nicht.

Doch wenn Sie jemand sind, der diese Bank gebaut hat, möchte ich Sie nicht ohne Hoffnung lassen. Lassen Sie uns weiter machen.

Ziel:
Diese Bank soll massiv sein und eine solide Arbeitsfläche bieten. Das Gestell sieht aus wie ein Möbelstück. Es gibt keine Möglichkeiten zum Einspannen. Und das gab mir die Erkenntnis, dass diese Werkbank einfach im falschen Raum des Hauses steht. Sie wäre wahrscheinlich ein besserer Küchentisch als eine Werkbank.

Die Bank hat jede Menge Masse.

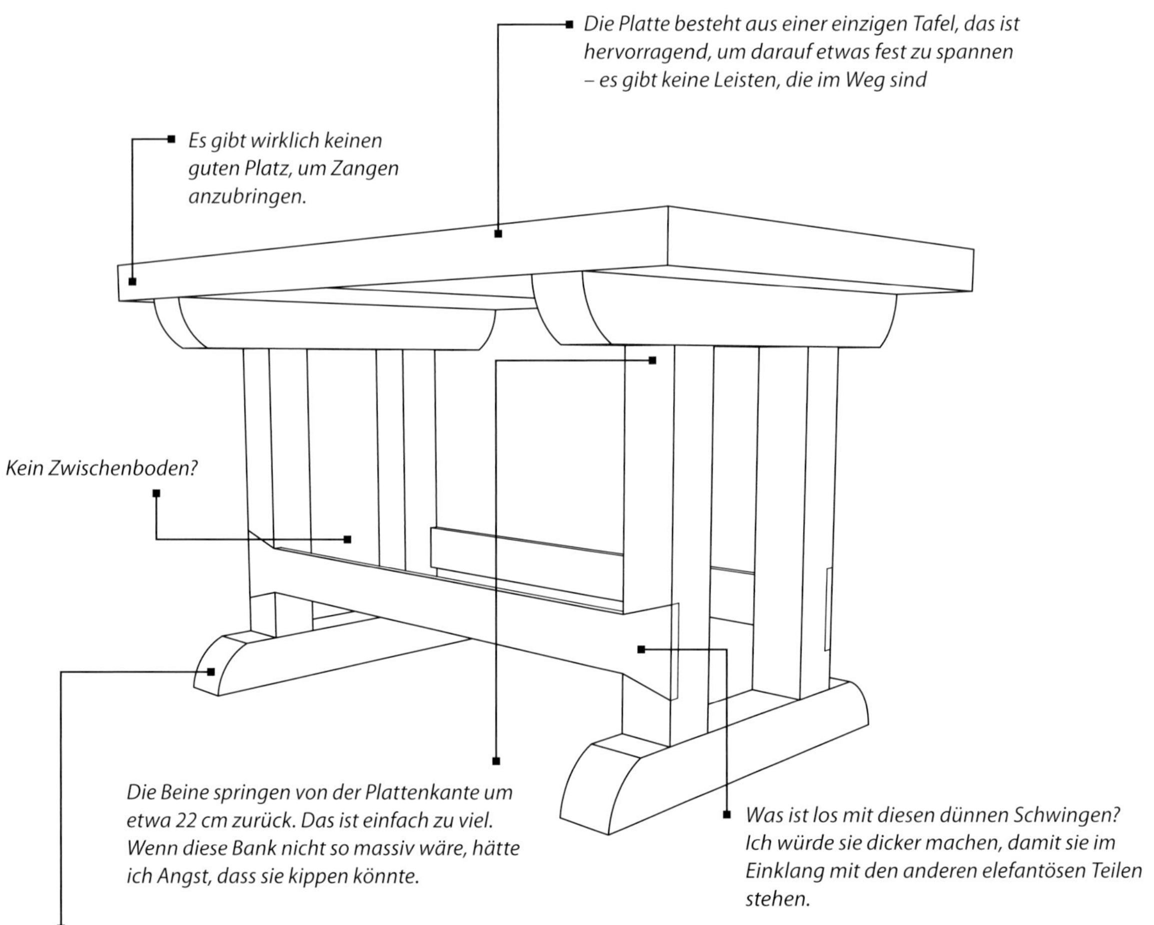

Vorher

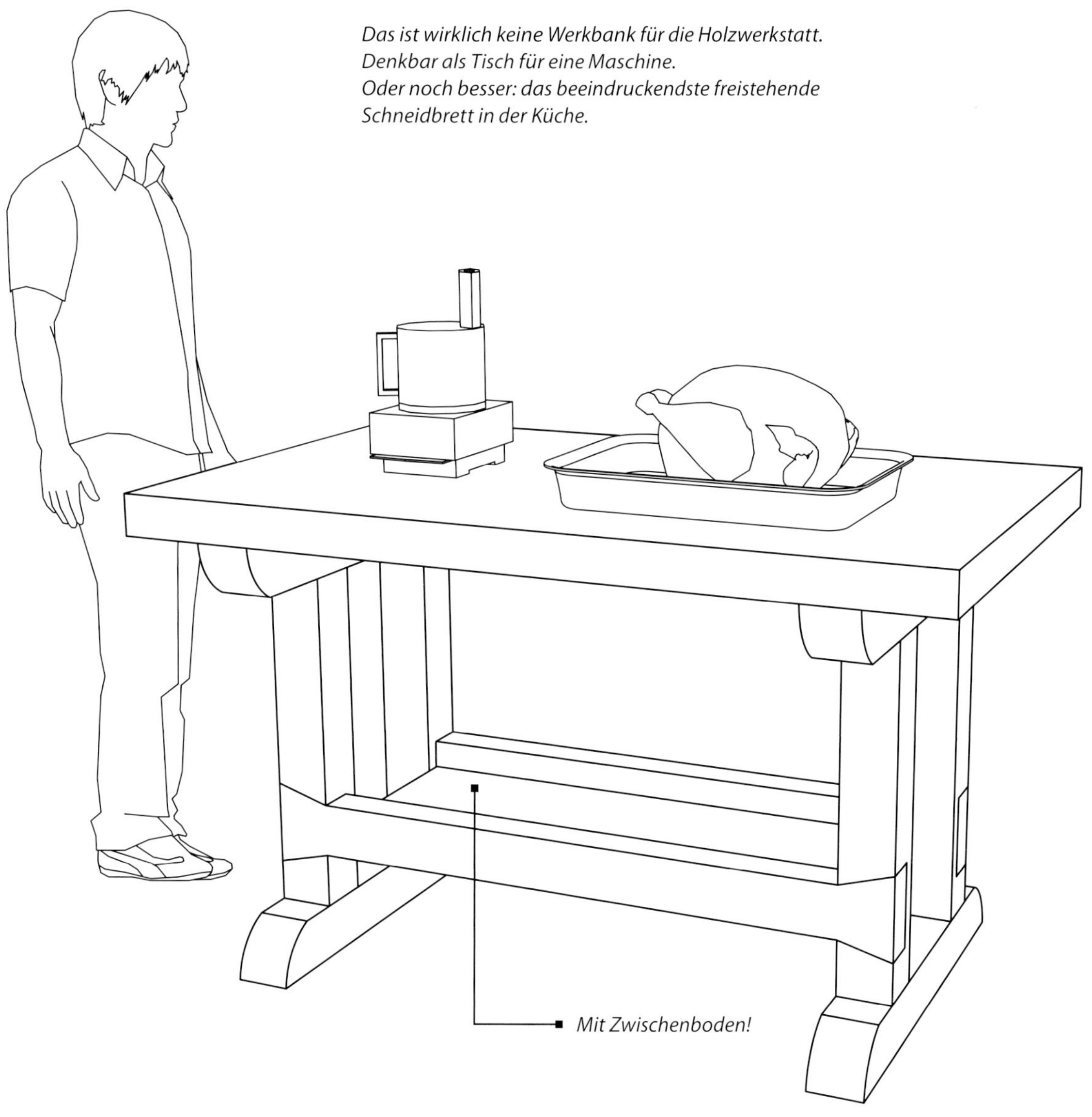
Das ist wirklich keine Werkbank für die Holzwerkstatt.
Denkbar als Tisch für eine Maschine.
Oder noch besser: das beeindruckendste freistehende
Schneidbrett in der Küche.
Mit Zwischenboden!

Nachher

Foto: Christopher Schwarz

Ich bin froh, mich geirrt zu haben: *Als ich anfing Hobelbänke zu bauen, konnte ich nicht ahnen, dass die Beschläge für Hobelbänke jemals wieder besser würden – sie wurden ständig schlechter, von Jahr zu Jahr. Zum Glück hat sich dieser Trend umgekehrt und wir haben inzwischen fast zu viele gute Beschläge.*

Kapitel 15

Fortschritte beim Einspannen

von Christopher Schwarz

Mehr als jeden anderen Teil des Buches könnte man dieses Kapitel für einen überflüssigen Anhang halten. Doch das macht mir nichts aus. In meinem ersten Hobelbankbuch habe ich jede Art von Einspannhilfe ergründet, die ich mir damals vorstellen konnte. Ich besprach deren Vor- und Nachteile und entschied, wofür man sie am besten einsetzen könnte.

Manche Leser hielten dieses Kapitel für das Herz des Buches. Andere hielten es für überflüssig.

So oder so hat es im Bereich Einspannen seit 2007 ganz entscheidende Fortschritte gegeben. Interessanterweise kamen viele dieser Fortschritte von Herstellern, die Vorrichtungen verbesserten, die es schon vor hundert Jahren gab. Andere Hersteller haben bei Zangen so grundlegende Fortschritte gemacht, dass sich meine Vorstellung von Einspannen dadurch verändert hat.

Es gab in den letzten drei Jahren so viele Veränderungen, dass dieses Kapitel immer noch unvollständig sein wird. Und das liegt daran, dass Holzhandwerker so clever sind. Ich bin mir sicher, dass sie diese Einspannhilfen für Aufgaben einsetzen werden, die ich mir momentan noch gar nicht vorstellen kann.

Wir wollen uns die neuen Vorderzangen, Hinterzangen und Einspannhilfen auf der Bankplatte einmal ansehen. Sie reichen von einfachen Niederhaltern bis hin zu hoch komplexen Vorrichtungen.

Vorderzangen

Holzspindeln

Als ich anfing, Hobelbänke zu bauen, gab es einen Herrn Howard Card, der Holzspindeln für Holzhandwerker herstellte. Wir sprachen zweimal miteinander, doch als ich schließlich etwas bei ihm bestellen wollte, hatte er beschlossen, die Herstellung von Holzspindeln einzustellen.

Mir blieb daher nichts anderes übrig, als für meine Beinzange und für die selbst gebaute Wagenzange Metallspindeln zu kaufen. Ich habe nichts dagegen einzuwenden, wie Metallspindeln arbeiten. Sie sind robust und preisgünstig. Manche Leute mögen es nicht, dass die Spindel gelegentlich eine Fettspur an Ihrer Arbeit hinterlässt, doch für mich ist das nebensächlich.

Der einzige wirkliche Einwand gegen Metallspindeln ist der Umstand, dass die vor ein paar Jahren angebotenen Spindeln wie hässliche Stiefkinder aussahen. Der Guss sah wie eine schlechte Kopie aus, mit abgeflachten Details, die eigentlich sauber ausgearbeitet sein sollten, wie man es von guten alten Gussteilen kennt.

Hinzukam, dass diese Gussteile grundsätzlich mit einer grässlichen Farbe überzogen waren, meist grün. Ich kann mich über Beschläge aufregen, wenn ich etwas baue. Ich verbringe doch nicht 40 Stunden mit dem Bau eines Schrankes und hänge dann ein paar billige gepresste Metallgriffe aus dem Baumarkt daran.

Was die Sache noch schlimmer machte, ich war verdorben. Ich habe von meinem Großvater eine alte Zange von Jorgensen (die für Handwerker gemacht war). Dem Farbton und der Beschriftung nach stammt sie aus den frühen 1970er Jahren. Welch ein Unterschied zu dem modernen Zeug. Diese Zange wirkt wie eine Uhr anstatt wie ein lackierter Felsbrocken. Und noch ältere Metallzangen, die ich an Bänken gesehen hatte, waren noch schöner als meine.

Das war eine schöne Überraschung, als jemand kam und an das Fenster des Woodcraft Ladens klopfte, wo ich im März 2008 einen Kurs gab. Joe Comunale aus Romeo, Michigan ist Maschinenbauingenieur bei Tage und Holzhandwerker und Mechaniker bei Nacht. Er kombinierte seine Maschinen zur Metallbearbeitung mit seinen Fähigkeiten in der Holzbearbeitung und entwickelte eine Methode, um wunderschöne Holzspindeln aus Esche herzustellen.

Comunale, der unter dem Namen BigWoodVise.com firmiert, kam an jenem Tag im Laden vorbei, um mir einige der Spindeln aus seiner Produktion zu zeigen. Sie sahen gut aus und waren schön scharf geschnitten – viel schöner als die Versionen, die auf Flohmärkten auftauchen (die ich benutzt habe, um die Holtzapffel-Bank in diesem Buch zu bauen).

Eine schöne Art zu arbeiten: _Holzspindeln werden nun wieder angeboten. Dieses Modell von BigWoodVise.com ist leicht gängig, schnell verstellbar und hochwertig verarbeitet._

Ich würde es nicht schön nennen: _Die billigen Spindeln für Vorderzangen, die heute vertrieben werden, funktionieren recht gut (im Gegensatz zu den billigen Hinterzangen). Doch die Gussteile sind irgendwie formlos und die Lackierung grell._

Sie laufen gut: _Holzspindeln lassen sich so schnell verstellen, dass Sie Ihre Schnellspannzange nicht vermissen werden. Und Sie werden bestimmt nicht die hinderlichen Metallstäbe vermissen, die so häufig beim Einspannen im Weg sind._

Damals fing ich an, ernsthaft über Holzspindeln nachzudenken, besonders für Doppelspindeln und Beinzangen.

Nachdem ich sie einige Jahre getestet habe, kann ich folgendes sagen.

Was ich an Holzspindeln mag, ist ihre Geschwindigkeit. Die Spindeln von BigWoodVise haben zwei Gänge pro Zoll und einen 50-mm-Schaft. Meine Metallzunge hat einen dünneren 22-mm-Schaft (nicht gerade viel) und fünf Gänge pro Zoll. Sie ist viel langsamer.

Holzspindeln sind erstaunlich haltbar. Ich habe Holzspindeln gesehen, die mehr als 200 Jahre alt waren und immer noch in gutem Zustand. Ich habe aber auch welche gesehen, die man offensichtlich missbraucht hatte und an denen Gewindegänge abgeplatzt waren. Wenn Sie die Zange sorgfältig behandeln, dann können die Spindeln Sie überleben.

Eine weitere schöne Überraschung bei den Holzspindeln war, wie gut sie greifen. Obwohl Holzspindeln gröbere Gewinde haben, scheinen Sie genauso gut zu halten wie Metallspindeln. Ich vermute, dass das Holz dank seiner Elastizität etwas komprimiert wird, während die Gewindegänge zusammen gekeilt werden.

Bald nachdem ich Comunale getroffen hatte, stieß ich auf Nick Dombrowski, der Lake Erie Toolworks (LakeEricToolworks.com) gegründet hat und Holzspindeln herstellt. Seine Spindeln sind aus Ahorn, der Schaft hat einen Durchmesser von gut 60 mm und zwei Gänge pro Zoll. Es gibt ein paar Unterschiede zwischen beiden Marken, doch beide sind hervorragend und ich habe sie an Hobelbänken in unserer Werkstatt eingesetzt.

Ein Paar aus Messing: *Der aus Messing hergestellte Haltering an der Holzspindel von Lake Erie Toolworks ist das geringe Aufgeld allemal wert. Ich hatte vor, das Messing etwas zu brünieren, damit es wie ein antikes Teil aussieht. Bisher habe ich noch nicht die Zeit dazu gefunden.*

Nuten, die greifen: *Die beiden Nuten vor dem dicken Knauf sind für die Aufnahme von Halteringen. Die Nut direkt am Knauf ist für den äußeren Haltering. Die andere Nut ist für den inneren Haltering, der in eine Vertiefung an der Backe eingelassen wird.*

Halb gehalten: *Hier können Sie sehen, wie es funktioniert. Der äußere Haltering hat eine Öffnung, die einen kleineren Durchmesser hat als die Bohrung in Backe. Der Haltering greift in die Nut an der Spindel, sodass sich beide als eine Einheit bewegen.*

Haltering

Was macht also der Haltering? Der Haltering hält die Backe der Zange und den Mechanismus mit seinem Gewinde zusammen. Bei einer Metallzange fungiert die gegossene Platte, welche Sie an der Zange festschrauben, als Haltering. Bei einer Zange mit Haltering wird sich die Backe rein oder raus bewegen, während Sie die Spindel anziehen oder lösen.

Ohne Haltering wird sich die Backe zwar schließen, wenn Sie die Spindel im Uhrzeigersinn drehen, wie Sie das erwarten würden. Wenn Sie eine Zange ohne Haltering lösen, löst die Zange zwar ihren Griff, doch die Backe zieht sich nicht vom Werkstück zurück. Sie müssen Sie dann selber ziehen.

Das ist keine große Sache. Ich habe schon Zangen ohne Haltering gebaut, doch Halteringe sind sehr praktisch und können der Zange noch etwas Biss geben.

Es gibt zwei Typen von Halteringen: innere und äußere. Beide funktionieren auf die gleiche Weise, der einzige Unterschied ist ihre Position. Äußere Halteringe werden an der Oberfläche der Backe angebracht. Innere Halteringe werden in eine Vertiefung an der Backe eingesetzt, die sich mit dem Loch für die Spindel schneidet.

Wie funktionieren sie nun? Schauen wir uns die Fotos an. Die Abbildung oben zeigt die Holzspindel aus Esche, die ich an der Hobelbank aus Furnierschichtholz installiert habe, die in diesem Buch vorgestellt wurde.

Sehen Sie die beiden Nuten an der Spindel? Eine liegt direkt an dem Knauf, die andere ein Stück weiter am Schaft. Die Nut am Knauf ist für den äußeren Haltering bestimmt. Die andere Nut ist für den inneren Haltering. Damit wird diese Spindel in beide Richtungen ihren Dienst tun.

Wir verwendeten für diese Beinzange einen äußeren Haltering (ich denke, die lassen sich leichter installieren). Der erste Schritt bestand darin, ein Stück hartes Ahornholz so runter zu hobeln, dass es in die Nut passte. Diese Nuten sind etwa 9 mm breit.

Dann habe ich das Material für den Ring zugeschnitten auf 95 x 95 mm, halbiert und ein 40-mm-Loch durch die beiden zusammen gespannten Plättchen gebohrt.

Nun habe ich die Beinzange montiert. Den Ring habe ich um die Nut gelegt und die Spindel in die Backe gesteckt. Verwenden Sie keinen Leim – Sie wollen in der Lage sein, den Ring abzunehmen, wenn die Zange einmal repariert werden sollte.

Das Foto links zeigt, wie alle Teile zusammenkommen. Sie sehen das 50-mm-Loch in der Backe, die beiden Hälften des Halterings und das 40 mm Loch, welches entsteht, wenn der Ring festgeschraubt ist.

Sie können einen selbst hergestellten Haltering verwenden wie hier. Oder Sie nehmen einen aus Metall. Der Messingring von Lake Erie Toolworks gibt der Backe eine besondere Note.

Ich war mit den Holzspindeln zufrieden und baute sie an einer ganzen Reihe von Bänken für unsere Werkstatt und bei einem Kurs über den Bau von Hobelbänken. Dabei habe ich gar nicht mitbekommen, dass auch die Metallspindeln in die Gänge kamen.

***Kommen Sie zur Ketten-Gang:** Die kettengetriebene Zange von Lie-Nielsen ist sauber verarbeitet und – mit den Worten des Entwicklers – bombensicher. Sie sieht aus wie eine traditionelle Vorderzange, da der ganze Mechanismus in der Backe versteckt ist*

(Abb. von Lie-Nielsen Toolworks).

***Die alte Garde:** Veritas hat eine lange Tradition in der Herstellung von beeindruckenden Bankbeschlägen, dazu gehört auch diese kettengetriebene Doppelspindel. An dieser Zange wird der gesamte Mechanismus außen an der Backe befestigt (mit Abdeckung). Das macht die Installation und Pflege sehr einfach.*

Kettengetriebene Zange von Lie-Nielsen

Als Lie-Nielsen Toolworks anfing Hobelbänke zu bauen, hatte die kleine Firma im Bundesstaat Maine eine Menge Herausforderungen vor sich. Da war das Material, die Werkstatt musste eingerichtet werden, ein landesweiter Versand musste organisiert werden – und schließlich die Beschläge für die Zangen.

„Das deutsche Zeug taugt nicht, besonders bei einer Serienherstellung", sagte Thomas Lie-Nielsen, der Gründer der Firma. „Wir mussten die Hinterzangenbeschläge nacharbeiten, damit sie rechtwinklig waren. Auch die Vorderzangen waren unbefriedigend."

So ging Lie-Nielsen daran, seine eigenen Beschläge für die Hobelbänke zu entwerfen und zu bauen.

Als es um die Vorderzange ging, hatte er mehrere Möglichkeiten. Die Firma hatte bereits auf Kundenwunsch Schulterzangen im skandinavischen Stil gebaut. Doch Lie-Nielsen sagte, er sei kein Freund von ihnen. Sie waren schwer zu bauen, komplex und er hielt sie für empfindlich.

„Die Leute mögen diese Zangen, da sie ein Brett einspannen und direkt zinken können", erklärte er. Andere Zangen haben Parallelführungen oder ähnliches, das in Konflikt mit dem Werkstück kommt. Da können Sie unmöglich ein Brett einspannen. Am Ende spannen Sie eine Kante Ihres Brettes an der Platte fest und es wackelt immer noch.

Lie-Nielsen dachte, die Lösung läge in einer Art Doppelspindelzange.

„Ich wollte mehrere Fliegen mit einer Klappe schlagen und eine bombensichere Zange entwickeln", sagte er.

Die ultimative Lösung war eine kettengetriebene Doppelspindelzange mit nur einem Schlüssel, die Bretter mit einer Breite von bis zu 60 cm aufnehmen kann, leicht zu installieren ist, aus hochpräzisen Teilen und gewalzten Trapezgewindespindeln (5 Gänge pro Zoll) mit einem 28-mm-Schaft besteht.

Ich habe diese Zange auf Veranstaltungen und während eines Besuchs bei Lie-Nielsen ausprobiert und ich mag sie (so sehr, dass ich mir eine für eine noch zu bauende Bank kaufte). Sie ist um Welten besser als die üblichen deutschen Vorderzangen, die furchtbar viel Spiel haben und Stangen an Stellen haben, die Leuten in die Quere kommen, die dort wirklich etwas einspannen wollen.

Wie alle Zangen hat sie ein bisschen Spiel. Doch die Passung zwischen den Teilen ist beeindruckend – viel dichter als die Toleranzen an den meisten Zangenbeschlägen. Als Folge davon wackelt diese Zange praktisch nicht – Sie müssen sich keinen Satz Zangenblöcke machen, damit die Backe parallel spannt.

Natürlich, auch Veritas stellt eine Doppelspindelzange her, die ich seit vielen Jahren an zwei Bänken in unserer Werkstatt benutzt habe. Auch sie hat einen kettengetriebenen Mechanismus, hat etwas Spiel aber eine enorme Kapazität. Ich habe lange Erfahrung mit der Zange von Veritas. Sie ist hochwertig verarbeitet, doch ich hatte in den letzten sieben Jahren einige kleine Zwischenfälle. Ich habe einmal die Kettenverbindung gebrochen.

Mit der Zange von Lie-Nielsen habe ich keine jahrelange Erfahrung. Daher ist es unmöglich zu sagen, wie sie der harten Beanspruchung in unserer Werkstatt standhalten wird. Ich kann nur sagen: Beide Firmen stehen hinter ihren Produkten. Wenn Sie jemals ein Problem haben sollten, werden Sie Ihnen helfen, es zu lösen.

Diese schöne Kiste mit phantastischen Beschlägen wartet auf die richtige Bank. Die Gleitzange von Benchcrafted ist vielleicht der Gipfel der Entwicklung der verehrten Beinzange.

Der Gleitkerl: *Jameel Abraham mit seiner Gleitzange. Als ich diese Zange das erste Mal sah und benutzte, habe ich mir direkt eine bestellt. Ich hatte weder eine bestimmte Bank im Sinn noch hatte ich das Geld dafür. Es hat mich nicht gekümmert. Sie ist phantastisch.*
(Foto: Vater John Abraham)

Gleitzange von Benchcrafted

Wenn Jameel Abraham zu jeder Holzbearbeitungsveranstaltung im Land reisen könnte, würde er irgendwann zum König der Zangen gekrönt.

Abraham ist ein wahres Multitalent. Er ist ein Weltklasse-Maler, baut unglaubliche Ouds (eine Art Laute), wunderschöne Möbel und Bankbeschläge (ich bin sicher, ich habe etwas vergessen).

2006 fing er an, Hinterzangen zu bauen und zu vertreiben (mehr dazu im Abschnitt zu Hinterzangen). 2009 begann er, seine „Benchcrafted Glide Vise" anzubieten – einen erstaunlichen Beschlag für die Beinzange.

Der Grund dafür, ihn für einen möglichen König zu halten, liegt daran, dass fast jeder, der seine Zangen einmal ausprobiert hat, diese auch bestellt. Sie sind phantastisch. Als ich im Frühjahr 2009 das erste Mal meine Hände auf eine solche Gleitzange legte, habe ich auf der Stelle eine bestellt – wir werden sie an einer Bank installieren, an der wir gerade bauen.

Was ist so besonders? Die Zangen werden ihrem Namen gerecht. Sie gleiten mithilfe eines großen Handrades förmlich rein und raus. Sie drehen das 20-cm-Rad aus Gusseisen und die Zange spannt oder löst sich praktisch mühelos. Sie müssen keinen Zangenschlüssel runterdrücken, wie bei einer traditionellen Zange.

Es sind vor allem zwei Komponenten, die dafür sorgen, dass die Zange so gut funktioniert. Eins ist die sauber geschnittene Mutter und Spindel (32 mm mit fünf Gängen pro Zoll). Doch selbst bei perfekter Maschinenarbeit wird das Gewicht der Backe zu erhöhter Reibung in der Mutter führen und die Bewegung der Zange verlangsamen.

Abrahams Lösung bestand darin, das Gewicht von der Spindel zu nehmen, indem der Parallelanschlag von Gummirädern unterstützt wird. Diese Rädchen verringern auch die Reibung, wenn die Backe rein oder raus bewegt wird. Das Ergebnis ist, dass die Zange sich eher bewegt wie einer dieser sehr teuren deutschen Schubkastenauszüge.

Benchcrafted ist ein kleiner Familienbetrieb, der sicher eine große Zukunft hat. Jeder Kunde wird ein richtiger Anhänger - mich eingeschlossen.

Rollen Sie damit: *Diese Rollen auf dem Parallelanschlag nehmen das Gewicht der Backe von der Spindel. Das Ergebnis ist, dass die Backe völlig mühelos rein und raus gleitet. (Foto: Vater John Abraham).*

Noch mehr neue Zangen: *Der Maschinenbauingenieur Len Hovarter hat diesen cleveren Einspannmechanismus entworfen und gebaut (Patent beantragt). Er kann auf unterschiedliche Weise verwendet werden, darunter auch mit dieser Doppelspindel. Von außen sieht sie wie eine traditionelle Zange aus (s. oben), doch von unten erkennt man den cleveren Mechanismus (rechts). (Foto: Len Hovarter)*

Zukünftige Entwicklungen

Während wir dieses Buch schreiben, arbeiten andere Personen und Firmen an der Entwicklung von Vorderzangen, die Ihnen vielleicht ein leichteres Einspannen ermöglichen werden – aber Ihre Kaufentscheidung noch schwieriger machen.

Ganz oben auf der Liste steht eine von Len Hovarter aus Michigan entwickelte Doppelspindelzange mit Schnellspannmechanismus, die sich mit einer Viertel Umdrehung schließt und löst. Ich habe einen kurzen Film gesehen, der diese zum Patent angemeldete Zange demonstriert. Er wirkte eher wie Zauberei als ein Video zur Holzbearbeitung. Hovarter ist ein Maschinenbauingenieur und Holzhandwerker, der seine Ausbildung und Erfahrung in der Produktion in die Entwicklung einer traditionellen Doppelspindelzange eingebracht hat.

Er hat mehr als fünf Jahre an der Entwicklung dieser Zange gearbeitet (von der er annahm, dass sie nicht funktionieren würde) und will sie im September 2010* auf den Markt bringen. Er verwendet den gleichen Mechanismus für eine Beinzange, die ohne Parallelführung auskommt.

Es sieht ganz so aus, als ob die Entwicklung von Hobelbänken, speziell die von Zangen, noch keinen Endpunkt erreicht hätte. Während der letzten Jahre haben auch viele Hersteller versucht, die Hinterzangen für Bänke zu optimieren oder vereinfachen, und hier besteht tatsächlich Handlungsbedarf. Die meisten Holzhandwerker haben eine Art Hassliebe zu ihrer traditionellen Hinterzange, und mehrere Firmen wollen diese Beziehung in Ordnung bringen.

Neue Entwicklungen bei Hinterzagen

Die traditionelle Hinterzange hat einige Schwächen, deren Sie sich bewusst sein müssen. Aufgrund ihrer Länge von bis zu 60 cm und ihrer oft unzureichenden Befestigung neigt die Konstruktion dazu, sich zu setzen. Das gilt besonders, wenn Sie die Zange weit öffnen.

Es gibt Möglichkeiten, ein Setzen der Hinterzange zu vermeiden. Sie können die Schienen und Platten des Beschlags in Nuten an der Platte und den Backen einlassen. Sie sollten das machen, wenn Sie eine Bank ganz neu bauen. Hinterzangen haben noch andere Nachteile, die meiner Erfahrung nach die Vorteile überwiegen.

Worin liegt der Vorteil einer Hinterzange? Sie bietet eine bewegliche Fläche auf der gleichen Ebene wie Ihre Bankplatte. Dadurch werden besonders größere Bretter besser unterstützt und sie biegen sich nicht durch, wenn Sie sie bearbeiten. Die Hinterzange bietet zudem einen guten Platz, um Schubkastenseiten zum Zinken aufrecht einzuspannen. Sie können die Hinterzange auch verwenden, um bei Bedarf Konstruktionen auseinanderzuziehen.

Wo liegen die Nachteile, einmal abgesehen vom Absacken? Die Zangen sind alle ziemlich kompliziert zu bauen, besonders wenn Sie ein Absacken vermeiden wollen. Die Fläche der Hinterzange ist auch eine Tabuzone an Ihrer Bank, sie dürfen hier keine Schlitze oder etwas anderes stemmen. Schläge sind schlecht für die Beschläge. Und die traditionell große Fläche einer Hinterzange diktiert den Entwurf Ihrer Bank.

* http://www.hovartercustomvise.com

Absackendes Gepäck: *Viele Hinterzangen neigen dazu, mit der Zeit abzusacken. Das hebt dann Ihr Werkstück von der Platte, wenn Sie die Zange anziehen. Es gibt Lösungen für dieses Problem.*

Asymmetrisch: *Eine große traditionelle Hinterzange führt dazu, dass die Platte an der Seite der Vorderzange praktisch kaum übersteht – besonders bei Bänken, die nur 1,80 m lang sind.*

Setzt sich nicht: *Diese Schnellspannzange wurde als Vorderzange entworfen. Ich mag sie lieber als Hinterzange, besonders wenn Sie wie hier eine dicke Holzbacke anbringen.*

Sagen wir, Sie wollen eine 1,80 m lange Bank. Sie brauchen dann für die Hinterzange an der rechten Seite der Bank einen Überhang von 60 cm. Um Ihrem Gestell eine ausreichende Stabilität zu geben (etwa 1,20 m), werden Sie auf der linken Seite praktisch keinen Überhang haben. Ohne Überhang sind Sie bei der Wahl der Zange stark eingeschränkt. Ich finde, diese Bänke sehen komisch aus. Manche Holzhandwerker haben kein Problem mit der asymmetrischen Form.

Noch ein letzter kleiner Nachteil dieser Bankform: Setzen Sie sich niemals am Ende der Hinterzange auf Ihre Bank. Aufgrund des enormen Überhanges werden Sie die Platte vom Gestell heben, wenn Sie nicht festgebolzt sein sollte. Ich habe das ungefähr ein Dutzend Mal in unserer und anderen Werkstätten erlebt.

Ich bin nicht alleine in meiner Abneigung gegenüber traditionellen Hinterzangen, doch ich vermute, die Skeptiker sind in der Minderheit – Hinterzangen sind immer noch allgegenwärtig. Viele Leute haben jedoch viel Zeit darauf verwendet, neue und einfachere Wege zu finden, um am Kopf der Bank eine Zange zu installieren, mit der Füllungen und lange Bretter eingespannt werden.

Meine bevorzugte Lösung für dieses Problem ist eine Schnellspannzange, die an der Position der Hinterzange angebracht wird. Das habe ich an der Holtzapffel-Hobelbank in diesem Buch gemacht. Ich habe an der Zange eine dicke Holzbacke befestigt, die meine Bankhaken aufnimmt und breite Füllungen unterstützt.

Das funktioniert erstaunlich gut. Sie müssen Ihren Bankhaken nicht in Flucht mit der Spindel der Zange anordnen, um die Bankhakenlöcher nahe an der Vorderkante anordnen zu können. (Ja, das wird dazu führen, dass die Backe etwas schräg spannt, doch das ist kein Beinbruch. Sie sollten nicht mit zu viel Druck arbeiten, wenn Sie Bretter und Füllungen flach auf die Bankplatte spannen.)

Um sicher zu gehen, dass ich keine Setzungen haben werde, bolze ich diese Zangen durch die ganze Platte. Übertrieben? Vielleicht. Fragen Sie mich noch mal in fünfzig Jahren.

Andere Hersteller von Hobelbänken haben auch versucht, das Design traditioneller Hinterzangen zu verbessern. Ich hatte Gelegenheit, mit vielen von ihnen zu experimentieren. Jede dieser Lösungen ist besser als die einfachen Hinterzangen, die Sie an vielen der billigeren Bänke im Handel finden werden.

***Problem gelöst:** Die Schnellspann-Hinterzange von Veritas ist so einfach zu installieren wie eine Schnellspann-Vorderzange, doch sie hat alle Vorzüge einer traditionellen Hinterzange. Es dauerte eine oder zwei Stunden, um unsere zu installieren.*

***Tradition, perfektioniert:** Ich kann nicht erkennen, wie die überarbeitete Hinterzange von Lie-Nielsen sich senken könnte. Vielleicht, wenn Sie ein Auto darauf fallen lassen. Dort es mag auch das überleben. (Foto: Lie-Nielsen Toolworks)*

Schnellspann-Hinterzange von Veritas

Vor vielen Jahren hatte Veritas eine gleitende Hinterzange, die aber nicht länger produziert wird. Diese Schnellspannzange war genial, doch ziemlich komplex. Vor ein paar Jahren begannen die Ingenieure dieser kanadischen Firma an einem Ersatz zu arbeiten, der sich leichter anbringen lässt.

Anfang 2008 sah ich einen Prototyp, seit 2009 habe ich dann mit einer vorläufigen Version gearbeitet. Das Endergebnis war es wert, darauf zu warten.

Die Schnellspann-Hinterzange von Veritas ist so, als hätten eine Schnellspann-Vorderzange und eine Hinterzange geheiratet und ein Kind bekommen. Und dieses Kind hatte die gute DNA beider Elternteile.

Die Zange ist mithilfe mehrerer kräftiger Bolzen verdammt einfach zu installieren. Es gibt keine komplizierte Kiste, die man für die Aufnahme der Spindel bauen muss – der ganze Mechanismus ist unter der Platte verstaut. Die Backe besteht aus einem einzigen Stück Holz und wird an der Zange verbolzt. Man braucht nur zehn Minuten, um sie herzustellen. Diese Backe erlaubt es Ihnen, den Mittelpunkt der Bankhakenlöcher nur 25 mm von der Vorderkante der Platte entfernt anzuordnen. Diese Zange lässt sich leicht wieder an fast jeder massiven Platte befestigen und Sie brauchen nur einen Überhang von etwa 42 cm (und damit 18 cm weniger als manche andere große Hinterzange).

Sie hat eine Schnellspannfunktion, die aktiviert werden kann. Das heißt, Sie können die Zange auch zum Zerlegen verwenden. Manche Leute, die diese Zange in unserer Werkstatt gesehen haben, (es ist schwer eine Zange zu verstecken) haben bemerkt, dass die 19-mm-Spindel etwas schwächlich aussieht. Ich kann das nicht bestätigen.

Der Guss und die Verarbeitung der Teile sind extrem hochwertig, wie alle Produkte von Veritas. Diese Zange ist ein Gewinner – wollen wir hoffen, dass sie lange hergestellt wird.

Verbesserte Hinterzange von Lie-Nielsen

In der Zwischenzeit kämpfte Thomas Lie-Nielsen mit den traditionellen Bankbeschlägen, die er aus Europa importierte.

„Die Beschläge aus Deutschland waren schlecht", sagte er. „Die tschecheslowakischen noch schlechter. Und mit den indischen brauchte man sich gar nicht erst zu beschäftigen."

So fing Lie-Nielsen an, eine Hinterzange aus massiven Stahlplatten zu entwerfen, nicht aus geschweißten Teilen. Diese Zange hat eine kalt gerollte Spindel – wie es der Hersteller auch für seine kettengetriebene Zange verwendet – und eine massive Stahlmutter, die sich leicht auf die Spindel drehen lässt.

Lie-Nielsen sagt, sie hätten das Absacken mit diesem Design besiegt. Die Stahlplatte, die an der Bank befestigt wird, liegt in einer tiefen Nut. Die gesamte Arbeitsplatte müsste sich setzen, damit sich diese Platte setzt. Und das nimmt den Druck von den Befestigungen (die in die Platte eingelassen sind) .

Die Backe besteht aus einem massiven Block (keine Zinken), die Gleitkonstruktion sowie die oberen Führungen werden durch das Holz dieser Backe eingefasst. Absacken ist so unter Kontrolle.

Aber Lie-Nielsen beschränkt sich nicht darauf, die Zange zu verbessern. Er hat auch eine Mutter für die Schnellverstellung der Hinterzange entwickelt (von der er annimmt, dass sie auch an der kettengetriebenen Vorderzange funktionieren wird). Außerdem arbeitet er an einer Version mit kürzerer Spindel, die er an einer Bank im französischen Stil und an weiteren Entwürfen verwenden will. Halten Sie sich also bereit.

Ich habe diese Zange benutzt (und habe eine für eine künftige Bank), und kann nur Gutes darüber berichten. Die einzige Einschränkung ist, dass die Backe eine Menge präziser Maschinenarbeit erfordert, um die Beschläge aufnehmen zu können. Sie können jedoch vom Hersteller auch eine fertig gefräste Backe beziehen, wenn Sie die Installation vereinfachen wollen.

Eine andere Hinterzange: *Diese geniale Gleitzange, von einigen auch „Wagenzange" genannt, ist in die Bankplatte eingebaut und gibt Ihnen mehr Fläche, die von unten unterstützt wird. Und sie ist sehr leichtgängig.*

Wieder neu: *Die eingelassene Zange von Veritas gleicht einem Modell, dass 1877 von Topeka zum Patent angemeldet wurde. Anders als bei den meisten anderen Zangen ist sie von oben in die Bankplatte eingelassen.*

Hinterzange von Benchcrafted

Jameel Abrahams erste Zange unter dem Label "Bencrafted" war eine Hinterzange, die in eine lange Aussparung an der Unterseite der Platte eingelassen wurde. Als Folge davon bewegt sich nur ein ganz kleiner Teil der Arbeitsfläche. Das hat den Vorteil, dass Ihnen ein Teil der Bankfläche zurückgegeben wird, um darauf zu stemmen, ohne auf Unterstützung des Werkstückes zu verzichten.

Diese Zange wird einigen Beschreibungen auch „Wagenzange" genannt. Das liegt meiner Ansicht nach nicht daran, dass sie von Wagnern bevorzugt wurde – dieser Beschlag erscheint schließlich an den Bänken von Möbelschreinern – sondern daran, dass die Backe mit einem Handrad geöffnet und geschlossen wird. Es sieht aus wie ein Wagenrad anstelle des traditionellen Schlüssels, den man an Zangen sonst findet.

Wie andere Produkte, die ich von Benchcrafted gekauft habe, ist auch diese Zange von überragender Qualität. Jedes Teil ist auf extreme Belastung ausgelegt und präzise gefräst. Ich brauchte zwei Tage, um diese Zange von Benchcrafted in meine Bank einzubauen, doch das lag daran, dass ich meine Bank damit nachgerüstet habe. Rund 90 % meiner Arbeitszeit habe ich darauf verwandt, an meiner Bankplatte eine Öffnung herzustellen, die man beim Verleimen der Platte einfach durch Weglassen einiger Lamellen geschaffen hätte.

Diese Zange wird Ihnen die Kaufentscheidung noch weiter erschweren, wenn Sie sich eine Hinterzange für Ihre Hobelbank kaufen wollen. Die neue Schnellspannzange von Veritas lässt sich so einfach installieren, dass es schwer ist, sie nicht automatisch auszuwählen. Die Hinterzange von Lie-Nielsen bietet Ihnen das authentische Aussehen einer Zange alter Schule (was beeindruckend ist) und das mit viel weniger Arbeit und Sorgen als bei traditionellen Hinterzangen, von denen ich abrate.

Und dann gibt es jetzt die Hinterzange von Benchcrafted, die ich seit 2008 an meiner persönlichen Bank verwende. Ich kann mir kaum vorstellen, ohne sie zurecht zu kommen. Sie ist einfach. Sie bewegt sich spielerisch rein und raus. Und sie beißt feste zu, wie ein Rottweiler bei rotem Fleisch. Zugleich ist sie ein feines Instrument, das Ihr Werkstück ohne Verzug spannen kann.

Alle diese Dinge lassen sich auch über die beschriebenen Produkte von Veritas und Lie-Nielsen sagen. Die Entscheidung wird also von Ihrer Ästhetik abhängen. Wollen Sie etwas einfaches und praktisches? Wählen Sie die Zange von Veritas. Möchten Sie eine traditionelle Hinterzange? Dann sollten Sie ohne Frage das Modell von Lie-Nielsen wählen. Und wie sieht es mit der von Benchcrafted aus? Ich denke, die ist für diejenigen von uns, die andere Einspannvorrichtungen ausprobiert haben, und aus irgendeinem Grund nicht zufrieden waren. Die Zange von Benchcrafted wird Sie von traditionellen Formen befreien. Sie ist kompakt, elegant und robust.

Eingelassene Zange von Veritas

Die sogenannte „Wagenzange" hatte eine kurze Blütezeit. So kurz, dass die meisten Leute nie von ihr gehört haben. Ja, diese Form überlebt vor allem auf Zeichnungen in alten Katalogen oder Unterlagen des U.S. Patentamtes. Mehrere Erfinder meldeten Verbesserungen zu diesem Patent an, doch ich habe noch keine davon umgesetzt gesehen.

Jetzt schließt sich gerade der Kreis mit Veritas. Während ich das hier schreibe, bereitet sich die Firma darauf vor, eine Kompaktzange – („Veritas Inset Vise" – „eingelassene Zange" genannt – zu produzieren, die meiner Meinung nach einem

***Einfacher Schnellspannmechanismus:** Die Oberflächenzange von Veritas ist im Grunde genommen eine Schnellspannversion des Wonder Dog Systems. Ein Haken führt den Stab der Zange und verankert sie auf Ihrer Arbeitsplatte. Der andere Haken nimmt eine Schnellnuss auf – eine clevere Methode, um den Teil des Stabs freizustellen oder greifen zu lassen, an dem ein Gewinde geschnitten ist. Drehen Sie es gegen den Uhrzeigersinn und der Stab gleitet frei.*

Modell gleicht, das William H. Frampton 1877 zum Patent anmeldete (Patent Nr. 187,117). Diese Zange ist 75 mm breit und 270 mm lang, sie fällt in einen einfachen gestuften Schlitz auf Ihrer Bankplatte.

Sechs Schrauben sichern die Zange und das war's. Es ist praktisch unmöglich, dass sich diese Zange setzt.

Die Zange hat einen beweglichen Haken, der an zwei Positionen einsetzt werden kann, vorne und hinten. Der Prototyp, mit dem ich herumgespielt habe, hatte einen Haken, der rotieren konnte (wie ein runder Bankhaken) und einen feststehenden Haken. Beide Haken stehen 12 mm vor und haben eine leicht geneigt Druckfläche, um Ihr Werkstück auf die Platte zu drücken. Sie können sich leicht selber ein paar Haken machen, die niedriger sind.

Der Haken wird durch eine 12-mm-Spindel mit 10 Gängen pro Zoll nach vorne oder hinten verstellt. Es funktioniert im Wesentlichen wie das Wonder Dog System des gleichen Herstellers, doch es wird am Ende Ihrer Bank fixiert und hat Haken, die sich entnehmen lassen.

Ich habe mit dieser Vorrichtung lange probieren können und halte sie für ziemlich clever. Sie können Sie mit minimalem Aufwand an Ihrer Bankplatte einlassen. Sie bewegt sich langsamer als große Zangen, doch schnell genug (und schneller als die Wonder Dogs von Veritas).

Der einzige Nachteil, den ich feststellen konnte, ist der Umstand, dass Sie die Zange zum Abrichten der Platte ausbauen müssen – ansonsten würden Ihre Hobel eine böse Überraschung erleben. Danach müssen Sie den gestuften Schlitz für die Zange vertiefen. Das hört sich nach einem größeren Aufwand an als es ist. Ich denke, eine Menge Holzhandwerker werden von dieser Zange begeistert sein.

Veritas Oberflächenzange

Wenn es Ihnen zu viel Arbeit ist, zwei einfache Schlitze in Ihre Bankplatte zu stemmen, dann sollten Sie sich die Oberflächenzange von Veritas anschauen, die 2009 auf den Markt kam. Diese Zange ist im Prinzip eine Schnellspannversion des Wonder Dog Systems.

Sie funktioniert so: Die Vorrichtung hat zwei Bolzen, die in die Bankhakenlöcher auf Ihrer Bankplatte passen. Einer dieser Bolzen ist gespalten, sodass Sie ihn bei Bedarf in dem Loch festspannen können (der Feststellmechanismus funktioniert wie bei der Veritas Oberflächenzwinge). An dem andern Bolzen ist oben eine Schnellverstellmutter aufgesetzt. Der 48 cm lange Schaft läuft durch beide Bolzen. Sie entspannen die Zange, indem Sie die Schnellverstellmutter leicht drehen – dadurch wird der Schaft frei gestellt. Drehen Sie die Schnellverstellmutter in die andere Richtung und sie greift in das Gewinde am Schaft. Wenn das Gewinde greift, können Sie den Schaft mithilfe des Edelstahlgriffes am Ende einstellen.

Die einzige Einschränkung, die ich mit der Oberflächenzange von Veritas habe, ist die gleiche wie bei den Wonder Dogs: Es ist eine Herausforderung, dünnes Material einzuspannen. Dieser Mechanismus ist ideal für Material, dass 18 mm oder stärker ist. Wenn Sie dünnere Stücke spannen, müssen Sie einen Trick anwenden, damit es funktioniert. Eine derartige Hilfe besteht darin, am Kopf der Oberflächenzange eine zweite Backe anzubringen. Diese Backe könnte dann auf die gewünschte Stärke verringert werden. (Der Kopf der Zange hat Bohrungen, um dies einfach zu ermöglichen).

Dennoch ist es alles in allem eine fantastische Vorrichtung. Sie lässt sich einfach installieren, arbeitet erstaunlich schnell und (anders als manche Hinterzangen) setzt sich nie.
Es gibt zwei Versionen dieses Produkts. Eins hat einen Standard 19-mm-Bolzen, es wird sich also in einem 19 mm Loch drehen. Die andere hat eine super-clevere Bauweise mit halbiertem Bolzen (split-post design). Wenn Sie den Excenter (Allen-head screw) oben drehen, wird sich der gespaltene Bolzen in dem 19-mm-Loch fixieren.

Was Sie mit diesen Bankblättern machen, ist offen und verlangt Ihnen etwas Kreativität ab. Das Blatt, das sich in einem Loch festsetzt, könnte als Anschlag zum Hobeln verwendet

Eine Troika für die Bankplatte: *Diese drei Zubehörteile für Ihre Bankplatte sind schwer zu schlagen. Doch das bedeutet nicht, dass die Hersteller es nicht versucht hätten.*

Antiker Modernismus: *Die Niederhalter von Gramercy sind bemerkenswert. Sie sind preiswert. Und anders als die gegossenen Niederhalter, die Sie in Fachgeschäften finden, funktionieren sie wirklich. Und die brechen auch nicht, wenn Sie sie schlagen.*

werden, den Sie nach Bedarf im Bankhakenloch heben oder senken. (Der Excenter (cam) wäre dann ziemlich nutzlos bei dieser Anwendung.)

Es wäre fast unmöglich, um aus zwei dieser blades eine Hinterzange für Ihre Bankplatte zu machen. Ihr geringer Hub würde es Ihnen fast unmöglich machen, die Bankhakenlöcher so anzuordnen, dass es funktionieren würde. Sie hätten dann mehrere Reihen versetzter Löcher. Ihre Bankplatte sähe wie ein Schweizer Käse aus, der von Mäusen heimgesucht wurde – mehr Löcher als Holz.

Sie könnten sie in Vorrichtungen verwenden, die Werkstücke einer bestimmten Länge halten sollen. Damit ließen sich Werkstücke schnell ein- und wieder ausspannen.

Bisher habe ich noch keinen Weg gefunden, sie in eine meiner Bänke zu integrieren. Das soll allerdings nicht heißen, dass es nicht möglich wäre. Man hat mich auch auf eine Schule für Spätzünder geschickt, bis ich sechs Jahre alt war. Eine wahre Geschichte.

Erfindungen zum Fixieren von Werkstücken auf der Platte

Wenn es darum geht, ein Werkstück auf Ihrer Bankplatte zu fixieren, ist es schwer, die bekannten Lösungen zu übertreffen: F-Zwingen, geschmiedete Niederhalter und den Niederhalter von Veritas, eines meiner liebsten Zubehörteile für die Bankplatte.

F-Zwingen sind vielseitig, doch ihre Ausladung von meist 15–20 cm schränkt Sie darin ein, wo Werkstücke auf der Bank fixiert werden können – Sie werden nicht in der Lage sein, etwas mitten auf der Platte fest zu spannen.

Niederhalter können teuer sein. Die, die gut funktionieren, werden von Hand hergestellt (abgesehen von einem Modell, dass wir gleich besprechen werden). Und sie können an Ihrem Werkstück Dellen hinterlassen, wenn sie zu kraftvoll und ohne Zulage angesetzt werden. Der Niederhalter von Veritas ist etwas langsamer als ein traditioneller Niederhalter oder eine F-Zwinge (was in meinem Buch nicht so entscheidend ist), und er ist ziemlich teuer. Ich habe mir jedoch drei davon gekauft und bereue nicht einen Cent, den ich dafür hingelegt habe.

Niederhalter von Gramercy

Ich habe auf der Arbeit eine ganze Schublade voll mit geschmiedeten Niederhaltern. Sie sehen mit ihrer geschmiedeten Oberfläche und ihren von Hand entstandenen Formen cool aus. Doch Sie sind knifflig. Jede von ihnen ist auf eine bestimmte Werkbank eingestellt. Manche funktionieren besser an dünnen Arbeitsplatten. Andere wiederum besser an dicken Bankplatten. Und alle sind teuer im Vergleich zu den Niederhaltern aus Massenproduktion (die nicht richtig funktionieren).

Ein Paar handgeschmiedeter Niederhalter kann leicht 100 € kosten. Für ein handgemachtes Produkt ist das ein fairer Preis, doch wenn Sie nicht so gut bei Kasse sind, gibt es noch eine andere Möglichkeit.

Die Niederhalter von Gramercy kosten deutlich weniger und funktionieren genauso gut. Sie werden aus gezogenem Draht hergestellt und haben eine moderne Anmutung. Doch Ihre Funktionsweise ist 100 % alte Schule. Schlagen Sie mit dem Klüpfel darauf und sie greifen. Schlagen Sie auf den Schaft und sie werden sich lösen.

Mein einziger Einwand bei diesen Niederhaltern ist, dass sie zu schön gemacht sind. Der Schaft ist schön und glatt. Auf starken Platten werden sie nicht zuverlässig greifen. Es gibt mehrere einfache Lösungen für dieses Problem. Rauen Sie den Schaft mit Schleifpapier oder Feile an (ich bevorzuge eine Feile). Bohren Sie die Löcher von der Unterseite der Platte mit einem etwas größeren Durchmesser auf. Das verringert die effektive Stärke der Bankplatte – zumindest was die Niederhalter anbelangt.

Wir haben diese Niederhalter über Jahre hinweg verwendet und sind 100 % zufrieden. Wenn Sie sie genug geschlagen haben, bekommen Sie Patina und verlieren etwa ihrer Tron-like appearance*. Wärmstens empfohlen.

* Tron ist ein Science-Fiction-Film aus dem Jahr 1982, berühmt als erster größerer Film mit längeren computergenerierten Animationen

Ein Niederhalter für flache Löcher: *Die Oberflächenzwinge von Veritas kann sich auch in einem relativ flachen Loch verankern – dafür reichen 15 mm – und Ihr Werkstück spannen. Daher können Sie diese Sauger überall anbringen und benötigen nicht so viel Freiraum wie bei einem Niederhalter.*

Oberflächenzwinge von Veritas

Die clevere Oberflächenzwinge aus dem Hause Veritas entkräftet einen meiner Grundsätze zum Bau von Hobelbänken. Dank dieser Vorrichtung zum Andrücken brauchen Sie nämlich keinen Freiraum mehr unter Ihrer Bankplatte oder hinter Ihren Gestellbeinen für einen traditionellen Niederhalter.

Das bedeutet, Sie können es sich erlauben, unter die Bankplatte und hinter die Beine einen Werkzeugschrank zu stellen und selbst auf den „Toten Mann" zu verzichten.

Die Verzwicktheit dieses Bank-Accessoires beginnt mit dem geteilten Bolzen. Sie stecken ihn in ein 19-mm-Loch (das nur 15 mm tief sein muss) und ziehen die große gerändelte Schraube am Kopf des Bolzen an. Das spreizt dann die beiden Hälften des Bolzen auseinander und verankert den Bolzen durch eine Verkeilung im Loch.

Wenn der Bolzen fest sitzt, können Sie den Arm der Oberflächenzwinge auf Ihr Werkstück setzen. Nun ziehen Sie die zweite Messingschraube an, um zu spannen. Der Spannarm verkeilt sich gegen den Kloben und das Druckplättchen am Ende des Arms drückt auf Ihr Werkstück.

Das ist alles ziemlich clever und funktioniert auch so, wie es beworben wird. Es ist jedoch keine Lösung für alle Aufgaben. Ich bevorzuge immer noch Niederhalter und den Veritas Hold-Down, weil sie das Werkstück viel schneller greifen und sich schneller lösen lassen. Wegen des feinen Gewindes an der Oberflächenzwinge braucht man ein paar Umdrehungen der Feststellschraube, bis das Werkstück sicher fixiert ist.

Wenn Sie jedoch eine Werkbank haben, an der sich keine Niederhalter ansetzen lassen, dann gibt es wohl keinen besseren Weg als die Installation dieser wichtigen Einspannhilfe.

Zwingen und Schablonen in jedem Loch: *Der Veritas Bench Stud ist so flexibel, dass Sie ihn für eine große Bandbreite von Spannaufgaben verwenden können, besonders um Lehren auf Ihrer Werkbank zu sichern.*

Veritas Bench Studs & Anker

Diese kleinen Vorrichtungen sind so vielseitig, dass es man eine Weile braucht, um Ihre Möglichkeiten zu erkennen.

Der Veritas Bench Stud (Befestigungsschraube) ist eine Methode, um durch ein 19-mm-Loch irgendetwas auf ihrer Bankplatte zu fixieren. Sie bohren einfach ein 19-mm-Loch in das Werkstück (z. B. eine Schnitzerei) und stecken dann ein Bench Stud durch das Bankhakenloch in Ihr Werkstück. Sichern Sie die Vorrichtung an ihrem Werkstück, indem Sie den Drehgriff anziehen. Um die Vorrichtung an der Werkbank fest zu spannen, ziehen Sie die große Flügelmutter an.

Die Bankanker von Veritas bieten sogar noch mehr Möglichkeiten. Sie haben einfach einen geteilten Bolzen, wie man ihn am Ende der Oberflächenzwinge oder der Befestigungsschraube (Bench Stud) findet. Sie fixieren diese Bankanker in einem 19-mm-Loch an Ihrer Bank und verwenden dazu einen Sechskantschlüssel. Dann können Sie praktisch alles an diesem Anker befestigen.

Hobelanschläge, Laden oder praktisch jedes andere Zubehör kann an einem Bankanker gesichert werden. Sie sind fantastisch, um Lehren und Vorrichtungen zu bauen. Es handelt sich zwar nicht um eigenständige Einspannvorrichtungen, doch mit ihnen lassen sich Ihre Einspannhilfen leichter an der Hobelbank befestigen.

Beeindruckender Prototyp: *Nachdem ich Moxons Zeichnung endlich verstanden hatte, baute ich diesen Prototyp. Er funktioniert hervorragend. Ich habe einen Weg gefunden, um ihn ohne die teuren Holzspindeln zu bauen.*

Hilfreiche Vorrichtungen aus der eigenen Werkstatt

Doppelspindelzange von Joseph Moxon

Meine schönsten Tage in der Werkstatt sind die, an denen ich versuche, etwas zum ersten Mal zu probieren oder etwas zu erkunden, dass ich in einem alten Buch entdeckt hatte und mir nicht erklären konnte.

2010 verstand ich endlich die sogenannte Doppelspindelzange, die in Joseph Moyons Buch „Mechanick Exercises" abgebildet ist, dem ersten englischen Buch über Holzbearbeitung.

Warum sollten Sie sich darum kümmern? Diese Zange löst eine Menge Probleme von Schreinern. Sie erlaubt es Ihnen, Werkstücke fast jeder Größe (meine hält Werkstücke bis zu einer Breite von gut 60 cm) mit unglaublichem Biss zu halten. Was noch wichtiger ist, es hebt Ihre Arbeit über die Bankplatte. Die hier abgebildete Zange ist 15 cm hoch, damit liegt die Oberkante dieser Einspannvorrichtung fast 98 cm über dem Fußboden. Die Oberkante des eingespannten Brettes liegt 110 cm über dem Boden und ist dabei so stabil wie etwas, das zwischen zwei Felsen steckt. Was bedeutet das?
Sie brauchen sich nicht länger zu bücken, um Zinken, Zapfen oder andere Verbindungen zu schneiden.

Warten Sie, es kommt noch besser. Anstatt der Zeichnung von Moxon zu folgen, welche die Zange an der Vorderkante der Bank zeigt, bin ich seiner Beschreibung im Text gefolgt: Legen Sie die Zange oben auf die Bank und fixieren sie mit Zwingen. Ich kann also jetzt

1. die Zange irgendwo auf die Bank legen, wo ich will. Auf ein Ende, auf die Hinterkante, wo auch immer.

2. die Zange wieder abbauen, wenn ich sie nicht länger brauche und sie an die Wand hängen – die meisten Holzhandwerker werden eine Doppelspindelzange nicht jeden Tag brauchen.

3. die Zange ohne Zwingen auf der Bankplatte liegen lassen und sie wie eine riesige Zwinge verwenden (Peter Follansbee wies mich auf diese Verwendung hin)

Bevor ich Ihnen die Details der Zange gebe, darf ich Sie mit ein bisschen Geschichte langweilen und noch eine Warnung geben. Ich würde nicht empfehlen, die Zange so zu bauen wie oben abgebildet. Dieser Prototyp wurde gebaut, um eine Hypothese zu bestätigen. Sie können diese Vorrichtung in ein paar Stunden aus etwas Abfall und einem Holzgewindeschneider bauen.

Jetzt habe ich es verstanden: *Der Trick für ein Verständnis von Maxons Doppelspindelzange liegt darin, dass sie nicht – wie hier abgebildet – an der Vorderkante der Bankplatte befestigt werden muss. Maxon schreibt, dass sie mit Niederhaltern oben auf die Bank gespannt werden kann.*

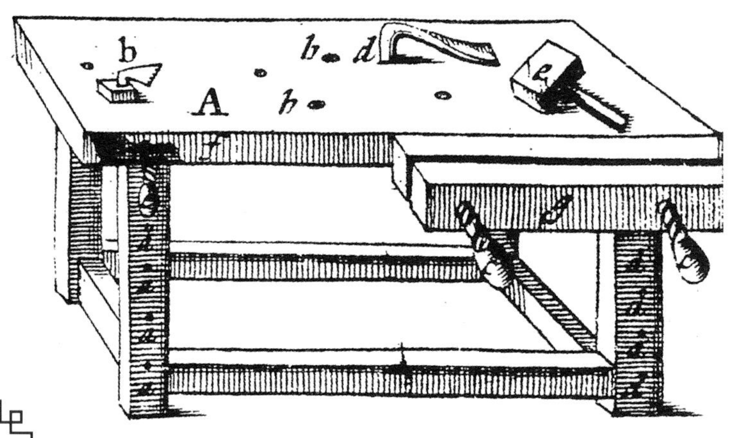

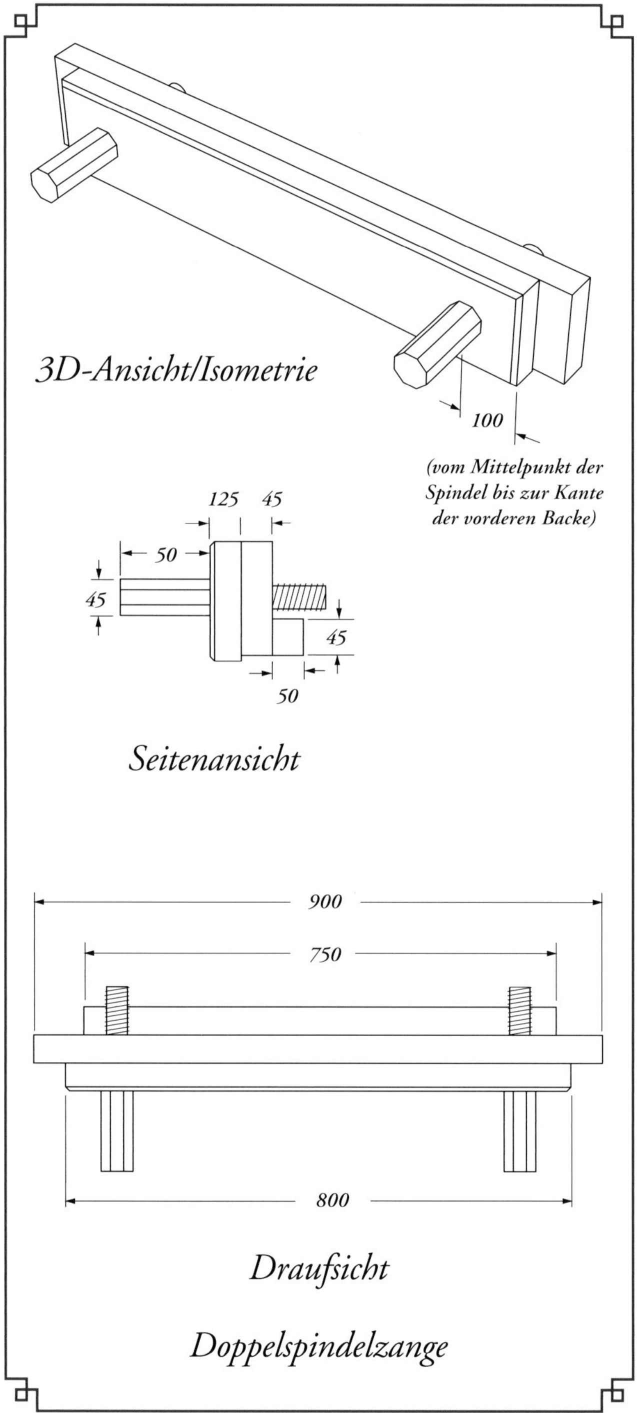

Langweilige Geschichte

Moxons Bank auf Abbildung Nr. 4 seines Buches „Mechanick Exercises" schien mir keinen Sinn zu machen. Die Doppelspindel sah so aus, als wäre sie bei jeder größeren Aktion im Weg. Hinzukam, dass meine Ausgabe von Maxon eine schlechte Druckqualität hatte. Es war fast unmöglich, die Spindel an dem Haken links zu erkennen.

Daher habe ich Moxon falsch interpretiert.

Schließlich kam ich an eine elektronische Ausgabe von André Félibiens „Principes de l´architecture, de la peinture, & c." (1676–1690), aus der Moxon mit größter Wahrscheinlichkeit seine Vorlagen hatte. Auf Félbiens Abbildung war die Bank in einer Werkstatt zu sehen.

Félbiens Bank gleicht der von Moxon – abgesehen von der Doppelspindel. Warten Sie: Was steht da im Schatten? Es ist eine Doppelspindelzange, die an die Wand gelehnt oder gehängt wurde. Dann fing ich an und legte beide Teile zusammen – buchstäblich.

Ich habe eine gebaut

Ich hatte noch ein paar Holzspindeln herumliegen (hat das nicht jeder von uns?), also fing ich an einem Samstag an. Die hintere Backe war 860 x 150 x 65mm und hatte ein Gewinde für die Aufnahme der beiden Holzspindeln. Die vordere Backe war 800 x 153 x 45 mm und hatte zwei größere Löcher und keinen Haltering. Die ganze Vorrichtung wird mit Niederhaltern oder F-Zwingen auf die Bank gespannt.

Oder bauen Sie es einfacher

Als ich mit dem Bau der zweiten Version fertig war (s. Abb. auf der nächsten Seite), sagte unser Chefredakteur Glen D. Huey einfach, „mach mir eine, ich bezahle sie." Das war vielleicht das beste Lob, das ich je für meine Arbeit erhielt. Hier sind ein paar Details.

Die vordere Backe misst 800 x 153 x 45 mm und hat zwei 40-mm-Löcher. Die hintere Backe hat 900 x 150 x 45 mm und zwei Löcher mit Innengewinde. An der Rückseite der Zange wurde eine Leiste fixiert, 750 x 50 x 45 mm, welche die hintere Backe aussteift. Die beiden Holzspindeln werden aus 310 x 50

Moderne Niederhalter: *Sie können Niederhalter verwenden, um die Doppelspindelzange auf Ihrer Bank zu sichern. Oder Sie verwenden die moderne Entsprechung – F-Zwingen.*

Einfach zu schneiden: *Mit Schneideisen und Gewindebohrer können Sie eine Vielzahl von preiswerten Vorrichtungen für Ihre Werkstatt bauen, darunter diese Doppelspindelzange.*

Noch einfacher: *Mithilfe eines Gewindeschneidersatzes können Sie Ihre eigenen Holzspindeln herstellen und das Gewinde an der hinteren Backe schneiden. Das ist einfache Arbeit.*

x 50 mm Stücken hergestellt, davon bekommt der Griff eine Länge von 180 mm. Die Spindel wird auf etwas unter 38 mm gedreht und dann das Gewinde geschnitten.

Wenn Sie es hassen, sich beim Zinken zu bücken oder wenn sie eine Doppelspindelzange haben aber nicht Ihre Hobelbank neu bauen wollen, dann ist dies die Antwort.

Gewinde schneiden

Holzgewinde zu schneiden ist eine ziemlich einfache Arbeit, sobald Sie Ihren Gewindeschneider eingestellt haben.

Als ich hier bei der Zeitschrift 1996 anfing, hatten wir eine ganze Reihe Gewindeschneider auf einem Regal liegen. Wie die Handhobel neben ihnen machten sie sich großartig als Hintergrund für Fotos, doch sie wurden selten gebraucht.

Ich spielte mit den Gewindeschneidern etwas herum und merkte, dass die Schneiden stumpf waren und nicht länger fluchteten. Ich beschäftigte mich so lange mit ihnen, bis sie zu meiner Zufriedenheit arbeiteten. Hier sind ein paar Tipps:

1. Schneiden Sie zuerst das Innengewinde, bevor Sie an das Außengewinde der Schraube gehen. Verwenden Sie beim Schneiden ein nicht trocknendes Gemüseöl als Schmiermittel. Wenn Sie schneiden, drehen Sie den Gewindebohrer zwei Umdrehungen, dann drehen Sie ihn etwa eine halbe Umdrehung gegen den Uhrzeigersinn um die Späne zu lösen.

2. Dann schneiden Sie an einem Probestab ein Außengewinde. Wenn das Schneideisen Ihr Gewinde zerstört, dann ist die Schneide zu tief eingestellt. Wenn die Gewinde zu flach sind, dann ist auch die Schneide nicht tief genug. Stellen Sie die Schneide also so ein, dass ein ordentliches Gewinde geschnitten wird.

3. Testen Sie das Schneideisen an einem Stück Abfall und drehen das Teil dann in ein Innengewinde. Es sollte ohne Quietschen oder Wackeln durch das Innengewinde gleiten. Justieren Sie die Schneide ein letztes Mal, um die Passung der Holzspindel in dem Innengewinde fester oder loser einzustellen.

4. Obwohl es weniger Arbeit macht, ein Außengewinde zu schneiden, hilft auch hier ein Gleitmittel.

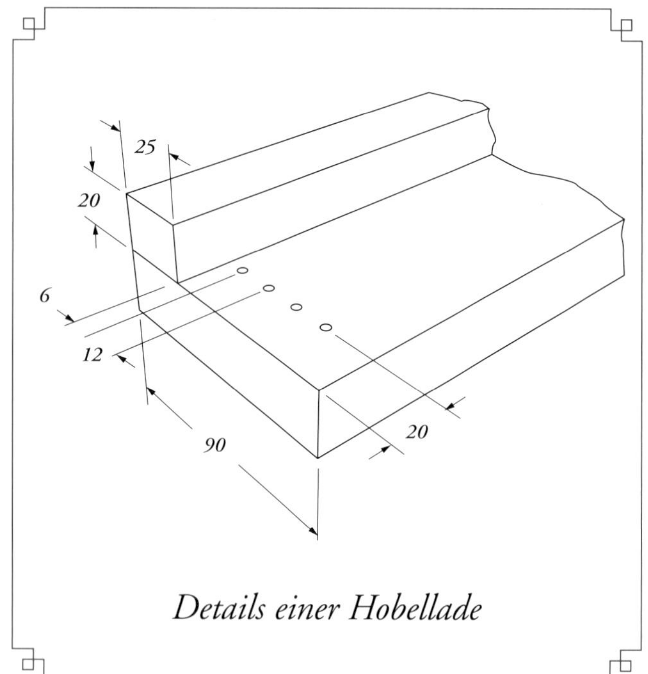

Gut für Profile: *Eine Lade mit Seitenanschlag und Stopper, wie auf dieser Abbildung, ist eine hilfreiche Vorrichtung zum Hobeln von Profilen*

Eine Lade für Hobel mit Anschlag

Eine solche Hobellade ist nicht mehr als zwei Holzstreifen, die zu einem L-förmigen Querschnitt verbunden werden und einen beweglichen Stopper haben. Ein Teil bildet die Unterlage der Vorrichtung, das andere den Seitenanschlag. Sie können lange und schmale Holzstreifen gegen den Anschlag drücken und dann Fälze, Nuten oder Profile hobeln. Der Stopper sorgt dafür, dass Ihr Werkstück auf der Lade bleibt.

Als Stopper können einfach Schrauben verwendet werden, die je nach Profil unterschiedlich weit rausgezogen werden. Achten Sie darauf, dass Sie nicht mit dem Hobel in den Stopper am Kopf der Lade geraten.

Es gibt mehrere Möglichkeiten, um die Lade auf Ihrer Bank zu fixieren. Sie können sie etwa in die Bankhakenlöcher Ihrer Platte stecken. Die Vorderkante der Lehre muss etwas über die Vorderkante der Bankplatte vorspringen.

Dann müssen Sie nur noch den Stopper auf das Profil einstellen und Sie können loslegen. Achten Sie darauf, dass die Lade auf Ihre Bank abgestimmt ist. Länger ist besser. Wenn Sie Zwingen oder Niederhalter zur Befestigung verwenden, können Sie der Lade die gleiche Länge geben wie die Platte (vielleicht sogar ein paar Zentimeter länger). Wenn Sie sie zwischen Bankhaken spannen wollen, kann die Länge der maximalen Spannweite entsprechen.

Meine Hobellade ist 1,80 m lang. Die Unterlage ist 90 mm breit und 20 mm stark. Der Seitenanschlag wurde einfach auf die Unterlage geleimt. Ich habe am linken Ende vier Löcher für die Stopper gebohrt. Ich ziehe sie heraus, wenn ich sie brauche.

Eine Hand reichen: *Dieser Bankknecht ist praktisch, um lange Bretter oder Türen hochkant einzuspannen. Spannen Sie ein Ende in Ihre Vorderzange und spannen das andere an Ihren Bankknecht. Andere Leute verwenden verstellbare Klammern. Diese Version funktioniert auch mit der Oberflächenzwinge von Veritas.*

75
45
75
200
40
300

Bankknecht

Bankknecht für Arbeiten an Kanten

Wenn Sie eine Hobelbank im traditionellen europäischen Stil haben mit Kufenfüßen, dann kann ein Bankknecht hilfreich sein. Der Bankknecht ist ein beweglicher Ständer, an dem lange Bretter oder andere flache Werkstücke fixiert werden. Wenn Sie einen Bankknecht haben, spannen sie ein Ende des Brettes oder der Tür in die Vorderzange – flach gegen die Vorderkante Ihrer Bankplatte.

Dann sichern Sie das freihängende andere Ende des Werkstückes an Ihrem Bankknecht. Es unterstützt und sichert es, während Sie die Kante bearbeiten.

Bankknechte nutzen unterschiedliche Methoden, um ein Werkstück zu halten. Sie können einen Stift in eine der Bohrungen stecken, um ihr Werkstück zu unterstützen und dann nach Bedarf am Bankknecht noch eine Zwinge ansetzen. Andere Bankknechte verwenden eine Auflage, die am Pfosten eingehängt wird. Sie können sich auch nur mit einer Zwinge helfen.

Der Bau eines Bankknechtes ist einfach. Der Pfosten sollte so hoch wie Ihre Bankplatte sein – ich habe ein Stück 10 x 5 cm verwendet, das ich auf 75 x 30 mm ausgehobelt habe. Die vier Füße sind jeweils 300 mm lang und werden an dem Pfosten nur mit Schrauben und Leim fixiert. Ich habe diese Füße zu den Enden hin ein bisschen verjüngt, damit man nicht so oft gegen den Bankknecht stößt. Große Füße kommen in Konflikt mit Ihren eigenen Füßen.

Wenn Sie den Bankknecht zusammengebaut haben, können Sie eine Reihe Löcher anbringen, falls Sie einen Holzdübel oder eine Oberflächenzwinge von Veritas verwenden wollen. Oder Sie können eine Reihe Nuten schneiden, in welche die Auflage eingehängt wird.

Foto: Al Parrish

***Für die Reise gebaut:** Diese Bank lässt sich mithilfe einer 19-mm-Ratsche und eines Schraubendrehers innerhalb von zehn Minuten zerlegen. Ich habe mit dieser Hobelbank das ganze Land bereist und habe mich daran gewöhnt, sie zusammen und wieder auseinander zu bauen. Zum Schluss gaben wir die Bank einem Leser unserer Zeitschrift, der einen Wettbewerb gewonnen hatte.*

Kapitel 16

Zerlegbare Hobelbänke

von Christopher Schwarz

Prinzipiell bin ich der Meinung, man sollte nicht automatisch eine Bank bauen, die sich auseinandernehmen und transportieren lässt. Es bedeutet einen ziemlichen Extraaufwand, eine Hobelbank zu bauen, die stabil ist und sich auch noch für den Transport von einem Holzhandwerker mit verbundenen Augen und unter dem Schutz der Dunkelheit abschlagen lässt.

Ich habe mit vielen neuartigen und verrückten Methoden experimentiert, um eine zerlegbare Bank zu entwerfen. Das folgende Kapitel wird diese Methoden besprechen, damit Sie die Methode wählen können, die Ihnen und Ihrem Geldbeutel gefällt.

Wie man eine Hobelbank zerlegt

Wenn Sie eine Hobelbank bauen möchten, die sich zerlegen lässt, dann soll sie sich in fünf große Teile abbauen lassen: Bankplatte, zwei Schwingen und zwei Endrahmen.

Manche Leute werden ihr Gestell so bauen, dass sich sogar diese Endrahmen zerlegen lassen, doch ich halte das für eine Verschwendung von Beschlägen und Mühe. Ich denke, Sie sollten die Endrahmen mit großen kräftigen Verbindungen bauen und sich die Metallbeschläge und Präzisionsbohrungen für den Rest der Bank aufsparen.

Daher wollen wir zunächst darüber sprechen, wie Sie die langen Schwingen so mit den Endrahmen des Gestells verbinden können, dass sich das Gestell auseinander bauen lässt. Es gibt vier Strategien:

1. Holzkeile werden in lange Zapfen geschlagen, welche die Gestellfüße durchstoßen.

2. Holznägel, die in leicht versetzte Bohrlöcher geschlagen werden

3. Blattverbindungen, die durch Schrauben oder Bolzen gesichert werden

4. Bolzen mit Sechskantkopf, Bankbolzen oder Gewindestäbe

Verkeilte Zapfen: So alt wie ein Mammut und fast ausgestorben

Es ist nicht unbedingt erforderlich, dass Sie einen Streifen Metall in Ihrer Hobelbank haben. Sie können also eine Hobelbank bauen und damit durch die Sicherheitskontrolle eines Flughafens kommen. Denken Sie an hölzerne Gewindespindeln, passgenaue Dübel zur Fixierung der Platte auf dem Gestell und verkeilte Zapfen am Gestell.

Verkeilte Zapfen werden oft für ein Detail gehalten, dass sich gerne an Möbeln der Arts-&-Crafts-Bewegung findet. Diese Methode zur Herstellung zerlegbarer Möbel ist jedoch noch viel älter.

Die häufigste Gestellform, an der ich solche verkeilten Zapfen gesehen habe, hat zwei Endrahmen, die dauerhaft verbunden sind. Diese beiden Rahmen werden durch lange Schwingen verbunden, deren Zapfen durch die Gestellbeine stoßen. Die durchgezapften Enden der Schwingen werden dann mit Keilen festgezogen. Wenn Sie das Gestell anziehen möchten, schlagen Sie einfach von oben auf die Keile. Wenn Sie das Gestell aber abschlagen müssen, dann schlagen Sie von unten auf die Keile.

Verkeilte Zapfen: *Verkeilte Zapfen schaffen ein Bankgestell, das sich ohne Metallbeschläge auseinandernehmen lässt, doch diese Verbindungen machen die Konstruktion des Gestells komplizierter.*

***Dauerhaft verbunden:** Das Gestell meiner französischen Hobelbank ist mit der Platte durch große Zapfen verbunden, die mit Holznägeln gesichert wurden. Das ist sehr stabil, erschwert aber den Transport der Bank.*

Bohren Sie das Loch 12 mm von der Brüstung

12

11

Riegel

Bohren Sie das Loch durch den Zapfen 1–3 mm näher an der Brüstung

Gestellbein

Detail der Zapfenverbindung mit Holznagel

Das sind effektive, aber keine perfekten Verbindungen. Der effektive Aspekt besteht darin, dass Sie Dinge ohne spezielle Beschläge auf- und abbauen können. Einen Klüpfel (Sie haben doch einen, oder?) ist alles, was Sie brauchen. Der nicht perfekte Aspekt ist, dass sich das Gestell lockern kann, wenn Sie es nicht wollen. Wenn die Keile nicht passgenau gearbeitet sind, dann werden Quellen und Schwinden im Rhythmus der Jahreszeiten sie lösen – ich habe dies bei vielen Möbelstücken mit verkeilten Zapfen gesehen. Ich habe zwei antike Bücherregale, die in dieser Technik gebaut wurden. Einmal im Jahr ist „Klüpfeltag", dann gehe ich durchs Haus und schlage alle Keile nach.

Dieses rituelle Nachschlagen ist keine große Sache, doch es ist das einzige System zum Zerlegen, bei dem dieses Problem in bestimmten Abständen auftaucht. Die Keile können sich auch durch normale Beanspruchung der Bank beim Hobeln, Stemmen und Sägen lösen. Wenn Sie ein Bankgestell in diesem System bauen, müssen Sie mit geringen Toleranzen arbeiten und sicherstellen, dass alle Teile des Gestells ausreichend getrocknet sind. Wenn die Schwingen noch feucht sind, können Sie um den Keil herum trocknen und es ziemlich schwer machen, den Keil herauszutreiben. Wenn der Keil aber feuchter als die anderen Teile ist, wird er schwinden, das Gestell wird wackeln und Sie müssen neue Keile anfertigen, um das Gestell wieder fest anzuziehen.

Noch ein letzter Hinweis zu den Verbindungen: Wenn Sie an der Schwinge den Schlitz für den Keil herstellen, müssen Sie ihn leicht versetzt anordnen, damit ein Teil im Bein liegt – bei einem kräftigen Keil werden 2 mm reichen. Der geringe Versatz wird helfen, um alle Teile dicht zusammenzuziehen, wenn Sie den Keil einschlagen.

Wo wir gerade von Versatz sprechen, eine andere Technik zum Bau einer zerlegbaren Bank sind Zapfen, die mit Holznägeln gesichert werden.

Genagelte Zapfen: Schlagen Sie nicht drauf

Traditionelle, durch Holznägel gesicherte Zapfenverbindungen wurden ohne Leim (oder ohne belastbaren Leim) hergestellt und mit relativ feuchtem Holz (die Holznägel funktionieren jedoch am besten, wenn sie trocken sind). Sie können dieses System verwenden, um Ihre Bank zusammenzubauen. Der Vorteil liegt darin, dass Sie überhaupt keine Beschläge brauchen werden, sich kein Leim lösen wird und die Verbindung unauffällig ist.

Der Nachteil? Die Verbindung muss mit einiger Sorgfalt hergestellt werden, um gut zu funktionieren. Auch dauert es einige Zeit, um die Dinge korrekt abzubauen.

Es gelten alle Grundregeln dieser Verbindung (die an mehreren Stellen im Buch beschrieben wurden). Sie wollen kein Sackloch für den Holznagel – oder die Verbindung wird sich nicht mehr lösen lassen. Noch sollten Sie an der Verbindung Leim verwenden. Machen Sie die Holznägel aus dem zähesten greifbaren Holz. Ich verwende nach Möglichkeit Weißeiche. Mein Gefühl sagt mir, dass Hickory eine beeindruckende Holzart für Holznägel wäre, da es starke Schläge verträgt. Doch andere Bankbauer (Leute, die mehr Bänke als ich gebaut haben) berichten, dass sich Hickory nur schwer spalten und zu schönen Nägeln verarbeiten lässt und damit nicht so geeignet ist wie Weißeiche. Entnehmen Sie diesem Hörensagen also so viel oder so wenig, wie Sie wollen.

Veritas Bankbolzen: *Ein paar gut platzierte Löcher sind alles, was Sie brauchen, um Ihre Bank mit dem Veritas-System zusammenzuhalten. Die Bolzen können leicht mit einer Ratsche nachgezogen werden – meine brauchten das nur einmal.*

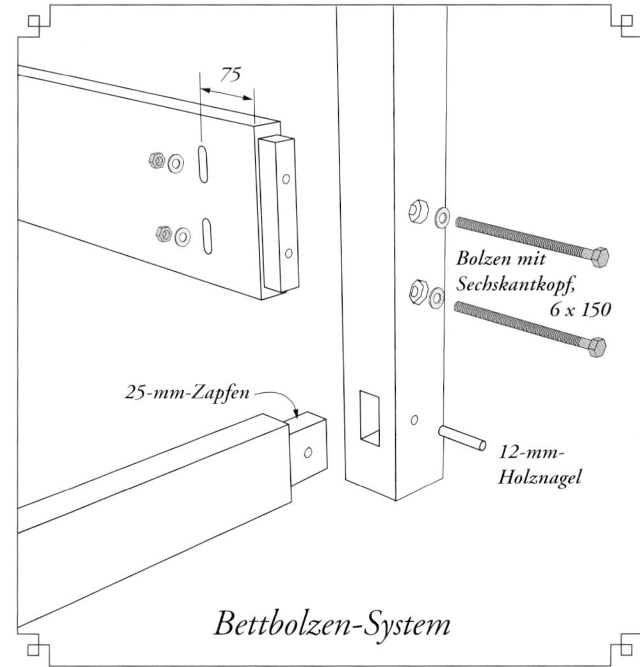

Ich empfehle kein Holz, das sich leicht spalten lässt. Kirsche und Walnuss sind nicht die beste Wahl. Wenn Sie die Nägel einmal eingeschlagen haben, wie können Sie die Verbindung wieder lösen? Ich verwende dafür einen Metallstab, dessen Durchmesser etwas geringer ist als der des Holznagels – ein guter Millimeter weniger ist ideal. Setzen Sie den Metallstab auf den Nagel und schlagen ihn mit einem Hammer. Zwei feste Schläge sollten die Verbindung lösen. Und wenn die Verbindung sauber hergestellt ist, sollten Sie in der Lage sein, die Bank wieder zusammenzubauen.

Wenn Sie die Bank wieder montieren, empfehle ich neue Nägel zu machen. Wenn die Holznägel eine längere Zeit in der Verbindung saßen, dann haben sie sich dauerhaft verformt. Für bessere Ergebnisse treiben Sie also einen neuen Holznagel ein. Aufgepasst: Die Verbindung wird nicht so schön zusammenpassen wie bei ersten Mal.

Wie wäre es mit einem Schwalbenschwanz, der sich lösen lässt?

Als ich vor ein paar Jahren den Werkzeugsammler John Sindelar in Michigan besuchte, verbrachte ich ein paar Stunden damit, mir die alten Hobelbänke des 19. Jahrhunderts in seiner Sammlung anzusehen. Obwohl er mehr historische Hobelbänke in einem einzigen Raum hat, als ich jemals gesehen hatte, glaube ich nicht, dass Sindelar eigentlich Hobelbänke sammelt. Ich denke, er nutzt sie eher um seine Werkzeuge auszustellen.

Er hat eine große Bandbreite und zwei hatten eine interessante Lösung, um das Bankgestell zerlegen zu können. Die Gestelle waren durch schwalbenschwanzförmige Blätter verbunden, die mit Bolzen gesichert wurden.

Das ist eine ziemlich clevere Idee (zu Details siehe „Hobelbank für das 21. Jahrhundert"). Das Schwalbenschwanzblatt der Schwinge passt genau und ohne Leim in die entsprechende Sasse am Bein. Die Brüstungen des Blattes verhindern, dass das Gestell wackelt. Dann bohren sie von beiden Seiten ein Loch durch die Verbindung und ziehen Sie mit einem Bolzen zusammen.

Vielleicht liegt der einzige Nachteil darin, dass Sie das Gestell nicht mehr fest bekommen, wenn sich durch starke Belastung die Brüstungen des Schwalbenschwanzblattes abgenutzt haben. (Wie Sie ein typisches verbolztes Gestell, das sich gelöst hat oder beschädigt ist, wieder fest bekommen, erfahren Sie im Folgenden.)

Ziehen Sie Ihr Gestell zusammen wie ein Bett

Ich denke, die beste Methode für den Bau einer zerlegbaren Bank sind Bolzen, wie man sie an traditionellen Betten finden kann. Dieses System verwendet einen langen Bolzen, der durch das Bein in die Schwinge gesteckt wird. In der Schwinge trifft der Bolzen dann auf eine Mutter, die in die Schwinge eingelassen wurde. Die beiden Metallteile greifen ineinander und ziehen so Bein und Schwinge zusammen. Sie können den Bolzen so lange anziehen, bis die Verbindung dichter ist als alles, was Sie mit traditionellen Verbindungen hinbekommen – an weichen Hölzern können Sie das Holz so stark zusammendrücken, dass es versagt.

Bei diesem System hat jedes Bein einen Bolzen, eine Unterlegscheibe und eine eingelassene Mutter. Es gibt jedoch auch ein anderes System, dass mit zwei langen Gewindestäben arbeitet. Diese Stäbe werden durch das Gestellbein und entlang der gesamten Schwinge (meist in einer Nut) geführt. Sie setzen dann Unterlegscheiben und Muttern auf beide Enden des Gewindestabs und ziehen das Gestell zusammen.

Ich habe dieses System an keiner Hobelbank eingesetzt, doch ich habe mit meinem Vater auf diese Weise schon Möbel gebaut (eines der ersten handgemachten Möbelstücke in unserer Familie war ein Kaffeetisch mit diesem System, er hat vier Kinder und eine Scheidung überdauert.)

Nachdem ich ein paar Bänke mit den oben beschriebenen Beschlägen gebaut hatte, fing ich an, die Bankbolzen von Veritas zu verwenden, die gegenwärtig zum Preis von unter 30 € für einen Satz zu bekommen sind. Ich mag diese Bolzen, denn sie sind kräftiger als die Bettbolzen und ihr Einbau ist etwas einfacher. Bei den Bettbolzen werden die Muttern in rechteckige Schlitze gesteckt, die Sie an den Schwingen ausstemmen. Dieser Schlitz ist nicht schwer herzustellen, doch wenn Sie einmal die Veritas-Bolzen verwendet haben, wird es Ihnen schwer erscheinen.

Bei dem System von Veritas werden die Muttern in ein Sackloch gesteckt, dass Sie mit dem Forstnerbohrer herstellen. Das ist einfach und schnell. Eintauchen. Fertig.

Ich überlasse die Entscheidung Ihnen, was besser ist. Wir wollen die Installation beider Systeme durchsprechen: die Bolzen mit Sechskantkopf (etwa 7 €) und die speziellen Bankbolzen von Veritas (ca. 30 €).

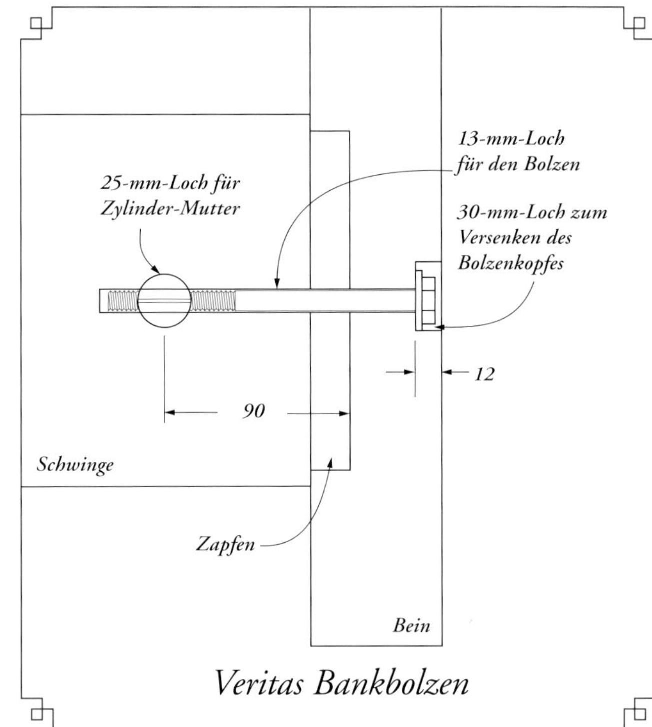

Veritas Bankbolzen

Ein paar Bemerkungen über die Gestaltung von Verbindungen

Bei beiden Bauarten muss man erst an den Holzverbindungen arbeiten, bevor der Spaß mit den Bolzen losgeht. Der Holzteil der Verbindung mag dem Ganzen etwas Stabilität geben, doch die Hauptfunktion besteht darin, alle Teile des Gestells an ihrer Position zu halten, wenn Sie die Bolzen, Muttern und Unterlegscheiben installieren.

So brauchen Sie einen Zapfen am Kopf Ihrer Schwingen, doch er muss nicht so bemessen sein wie bei einem traditionellen Zapfen. Machen Sie ihn stattdessen kurz und gedrungen. Ich gebe ihm meist eine Länge von 20 mm und lasse ihm eine Stärke von mindestens 20 mm. Diese Extrastärke dient dazu, das 15-mm-Durchgangsloch für die Bolzen aufzunehmen. Wenn Sie Ihren Zapfen noch dünner machen, werden Sie die Bolzen nicht installieren können. Wenn Sie ihn noch dicker machen, sind sie fein raus – eine Stärke von 22 oder 25 mm ist großartig.

Der Schlitz muss den Zapfen aufnehmen. Ich mache meine Schlitze gerne ein klein bisschen tiefer als nötig (3 mm ist gut) um sicher zu gehen, dass Materialreste am Grund des Schlitzes die Verbindung nicht beeinträchtigen. Hinzukommt, dass durch das Anziehen der Bolzen das Holz des Gestellbeins etwas zusammengedrückt wird. Ein bisschen Spiel am Boden des Schlitzes stellt sicher, dass Sie in den nächsten Jahren ganz dicht schließende Brüstungen haben.

Bolzen installieren

Die häufigste Fehler, den Leute beim Bohren Ihrer Bolzenlöcher machen, sind zu geringe Toleranzen. Sie kaufen zum Beispiel 20-mm-Bolzen und bohren dafür dann ein 20-mm-Loch. Das gleiche gilt für die Löcher, in denen die Köpfe der Bolzen versenkt werden sollen. Die Unterlegscheiben haben einen Durchmesser von 22 mm und sie bohren dann auch ein 22-mm-Loch. Solche geringen Toleranzen werden dazu führen, dass Sie es schwer haben, alles richtig auszurichten, damit alle Bolzen, Muttern und Unterlegescheiben zusammenkommen. Sie machen es sich viel leichter, wenn Sie allen Löchern für die Beschläge 2–3 mm Übergröße geben. Bohren Sie also ein 12-mm-Loch für einen 10-mm-Bolzen. Geben Sie den Löchern zum Versenken des Bolzenkopfes einen Durchmesser von 25 mm, wenn der Kopf 22 mm misst. Die Bolzen bekommen so ein bisschen Spiel und lassen sich spielerisch montieren.

Gehen Sie folgendermaßen vor: Bohren Sie zunächst das Loch für den Bolzenkopf und die Durchgangslöcher in die Gestellbeine. Dann stecken Sie Bein und Schwinge zusammen und nutzen die Bohrung in dem Bein als eine Art Dübelschablone, um in der Schwinge ein möglichst tiefes Loch zu bohren. Ihr Bohrer wird anstoßen, bevor Sie die Endtiefe erreicht haben.

Jetzt nehmen Sie Bein und Schwinge wieder auseinander und bohren den Rest des Loches in der Schwinge freihand.

Beginnen Sie jeweils mit der Senkbohrung im Bein für die Unterlegscheibe. Wenn Sie Bolzen mit Sechskantkopf verwenden, investieren Sie ein paar Cent mehr und besorgen große Unterlegscheiben für Ihre Bank. Diese etwas größeren Scheiben werden den Druck des Bolzens auf eine größere Fläche übertragen und das Risiko verringern, das Holz beim Anziehen der Bolzen zu zerdrücken.

Messen Sie den Durchmesser der Unterlegscheibe und machen mit dem Forstnerbohrer eine Senkbohrung, deren Durchmesser um 3 mm größer ist. Ich empfehle hier einen Forstnerbohrer, da die Zentrierspitze kleiner ist. Die kleinere Spitze macht es Ihnen einfacher, das Zentrum des Loches zu finden, wenn Sie weiter das Durchgangsloch für den Bolzenschaft bohren.

Das ist eine Schablone zum Bohren: *Das Durchgangsloch in dem Bein wirkt wie eine Dübelschablone, um das Durchgangsloch in der Schwinge zu bohren. Das Loch im Bein führt den Bohrer, wenn Sie das Loch in der Schwinge beginnen.*

Machen Sie die Senkbohrung tief genug, um die Unterlegscheibe und die Mutter aufzunehmen – für handelsübliche Sechskantköpfe sollten 10 mm reichen (die Bankbolzen von Veritas brauchen eine 12 mm tiefe Senkbohrung). Ich mache das an der Ständerbohrmaschine, denn so bin ich genauer.

Nachdem Sie alle Senkbohrungen gemacht haben, nehmen Sie sich einen Bohrer für die Durchgangslöcher der Bolzen. Sie können hierfür einen Forstnerbohrer oder einen Spiralbohrer mit Zentrierspitze verwenden. Wenn Sie unterschiedliche Bohrerformen zur Hand haben, dann nehmen Sie den, mit dem Sie das Zentrum der Senkbohrung am leichtesten treffen.

Wenn alle Ihre Forstnerbohrer eine Zentrierspitze ähnlicher Größe haben, wird es für Sie einfach sein, die Spitze für das Bolzenloch direkt in das Zentrum der Senkbohrung zu stecken. Ein Spiralbohrer mit langer Zentrierspitze wird das Zentrum eines durchschnittlich bemessenen Loches mit Leichtigkeit finden.

Spannen Sie also den Bohrer in die Ständerbohrmaschine und bohren die Durchgangslöcher für die Bolzen durch das ganze Bein und in den Schlitz auf der gegenüberliegenden Seite. Sie werden ein wenig Ausriss dort haben, doch machen Sie sich nichts daraus.

Nun kommt das Vergnügen. Stecken Sie Beine und Schwingen zusammen und setzen Zwingen an. Setzen Sie je eine Zwinge oben und unten an der Schwinge an und lassen Sie sich etwas Raum für das Bohrfutter. Nehmen Sie den Bohrer aus der Ständerbohrmaschine und setzen ihn in Ihre Bohrwinde oder die Bohrmaschine. Setzen Sie den Bohrer in das Loch am Bein und bohren Sie bis Sie anstoßen.

Nehmen Sie die Zwingen ab und ziehen die Schwinge aus dem Schlitz. Bohren Sie nun wieder weiter, bis Ihr Bohrfutter anstößt. Arbeiten Sie mit geringer Drehzahl und bohren möglichst gerade.

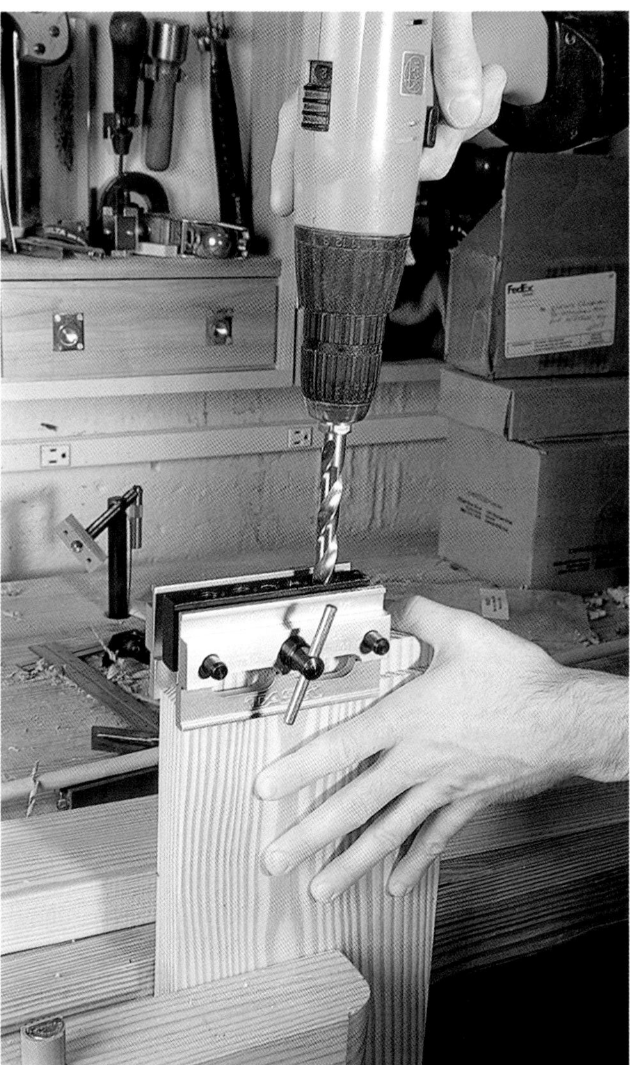

Bohren Sie, bis es nicht mehr weiter geht: *Ich bohre gerne vertikal, da ich so ohne großen Aufwand von jeder Seite schauen kann, ob ich im Lot bin. Sie können diese Arbeit auch in der Horizontalen machen, wenn Sie (noch) keine Zange haben.*

Öffnungen für die Muttern

Es kann etwas schwierig sein, die Öffnung zum Einlassen der Mutter genau zu platzieren. Sie muss sich mit dem Loch schneiden, das Sie gerade für den Bolzen gebohrt haben und genug Raum für die Mutter lassen. Und, wenn Sie Muttern und Unterlegscheiben aus dem Baumarkt verwenden, müssen diese Vertiefungen auch noch Platz für die Unterlegscheibe und Ihre Finger bieten – und der Schlitz muss eine flache Fläche haben, gegen welche die Unterlegscheibe und die Mutter gezogen werden. Wenn Sie Bankbolzen von Veritas verwenden, müssen Sie nur den Mittelpunkt für ein rundes Loch finden.

Die Lösung ist für beide Systeme die gleiche, und sie müssen dafür nicht messen. Sollten Sie versuchen, die Position der Mutter auf mathematischem Weg zu finden, werden Sie womöglich in Schwierigkeiten geraten, denn unter Umständen wird das Loch für den Bolzen um ein oder zwei Grad schräg verlaufen – das ist genug, um Sand ins Getriebe zu streuen.

Bauen Sie sich eine einfache Schablone, mit der Sie die perfekte Position für Ihre Bohrung finden, selbst wenn Sie die Löcher für die Bolzen nicht so genau gebohrt haben. Die Idee zu dieser Schablone habe ich von der Anleitung für die Doppelspindelzange von Veritas. Sie verwendet ein ähnliches aber kleineres System aus Bolzen, um die hintere Backe in Position zu halten.

Die Schablone lässt sich einfach herstellen – das dauert nur fünf Minuten. Nehmen Sie einen Abschnitt vom Bau des Gestells – ich nehme den Abschnitt eines Beins. Dann holen Sie zwei Dübelstäbe, welche den gleichen Durchmesser haben wie das Loch, das Sie für die Bolzen gebohrt haben. Sie müssen lang genug sein, um bis ans Ende des Bohrloches in Ihrer Schwinge zu reichen – in der Regel sind 150 mm lang genug.

Bohren Sie nun zwei Sacklöcher in Ihren Abschnitt, welche die Dübel aufnehmen. Die Lage der Löcher hängt von der Stärke Ihrer Schwinge ab. Einer der beiden Dübel Ihrer Schablone wird in das Bolzenloch gesteckt. Der andere Dübel wird oben auf Ihrer Schwinge ruhen, damit Sie die Richtung des Bohrloches in der Schwinge sehen können. Normalerweise ist zwischen beiden Löchern ein Abstand von etwa 25 mm.

Leimen Sie die Dübelstäbe in die Schablone und bohren dann ein kleines Loch in den Dübel, der außen auf der Schwinge liegen wird. Dies Loch wird einen Nagel aufnehmen und sollte am Dübel genau mittig gesetzt werden. Der Nagel wird an der Schwinge genau markieren, wo Ihre Mutter sitzen soll.

Stecken Sie die Lehre nun in die Schwinge und verwenden Sie den Nagel, um eine Markierung zu setzen. Wenn Sie die Bankbolzen von Veritas verwenden, dann sind Sie fast fertig – bohren Sie an der markierten Stelle einfach ein 30-mm-Loch (ich weiß, es sieht so aus, als sollten Sie ein 25-mm-Loch bohren, doch ein etwas größeres Loch wird Ihnen etwas Spiel geben und genauso stabil sein).

Wenn Sie einen Bolzen mit Sechskantkopf verwenden, werden Sie an dieser Position einen Schlitz herstellen müssen, der die Unterlegscheibe und die Mutter aufnimmt. Sie können diesen Schlitz auf unterschiedliche Weise herstellen: Sie können ihn von Hand ausstemmen, ausbohren und die Seiten nachstechen oder mithilfe einer Schablone ausfräsen (seien Sie vorsichtig, denn der Schlitz ist tief und kann Ihren Fräskopf brechen, wenn Sie zu tief eintauchen).

Eine Schablone für die Oberfräse ist die sauberste und genaueste Methode für diese Operation, doch die Herstellung einer Schablone für eine handvoll Löcher ist unverhältnismäßig. Wenn Sie jedoch beruflich Bänke oder Betten bauen, dann ist die Schablone sicher der richtige Weg.

Wenn Sie den Schlitz für die Mutter bemessen, machen Sie ihn groß genug, um auch die Unterlegscheibe unterzubringen. Verwenden Sie hier nicht die großen Unterlegscheiben – Sie werden sie an den Seiten beschneiden müssen, um sie in die enge Öffnung zu stecken. Verwenden Sie also normale Unterlegscheiben. Und achten Sie darauf, dass Sie die Mutter mit einem Maulschlüssel halten können, wenn Sie die Bolzen anziehen.

Wenn Sie die Muttern angezogen haben, sind Sie durch. Manche Holzhandwerker füllen diese Schlitze mit Heißleim oder Epoxidharz, um die Muttern an ihrer Position zu halten. Man nimmt an, dass sich die Bank dadurch wieder leichter zusammenbauen lassen wird, denn die Muttern bleiben am Platz. Der Nachteil ist, dass Sie die Muttern mühsam rauspulen müssen, falls Sie einmal das Gewinde am Bolzen abdrehen sollten.

Ein Dübel zeigt den Weg: *Hier sehen Sie die Schablone, die anzeigt, wo die Mutter auf meiner Schwinge liegen wird (oben). Der untere Dübel geht in das Bolzenloch. Der obere Dübel hat die gleiche Ausrichtung wie der untere. Der Nagel hinterlässt eine Markierung an der Schwinge. Hier wird Ihre Mutter sitzen.*

Wenn Sie die Bankbolzen von Veritas verwenden, stecken Sie einfach die Messingmutter in Ihr Loch und nehmen einen Schraubendreher, um die Mutter mit dem Bolzen auszurichten. Ziehen Sie den Bolzen mit einer Ratsche an und Sie sind fertig.

Befestigen Sie die Platte auf dem Gestell

Viele Holzhandwerker sind irritiert, wenn Sie die Platte auf dem Gestell fixieren. Sie wollen es ordentlich machen und steif, damit die Bank nicht nachgibt. Dies ist ein Aspekt des Baus von Hobelbänken, bei dem Sie es übertreiben können und sich selber das Leben schwer machen.

Die traditionellste Methode sieht vielleicht so aus, dass Sie die Platte gar nicht mit dem Gestell verbinden. Stattdessen bohren Sie an jedem Bein oben ein Loch und schlagen dort einen 25-mm-Dübel ein. Spitzen Sie den vorstehenden Teil dieser Dübel wie ein Geschoss an. Dann bohren Sie vier korrespondierende Löcher an der Unterseite der Bankplatte und legen

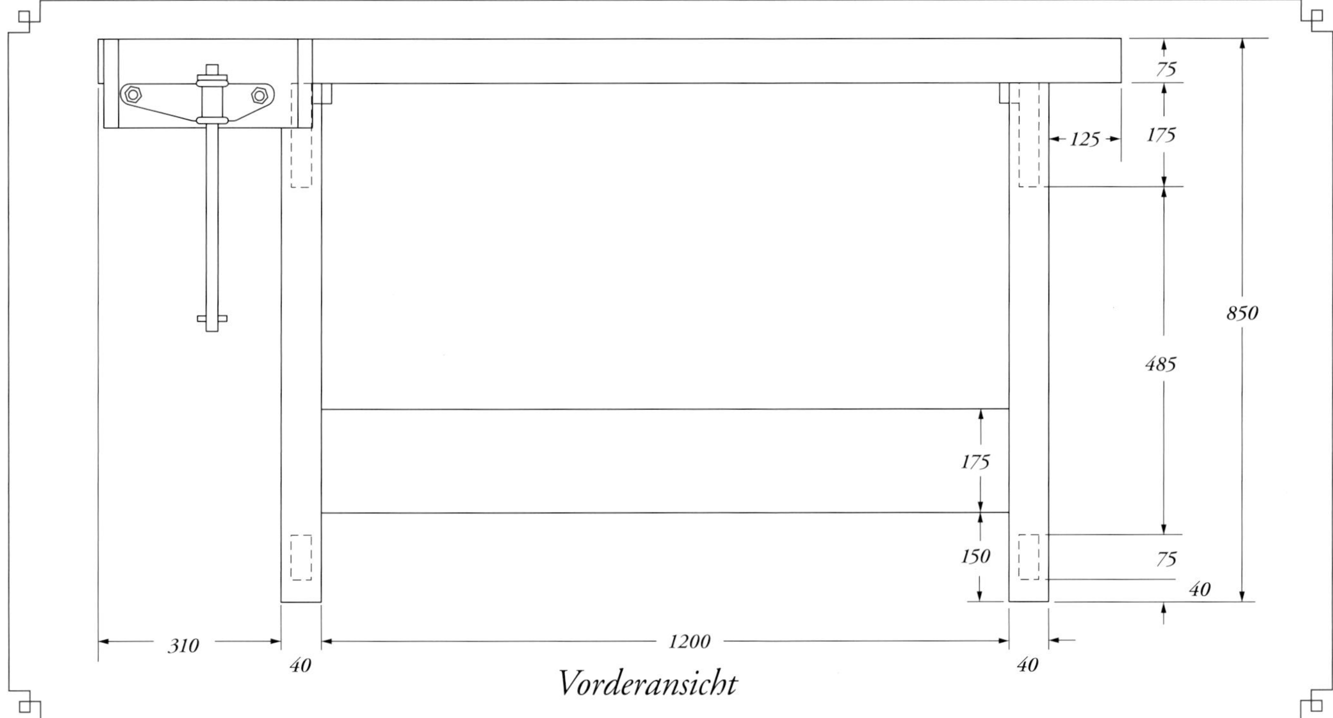

Vorderansicht

die Platte auf das Gestell. Kein Leim. Kein Metall. Lediglich eine presse Passung und Schwerkraft .

Ich habe solche Bänke benutzt. Sie sind großartig. Die Schwingen und Riegel im Gestell sorgen dafür, dass die Bank nicht nachgibt. Die Platte liegt einfach auf und auf ihr werden alle Werkstücke eingespannt. Und das gilt für die meisten Bänke: Die Verbindung von Platte und Gestell ist von untergeordneter Bedeutung für die Konstruktion einer Bank.

Es folgen einige Methoden zur Befestigung der Bankplatte und eine Diskussion ihrer jeweiligen Vor- und Nachteile

1. Traditionelle Presspassung mit kräftigen Dübeln
2. Holzleisten und Schrauben
3. Metallbeschläge: Flacheisen, figure-8s, Z-clips und L-Winkel
4. Metallbolzen: Bolzen mit Sechskantkopf, Schlüsselschrauben, Gewindebuchsen, Einschlagmuttern (T-nuts)

Traditionelle Presspassung

Die französische Hobelbank in diesem Buch, wie sie von A.J. Roubo gebaut wurde, könnte auch so entworfen werden, dass sie sich zerlegen lässt. Die Platte ist mit dem Gestell durch eine Art Grat und einen durchgehenden Zapfen verbunden. Ich bezweifle, dass man für diese Verbindung einen Tropfen Leim braucht, damit sie hält. Doch Sie könnten sie im Bedarfsfall auseinander bauen. Sie könnten diese Verbindung auch aus zwei durchgestemmten Zapfen machen und das gleiche Ergebnis erzielen.

Als Roy Underhill die Hobelbank im Stile von Roubo 2007 für „The Woodwright's Shop" baute, verwendete er eine konisch zulaufende Gratverbindung, die er „rising dovetail" nannte. Im wesentlichen lässt sich die Verbindung leicht zusammenstecken und zieht erst, wenn Sie die Teile zusammentreiben. Es ist einfacher zu verstehen, wenn man es sieht. Sie können sich das Video im Internet kostenlos ansehen (siehe Ressourcen S. 250). Die einfachste und am weitesten verbreitete Methode, um Platte und Gestell zu verbinden, sind die oben beschriebenen angespitzten Dübel.

Wenn ich nicht gerade am Nachbau einer Roubo-Bank arbeite, würde ich diese Methode wohl nutzen, wenn ich nicht kleine Metallbeschläge verwenden wollte. Ich mag aber solche Metallbeschläge, denn sie erleichtern die Montage so sehr.

Holzleisten & Schrauben

Die einfachste Methode zur Verbindung von Platte und Gestell sind wohl Holzleisten mit einem Querschnitt von 50 x 50 mm, die am Gestell und dann an der Platte festgeschraubt werden. So habe ich die Platte der 200-€-Bank gesichert, die ich im Jahr 2000 baute und sie hat sich auch nach vielen Jahren Hobeln und Sägen nicht wieder gerührt.

Ich habe kräftige Schrauben verwendet und die Leisten so gemacht, dass die Arbeitsplatte im Wechsel der Jahreszeiten etwas arbeiten kann. Und zwar so: Zwei Jahre nach Bau der Bank hatte ich mich entschieden, die Platte etwas nach hinten zu verschieben, damit die Vorderkante bündig mit der Vorderseite der Beine liegt. Ich habe dafür die Leisten ausgewechselt und die Löcher so gebohrt, dass die Vorderkante bündig bleibt und die Platte nur an der Rückseite „arbeitet".

So habe ich die Durchgangslöcher, mit denen die Leisten am Gestell befestigt werden, gerade und ohne Spiel gebohrt – ich habe sie überhaupt nicht ausgerieben. Als ich aber die Durchgangslöcher gebohrt habe, mit denen die Leisten an der Platte befestigt werden, habe ich die beiden vorderen Löcher auch gerade gebohrt. Damit war sichergestellt, dass die Vorderkanten von Platte und Gestell in einer Ebene bleiben. Die verbliebenen drei hinteren Löcher habe ich aber stark ausgerieben, um so Raum für das Arbeiten der Platte zu schaffen.

Manche Leute werden sich Frässchablonen bauen, um diese etwas übergroßen Löcher herzustellen. Oder sie werden sie auf

Billig und schnell: *Sie können Beschläge nehmen, wie sie zur Befestigung von Tischplatten verwendet werden (auf der Abbildung am Kopf des Beins und rechts) oder auch kräftige Flacheisen, wie sie zur Verstärkung von Garten- und Scheunentoren zum Einsatz kommen.*

Ausreichend stark: *Hier habe ich die Platte auf dem Gestell mithilfe eines sog. Achter-Verbinders fixiert. Die Bank ist dank der Riegel darunter ausreichend steif. Die Methode zur Verbindung von Platte und Gestellt muss eher Scheerkräfte als Schubkräfte berücksichtigen. Die Stahlschrauben machen ihren Job hier ganz gut.*

Anmerkung zur deutschen Ausgabe: *Diese Verbinder sind in Deutschland nicht erhältlich. Ein möglicher Ersatz sind gewöhnliche Flachverbinder – s. Text.*

einer Ständerbohrmaschine machen, indem sie zwei Löcher bohren, die ein ovales Durchgangsloch bilden. Das ist nicht wirklich erforderlich. Nachdem ich die Durchgangslöcher gebohrt habe, neige ich den Bohrer einfach 20° vorwärts und rückwärts. Damit entsteht eine Form wie an einem Stundenglas, die genau das reflektiert, was die Schraube in ihrem Leben in dem Loch machen wird – sie wird sich nach vorne und hinten neigen.

Eine Bemerkung zum Abschluss: Leser mit Adleraugen werden auch fragen, warum ich die Löcher überhaupt ausgerieben habe. Bei der französischen Hobelbank aus dem ersten Buch wird die ganze Konstruktion durch Schwund in eine A-Form gezogen. Warum sollte man das nicht auch hier mit den Leisten so machen?

Na ja, Sie können das auch mit einer Leiste so machen, doch es ist etwas riskant. Da sich alle Kräfte des arbeitenden Holzes so auf die Leiste konzentrieren, riskieren Sie, dass die Schrauben die Leiste spalten werden. Es ist natürlich keine große Angelegenheit, die Leisten zu ersetzen, doch es ist nicht die feine Handwerkerart, diese Hypothek an kommende Generationen weiter zu reichen.

Metallplatten – denken Sie an die Landwirtschaft

In vielen Fällen werden Beschläge, wie man sie für die Befestigung von Tischplatten kennt, völlig ausreichen, wenn es nicht gerade die schwächsten sind. Wenn Sie die Beschläge mit der Hand verbiegen können, sind sie nicht für den Job geeignet. Ich habe schon erfolgreich Bankplatten auf dem Gestell mithilfe von Achter-Verbindern (die allgemein in Deutschland nicht erhältlich sind; als Ersatz bieten sich gewöhnliche Flachverbinder an; siehe auch unten im Text fixiert, wie sie für Tischplatten verwendet und im Baumarkt angeboten werden. Die Montage ist ein Kinderspiel: Sie bohren am Kopf des Beins ein niedriges Loch und befestigen den Beschlag dort mit einer möglichst großen Schraube.

Dann legen Sie die Platte auf das Gestell und schrauben sie durch das andere Loch des Beschlags fest. Auch hier sollten Sie eine möglichst dicke Schraube verwenden, denn dieser Bereich wird starken Scheerkräften ausgesetzt sein. Dieser Beschlag kann sich etwas verdrehen, um so mit dem Arbeiten des Holzes klarzukommen.

Auf ähnliche Weise könnten Sie auch Winkelverbindungen verwenden, um die Platte auf dem Gestell zu fixieren. Achten Sie jedoch auf die Verarbeitung der Beschläge. Manche dieser Klammern sind dünn wie Alufolie.

Wollte ich eine Platte mit diesen Klammern befestigen, würde ich für jedes Bein zwei Klammern nehmen. Oder, wenn das Gestell oben Riegel hätte, würde ich dort auch noch zwei Klammern setzen. Wenn ich diese Klammern einsetze, mache ich mit der Lamellofräse einen Schnitt. Bei einem solchen Schlitz kann sich die Klammer seitlich etwas bewegen und so das Arbeiten des Holzes auffangen.

Wenn Sie auf das Arbeiten des Holzes keine Rücksicht nehmen wollen, lieber eine Bank haben, die mit der Zeit einen A-förmigen Rahmen bildet und doch keine französischen Zapfen herstellen wollen, dann können Sie auch Flachverbinder oder Winkel einsetzen. Ich habe beide schon verwendet und beide sind dafür geeignet.

Wenn Sie Flachverbinder nehmen, werden die ähnlich wie die Achter-Verbinder montiert. Sie stellen am Kopf jedes Beins einen niedrigen Schlitz her und fixieren den Beschlag mit kräftigen Schrauben (Sie bekommen meist zwei Schrauben dort rein). Dann legen Sie die Platte darauf, richten sie aus und fixieren Sie mit Schrauben.

Schnell oder komplex: *Sie können die Platte mit einfachen Schlüsselschrauben (rechts) befestigen. Sie können aber auch durch die Platte schrauben, und zwar mit Bolzen, wie sie typischerweise für die Schwingen verwendet werden.*

Schnell und sicher: *Diese Winkel mit einer Schenkellänge von 150 mm sind günstig (etwa 3 € das Stück) und lassen sich schnell anbringen – ohne Schlitze. Und sie sind kräftig genug, um mit dem Arbeiten des Holzes klar zu kommen.*

Durch die Platte gebolzt: *Hier habe ich Bolzen mit Sechskantkopf benutzt, um das Innengewinde einer Zange zu installieren, doch die Idee ist ganz gleich, wenn Sie die Platte auf dem Gestell fixieren wollen. Es sieht sauberer aus, wenn der Kopf des Bolzens oben liegt und nicht die Mutter.*

Die Flacheisen fallen an der fertigen Bank kaum auf und sie sind kräftig genug, um mit dem üblichen Arbeiten des Holzes zurecht zu kommen. Meine Flacheisen haben eine Stärke von 3 mm und sind verzinkt. Die halten die Konstruktion zusammen, wenn die Platte im Laufe des Jahres um etwa 6 mm schwindet oder quillt.

Noch einfacher als ein Flachstahl ist die Installation von Winkeln in den aus Platte und Beinen gebildeten Winkeln. Ein Winkel für vielleicht 3 € ist ein ganz bemerkenswerter Beschlag. Jeder Schenkel ist 150 mm lang, hat drei Schraubenlöcher und eine Materialstärke von 4 mm.

Der Einbau ist einfach. Spannen Sie einen Schenkel an die Unterseite der Platte (Sie haben doch wohl Platz unter Ihrer Platte für Zwingen gelassen, oder?). Schrauben Sie den Winkel an das Bein. Wiederholen Sie dies an den anderen drei Winkeln und schrauben dann alle Winkel an der Unterseite der Platte fest. Fertig.

Mit Bolzen befestigen

An vielen Bänken im Handel werden Gestell und Platte durch einfache Bolzen verbunden. Meist haben die Rahmen an den Köpfen der Bank Kufenfüße. Der Riegel dieser Endrahmen könnte 50 mm dick sein. Sie bohren dann ein Durchgangsloch in den Riegel und schrauben von unten eine Schlüsselschraube in die Platte.

Als ich das vor Jahren das erste Mal sah, war ich überrascht, wie wackelig diese Konstruktion aussieht. Der Hersteller der Bänke verwendete nur je zwei dünne Schrauben pro Rahmen. Das reichte damals, doch ich frage mich, ob das langfristig hält. Wenn ich solche Schlüsselschrauben verwenden würde, hätten sie einen Durchmesser von 12 mm und ich würde an jedem Rahmen drei Schrauben setzen (zusammen also 6 Schrauben). Die Durchgangslöcher für die beiden hinteren dieser Schrauben würde ich ausreiben, um ein Arbeiten des Holzes zuzulassen.

Eine dauerhaftere Verbindung von Platte und Gestell erfordert ein Metallgewinde meist in die Platte eingelassen.

Dann halten Sie eine Unterlegscheibe und eine Mutter an die Unterseite des Riegels, ziehen den Bolzen an und sind fertig. Sie können so vier Bolzen setzen und das wird für den Rest des Lebens reichen. Es liegt an Ihnen, ob Sie die hinteren Löcher ausreiben, um so Raum für das Arbeiten des Holzes zu gewähren. Es hängt davon ab, was Sie mit Ihrer Bank erreichen wollen.

Es gibt zwei andere Methoden, die ich mit anderen Bankbauern diskutiert habe. Da ich sie nicht persönlich ausprobiert habe, kann ich keine Garantie übernehmen. Doch sie sind eine Überlegung wert. Bei der ersten werden die Bolzen oben durch die Platte gesetzt, wie oben beschrieben. Doch anstatt eine Mutter mit Unterlegscheibe zu verwenden, nehmen Sie eine Einschlagmutter an der Unterseite des Riegels. Das funktioniert nach dem gleichen Prinzip wie ein Bolzen mit Sechskantkopf. Der einzige wirkliche Vorteil besteht darin, dass Sie nicht so viele Beschlagteile haben werden, wenn Sie die Bank einmal verstellen, denn die Einschlagmutter (T-nut) wird in das Gestell eingelassen.

Die zweite Option ist unsichtbar – manche Leute wollen einfach keinen glänzenden Bolzenkopf oben auf Ihrer Bankplatte sehen. (Mir ist das egal. Ich sehe darin eher eine Erinnerung, wie stabil das Gestell ist.) Sie lassen an der Unterseite der Platte eine Gewindebuchse ein. Dann setzen Sie von unten durch den Riegel einen Bolzen, der in die Platte greift.

Bei dieser Lösung bleiben die Beschläge verborgen, doch sie ist etwas umständlich. Wenn ich mit dieser Aufgabe konfrontiert wäre, würde ich vielleicht die Zapfensäge holen und große durchgehende Grate und Zapfen schneiden für eine Bank im Stils Roubos.

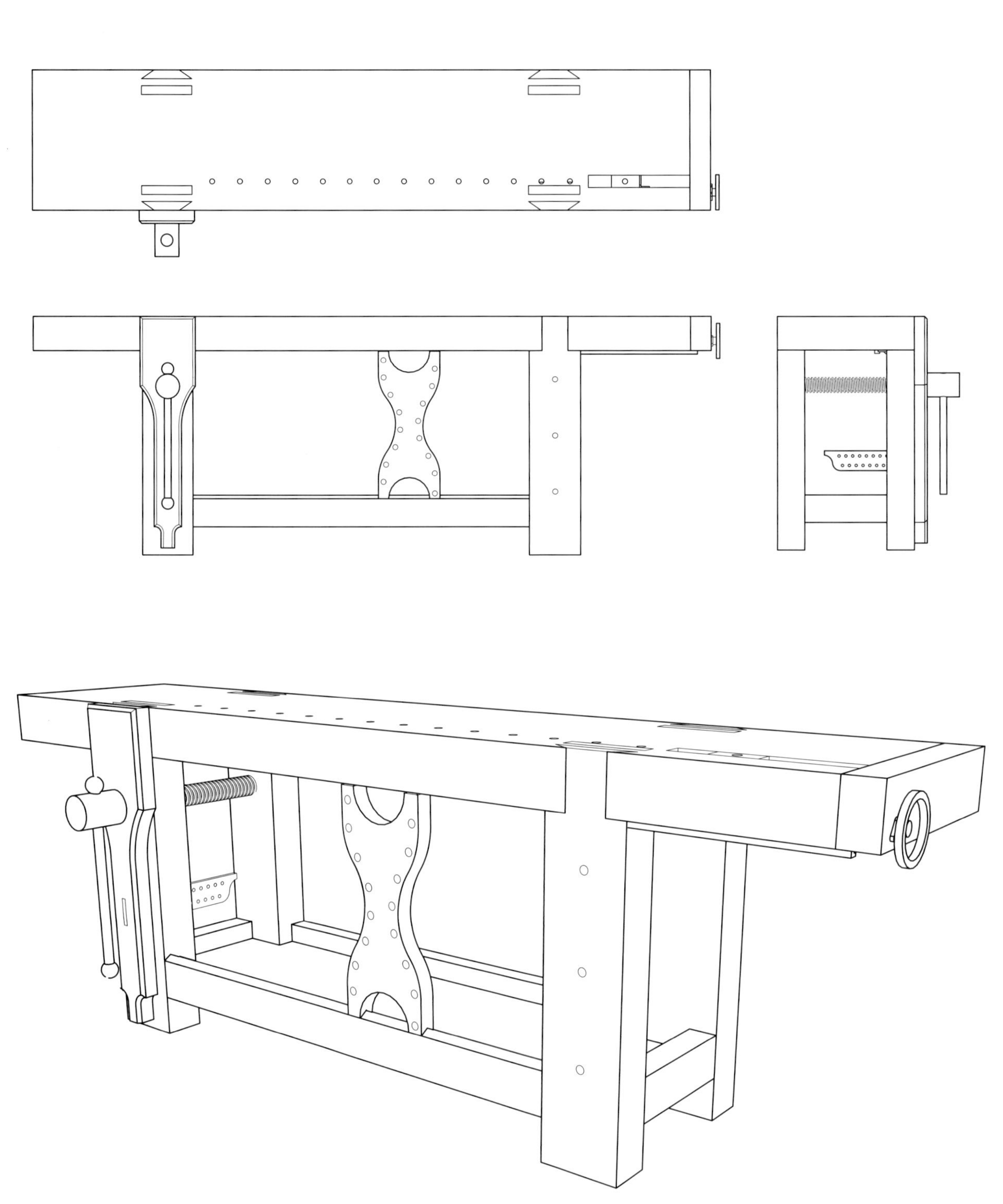

Illustration: Robrt W. Lang

***Vielleicht nächstes Jahr:** Dieser Plan für eine Bank ist noch unvollständig. Ich muss die Bankhakenlöcher etwas weiter vorne anordnen und ihren Abstand überdenken. Auch die Kurven der Beinzange kann ich noch verbessern.*

Kapitel 17

Die beste Bank, die nie gebaut wurde

von Christopher Schwarz

Bauen Sie genug Hobelbänke und die Leute werden beginnen, Ihnen Fragen zu stellen – etwa, wo Sie die Sachen alle hinstellen (es ist ähnlich wie beim Sammeln von Traktoren) sowie Fragen nach Ihrer psychischen Befindlichkeit. Wenn man sich davon überzeugt hat, dass Sie nicht ganz verrückt sind, wird man Sie nach der „perfekten Bank" fragen.

Ich muss es immer wieder sagen: Es gibt nicht die eine perfekte Bank. Es gibt hunderte.

Eine gute Hobelbank kann jedes mögliche Format haben und jeden möglichen Markennamen tragen, von Ian Kirby bis hin zu Frank Klausz. Um eine phantastische Hobelbank zu bauen, müssen Sie nur Antworten für diese drei grundlegenden Fragen finden:

1. Ist sie schwer, robust und aus einem dauerhaften und stabilem Material?

2. Ist es einfach, an dieser Bank Bretter und halb montierte Teile (sehr wichtig!) einzuspannen, die typisch in Ihrer Werkstatt sind, um ihre Flächen, Kanten und Köpfe zu bearbeiten?

3. Und schließlich: gefällt Ihnen der Entwurf?

An dieser Stelle sollte ich mit einer Bemerkung zum Abschluss kommen, dass meine Entwürfe in Ordnung gehen und Ihre auch und wir singen dann „Friede, Freude, Eierkuchen". Doch dafür haben Sie kein Geld hingelegt, vermute ich.

Stattdessen möchte ich mit Ihnen die Hobelbank teilen, die ich bauen würde, wenn ich keine Einschränkungen hätte im Hinblick auf Materialien, Geld und Platz. Das mag nicht die ultimative Hobelbank schlechthin sein, doch es wäre meine ultimative Bank.

Meine ultimative Hobelbank (Stand August 2010)

Die Platte wäre aus einer einzigen Bohle alten harten Ahorns, die in Herznähe geschnitten wurde. Sie wäre gut 12 cm dick, 50 cm breit und 240 cm lang. Sie wäre natürlich getrocknet, astrein und gerade gewachsen.

Die Beine wären aus Ahorn, 10 cm stark, 15 cm breit und mit einer Länge von 85 cm. Die Beine würden die Platte durchstoßen, vorne mit einer Art Grat und dahinter mit einem durchgestemmten Zapfen, so wie an der Roubo-Bank in diesem Buch. Die Schwingen (warum nicht auch Ahorn?) hätten eine Stärke von 5 cm, wären 10 cm breit und hätten eine Länge von 150 cm.

Das Gestell wäre gezapft und mit Holznägeln gesichert, die Schwingen lägen in einer Ebene mit den Vorderbeinen. Die Vorderkante der Beine würden bündig mit der Vorderkante der Arbeitsplatte abschließen.

Was ich hier beschrieben habe, ist die Roubo-Bank alter Schule. Das sollte keinen überraschen, der meine Arbeit kennt.

Wie sieht es mit den Einspannhilfen aus? Ich würde eine Beinzange als Vorderzange verwenden, die von einer Holzspindel getrieben wird. Der Parallelanschlag würde über dem Riegel angeordnet (so wie bei der Roubo-Bank in diesem Buch). Die Backe der Beinzange würde ich aus Ahorn machen, 5 cm dick und 20 cm breit.

An der Position der Hinterzange würde ich eine Wagenzange montieren, entweder eine Marke Eigenbau oder die von Benchcrafted. Nachdem ich Jahre mit einer Wagenzange gearbeitet habe, gebe ich ihnen den Vorzug vor allen anderen Modellen (wenn Geld, Zeit und Material kein Hindernis sind). Ich würde runde Bankhakenlöcher vorsehen mit einem Achsmaß von 75 mm und möglichst nahe an der Vorderkante der Platte. Ich würde mir ein Bündel von Bankhaken aus Hickory machen, die Druckflächen mit Leder beziehen und jeweils eine Druckfeder einsetzen. Und ich würde mir genug Haken machen, einen für jedes Loch der Bank.

***Römer bei der Arbeit:** Die römischen Werkbänke bekommen ihre Stabilität von der festen Verbindung der Füße mit der Platte, ganz ähnlich wie die Hobelbank von Roubo. Erst spätere Hobelbänke verlassen sich mehr auf ein eigenes Untergestell.*

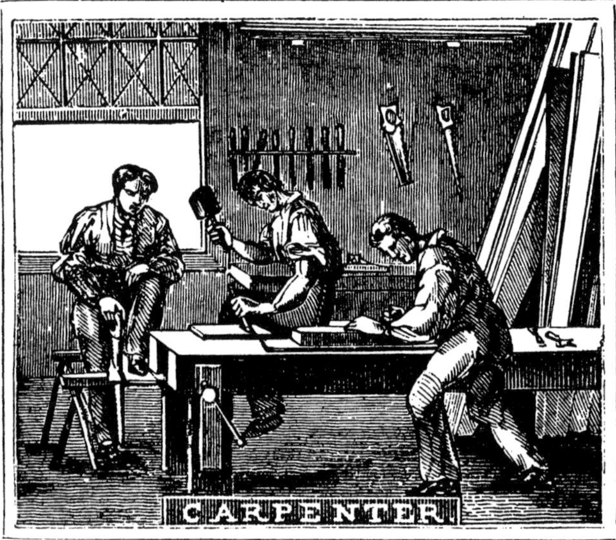

***Hinterfragen Sie Ihre Quellen:** Dieser viktorianische Stich bietet eine Menge Informationen, doch wie verlässlich ist er? Manchmal müssen Sie eine Zeichnung auseinandernehmen und berücksichtigen, dass der Künstler vielleicht kein Holzhandwerker war.*

Bedenken Sie auch, was nicht gezeigt wird: Manchmal ist das, was nicht auf einer Abbildung gezeigt wird, genauso wichtig, wenn Sie ein Handwerk untersuchen. Hier sehen Sie einen Stich des 19. Jahrhunderts, der eine Stuhlmacherwerkstatt zeigt. Was ist nicht abgebildet? Ziehbänke. Beachten Sie die Zange an der Bank. Wie bringen Sie das in Übereinstimmung mit einer modernen Vorstellung früher Stuhlmacher?

Wo wir gerade darüber sprechen, was wir in die Bankhakenlöcher stecken, ich würde mir zwei Niederhalter von Veritas kaufen. Ich liebe sie.

Ich würde mir auch eine Doppelspindelzange à la Moxon bauen, wie sie in diesem Buch vorgestellt wurde, und die Backen mit Velourleder beziehen. Damit würde ich dann meinem häufigen Zinken Rechnung tragen.

Ich würde einen „Toten Mann" montieren und dafür den Entwurf der Bank aus Furnierschichtholz in diesem Buch verwenden. An der Hinterkante der Hobelbank würde ich eine Ablage für die Stemmeisen anbringen, wie ich es an der Roubo-Bank gemacht habe.

Um meine ästhetischen Wünsche zu befriedigen, würde ich an den langen Kanten der Beine und Schwingen totlaufende/abgesetzte Fasen anbringen (wie ich es an der Holtzapffel-Bank gemacht habe), doch am Ende jeder Fase würde ich ein Karnies anbringen.

Das ganze Gestell würde ich dann mit einer Mischung aus Öl und Lack streichen. Dann würde ich die Platte abrichten und diese Fläche zweimal mit gekochtem Leinöl behandeln, damit sie nicht zu rutschig wird.

Vielleicht werde ich eines Tages diese Bank bauen, doch zuerst einmal muss ich das Holz finden, was alleine schon eine Mammutaufgabe ist. Und ich muss auch das Geld finden, um mir die Beschläge leisten zu können und auch noch die Zeit, um alles zusammenzufügen.

Wahrscheinlich müsste ich dann meine Werkstatt erweitern oder sie völlig umstellen, denn gegenwärtig könnte ich keine 2,4 m lange Bank unterbringen.

Stanley Bank: *Diese Bank des 20. Jahrhunderts, die in Veröffentlichungen des Werkzeugherstellers Stanley beworben wurde, hat eine Menge Probleme. Wenn Sie bis jetzt durchgehalten haben, werden Sie wissen, wie man sie löst.*

Sie sehen, Sie haben nun alle Elemente zum Bau perfekter Hobelbänke in Ihrem Kopf und Ihren Händen. Alles was Sie tun müssen, ist herauszufinden, welche Möbel Sie bauen wollen, diese Elemente zu einer Bank zu kombinieren, die zu Ihrer Arbeit, Ihrem Raumangebot und Ihrer ästhetischen Wahrnehmung passt.

Ich könnte um einen Donut wetten, dass Ihr Entwurf für eine Bank einem der klassischen Entwürfe sehr ähneln wird. Das ist nicht weiter peinlich. Sie sollten sich vielmehr darüber freuen, dass Sie klug genug waren, um beim Entwurf einer Hobelbank zu den gleichen Erkenntnissen zu kommen wie unsere Vorfahren. Und das waren Leute, die jeden Tag mit Holz arbeiteten, um davon zu leben. Sie konnten sich keine dummen Fehler erlauben (und auch keine vier Prototypen).

Trösten Sie sich damit, dass fast jede Bank, die Sie bauen werden, besser sein wird als die wackeligen, spindeldürren und schlecht ausgestatteten Hobelbänke, die Sie in den Geschäften finden. Das sind keine Bänke, das sind bloß Objekte in Form einer Bank, nur dafür entworfen, dass Sie Ihr Geld für einen weitgehend nutzlosen Tisch abgeben, mit dessen Zange Sie eine Dose Mayonnaise öffnen können (oder auch nicht). Sie kriegen das besser hin. Ihre Bank muss nicht 800 € für Holz kosten, ein Jahr in Anspruch nehmen oder den Abschluss eines Ingenieurstudiums verlangen.

Wir Holzhandwerker neigen dazu, alles zu verkomplizieren. Wir wollen die Entwürfe durch allerlei aufwerten (einen Tassenhalter, ein Geheimfach, einen Verschluss mit Feder). Immer wenn ich etwas entwerfe, versuche ich den umgekehrten Weg zu gehen. Wie einer meiner liebsten Lehrer fast jeden Tag sagte: „Mach es einfacher, einfacher und noch einfacher."

Auf was kann ich verzichten und habe doch immer noch all die Funktionalität, die ich brauche.

Wenn ich nichts mehr entfernen kann, ist der Zeitpunkt gekommen, um mit dem Zuschnitt zu beginnen.

Pl. 14

ETAUX DE SCULPTEURS

181-182

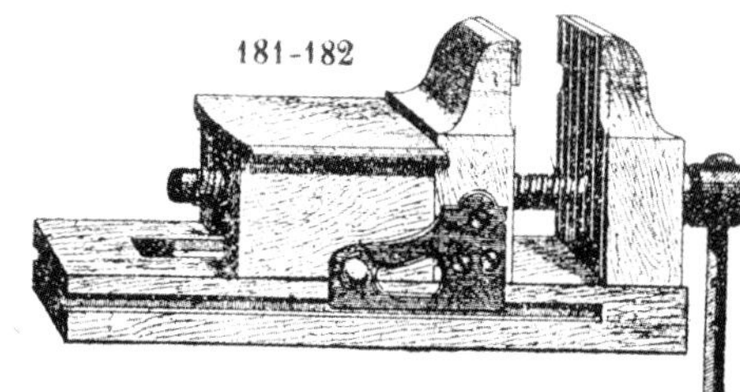

ÉTAUX DE MODELEURS

183

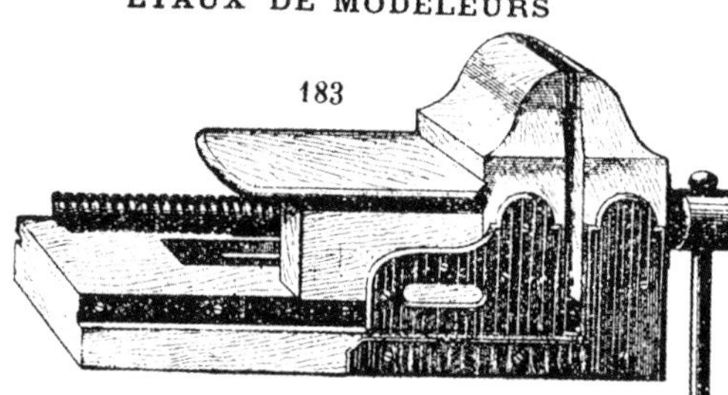

186 à 190

ÉTAUX DE FORMIER

Boulon de dessous d'étau

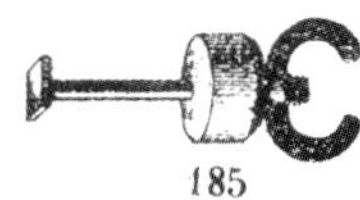

185

ÉTAUX
pour Menuisiers en fauteuil

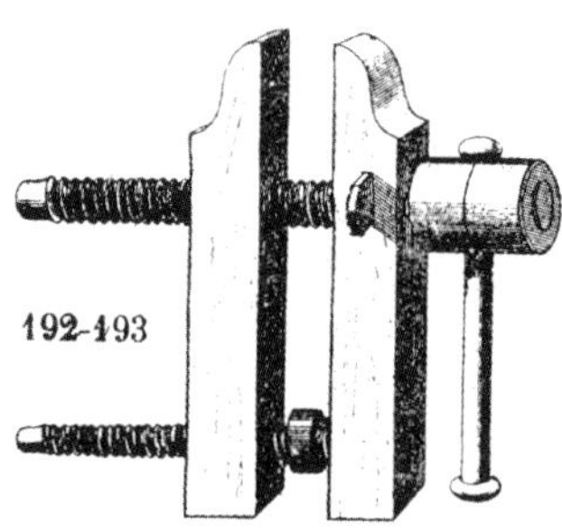

192-193

Étaux à main

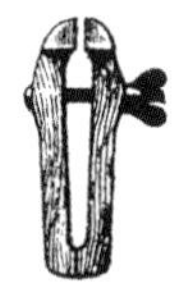

198-199

ETAUX DE RAMPISTE

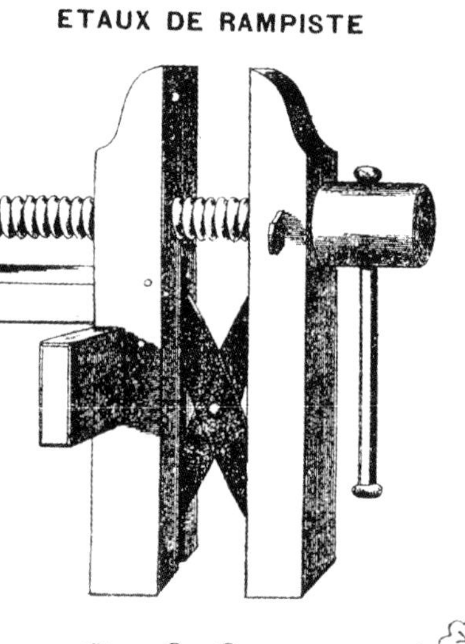

191

Fabrique d'Outils à travailler le bois

Zangentruppe: *Diese Seite aus einem französischen Werkzeugkatalog des frühen 20. Jahrhunderts zeigt einige interessante Spezialzangen.*

Illustration from La Forge Royale Catalog, early 20th century

Foto: Christopher Schwarz

Ein hübsches Paar: *Mit zwei traditionellen Böcken können Sie eine große Bandbreite von sinnvollen Aufgaben in der Werkstatt erledigen.*

Anhang 1

Bauen Sie sich für 10 € ein Paar Böcke

von Christopher Schwarz

Obwohl ich sowohl mit Maschinen als auch mit Handwerkszeugen arbeite, halte ich ein Paar traditionelle Böcke für einen unverzichtbaren Teil der Werkstattausstattung. Wenn Sie Ihre Böcke mit ordentlichen Verbindungen bauen und sie so bemessen, dass sie auf Ihren Körper abgestimmt sind, werden Sie sie jedes Mal benutzen, wenn Sie in Ihrer Werkstatt sind und das bis zu dem Tag, an dem Sie das Werkzeug aus der Hand legen.

Der Bau von Böcken ist zudem eine hervorragende Einführung in die Grundlagen der Holzbearbeitung im Allgemeinen und in die des Sägens im Besonderen.

Doch bevor wir in die Konstruktion eintauchen, sollten Sie einen wesentlichen Hinweis beachten, damit Sie keine Fehler machen, wenn Sie sich Ihr Paar Böcke bauen.

Messen Sie die Höhe vom Boden bis zu Ihrer Kniescheibe und notieren Sie sich dieses Maß.

Um Ihnen ein Beispiel zu geben, ich bin fast 190 cm groß und mein Maß beträgt knapp 50 cm. Die Holzliste am Ende des Kapitels ist für Beine mit einer Länge von 55 cm, das wird fast jedem gerecht werden, es sei denn er ist ein Profi-Basketballspieler. Bauen Sie die Böcke nach der Holzliste und kürzen die Beine, um sie auf Ihr persönliches Maß zu bringen.

Material

Unsere Böcke werden aus billigem Fichtenholz 15 x 5 cm aus dem Baumarkt hergestellt. Suchen Sie sich die geradesten und saubersten Bretter, die Sie finden können. Bedenken Sie, dass längere Stücke oft bessere Qualität liefern. Da wird es sich vielleicht lohnen, wenn Sie ein paar Euro mehr investieren und längere Ware kaufen.

Kaufen Sie das trockenste 15 x 5 cm Holz, das Sie finden können. Wenn sich die Oberfläche der Bohlen auch nur ein bisschen kalt anfühlt, wird es zu feucht sein. Wenn es schwerer ist als die anderen Bohlen, die Sie prüfen, dann wird die Bohle entweder mit Wasser oder Harz gefüllt sein, oder beidem. Am besten stellen Sie sie beiseite.

Alle Teile der Holzliste sollten auf die erforderlichen Längen geschnitten und rechtwinklig ausgehobelt werden, bevor Sie beginnen, die Verbindungen zu schneiden.

Verbindungen an den Beinen

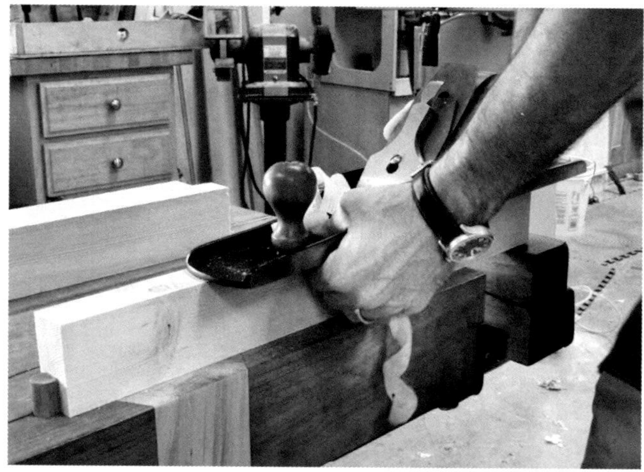

Zuerst hässlich: *Richten Sie die hässlichere Seite jedes Beins zunächst mit dem Handhobel ab. Kennzeichnen Sie diese Seite als Zeichenseite. Diese hässliche aber plane Fläche wird an Ihrem fertigen Bock nach innen zeigen. Danach richten Sie die beiden Kanten jedes Beins ab, sodass sie plan und im rechten Winkel zu Zeichenseite sind.*

Kritischer Schritt: *Prüfen Sie mit einem Winkel. Dieser Schritt ist für alle Teile der Böcke entscheidend, damit sie später einfach zusammenpassen. Machen Sie sich keine Arbeit damit, die Vorderseite der Beine abzurichten oder zu putzen.*

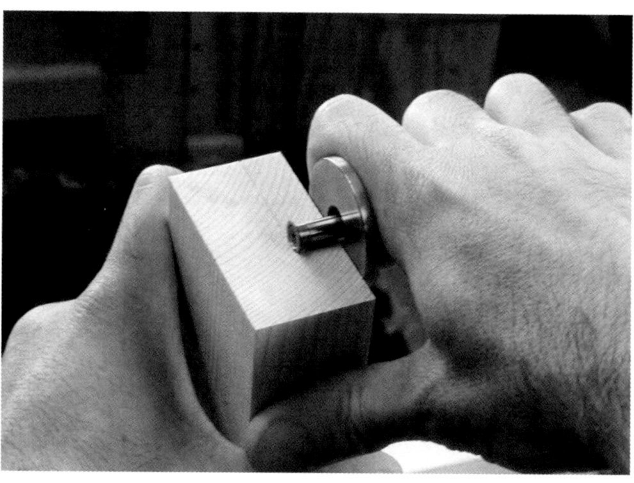

Anriss – Schritt eins: *Reißen Sie nun die Ausklinkung oben am Bein an. Stellen Sie das Streichmaße auf 12 mm ein und reißen am Kopf an.*

Anriss – Schritt zwei: *Stellen Sie ein zweites Streichmaß auf 40 mm ein und reißen die Brüstung an.*

Die Wange und auch die Brüstung haben beide eine leichte Neigung. Stellen Sie Ihre Schmiege auf 100 bzw. 80° ein und reißen damit Wange und Brüstung an. Verwenden Sie die Zeichnung „Detail Bein" am Ende dieses Abschnitts als Anhaltspunkt.

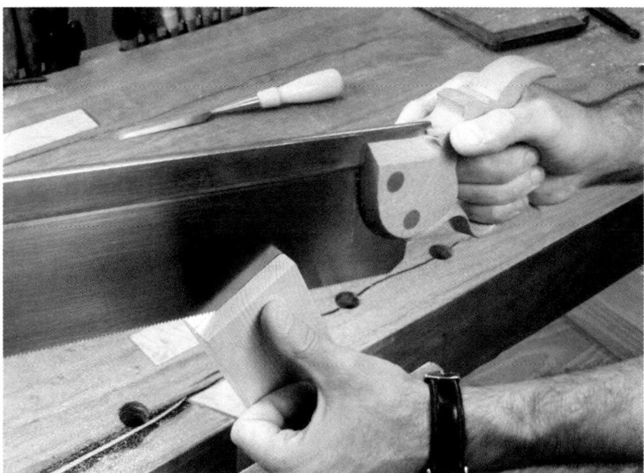

Zweite Klasse: *Schneiden Sie die Wange. Dies ist ein Sägeschnitt zweiter Klasse – wenn Präzision wichtig ist, nicht aber das Aussehen der Verbindung. Sie verwenden ein Messer und einen Winkel, um einen Sägeschnitt zweiter Klasse anzureißen. Und wenn der Schnitt an einer Ecke beginnt, dann machen Sie sich dort eine kleine V-förmige Kerbe, um die Säge zu führen und den Anfang zu erleichtern.*

Erste Klasse: *Und nun die Brüstung. Dies ist ein Sägeschnitt erster Klasse – wenn Präzision und auch Aussehen wichtig sind. Sie verwenden ein Messer, um die Verbindung anzureißen. Dann stechen Sie entlang des Risses eine V-förmige Kerbe, die Ihre Säge führen wird. Sie sollten zudem Ihr Werkstück mit einer Zwinge sichern, wenn Sie sägen. Heben Sie den Abschnitt auf, er wird bald beim Spannen als Zulage dienen.*

Wangen & Brüstungen: *Um die Wangen zu putzen, spannen Sie das Bein in eine Parallelzwinge. Achten Sie darauf, dass die Backen der Zwinge mit Ihren Rissen fluchten. Verwenden Sie die Zwinge nun als Auflage für Ihr längstes und breitestes Stecheisen. Falls Ihre Brüstungen nicht ganz perfekt sind, passen Sie mit einem Brüstungshobel nach. Vergessen Sie nicht, die Flächen von Wange und Brüstung stehen zueinander im rechten Winkel. Ein Brüstungshobel wird gute Arbeit leisten.*

Zeit für Entscheidungen: *Stellen Sie nun Ihre Beine zusammen und legen fest, welches nach vorne, links, hinten und rechts kommt. Zeichnen Sie unten auf die Beine ein Schreinerdreieck.*

Die Auflage & ihre Verbindungen

V-förmiger Ausschnitt an der Auflage: *Richten Sie die Auflage ab (Unterseite) und hobeln dann die beiden Kanten, sodass sie im rechten Winkel dazu stehen. Reißen Sie den V-förmigen Ausschnitt an und nutzen dafür die Zeichnung „Draufsicht" am Ende dieses Abschnitts als Anhaltspunkt. Nehmen Sie einen Fuchsschwanz oder eine Zapfensäge, um den Ausschnitt herzustellen. Putzen Sie den Ausschnitt mit einer Raspel.*

Position der Beine: *Reißen Sie die Position der Beine mit einem Messer an. Machen Sie nur einen Riss, der 110 mm vom Kopf zurückspringt. Der andere Riss kommt direkt vom Bein. Legen Sie jedes Bein in Position, dabei liegt die Außenkante an Ihrem Messerriss. Übertragen Sie die andere Kante des Beins direkt auf die Kante der Auflage.*

Ausklinken: *Nehmen Sie Streichmaß und Bleistift, um die Grundlinie der Ausklinkung anzureißen (sie liegt 12 mm von der Kante). (Verwenden Sie die Zeichnung „Detail Bein" am Ende des Kapitels als Anhaltspunkt.) Schneiden Sie an beiden Enden der Ausklinkung ein.*

Ausschneiden: *Schneiden Sie den Großteil des überschüssigen Materials mit einer kleinen Bügelsäge aus.*

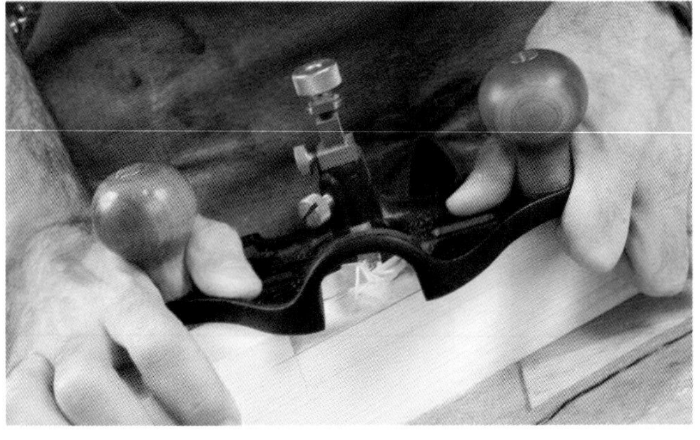

Wiederholbare Tiefe: *Putzen Sie nun den Grund aller vier Ausschnitte mit einem großen Grundhobel. Ein Tiefenanschlag am Hobel wird sicherstellen, dass alle Ausschnitte die gleiche Tiefe von 12 mm haben werden.*

Zulagen: *Fixieren Sie die Abschnitte (Sie haben nicht vergessen, sie aufzuheben, oder?) als Zulagen mit Klebeband an die Beine. Leimen und spannen Sie die Beine in die Ausschnitte der Auflage. Wenn Sie die Zulagen richtig platziert haben, sollten sich die Zwingen im rechten Winkel über Beine und Auflagen ansetzen lassen.*

Kurze Riegel

Brüstungen: *Reißen Sie mit einem Messer die Brüstungen an den kurzen Streben an. Fahren Sie an den Beinen entlang, um die Brüstung anzuzeichnen. Als nächstes reißen Sie die Wange an (12 mm) und den Rest der schrägen Brüstungen. Schneiden Sie die Wange und die Brüstung, wie Sie es an dem Bein gemacht haben.*

Zeichenseite außen: *Richten Sie die kurzen Streben ab und markieren jeweils die Zeichenseite. In diesem Fall liegt die Zeichenseite außen. Die obere Kante jeder Strebe sollte 30 cm unter der Auflage liegen. Spannen Sie die kurze Strebe so auf die Innenseite der Beine, dass die Zeichenseite auf den Beinen liegt.*

Wangen putzen: *Sie können die Wangen bei Bedarf auch mit einem großen Grundhobel nachpassen. Während Sie die Wange an einem Riegel nachpassen, verwenden Sie eine zweite als Unterstützung für die Grundplatte des Hobels. Arbeiten Sie in kurzen Hüben runter bis an die Messerlinien.*

Jetzt wird geleimt: *Passen Sie die Brüstungen bei Bedarf nach und leimen die kurzen Riegel an die Beine.*

Der lange Riegel

Zeichenseite nach unten: *Richten Sie den langen Riegel ab. Bei diesem Teil sollte die Zeichenseite eine der beiden Kanten sein. Wählen Sie die hässlichere Kante – die schönere Kante sollte oben liegen. Richten Sie auch die beiden angrenzenden Flächen so ab, dass sie im rechten Winkel dazu liegen. Legen Sie den langen Riegel auf den kurzen Riegel in seine Position und fixieren ihn mit Zwingen. Übertragen Sie die Kanten der kurzen Riegel auf die Unterkante des langen Riegels. Dann nehmen Sie den langen Riegel und reißen die Ausklinkungen an, mit denen der lange Riegel mit den beiden kurzen verbunden wird (siehe Zeichnung „Langer Riegel"). Diese Ausklinkungen sind hier 30 mm tief (machen Sie sie noch tiefer, wenn Sie wollen.) Schneiden Sie die Schultern der Sassen ein und entfernen den Großteil des überschüssigen Materials mit einer kleinen Bügelsäge.*

Sie können den Grund der Ausklingung freihändig mit dem Stecheisen nacharbeiten oder Sie können den Riegel in eine Parallelzwinge spannen und diese als Anschlag zum Stechen verwenden. Sie können nun alle Kanten brechen. Als nächstes werden Sie den langen Riegel einleimen und mit Nägeln fixieren. Bohren Sie ein 5-mm-Pilotloch durch den langen Riegel und ein 3-mm-Loch in die kurzen Riegel (also ein getrepptes Loch). Dann leimen Sie den langen Riegel ein und schlagen Nägel in die vorbereiteten Löcher.

Mehr Nägel

Nägel ausrichten: *Bevor Sie die Beine und kurzen Riegel bündig abschneiden, sollten Sie zunächst alle Nägel setzen. Machen Sie für die Nägel mit dem Streichmaß an den Beinen einen Riss. Dann bohren Sie ein getrepptes Lochfür einen 50-mm-Nagel, ein 5-mm-Loch durch das Bein und ein 3-mm-Loch in die Auflage. Schlagen Sie zwei Nägel in jedes Bein. Versenken Sie die Nägel leicht.*

Zeit zum Hämmern: *Nun nageln Sie die kurzen Riegel an die Beine. Zwei Nägel an jeder Verbindung. Gehen Sie so vor, wie bei den anderen Löchern.*

Bündig schneiden & Ablängen

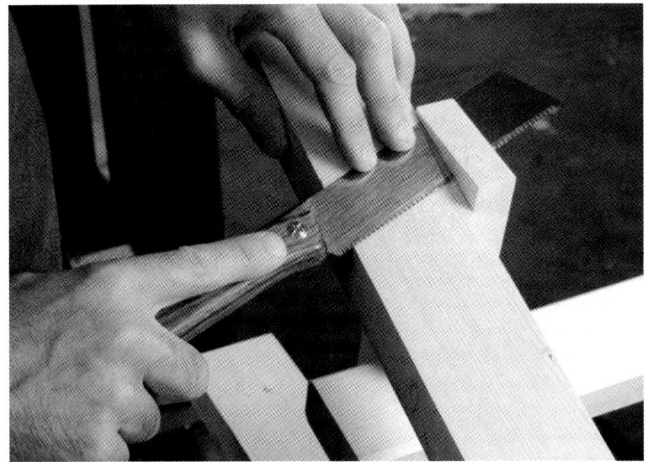

Bündig abschließen: *Verwenden Sie eine ungeschränkte Säge, um die Köpfe der Beine und kurzen Riegel so abzuschneiden, dass sie bündig mit den benachbarten Flächen sind.*

Auf Maß: *Reißen Sie an den Beinen die Endlänge an. Verwenden Sie dafür einen Abschnitt (vergessen Sie nicht, den Bock zunächst auf einer flachen Fläche auszurichten).*

Perfekte Passung: *Längen Sie die Beine auf Ihr Endmaß ab. Brechen Sie alle scharfen Kanten und behandeln Sie die Böcke zweimal mit einer Mischung aus Öl und Lack.*

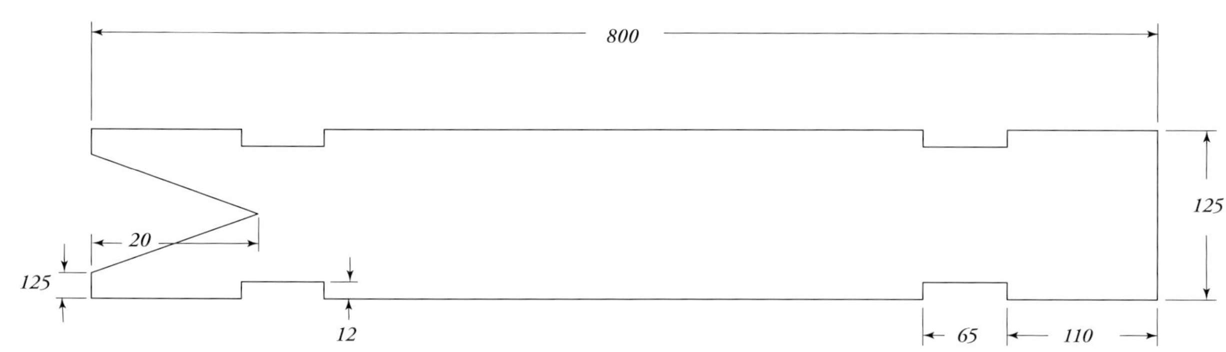

Auflage – Draufsicht

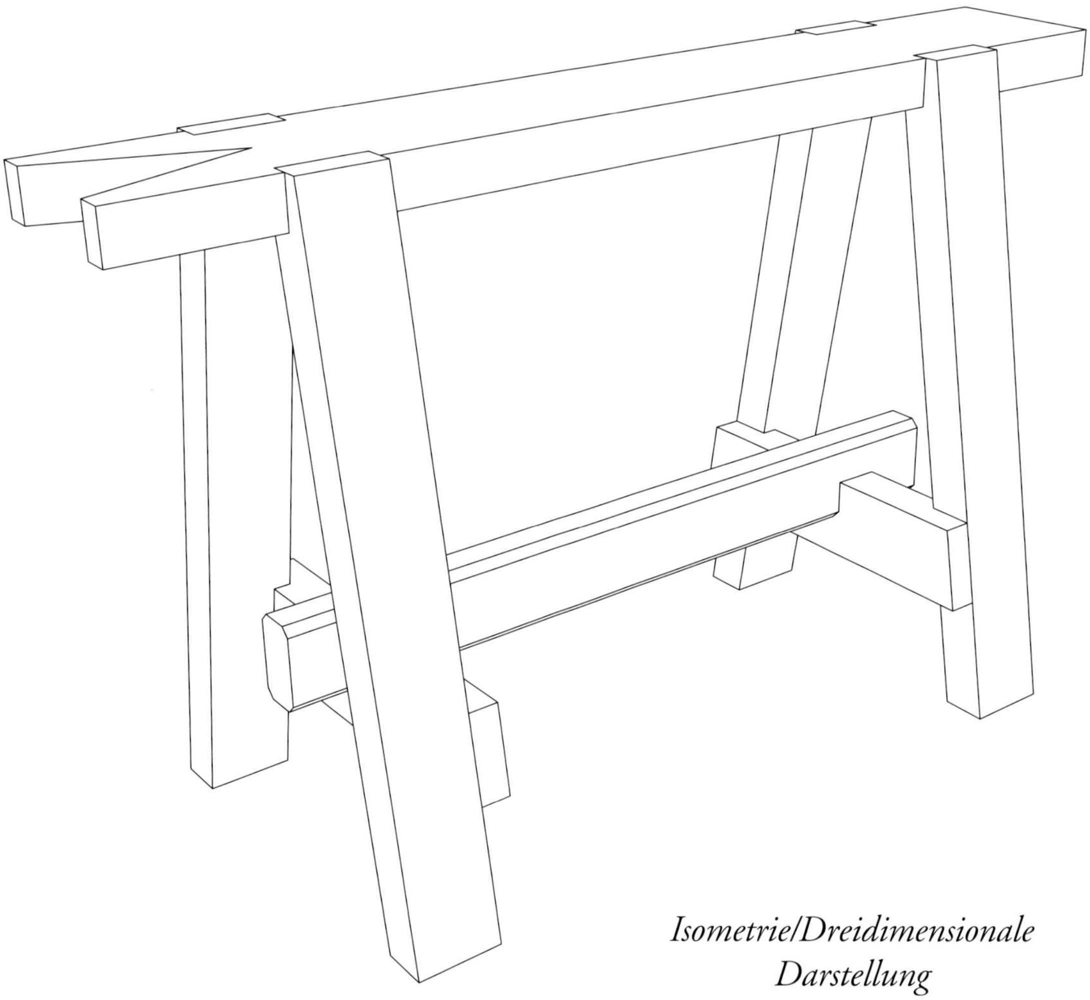

Isometrie/Dreidimensionale Darstellung

5-€-Sägebock

Materialliste

	Anzahl	Teil	Maße			Material
☐	12	Auflage	800	125	35	Fichte
☐	4	Beine	550	62	35	Fichte
☐	2	Kurze Riegel	350	62	35	Fichte
☐	1	Langer Riegel	575	62	35	Fichte

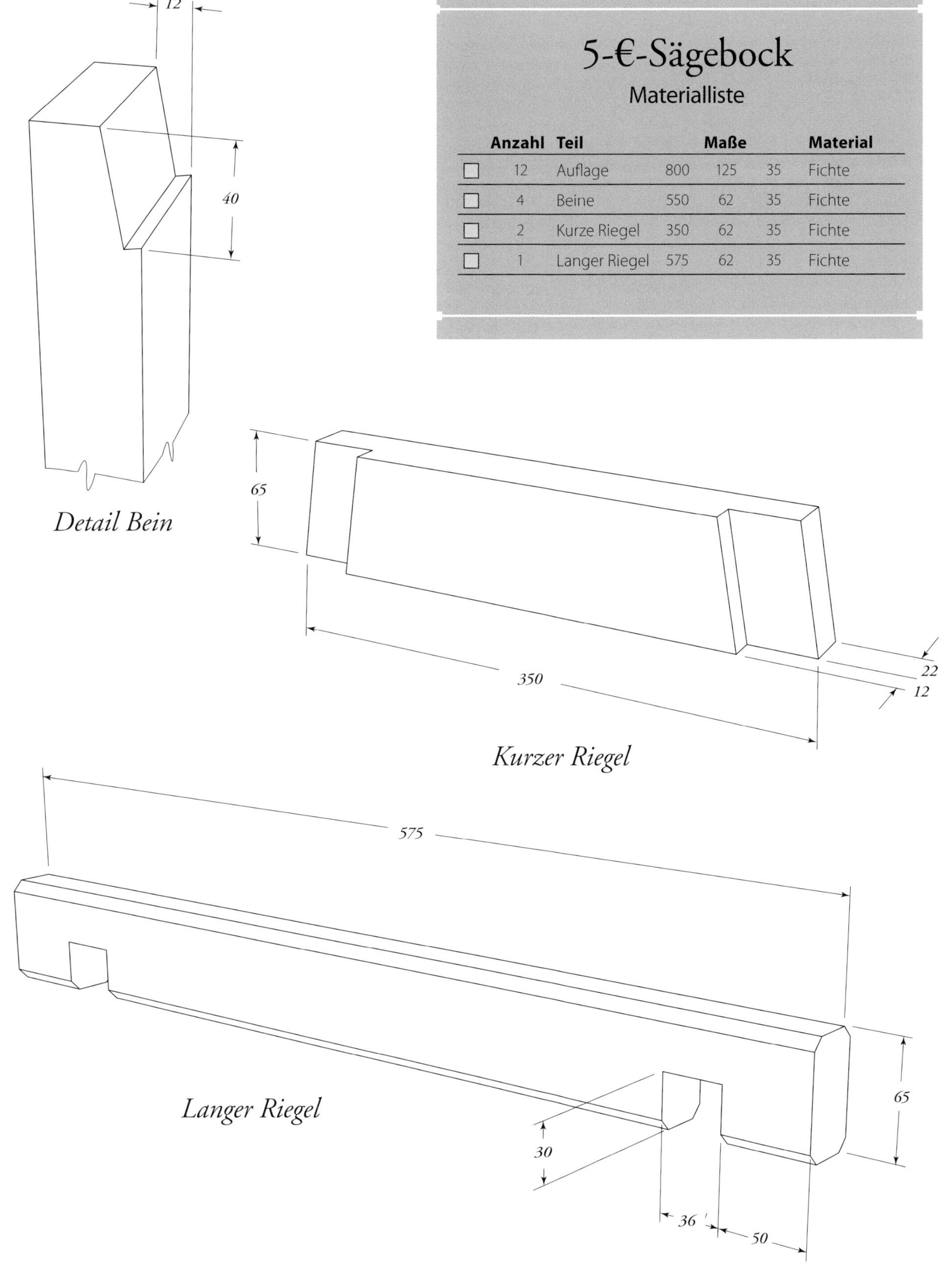

Detail Bein

Kurzer Riegel

Langer Riegel

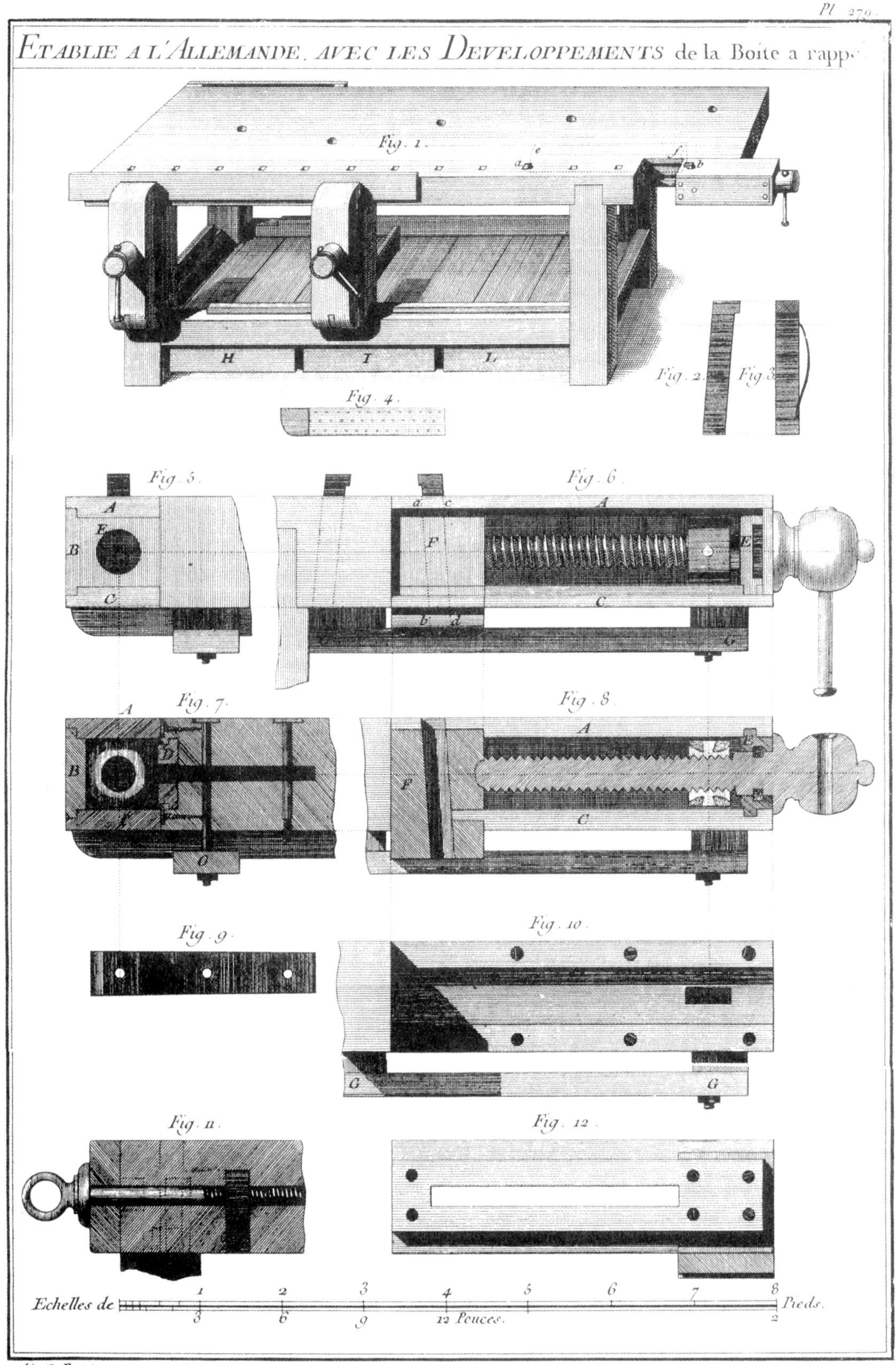

Illustration from a.J. Roubo's "le menuisier ébéniste"

Die andere Roubo: *Über Roubos deutsche Hobelbank habe ich kaum etwas geschrieben. Dieses Kapitel enthält vielmehr einige meiner Abenteuer mit anderen Bankformen.*

Anhang 2

Andere Bankabenteuer

von Christopher Schwarz

Während der letzten fünf Jahre, in denen ich einen Blog geschrieben habe, konnte ich in Holzwerkstätten, bei Ausstellungen und in historischen Texten eine Menge interessante Bänke kennenlernen. Auf den folgenden Seiten zeige ich einige der interessanten Entwürfe, über die ich gestolpert bin. Dabei habe ich erst an der Oberfläche gekratzt, was die Vielfalt an Werkbänken anbelangt.

Eine japanische Bank

Einer der (vielen) weißen Flecken in Sachen Holzbearbeitung sind japanische Werkzeuge und Methoden. Natürlich, ich habe die hervorragende Autobiographie von Toshio Odate gelesen und auch „The Genius of Japanese Carpentry" (den Bericht eines Amerikaners, der auf einer japanischen Tempelbaustelle gearbeitet hat). Ich schaue mich auch mit großer Regelmäßigkeit in dem Katalog von „Japan Woodworker" um.

Doch ich verstehe japanische Praktiken so wenig wie die Abkürzungen in den Texten meiner zwölfjährigen Tochter.

Ich bin immer sehr daran interessiert etwas über die Holzbearbeitung in Japan von Leuten zu erfahren, die dort studiert und gearbeitet haben. Einer von ihnen ist Harrelson Stanley, der Inhaber von JapaneseTools.com, der Shapton-Wassersteine nach Amerika gebracht hat.

Stanley hat als sehr junger Mann den Möbelbaukurs an der North Bennett Street School absolviert und ging dann nach Japan, um dort das traditionelle Lack- und Holzhandwerk zu lernen. Er kehrte nach Amerika zurück mit einer japanischen Frau und dem starken Wunsch, traditionelle japanische Techniken unter westlichen Holzhandwerkern zu verbreiten.

An einem Wochenende demonstrierte Stanley auf der Jahresausstellung der Northeastern Woodworkers Association seine neue Schärfhilfe. Er brachte den Leuten bei, wie man Schneidwerkzeuge schärft und den Hobel auf seiner japanischen Bank führt.

Die Bank besteht aus einem Paar Böcken, die eine schwere Bohle aufnehmen. Abgesehen von der Anschlagleiste aus Teak waren alle Teile aus Scheinzypresse, nach Aussage von Stanley einem dauerhaften und kräftigen Mitglied der Zedernfamilie, der im Nordwesten der Vereinigten Staaten wächst.

Anders in jeder Hinsicht: *Japanische Hobelbänke bestehen aus niedrigen Balken, doch sie sind erstaunlich vielseitig. Eines Tages möchte ich sie viel besser verstehen.*

Die besondere Bank wurde von James Blauvelt gebaut, einem Möbelschreiner, Schreiner und Zimmermann aus Connecticut, der die Firma Bluefield Joiners leitet. Doch ist diese Bank typisch für das, was man in einer japanischen Werkstatt findet?

„Sie sieht eigentlich etwas zu schön aus," sagt Stanley. „In einer japanischen Werkstatt würde man etwas Einfacheres verwenden."

Hier sind einige der entscheidenden Maße: die Böcke wurden aus Material mit einem Querschnitt 90 x 90 mm hergestellt. Die Höhe vom Boden bis zur Oberkante Auflage beträgt 60 cm. Die Platte hat eine Stärke von 90 mm, ist 260 mm breit und 2,4 m lang. Die Arbeitshöhe beträgt 69 cm, für moderne westliche Verhältnisse ist das ziemlich niedrig.

Die Platte ruht auf den Böcken und wird von einer einzigen Gratleiste an der Unterseite gehalten, die an einem der Böcke anliegt. Einzig die Schwerkraft und der Schub beim Arbeiten halten die Platte am Platz.

Hält an der Bank: *Horrelson Stanley demonstriert, wie der Schlitz an der Bankplatte genutzt wird, um die Sohle eines Hobels einzustellen.*

Abby an der Bank: *Eine von Stanleys Töchtern bei einem Ausflug an die Hobelbank.*

Die Platte ist wesentlich schmäler als die Böcke. Da habe ich mich gefragt, warum eigentlich? Werden die Werkstücke hier vor oder nach der Bearbeitung aufgelegt? Nicht wirklich, sagt Stanley. Der japanische Holzhandwerker würde normalerweise neben die Bohle eine dünne Platte über die Böcke legen und die gerade benötigten Werkzeuge darauf ablegen. Da diese Platte dünn ist, kommen die abgelegten Werkzeuge nicht in Konflikt mit der Arbeit.

Ein anderes interessantes Merkmal der Bankplatte ist eine im Querschnitt dreieckige Nut in der Nähe des Anschlages. In diese Nut greift das Eisen japanischer Hobel, wenn sie mit dem Gesicht nach unten gelegt werden, um die Sohle des Hobels mit einem anderen Hobel bearbeiten zu können.

Geschnitzter (und cooler) Bock

Anfang 2010 bekam ich Besuch von James Travis, der einen Bock mit so viel Ornamentik gebaut hat, wie ich sonst nie gesehen habe.

Travis, Anfang 20, war auf der Durchreise von Boston nach San Antonie in Texas und schaute bei uns in der Werkstatt vorbei. Travis hatte kurz zuvor einen dreimonatigen Intensivkurs Möbelbau an der North Bennet Street School in Boston absolviert und war auf dem Rückweg nach Texas, um dort eine Werkstatt für Möbeldesigner und Möbelbauer zu eröffnen.

Nachdem ich Travis unsere Werkstatt gezeigt hatte, bat er mich nach draußen an seinen Leihwagen, um seinen Bock anzusehen.

Er hatte den Bock ganz von Hand aus Roteiche gebaut und dafür nur einfache Handwerkszeuge verwendet. Dieser Bock ist in jeder Beziehung etwas über das Ziel hinausgeschossen. An jeder Ecke gab es durchgezapfte Verbindungen. Die Holznägel, mit denen die Beine angeschlagen sind, gehen durch die ganze Auflage und werden von geschnitztem Eichenholz abgedeckt.

„Ich werde nie mehr Roteiche schnitzen," bemerkte Travis zu diesem Projekt. Travis wies direkt auf die Fehler beim Bau des Bockes hin, darunter auch die Ausspänungen/Flicken, die er machen musste, als die Beine nicht genau in die Ausklingungen passten, die er an der Auflage geschnitten hatte.

Er meinte, dass er darüber nachdenke, diesen Bock noch einmal zu bauen, jetzt, wo er noch mehr Handfertigkeiten erlernte hatte. Doch stattdessen entschied er sich, dieses Teil seiner Ausstattung weiter zu verwenden, damit es ihn an all die Lehren erinnerte, die er bis jetzt hatte ziehen müssen.

Travis hat noch ein ziemliches Abenteuer vor sich. Er will Möbeldesigner werden und sich darauf spezialisieren, Möbel im Stil des 18. Jahrhunderts zu entwerfen. Der Bock ist ein Beispiel dafür, wie sein Verstand arbeitet. Die Schnitzereien und Formen wurden nicht von einem einzigen Möbelstück übernommen sondern sind vielmehr Erinnerungen an frühe amerikanische Möbel, die er in seiner Kindheit gesehen hatte.

Sobald er wieder in Texas ist, plant er die Gründung einer eigenen Werkstatt. Er will sich eine Tischkreissäge kaufen und mit der Arbeit beginnen, und zwar mithilfe seines Bockes und eines zweiten Jobs.

„Ist ein Ziel oder so etwas" sagte er.

Verrückt genug? *James Travie hat den am reichsten verzierten Bock gebaut, den wir jemals gesehen haben.*

Ja, Roteiche: *Der ganze Bock wurde mit Roteiche gebaut. Jawohl, er schnitzte Roteiche.*

Andere Stimmen: Giovanettis zehn Regeln für Hobelbänke

Einer der wenigen Menschen auf diesem Planeten, die meine Liebe für Hobelbänke verstehen, ist Rob Giovannetti.

Ich habe Giovannetti vor einigen Jahren auf einer Veranstaltung in der Nähe von Chicago kennengelernt und wir stehen seither in Kontakt via E-Mail. Giovannetti – und ich sage das so mitfühlend wie irgend möglich – hat ein Problem mit Hobelbänken.

Er hat acht Hobelbänke gebaut (alle in unterschiedlichen Stilen) und auch zwei Kurse zu diesem Thema gegeben. Vielleicht erinnern Sie sich an seine „Rob-O" Hobelbank aus dem Jahre 2006, die ich in meinem Blog (s. *Ressourcen* auf S. 229) vorgestellt habe.

Giovannetti ist gerade dabei, sich auf ein neues Abenteuer in Sachen Hobelbankbau einzulassen. Ich habe seine nächste Bank die „Manufactured Wood Smurf Bench" genannt. Eine lange Geschichte. Sie wird sicher cool sein, wenn sie fertig ist. In der Zwischenzeit hat er mir die folgende Liste mit zehn Dingen geschickt, die er beim Bau von Hobelbänken gelernt hat. Das ist eine interessante Liste.

1. Bänke müssen nicht unbedingt aus Laubholz hergestellt werden. Ich habe mehrere Bänke aus hartem Ahorn gebaut, doch die aus Douglasie funktionierten genauso gut und waren in der Regel leichter zu bauen.
2. Ich habe eine Art Hassliebe zu Hinterzangen. Ich habe jede mögliche Zange als Hinterzange ausprobiert und auch ganz auf sie verzichtet, doch ich komme immer wieder zu ihr zurück. Ich kann nicht ganz erklären warum, doch es ist so.
3. Die Schulterzange ist in der Nutzung die einfachste Zange, doch in der Herstellung am aufwändigsten und kompliziertesten. Wenn Sie gerne zinken oder Ihre Zapfen von Hand schneiden, empfehle ich Ihnen diese Bauart. An zweiter Stelle käme eine Doppelspindelzange.
4. Eckige Bankhaken sind den Aufwand nicht wert. Das mag sich nach Bequemlichkeit anhören, doch einmal abgesehen von einem Sinn für Tradition gibt es für mich keine Gründe, eckige Bankhaken zu haben. Runde Bankhakenlöcher lassen sich schneller und einfacher machen, und sie halten genauso gut. Hinzukommt, dass die 19-mm-Löcher noch für eine ganze Reihe anderer Funktionen genutzt werden können.
5. Wenn eine Reihe Bankhaken gut ist, dann sollte man es dabei belassen. Ich habe bisher noch keine Situation erlebt, in der mehrere Bankhakenreihen von Vorteil gewesen wären. Und ich habe sogar eine Bank mit vier Reihen gebaut.
6. Bankladen sind für Krimskrams-Leute. Ich bin einer von ihnen. Obwohl meine Werkzeuge über der Bank hängen, werfe ich das Werkzeug eher in die Lade als es an seinen Platz zu hängen. Ich habe gemerkt, dass besser organisierte Leute keine Lade verwenden.
7. Eine gute Bank muss eine Auflage für lange Bretter haben. Unabhängig davon, ob das Gestell mit der Vorderkante der Platte bündig abschließt, auf einen „Toten Mann" können Sie nicht verzichten.

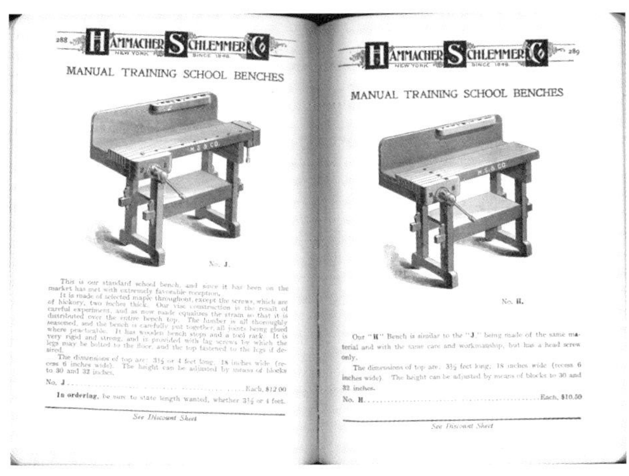

Was würde Giovannetti tun? *Diese gut aussehenden Hobelbänke verletzten viele Regeln für Hobelbänke. Arbeiten Sie die Liste durch um zu sehen, was an diesen Bänken geändert werden sollte.*

8. Die einzigen Gründe, die für Hirnholzleisten an den Köpfen der Bank sprechen, sind 1) sie unterstützen eine Banklade an der Rückseite der Bank oder 2) sie unterstützen eine Zange an einem oder beiden Enden der Bank. Ich denke, eine Hirnholzleiste ist nicht ausreichend steif, um eine Bankplatte am Verziehen zu hindern.
9. Wenn ich eine gute Bank für die Montage hätte, würde ich meiner Hobelbank gar kein Finish geben. Selbst bei Bankhaken erreicht man die beste Griffigkeit, wenn Holz auf Holz trifft. Schon ein einziger Anstrich mit Öl kann die Platte rutschig machen.
10. Keine dieser Regeln gilt, wenn Sie in der Lage sind, hochwertige Möbel auf einer Tafel Sperrholz zu bauen, die auf Böcken liegt. Einige der besten Arbeiten, die ich je gesehen habe, kamen von den einfachsten Montagetischen. Wenn Sie eine Menge mit der Hand arbeiten, werden die hier aufgeführten Punkte Ihnen den Bau von Möbeln sehr erleichtern.

Bitte beachten Sie, dass ich Sperrholz nicht als Material zum Bau von Banken behandelt habe. Um die Wahrheit zu sagen, ich weiß nicht viel über den Bau von Bänken aus Plattenmaterial. Ich habe jedoch eine Vorstellung, wie man 75 mm breite Streifen Birkensperrholz zu einem Plattenkern laminiert. Wenn darauf dann an beiden Seiten Hartholzfurnier oder eine Hartfaserplatte aufgeleimt wird und die Kanten einen Anleimer gleicher Stärke bekommen, dann halte ich diese Platte für ziemlich geeignet zum Stemmen, denn sie wird kaum federn.

***Höher für Verbindungen:** Diese geniale Werkbank wurde extra für die Holzverbindungen gebaut.*

Eine Bank für Verbindungen

Wenn ich im frühen 18. Jahrhundert gelebt hätte, wäre ich wahrscheinlich schon am Verwesen. Die Lebenserwartung in England betrug um das Jahr 1700 etwa 37 Jahre. 1820 war sie auf 41 Jahre gestiegen, doch das ist jünger als ich es heute bin.

Daher sollte es keine Überraschung sein, dass es trotz der Verehrung für meine Hobelbank im Stil des 18. Jahrhunderts Momente gibt, in denen ich denke, dass sie eher zu einem jüngeren Mann passen würde. Wenn ich eine ganze Kommode gezinkt habe, dann muss ich dafür mit meinem Rücken bezahlen – ich bin eine Woche lang steif. Hobeln und Zinken sind nicht so schlimm.

Vor sieben oder acht Jahren habe ich in dem WoodCentral Forum eine Bank speziell zum Zinken vorgeschlagen. Ich bin sogar so weit gekommen, sie mit CAD zu zeichnen. Doch dann wurde ich von diesem André Roubo abgelenkt.

Ich bin nicht der erste, der über eine hohe Bank nachgedacht hat. Andere Leute haben kleine Bänke zum Zinken entworfen, die auf die reguläre Hobelbank gestellt werden – bei Interesse sollten Sie einen Blick in das Archiv von *Fine Woodworking* werfen. Wieder andere haben Bänke gebaut, die klein und hoch sind – Drew Langsner vom Country Workshop hat eine Bank für Stuhlbauer, die dieser Bezeichnung gerecht wird und vorne mit einer Doppelspindel ausgestattet ist.

Jetzt hat Tim Williams, ein professioneller Möbelschreiner und Lehrer an der Asheville Woodworking School in Ashevill, N.C., eine wirklich überzeugende Lösung gefunden.

Nach einem besonders schweren Fall von „Zinkeritis" hat Williams die oben gezeigte Bank gebaut. Sie ist 93 cm hoch, die Platte ist 85 cm lang und 60 cm breit, einschließlich einer 15 cm breiten und 10 cm tiefen Banklade. Außer einigen Bankhakenlöchern bietet sie noch einen raffinierten Schlitz, um Sägen und Stemmeisen griffbereit zu halten. Dieser Schlitz lässt sich auch als Anschlag zum Hobeln nutzen.

Die Beine wurden aus Multiplex (LVL) hergestellt, haben die Form eines versetzten X und sind durch eine Schwinge mit dem Querschnitt 20 x 10 cm verbunden. Williams möchte hier noch zwei Löcher setzen, um dort Niederhalter oder anderes Zubehör aufzubewahren.

Die Platte hat eine Stärke von 65 mm und wird von einer 100 mm hohen Leiste aus Kirsche und Esche eingefasst. Die wichtigste Einspannvorrichtung ist eine hölzerne Doppelspindelzange. Zwischen den Spindeln ist ein Freiraum von fast 38 cm (seine normale Bank hat einen Spindelabstand von 82 cm). Meine „Holtzapffel-Bank" hat 60 cm. Nein, ich bin nicht neidisch.

Wenn diese Bank mir gehören würde, würde ich sie unter ein nach Norden gehendes Fenster stellen und gegen eine Wand. Und dann würde ich wie ein ganz aufrechter und entwickelter Mensch sägen, anstatt nach ein paar Tagen Zinken ein Neandertaler zu werden.

Eine hervorragende Idee, Herr Williams.

Bankplatte in einer Stunde

Eines Abends war ich begeistert, als mich ein Nachbar in seine Werkstatt rief und einen Karton öffnete.

Innen drin war eine 40 mm starke, 90 cm breite und 180 cm lange Mahagoniplatte. Er war durch seinen Job bei der Eisenbahn an vierzig derartige Platten gekommen. Er hatte die meisten davon verkauft (das Geld dafür hat er seiner Kirche gespendet). Ein paar hatte er aber noch übrig und dachte, ich könnte eine gebrauchen.

Die Platten waren aus keilgezinktem Mahagoni und mit einer lila Beize behandelt. Doch sie waren schwer – und plan. Und: Brauchen wir nicht mehr Werkbänke für die Holzbearbeitung in Amerika?

Viele Jahre lang wollte ich eine Bankplatte aus einem Metzgerblock bauen. Wir haben hier in Cincinnati ein verrücktes Lagerhaus namens „Home Emperium", welches gigantische 2,40 m große Buddhaköpfe und Ahornplatten aus Kopfholz anbietet. Sie bekommen eine 2,40 m lange Platte davon für rund 70 €. Leimen Sie zwei dieser Brocken aufeinander und Sie haben eine dicke, schwere und irgendwie hässliche Bankplatte. Ikea verkauft auch ähnliche Platten.

An diesem Morgen habe ich das Mahagonimonster in der Mitte durchgeschnitten, die Oberfläche mit dem Hobel abgenommen und entschieden, diesen Brocken zu einer 45 cm breiten und mehr als 7 cm starken Platte zu verleimen. Dafür brauchte ich eine Stunde, eine halbe Flasche Leim, einige Schrauben und ein paar Zwingen.

Wenn ich so etwas laminiere, dann setze ich gerne von der Unterseite her Schrauben, um die Teile zusammenzuziehen. Ich habe drei Reihen Schrauben gesetzt, der Abstand zwischen den Schrauben betrug 30 cm. Wenn der Leim trocken ist, können Sie die Schrauben wieder entfernen.

Ich habe also die beiden Platten Gesicht auf Gesicht zusammengespannt und Durchgangs- bzw. Pilotlöcher für 60-mm-Schrauben gebohrt. Es ist besser, wenn Sie diese Löcher alle bohren, bevor Sie Leim angeben. Ansonsten würden sich die Dinge leicht verschieben. Dann habe ich die Zwingen wieder abgenommen und die beiden Seiten auf den Böcken wie ein Buch geöffnet.

Mit einer kleinen Farbrolle habe ich dann auf beiden Teilen Leim aufgetragen, sie wieder zusammengeklappt und die Schrauben gesetzt. Und weil ich nun einmal ein Perfektionist bin, habe ich am Rand entlang Zwingen gesetzt.

Arbeitszeit insgesamt: eine Stunde.

Der andere große Vorteil dieser Instant-Bank besteht darin, dass ich hier Beschläge montieren werde, die ich bisher noch nicht publiziert habe.

Ich brauche halt mal wieder einen Grund dafür, eine weitere Bank zu bauen.

Zu einfach: *Mithilfe einer zweiten Mahagoniplatte und einer Hand voll Schrauben habe ich diese 75 mm dicke Platte innerhalb einer Stunde gebaut.*

Eine runde Sache

Ich habe mich bemüht, in der Debatte über runde und eckige Bankhaken neutral zu bleiben.

Doch nachdem ich mit beiden Jahre gearbeitet haben, habe ich mich für das Lager der runden Bankhaken entschieden. Hier sind ein paar Gründe:

1. Runde Bankhaken lassen sich auch nachträglich leichter setzen als eckige Bankhaken. Wenn Sie eine Bohrwinde und einen Bohrer haben, können Sie Ihre Bank jederzeit in einen Schweizer Käse verwandeln. Einen eckigen Bankhaken nach Montage Ihrer Bank zu setzen, ist hingegen eine Qual. Ein ordentliches Loch für einen eckigen Bankhaken hat einen Rücksprung und ist leicht geneigt.
2. Runde Bankhakenlöcher lassen sich besser mit Niederhaltern kombinieren. Ich habe Leute gesehen, die ihre Niederhalter in eckigen Bankhakenlöchern verwendet haben, doch es ist nicht immer erfolgreich und auch nicht schön. Niederhalter funktionieren am besten in runden Löchern, und ich benutze meine Niederhalter am liebsten in der Reihe Bankhakenlöcher an der Vorderkante meiner Bank.
3. Für runde Bankhakenlöcher gibt es mehr Zubehör. Die Hersteller für Bankzubehör, allen voran Veritas/Lee Valley – bieten eine verblüffende Vielfalt an Zubehör, das auf 19-mm-Löcher abgestimmt ist. Und wenn Sie Niederhalter kaufen, die mit einem 19-mm-Loch arbeiten, wird Ihr Leben (zumindest das in der Werkstatt) einfacher sein.
4. Sie können sich leicht Ihre eigenen runden Bankhaken machen. Alle Bankhaken aus Metall (rund oder eckig, Messing

oder Stahl) sind für die Bänke in meinem Buch übertrieben. Und sie haben die Neigung, an Ihren Werkzeugen zu knabbern. Ganz unabhängig davon, welche Art von Bankhaken Sie verwenden, ich empfehle Ihnen selbstgemachte Haken aus Holz mit einer Lederauflage an den Druckflächen auszuprobieren.

Meine runden Bankhaken aus Holz wurden aus 19-mm-Hickory-Dübeln hergestellt. Schneiden Sie die Dübel auf die gewünschte Länge – ich empfehle eine Länge, die um 25 mm länger ist als Ihre Plattenstärke. Wenn Sie wollen, machen Sie gleich einen Haken für jedes Loch.

Dann schneiden Sie oben am Bankhaken eine flache Druckfläche. Meine Druckfläche ist etwa 40 mm lang und 15 mm breit. Danach leimen Sie ein Stückchen Leder oder was Sie haben mit Weißleim oder Hautleim auf die Druckfläche.

In einem letzten Arbeitsgang können Sie am Schaft eine Kugelklemmung anbringen. Mit dieser Klemmung können Sie den Haken auf jede Höhe einstellen, ohne dass er aus dem Loch rutscht.

Ich gebe gerne zu, dass eckige Bankhaken von Vorteil sind, wenn starke Bohlen hochkant oder manche Konstruktionen gespannt werden – das liegt daran, dass Ihre Druckfläche hoch über die Bankplatte eingestellt werden kann und am eckigen Schaft vorspringt. Ich denke über eine schnelle Überarbeitung meiner runden Bankhaken nach, mit der sie auch diese Fähigkeit bekommen werden. Ich werde es über meinen Blog bekanntgeben, wenn ich etwas länger getestet habe.

Rund ist richtig: *Viele Jahre habe ich mit runden und eckigen Bankhaken gearbeitet. Schließlich habe ich entschieden, dass ich runde bevorzuge.*

Mit Kugel: *Diese Kugelklemmung mit Feder zähmt Ihre runden Haken.*

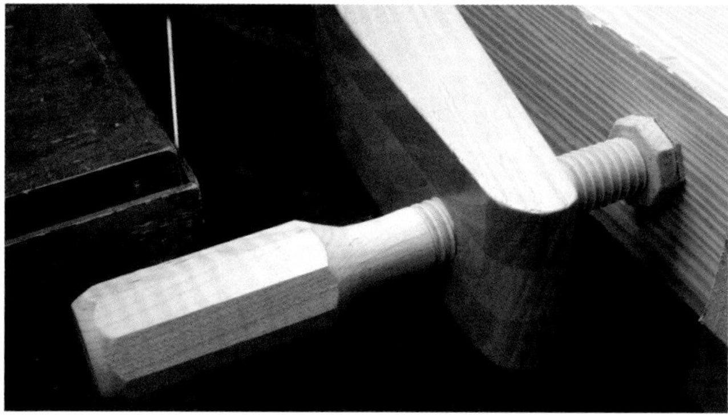

Frühe Zange: *Diese Zange, die ich am Haken der Vorderkante meiner Bankplatte installiert habe, taucht in dem frühesten englischsprachigen Buch über Holzbearbeitung auf.*

Zange an der Bank von Joseph Moxon

Ich denke inzwischen, dass ein Haken an der Vorderkante der Bankplatte, der von einer Spindel durchstoßen ist, der Urgroßvater der verehrten Schulterzange ist, die Frank Klausz so gerne zum Zinken verwendet.

Die früheste Darstellung dieser Anordnung, die ich kenne, erscheint als grob skizzierte Ergänzung an der Bank, die in Joseph Moxons Buch „Mechanick Exercises" gezeigt wird. Peter Follansbee, ein auf traditionelle Holzbearbeitung spezialisierter Schreiner, verwendet sie an seiner Hobelbank, und ich habe sie heute Nachmittag an meiner Roubo angebracht.

Die Spindel fing als Stab im Querschnitt 40 x 40 mm an, den ich zu einem Achteck gehobelt habe. Dann habe ich den Schaft auf 25 mm runtergedrechselt und ein Gewinde angeschnitten.

Das Plättchen an der Spitze der Spindel gehört nicht zur Ausstattung von Moxon. Meine Spindel hinterließ am Werkstück Druckspuren, wenn ich sie stärker anzog. Da entschloss ich mich, ein mit Leder bezogenes Plättchen anzubringen, welches wie eine F-Zwinge funktioniert. Das Plättchen dreht sich mit der Spindel bis es in Kontakt mit dem Werkstück kommt. Dann bleibt es stehen, während die Spindel angezogen wird.

Danach habe ich ein 22-mm-Loch durch den großen aus Esche angefertigten Haken gebohrt, etwa 40 mm von der Spitze zurückspringend. Zum Abschluss habe ich dort das Innengewinde geschnitten.

Das Gewinde an der Spindel ist mit 6 Gängen pro Zoll ziemlich fein. Aus diesem Grund lässt sich die Spindel nicht so schnell hinein- oder herausdrehen. Sie muss jedoch nicht so weit verstellt werden und packt erstaunlich gut. Schließlich habe ich meine Beinzange abmontiert.

Das Experiment soll beginnen.

Kritik: Die moderne europäische Hobelbank

Der dominierende Stil bei Hobelbänken in der westlichen Welt ist, was wir die europäische Form nennen. Das ist die Bank, die Ulmia bekannt gemacht hat und die Bank, auf der im 20. Jahrhundert Millionen von Schränken gebaut wurden. Es war die erste „richtige" Hobelbank, an der ich gearbeitet habe an der Universität von Kentucky, und ich kam gut damit zurecht.

Da mag es ketzerisch erscheinen, wenn ich auf Einschränkungen dieser verehrten Form hinweise. Immerhin verwenden Millionen von Holzhandwerkern diese Bank. Sie lieben sie. Sie würden sie für nichts in der Welt tauschen.

Dennoch.

Bitte vergessen Sie folgendes nicht: Wenn Sie Ihre Hobelbank mögen, werde ich Sie nicht ermuntern, sie zu Feuerholz zu zerhacken und ihr das Begräbnis eines Wikingers zu geben. Sie brauchen keine spezielle Bank, um herausragend mit Holz zu arbeiten. Die folgenden Kommentare sollen Sie nur darüber nachdenken lassen, was eine Hobelbank mit Leichtigkeit können sollte.

Jedes Teil einer Hobelbank hat Vor- und Nachteile. Wir wollen mit dem Gestell beginnen.

Das Gestell: Die meisten europäischen Hobelbänke haben ein Gestell mit Kufenfüßen, wie es unten abgebildet ist. Derartige Gestelle können sehr massiv sein (was ich bevorzuge) oder auch spindeldürr. Das Gute bei dieser Bauart ist, dass es sich zerlegen lässt (indem Keile oder Bolzen gelöst werden), um sie zu transportieren. Der Nachteil besteht darin, dass hier das Vorderbein zurückspringt und somit nicht als Spannfläche zum Fixieren von langen Brettern, Füllungen oder Türen verwendet werden kann. Sie können sich einen sogenannten Bankknecht bauen (einen tragbaren Ständer mit verstellbarer Auflage), um diese Aufgaben zu bewältigen, doch viele andere einfache Bänke brauchen dieses Zubehör nicht. Ich möchte an dieser Stelle darauf hinweisen, dass nicht alle europäischen Bänke so gemacht waren. Einige eher deutsch aussehende Bänke hatten Gestellbeine, die bündig mit der Vorderkante der Bankplatte lagen und konnten daher als Spannfläche genutzt werden.

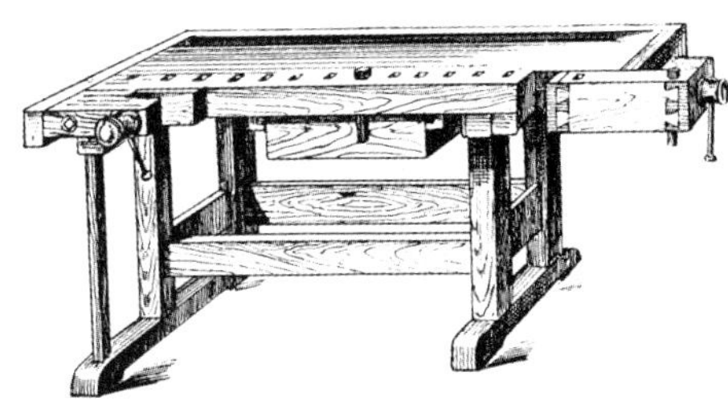

No. 161
Schaafbank met Duitsche Voortang.
Établi avec presse Allemande et 2 arrêts.
Joiners Bench with German Bench Screw.

No. 162
Schaafbank met Fransche Voortang.
Établi avec presse Française et 2 arrêts.
Joiners Bench with French Bench Screw.

***Keinen Schaden angerichtet:** Sind es diese klassischen Hobelbänke aus dem Katalog von Jos. Harm wert, dass man sie kauft und baut? Lesen Sie meine Kritik.*

Die Banklade: Werkzeugladen sind großartig, um Werkzeuge in Griffweite zu haben und gleichzeitig verleiten sie dazu, Müll zu sammeln. Sie erlauben es Ihnen, bei der Herstellung der Arbeitsplatte mit weniger Material auszukommen, doch sie bieten weniger Unterstützung, wenn Sie flache Tafeln bearbeiten. Man muss nicht zwangsläufig eine Banklade haben, um sein Werkzeuge griffbereit zu halten. Wir verwenden in unserer Werkstatt Gestelle über der Bank.

Die Hinterzange: L-förmige Hinterzangen an der rechten Seite der Bank sind gut, um Füllungen zum Hobeln oder Schleifen einzuspannen (für einzelne Bretter verwende ich einen Anschlag). Ich mag Hinterzagen, um Kanten an Brettern und Türen zu fügen. Sie sind zudem hervorragende Spreizzwingen. Sie sind auch gut geeignet, um schmale Schubkastenseiten zu zinken. Doch Hinterzangen haben auch ihre Nachteile. Sie können nicht direkt auf einer Hinterzange arbeiten, man darf auf ihnen nicht stemmen und hämmern. Ich habe schon an vielen Hinterzangen gearbeitet, die sich mit den Jahren stark gesetzt hatten. Das hebt dann Ihr Werkstück an. Manche Holzhandwerker sägen gerne am Ende ihrer Bank, die Hinterzange ist dann im Weg. Ich säge dort nie, daher ist das für mich kein Thema.

Die Vorderzange: Diese Zangen sind prima für allerlei Arbeiten an kleineren Werkstücken. Doch die Führungsstäbe sind hinderlich, wenn Sie zinken, und die Backen verziehen sich, wenn Sie etwas an einer Ecke der Backe einspannen (was leicht vorkommt, denn die Führungsstäbe verleiten dazu). Abstandshalter helfen dabei, den Verzug der Backe zu kontrollieren, doch diese kleinen Hilfen fliegen gerne herum.

Die Bankplatte: Einige Bänke europäischer Bauart haben eine hohe Randleiste und einen ziemlich dünnen Kern. Diese Randleisten machen mich verrückt, wenn ich etwas auf die Platte spannen will. Andere europäische Bänke haben eine schöne solide und dicke Platte (wie auf der Abb. links), auf der sich sehr gut spannen lässt. Viele im Handel angebotene Bänke dieser Bauart bieten (und dies soll ein Vorzug sein) eine Schublade unter der Platte. Diese Schublade kommt gerne in Konflikt mit aufgespannten Werkstücken und mitunter sogar mit den Bankhaken.

Das Urteil: Trotz aller Einschränkungen einer europäischen Hobelbank werden Sie immer einen Ausweg finden, also ist es eine gute Form. Doch wenn Sie sich eine Bank für Ihre Werkstatt bauen wollen, können einige kleine Veränderungen Ihr Leben erleichtern.

Ausgefallene französiche Fußarbeit

Eine der besten Aspekte über den Bau altmodischer Hobelbänke (wie Roubos Bank) ist der Umstand, dass Sie bei ihrer Verwendung wenig lernen. Manchmal lernen Sie unbewusst und es dauert zwei Jahre bis Sie merken, dass Sie etwas gelernt haben.

Kürzlich habe ich die Füllungen für eine Truhe abgerichtet und dabei im rechten Winkel zur Faser gearbeitet – Joseph Moxon nennt es „transversing" in seinem Buch „Mechanick Exercises" (im Deutschen wird eine starke Spanabnahme bei schräger Führung des Hobels „Zwergen" oder „Zwerchen" genannt).

Dabei bemerkte ich dann, dass ich seit einiger Zeit etwas machte, ohne mir dessen bewusst zu sein. Während ich so quer zur Faser hobelte, klemmte ich meinen Fuß unter die Schwinge und verwandte den Fuß auch, um meinen Körper nach jedem Stoß zurückzuziehen.

Ich pausierte, zog meinen linken Fuß unter der Schwinge heraus und versuchte stattdessen mit beiden Beinen auf dem Boden stehend zu hobeln. Das fühlte sich richtig nach Arbeit an. Da habe ich meinen Fuß wieder unter die Schwinge geklemmt und weitergearbeitet.

Hatte Roubo beim Entwurf seiner Hobelbank an dieses kleine Detail gedacht? Wahrscheinlich nicht. Doch die Position der Schwinge kam mir immer komisch vor – er liegt nur 125 mm über dem Fußboden. Andere Bänke, die ich benutzt (und gebaut) habe, setzen die Schwinge viel höher. Wenn Sie eine niedrige Schwinge haben sollten, probieren Sie das einmal aus und lassen mich wissen, was Sie dazu meinen.

***Hängen Sie Ihren Fuß ein:** Als ich diese französische Hobelbank baute, hielt ich die Schwingen für etwas niedrig. Inzwischen weiß ich, warum sie dort hingehören.*

Auf der To-do-Liste: Verschiebbare Beinzange

Als ich meine erste Hobelbank im Stil von Roubo baute, habe ich einen „Toten Mann" eingebaut, um so Unterstützung bei der Bearbeitung von Türen und langen Brettern zu haben. Ich habe jedoch schon länger vor, diesen „Toten Mann" durch eine verschiebbare Beinzange zu ersetzen.

Roubo zeigt ein derartiges Arrangement in seinem Werk und es ist verlockend. Wie Sie jedoch bald sehen werden, ist das auch eine Herausforderung für einen Ingenieur.

Ich bin in Versuchung, so etwas zu bauen, denn es wäre eine endgültige Lösung zum Zinken und für die Bearbeitung von langen Kanten. Ein Ende würde in der regulären Beinzange gehalten, die sich am linken Gestellbein befindet. Das andere Ende würde von der beweglichen Zange eingespannt. Bei einer langen Bank (meine ist 2,4 m lang) könnten Sie dann fast jedes Stück Holz halten, das Sie in einer Möbelwerkstatt finden können.

Die Herausforderung für den Ingenieur kommt, wenn Sie versuchen, es so zu bauen, dass es stabil ist und die Bank nicht beschädigt. Dieses Problem lässt sich natürlich lösen, doch der Einbau einer verschiebbaren Beinzange erfordert sorgfältige Überlegung.

Zum Glück hat der umtriebige Leser Bill Liebold seine 3,6 m lange Hobelbank mit einer verschiebbaren Beinzange ausge-

***Die Monster Roubo-Bank:** Bill Liebold tat genau das, was ich immer machen wollte: Er hat eine zweite verschiebbare Vorderzange installiert. Ich bin etwas neidisch.*

rüstet. Er ist fasziniert von der Funktionalität dieser Zange, doch er arbeitet immer noch an den technischen Aspekten.

Das Hauptproblem liegt darin, dass diese verschiebbare Zange in einer Nut läuft, die an der Unterseite der Bankplatte gefräst wurde. Wenn Sie die Zange richtig anziehen, kann sie die Vorderkante der Hobelbank verbiegen.

„Ich war in der Lage, die Vorderkante der Platte zu verbiegen, doch das war viel mehr Druck als ich zum Einspannen eines Stücks Holz brauchte," schreibt Liebold. „Ich habe es gemacht, um zu sehen was passiert, wenn ich die Zange übermäßig anziehe. Ich experimentiere gerne."

Falls Sie erwägen, eine verschiebbare Beinzange zu installieren, werden Sie die Nut an der Unterseite der Bankplatte verändern müssen. Ich persönlich würde sie so weit wie möglich nach hinten legen. Liebold meint, die Nut sollte mindestens 75 mm hinter der Vorderkante der Platte liegen und der Zapfen des verschiebbaren Brettes, auf dem die Zange montiert ist, sollte 25 mm stark sein. Ich denke, das hört sich gut an.

Es gibt sicher viele andere Möglichkeiten, um das Problem zu lösen. Und jetzt spiele ich wieder mit der Idee, eine verschiebbare Beinzange nachzurüsten, wenn ich mir nur eine gute technische Lösung ausdenken kann.

Abschied von der Parallelführung?

Unser Leser Jon Pile schreibt folgendes über die Parallelführung einer Beinzange:

Die Parallelführung ist meiner bescheidenen Meinung nach der grausame Witz eines historischen Witzboldes. Ich habe die beiden letzten Jahre eine Beinzange verwendet. Der Ausbau der Parallelführung war die erste Veränderung, die ich vorgenommen habe.

Stattdessen nehmen Sie ein Stück Ahorn, schneiden es auf 75 x 50 x 25 mm und lassen es an einer Schnur am Gestellbein baumeln. Wenn Sie die Zange öffnen, stecken Sie den Block in der gerade passenden Richtung unten zwischen Backe und Bein.

Breitere Stücke? Suchen Sie nach einem größeren Block. Dünneres Material? Nehmen Sie den Block ganz heraus.

Unbegrenzt variabel, einfach und idiotensicher – ich kann nach unten greifen und meine „Parallelführung" mit links einstellen, ohne auch nur zu gucken.

Ich bitte Sie eindringlich, beenden Sie diesen Wahnsinn mit dieser nach Schweizer Käse aussehenden Parallelführung.

Was den Querschnitt der Backe für die Beinzange angeht, habe ich mit einem Stück Weißeiche 180 x 50 mm begonnen. Mir war das noch zu flexibel. Ich habe es stärker versucht – die Backe ist jetzt 80 mm stark – und ich bin nun sehr zufrieden. Mit dieser Konstruktion habe ich genug Drehmoment, um den 19-mm-Dübel abzuscheren, mit dem die Platte auf den Gestellfüßen fixiert war. Auch das ließ sich einfach reparieren und verbessern.

Ich habe so einen kleinen Block kürzlich an meiner Beinzange ausprobiert. Ich habe ihn genauso gemacht, wie er ihn beschrieben hat und an dem Loch im Gestellbein festgebunden, in das ich beim Zinken den Niederhalter stecke.

Der Block funktionierte genauso, wie es beschrieben war. Das ist kein Wunder. Die Hebelgesetze lassen sich nicht außer Kraft setzen. Ich muss jedoch mit dem Block eine Art Muskelgedächtnis entwickeln, bevor ich meine Parallelführung herausreiße. Das schöne an der Parallelführung ist, dass ich meist mit Material arbeite, das eine Stärke von 15, 20 und 22 mm hat. Daher verstelle ich den Stift meiner Parallelführung fast nie. Er steckt im ersten Loch ich kann damit die üblichen Werkstücke einspannen. (Nebenbei, dieses schöne Loch an meiner Führung liegt 12 mm von der Innenseite der Zangenbacke).

Ein paar andere Details: ich habe mich gefragt, ob so ein Block bei einer leicht geneigten Zange praktisch wäre (wie sie an meiner neuen englischen Hobelbank installiert wurde). An dieser Bank hindert die Parallelführung die Backe daran sich zu verdrehen, wenn Sie den Zangenschlüssel anziehen. Jon antwortete darauf, dass seine Beinzange geneigt ist und dass der Fuß der Backe auf dem Fußboden aufliegt, was sie am Verdrehen hindert.

Einfache Lösung: *Ein Leser wollte auf die Parallelführung an der Beinzange verzichten. Seine Lösung? Ein Holzklotz, wie hier zu sehen.*

Ressourcen

Die meisten Zubehörteile zum Werkbankbau gibt es inzwischen bei deutschen Händlern.

- Dieter Schmid, Feine Werkzeuge, Berlin
  http://www.feinewerkzeuge.de/werkstatt.html

  Neben den Dingen , die Sie hier kaufen können, finden Sie auch eine Reihe von Hobelbänken, die Kunden gebaut haben, z. T. mit Anleitungen – in jedem Fall sehr interessant.

- Dictum, Metten (vormals Fa. Dick - Feine Werkzeuge):
  www.mehr-als-werkzeug.de
  Suchen Sie hier nach „Spannzangen" bzw. „Zubehör für Hobelbänke".

Beide Firmen haben neben dem Versandhandel auch einen Showroom an ihren jeweiligen Standorten und sind teilweise auf Messen zu finden.

Ressourcen zum Buch im Internet

- Das Video zur Hobelbank aus Furnierschichtholz und eine 3-D-Zeichnung dazu:
  http://www.popularwoodworking.com/nov09/online-extras-november-2009-issue

- Video der Roubo Bank von Roy Underhill:
  Teil 1: http://video.pbs.org/video/2365015322/
  Teil 2: http://video.pbs.org/video/2365015323

- Blogs von Chris Schwarz, er schreibt zwei:
  zum einen bei seinem früheren Arbeitgeber Popular Woodworking:
  http://www.popularwoodworking.com/woodworking-blogs/chris-schwarz-blog

  und auf seiner eigenen Seite: http://blog.lostartpress.com/

Weiteres erwähntes Zubehör

- Holzspindeln:
  bigwoodvise.com (Joe Comunale)
  LakeEricToolworks.com (Nick Dombrowski)

- Doppelspindelzange von Lee Hovarter (S. 202):
  http://www.hovartercustomvise.com

- Float-Feilen (S. 93):
  ein amerikanischer Begriff, der im Deutschen wenig bekannt ist und im Handel (wenn überhaupt) unter unterschiedlichen Bezeichnungen angeboten wird: Es handelt sich um Werkzeuge, die irgendwo zwischen Feile und Raspel anzusiedeln sind und ursprünglich nur im Hobelbau eingesetzt wurden. Hersteller sind Lie-Nielsen (USA) und Liogier (Frankreich). Bezugsquellen sind Dieter Schmid, Berlin und Dictum, Metten (dort „Fräserfeilen" genannt); Anschriften siehe oben. Eine Kurzvorstellung dieses Werkzeugs finden Sie in HolzWerken Heft 46.

Holzarten

- Sumpf-Kiefer, yellow pine: Diese in den USA gängige Holzart kann ersetzt werden mit der heimischen Kiefer.

- Hickory: ebenfalls in den USA sehr gängig; ist bei uns gelegentlich erhältlich und zumindest beschaffbar. Möglicher Ersatz: Esche

- Tulpenbaum: Trotz der amerikanischen Bezeichnung yellow poplar („gelbe Pappel") hat der Baum nichts mit der europäischen Pappel zu tun. Das Holz ist hier erhältlich.

- Weymouthskiefer ist ein nordamerikanischer Nadelbaum, der hierzulande regelmäßig zu bekommen ist. Das Splintholz ist nahezu weiß, daher die englische Bezeichnung white pine.

- Scheinzypresse, engl.: port oxford cedar, dürfte in Deutschland kaum zu bekommen sein.

Index

A

Abrichten der Arbeitsplatte 163
Hobelbank aus Furnierschichtholz 84
Techniken 33

Anschlag zum Hobeln und Schleifen.......................167

Arbeitsplatte
24-Stunden-Hobelbank 118
Arbeitsplatte zum Verleimen 169
Befestigung auf dem Gestell .. 220–223
D-Box 12–13
Hobelbank aus Furnierschichtholz 81
Hobelbank für das 21. Jahrhundert 89–90
Hobelbank für 250 Euro 144
Hobelbank für Maschinen 127
Kanten fügen 33–36
Laminierte Arbeitsplatten 64
Platte abrichten 163
Platte verleimen.................... 142
Schlitze in Arbeitsplatte 64–66
Schutz der Arbeitsplatte............ 168
Shaker-Hobelbank 109–111
Starke Arbeitsplatten für mehr Stabilität 13–14

Arbeitsplatte schleifen..............167

Arbeitstisch Werkbank......... 176–177

Arts-&-Crafts-Hobelbank....... 186–187

Aufhängung für Stemmeisen.........25

Auflage für Werkstücke am Gestellbein 165

Aufwertung der Hobelbank ... 163–169

Auszüge und Tabletts
Allgemein........................... 24
Hobelbank für das 21. Jahrhundert 97
Shaker-Hobelbank 108
Tablett zum Schärfen und für die Oberflächenbearbeitung........... 169

B

Bankanker 208

Bankbolzen
24-Stunden-Hobelbank.......... 119–120
Hobelbank für Maschinen 130–131
Veritas Bankbolzen 217–220
Zerlegbare Hobelbänke 217

Bankhaken, siehe auch *Bankhakenlöcher*..... **166, 169**

Bankhakenleiste 22–23
bei der *24-Stunden-Hobelbank* . 118, 125
Nachteile einer Bankhakenleiste . . 22–23

Bankhakenlöcher
24-Stunden-Hobelbank............. 120
Anordnung der Bankhakenlöcher.............28, 37–38
Eckige Bankhaken 27–28
Hobelbank für Maschinen 132
Runde Bankhaken................ 27–28
Wonder Dog/Wunderhaken. ...166, 169

Bankknecht zur Bearbeitung von Kanten 213

Beine
Bank des 18. Jahrhunderts – von Hand 38–41
Holtzapffel-Hobelbank 58–60
Die Hobelbank für alle Fälle 152–154
Roubo, André 38
Shaker-Hobelbank 103
Keile 93

Beinzange
Bank des 18. Jahrhunderts – von Hand 47, 49
Haltering.........................81–82
Hobelbank aus Furnierschichtholz................79–80

Benchcrafted Gleitzange.............01

Benchcrafted Hinterzange 205

Befestigungsschraube (Bench Stud) .208

Beschläge
Bankbolzen 119–120, 130–131, 217
Bettbolzen 144
Fortschritte beim Einspannen 196
Holzleisten und Schrauben für die Befestigung der Arbeitsplatte . .221–222
Die Hobelbank für alle Fälle 151–154
Scharniere für den Transport von Bänken 21
Schrauben 93
Spindeln 197–198

Beste Bank, die nie gebaut wurde 225–227

Bettbolzen 144

Bildhauer, Werkbank für............. 174

Big.Wood.Vise.com (Hersteller) 79, 82, 197, 198

Breite von Hobelbänken 15–17, 33

Bündig bearbeiten..................68

D

Demontieren/Auseinanderbau
Befestigung der Platte auf dem Gestell 220–221
Bohrung für Schraubenmutter .219–220
Bolzen wie bei einem Bett...... 217–218
Holzkeile............................12
Holzleisten und Schrauben.....221–222
Holznägel.....................216–217
tradtionelle Holzverbindungen..... 221
Installation der Bolzen..........218–219
Metallplatten....................... 222
Schwalbenschwänze................217
Strategien für die Konstruktion 215
Verbindungen – Auswahl und Bemessung 218
Verbindungen lösen sich 11–12
Verkeilte Zapfen (tusk).............. 216
Zeichnungen 224
Zerlegbare Hobelbänke 214–224

Domino Dübel....................77, 78

Doppelspindelzange.... 20, 68, 202, 209

E

Eingelassene Zange 205–206

Eisen gegen Holz 12

Eisenoxid 36

Einspannen von Zargen und Kuben . . 22

Einspannen von Werkstücken 22

Einspannvorrichtungen, *siehe auch Zangen*
Bankknecht für die Bearbeitung von Kanten..........................213
F-Zwingen 207
Gramercy Niederhalter 207–208
Geschichte......................... 210
Gewindeschneider und Gewindebohrer 211
Holtzapffel-Hobelbank 56–57
Joseph Moxons Doppelspindelzange 209
Lade für Hobel mit Anschlag 212
Niederhalter........................ 167,
Ungewöhnliche Entwürfe........ 14–15
Veritas Bankanker 208–209
Veritas Befestigungsschraube („Bench Stud") 208
Veritas Niederhalter 208
Veritas Oberflächenklemme........ 208

Entwürfe für Hobelbänke – vorher und nachher............ 175–195
Bank mit diagonalen Streben... 192–193
500 Pfund Werkbank..........194–195
Variation einer französischen Hobelbank....................190–191
Arts-&-Crafts-Hobelbank.......186–187
Fahrbare Werkbank.............184–185
Nicholson Hobelbank 182–183
Roubo Hobelbank..............180–181
Skandinavische Hobelbank.....188–189
Kleine Hobelbank 178–179
Arbeitstisch Werkbank 176–177

Epoxidharz 36

Europäische Bank mit diagonalen Streben...................... 7, 192–193

Exzenterspanner (Veritas Oberflächenzange).........................206–207

F

Fälze ... 156
Fasen ... 62
Fenster, natürliches Licht ... 20; 60
Frontrahmen ... 106–107

Französische Hobelbank, Variation ... 190–191
F-Zwingen ... 207
Füllungen mit Halbstabprofil ... 105–106
Furnierschichtholz, siehe
Hobelbank aus Furnierschichtholz

G

Gestell einer Hobelbank
- Befestigung der Arbeitsplatte ... 220–221, 223
- *Hobelbank für 250 Euro* ... 143–145
- *Holtzapffel-Hobelbank* ... 62–63
- *Hobelbank für alle Fälle* ... 155
- *Shaker-Hobelbank* ... 105
- *24-Stunden-Hobelbank* ... 119
- Zerlegbare Hobelbänke ... 220–221, 223

Gewicht von Hobelbänken
- Maximales/minimales Gewicht ... 16
- Schwere Bankplatten ... 13–14
- Zusätzliches Gewicht ... 16

Gewindeschneider und Gewindebohrer ... 211
Grundsätze beim Bau von Hobelbänken
- Nr. 1 – Kräftiges Gestell ... 11–12
- Nr. 2 – Kräftige Platte ... 12–14
- Nr. 3 – Ungewöhnliche Entwürfe hinterfragen ... 14–15
- Nr. 4 – Breite und Höhe der Arbeitsplatte ... 15–17
- Nr. 5 – Höhe der Hobelbank ... 18–20
- Nr. 6 – Position der Hobelbank in der Werkstatt ... 20–21
- Nr. 7 – Bank bewegen/transportieren 21
- Nr. 8 – Hobelbank als dreidimensionale Spannfläche ... 21–22
- Nr. 9 – Werkstücke einspannen ... 22
- Nr. 10 – Bankhakenleiste ... 23
- Nr. 11 – Vorne vorspringende Arbeitsplatte ... 24
- Nr. 12 – Banklade ... 24
- Nr. 13 – Materialauswahl ... 24
- Nr. 14 – Vitrinen-Bänke ... 25
- Nr. 15 – Zangen ... 25
- Nr. 16 – Bankhakenlöcher ... 27–28
- Nr. 17 – Stauraum ... 28
- Nr. 18 – Oberfläche ... 28

H

Handhobel, *s. Hobel*
Haltering
- Aufgaben ... 81
- Beinzange ... 49, 50, 81–82
- Funktionen ... 199
- Haltering außen ... 82, 199
- Haltering, innen ... 82, 199

Hinterzange
- Benchcrafted Hinterzange ... 205
- Funktionen ... 25
- *Holtzapffel-Hobelbank* ... 67–68
- Installation/Einbau ... 132
- Lie-Nielsen Hinterzange ... 204
- Nachträglicher Einbau ... 166–167
- Neue Entwicklungen ... 202–203
- Veritas eingelassene Zange ... 205–206
- Veritas Exzenterspanner ... 206–207
- Veritas Oberflächenzange ... 206
- Veritas Schnellspannzange ... 204

Hobel
- Anschlag zum Hobeln ... 50
- Arbeitshöhe zum Hobeln ... 18–20
- Aufbewahrung ... 51
- Brüstungshobel ... 62
- Grundhobel ... 39, 42
- Lade zum Hobeln mit Anschlägen ... 212
- Metallhobel ... 19
- Zahnhobel ... 28

Hobelbänke transportieren
- Lässt sich die Bank fahren und transportieren? ... 21
- Fahrbare Werkbank, Diskussion ... 184–185

Höhe der Hobelbank
- Maximale Höhe ... 15–16
- Metallhobel – Einfluss auf Arbeitshöhe ... 19
- Tiefer ist besser ... 18–20
- Verstellbare Arbeitshöhe ... 18

Holznägel
- Holznägel in leicht versetzte Löcher ... schlagen ... 12, 45–46
- Schlitz- und Zapfenverbindung ... 130
- Verbindungen ... 63
- Zerlegbare Hobelbänke ... 216–217

Holzspindeln für Hobelbänke ... 197–198

J

Jørgensen Zange ... 197

K

Kanten
- Anleimer der Arbeitsplatte bündig beiarbeiten ... 81
- Bankknecht für die Bearbeitung von Kanten ... 213
- Fügen ... 33–36
- Kanten furnieren ... 82
- Vorspringende Arbeitsplatte ... 23–24

Keile ... 12, 94
Kleine Hobelbänke ... 178–179
Konkave Fuge ... 33–34
Küchentest ... 22, 79

L

Lee Valley Tools
- Säge für Bündigschnitte (kugibiki) ... 62
- Runde Bankhaken ... 27
- Wunderhaken/Wonder Dog ... 165, 166

Länge der Hobelbank ... 15, 16
Lie-Nielsen kettengetriebene Zange ... 200
Lie-Nielsen Hinterzange ... 204

M

Maschinenwerkzeuge, Hobelbank für ... 8, 126–139
Metallplatten ... 222
Milchfarbe ... 84
Mischlinge (Hobelbänke mit Merkmalen unterschiedlicher Traditionen) ... 7
Mittelunterteilung mit Füllung ... 106
Modellbauerbank (Deutsche B.) .. 8, 151
Montagebank ... 174
Moxon, Joseph
- Doppelspindelzange ... 209
- „Mechanick Exercises“ ... 20, 209, 210

N

Nicholson, Peter ... 55
Nicholson Hobelbank ... 182–183
Niederhalter
siehe auch Einspannen von Werkstücken
- Aufwertung der Hobelbank ... 167
- Gramercy Niederhalter ... 207–208

O

Oberflächen
- Bank des 18. Jahrhunderts – von Hand ... 51
- Danish Oil ... 68–69, 97
- Funktionelle Merkmale ... 51
- *Hobelbank aus Furnierschichtholz* ... 84
- *Hobelbank für das 21. Jahrhundert* ... 97
- Milchfarbe ... 84
- Mischung aus gekochtem Leinöl und Harz ... 28, 51, 84
- Lack ... 111
- Ölfinish ... 28
- *Shaker-Hobelbank* ... 111
- Weniger ist mehr ... 28–29

Oberflächenbehandlung, Tablett für ... 169

P

Packer, Werkbank für ... 174
Parallelführung für Zange ... 49
Profilleisten einsetzen ... 111
Position der Bank in der Werkstatt 20–21

R

Richtscheite ... 35–37, 145, 163–164
Riegel ... 103–105
Römische Werkbänke ... 226
Rollen zum Verschieben von Hobelbänken ... 21
Roubo, André
- Beinzangen ... 49
- *Roubo-Bank für das 21. Jahrhundert* ... 74
- Roubo-Hobelbank – vorher und nachher ... 180–181
- Stil ... 32
- „The Art of the Woodworker“ (franz. Originaltitel: L'Art du Menuisier, dt.: Die Kunst des Schreiners) ... 75
- Vorteile ... 31

S

Schärfen, Tablett zum 169
Scharniere für den Transport von Bänken 21
Schlitze
- Durchgestemmte Schlitze 41–42
- Holtzapffel-Hobelbank 61, 64–66
- Holznägel zum Sichern von Zapfenverbindungen 130
- Schlitze, die sich treffen (an Gestellbeinen) 44
- Shaker-Hobelbank 103
- Werkbank für Maschinen 128–129

Schnellspannzangen 36, 37
Schraubenmutter, Bohrung für . 219–220
Schreinerdreieck 58, 78
Schubkästen
- bei der „Bank für alle Fälle" 156
- Blenden/aufgedoppelte Vorderstücke 132
- Hobelbank für Maschinen 132
- Schubkästen auf der Bank einspannen 22
- Schubkastenrahmen 107–108
- Shaker-Hobelbank 107–109
- Stauraum bei Hobelbänken 28

Schwalbenschwanz
- Funktionen 91–93
- Zerlegbare Schwalbenschwanzverbindung 217

Schweifen 83
Shaker-Hobelbank 8, 102–115
Sicherheit
- Staubmaske 82

Skandinavische Hobelbank . . 7, 188–189
Spindeln 197–198
Stanley Hobelbank 227
Stauraum ....
- Ablage für Hobel 51
- Ausbaubare Werkzeugschränke 28
- Die Hobelbank für alle Fälle 155
- Oberflächenklemme 208
- Oberflächenzange 206
- Schubladen 28
- Schwingen 43-44, 59
- Shaker-Hobelbank 102, 109, 114-115

Streichmaß 83
Stuhlbauer, Hobelbank für 226

T

Tischverlängerung 121, 127
Torsion box 12–13
Toter Mann
- 24-Stunden-Hobelbank 125
- Funktionen 165
- Hobelbank aus Furnierschichtholz 81–84
- verschiebbare Auflage am Untergestell 82–84
- Vorkehrungen für den Einbau 65

Türen (Shaker-Hobelbank) 108

U

Ultimative Hobelbank 225-227
Umzugswägelchen für den Transport von Hobelbänken 21
Untergestell 32–33
Underhill, Roy 221

V

Verbindungen,
siehe auch Schlitz und Zapfen
Extra Masse für Ihre Bank 11–12
Fügen 33–36
Holzverbindungen der alten Schule 221
Kanten, hohl gefügt 33–34
Riegel und Schwingen 103–105
Versetzte Bohrungen für Holznägel . . 63
zerlegbare Hobelbänke 216–217
Veritas Bankanker 208–209
Veritas Exzenterspanner („Niedrigprofil-Bankhaken") 206–207
Veritas Bankbolzen 217, 219–220
Veritas Befestigungsschraube (Bench Stud) 208
Veritas Niederhalter 207
Veritas eingelassene Zange („Inset Vise") 205–206
Veritas Oberflächenzange („Surface Vise") 206
Veritas Doppelspindelzange 56, 57
Verleimung mit hohler Fuge 33–34
Viktorianische Hobelbank (2. Hälfte 19. Jh.) 226
Vitrinen-Bänke 25
Vorderkante Arbeitsplatte, vorspringend 24
Vorderzange
Benchcrafted Gleitzange 201
Doppelspindelzange 202
Haltring 199
Holzspindeln 197–198
Lie-Nielsen kettengetriebene Zange 200
Position 25
an der Schmalseite der Bank 203

W

Werkzeuge
Werkzeugschrank für die *24-Stunden-Hobelbank* 121
Banklade 24, 97
Werkzeugschrank für Maschinenbank 131
Werkzeughalter an den Wänden 170–174
Wunderhaken/Wonder Dog 166, 169

Z

Zange
Backe 36, 49
Benchcrafted Gleitzange 201
Beinzange, *siehe dort*
BigWoodVise.com 79, 82, 197, 198
Doppelspindel 20, 209
Doppelspindel 68, 202
Hobelbank aus Furnierschichtholz . . 81–82
Hobelbank des 18. Jahrhunderts 36-38, 49
Hinterzange, *siehe dort*
Jørgensen Zange 197
Kopfzange, *siehe dort*
Lie-Nielsen kettengetriebene Zange 200
Parallelführung 49
Position der Zangen an der 25–27
Schnellspannzange 36, 67
Spindel 49
Veritas eingelassene Zange 205–206
Veritas Doppelspindelzange 56, 57
Vorderzange, *siehe dort*
Zulagen zum parallelen Spannen . . . 169
Zapfen
Gekeilte Zapfen 216
Gestell für eine Maschinenbank 128–129
Holznägel zum Sichern einer Zapfenverbindung 130
Tipps für die Herstellung von Zapfen 154
Zapfen auf der Tischkreissäge schneiden 119
Zapfen nachpassen 61